Lightroom 5 摄影后期专业技法

陈知明 编著

人民邮电出版社

北京

图书在版编目（CIP）数据

Lightroom 5摄影后期专业技法 / 陈知明编著. -- 北京 : 人民邮电出版社, 2014.8
ISBN 978-7-115-35044-2

Ⅰ. ①L… Ⅱ. ①陈… Ⅲ. ①图象处理软件 Ⅳ. ①TP391.41

中国版本图书馆CIP数据核字(2014)第130626号

内 容 提 要

本书以摄影师对照片进行后期处理流程为主线，以 Lightroom 为操作平台，将后期图像修饰的步骤贯穿全书，告诉读者如何进行快捷有效的照片修饰。除此之外书中还讲解了照片的管理方法，帮助读者对照片进行高效的整理。

本书通过精美的配图、有针对性的练习和画龙点睛的提示，循序渐进地讲解在 Lightroom 中进行照片处理的基础知识及操作技巧。全书共 3 篇，17 个章节，第 1 篇为初识 Lightroom，讲解了 Lightroom 的基础以及照片的管理；第 2 篇以照片后期处理的流程为重点，用 8 个章节讲解照片基础修饰、曝光、色调、细节、镜头校正、导出及照片呈现等 7 个操作流程中的重要知识，从摄影师的角度出发，讲解照片修饰过程中必须掌握的要点，并通过 Example 环节用精短的案例操作来帮助读者提高，让读者轻松掌握软件的相关基础概念及操作技巧；第 3 篇用 7 个经典的实战应用，帮助读者巩固练习，快速提升后期处理技能。

本书适合零基础的数码后期处理爱好者、摄影人员，从事影楼后期处理技术、平面广告设计等工作的读者，以及电脑美术爱好者使用，同时也可以作为各类电脑培训学校及大中专院校的教学参考书。

◆ 编　　著　陈知明
　责任编辑　杨　璐
　责任印制　程彦红
◆ 人民邮电出版社出版发行　　北京市丰台区成寿寺路 11 号
　邮编　100164　　电子邮件　315@ptpress.com.cn
　网址　http://www.ptpress.com.cn
　北京画中画印刷有限公司印刷
◆ 开本：787×1092　1/16
　印张：18
　字数：593 千字　　　　2014 年 8 月第 1 版
　印数：1 – 3 500 册　　2014 年 8 月北京第 1 次印刷

定价：79.00 元（附光盘）

读者服务热线：(010)81055410　印装质量热线：(010)81055316
反盗版热线：(010)81055315

Lightroom的优点

在数码时代的今天，摄影后期处理与前期拍摄一样重要。为了让摄影师有一个专业的后期处理平台，Adobe公司推出了Lightroom作为专业照片管理和处理软件。Adobe Lightroom是一种适合专业摄影师输入、选择、修改和展示大量的数字图像的高效率软件，用户可以使用很少的时间来整理和完善照片，同时该软件具有界面干净整洁的特点，可以让用户快速浏览和修改完善照片以及成批量地对照片进行编辑。此外，Lightroom还支持各种RAW格式的图像，能够轻松地进行数码照片的浏览、编辑、整理、打印等操作。

本书适合什么样的人

当摄影爱好者拍摄出大量的照片时，如果没有专业的、合适的后期处理，这些照片大部分都不能展示出耀眼的光彩，本书的编写目的就是想要帮助这样的摄影师及摄影爱好者，让他们在循序渐进的学习和操练中，获得更好、更快、更逼真后期修饰效果。

书中通过对照片的后期处理进行总结和归纳，整理出科学和专业的后期处理流程，帮助读者用最少的时间、最简单的操作来实现最理想的画面效果，通过后期的编修来弥补前期拍摄中所产生的不足之处，此外，通过Lightroom这个软件平台，让摄影师更加懂得如何对照片进行管理和分享，使得拍摄的作品散发出夺目的光彩。

我们可以带来的更多帮助

除了阅读本书的内容及光盘等，读者还可以通过登录网站www.epubhome.com为我们提出宝贵意见，或者加入读者服务QQ群111083348与我们联系，让我们共同对Lightroom软件中的操作进行一起探讨，实现共同进步。

本书所包含的主要内容

本书一共包含了3个部分，即初始Lightroom、照片处理流程和实战应用。其中的第1篇中主要对Lightroom的相关作用及在Lightroom中管理和组织照片进行讲解，让读者认识不一样的Lightroom。第2篇对Lightroom中需要使用的常用的功能和操作流程进行了梳理，根据照片处理的顺序对软件的功能进行阐述，包括了快速修饰照片、曝光调整、颜色修饰、细节及局部处理、同步功能、导出及打印、幻灯片放映等，从摄影师的角度讲解照片处理所必须掌握的要点，对每个知识点都进行了深度的剖析，并通过Example环节对当前章节的知识进行演练，帮助读者快速消化所学习到的重点和难点。最后一部分的第3篇用不同类型照片的处理来直观的展示Lightroom后期化腐朽为神奇的力量，并结合Photoshop对照片处理进行全面讲解。书中用适当的配图对其进行说明，以简短而精炼的方式让读者快速掌握用Lightroom进行后期处理的技巧。

编 者

2014年7月

第1篇 进入数字图像高效率的殿堂——Lightroom

第2篇 成为数码暗房高手——照片处理流程

第3篇 快速提升后期处理技能——实战应用

第1篇

进入数字图像高效率的殿堂——Lightroom

Lightroom是一款专业的摄影后期处理软件，为了更加深入地掌握该软件的核心处理技术，在使用之前，先通过本部分的知识来对软件界面、操作流程及照片管理等基础操作进行讲解，让读者在学习之前保持清晰的思路，提高后面学习的效率及缩短后期处理的时间。

f/1.8 1/800s
ISO 100 焦距 85mm

第1章 重塑你眼中的Lightroom

随着数码科技的发展，现代人更热衷于使用照片记录生活的点滴，为了使得拍摄的照片更加地赏心悦目，对图像进行适当的后期处理就显得很重要了。

Lightroom是一款专业的数码照片处理软件，在使用该软件对照片进行后期处理之前，需要做好适当的准备，例如了解后期处理的必要性、学习Lightroom的安装、认识Lightroom的操作界面和设置首选项等，通过这些前期的准备，使得后期处理工作效率提高，让操作更加得心应手。

本章梗概

- 后期是摄影不可或缺的一部分
- 后期处理能够做什么
- 什么是Lightroom
- 安装Lightroom 5
- 认识Lightroom界面
- Lightroom后期处理基本流程
- 后期处理前必要的选项设置

1.1 后期是摄影不可或缺的一部分

摄影是展现拍摄对象在某个特定时间和空间中进行变化过程中的一个瞬间固定影像。在拍摄照片的过程中，摄影者往往把准备照相机器材，包括相机、胶卷、反光板、灯光等，寻找或确定拍摄主体到按下快门曝光这个阶段称之为“摄影的前期”，但这些都还不是摄影的全部过程，它只是完成了整个摄影步骤的一半。因为还有另一半的工作并没有完成，那就是对拍摄的照片进行精确的后期处理。

相同的一幅原始的数码影像，如果在后期处理中经过不同的后期技术水平的人来处理，势必会得出完全不同的画面效果。谁都想把照片通过后期处理得更漂亮，更接近和忠实于自然的形态，这就需要对照片的后期处理有一定基础，也就是为什么要不断学习和提高后期处理技术的原因。从如下图所示的两幅图中可以看出经过后期处理的照片比拍摄到的影像更能清晰地表现出拍摄场景的色彩、光影和层次，增强了画面的观赏性，可见后期是摄影中不可或缺的一个重要部分。

我国的数码摄影、数字图像后期处理的起步和普及都不过十来年，当今的水平还处于一个入门学习的发展阶段。随着时间的推移，更多的摄影师和摄影爱好者已经逐步地认识到了照片后期处理的重要性，并且都在不断地提升和学习中，相信随着深入地学习和逐渐的经验累积之后，数码照片后期处理的技术一定会越来越好，直到有一天你真心地称赞一幅优秀的数码照片时，你会发现你根本没有觉察出它已经经过后期精细地处理。

绝大多数对类似Lightroom这样的后期处理软件能够熟练应用的人士，都是对摄影前期拍摄技术和技巧很熟悉的，甚至是很精通的高手。因为只有深刻地理解和掌握后期处理的要点、重点和流程，进而才能完全掌控摄影的全部过程，享受摄影给生活带来的快乐感与成就感，创作出令人震撼的作品。

1.2 后期处理能够做什么

在Lightroom中包含了多种用于修饰和美化照片的功能，其中的“裁剪叠加”工具可以对照片进行裁剪；“HSL/颜色/黑白”面板可以对照片的颜色进行修饰；“黑白”控制方式可以将照片打造成具有高对比度的黑白照片效果；“色调曲线”面板可以对照片的曝光和影调进行精确的调整；“污点去除”和“红眼校正”工具可以对照片中的局部图像进行替换和修饰。此外，为了照片能够实现以下特殊的效果，还可以使用“渐变滤镜”和“径向滤镜”工具对照片的局部区域进行单独的调整，由此让照片整体效果更加完美，或实现某些特殊的画面效果。

●重新构图

对照片进行二次构图就是将画面中多余的图像进行删除，让裁剪后的图像更加突出主体。利用Lightroom中的“裁剪叠加”工具可以将图像中被该工具框选的部分进行保留，而将没有选中的部分进行删除，由此来调整画面的构图，此外，其中的“矫正工具”还可以对图像的水平或垂直的基线进行重新定义，让照片恢复平稳的视觉。

▼ 如下图所示的两张照片，左边为照片的原始图像效果，可以看到照片的水平线倾斜，且画面中的构图效果不理想，在Lightroom中先使用“矫正工具”让照片的水平线恢复平稳，接着使用“裁剪叠加”工具对照片进行重新构图后，使得天空、山脉和水平面各占据了画面的三分之一，让照片显示出三分法构图效果，最后再对画面的影调和颜色进行粗略的调整，完善照片的整体效果，即可打造出一张迷人的风景画。

●色彩修饰

色彩是照片画面表现的要素之一，不同颜色的照片会给人不同的视觉感受，在Lightroom中具有强大的色调调整功能，除了可以对照片进行整体颜色的调整以外，还能对照片中特定颜色的饱和度、色相和亮度进行独立的调节，让照片焕发出别样的风采。

对于一些色彩不理想的照片，可以通过Lightroom中的“HSL/颜色/黑白”和“分离色调”面板中的选项对照片的特定或者全图的颜色进行调整，如增强照片的饱和度、提高特定颜色的亮度等。如下右图所示为照片的原始图像效果，在通过Lightroom中的调色功能对照片的颜色进行修饰以后，可以看到如下左图所示的画面效果，照片中的天空和建筑都显示出了其真实的颜色，让整个画面更具视觉冲击力。

除了可以在Lightroom中对彩色照片的颜色进行调整以外，还可以通过该软件中的“黑白”控制方式将照片制作成灰度图像效果，并利用“HSL/颜色/黑白”面板中的“灰度混合”功能对黑白照片中不同色系的亮度进行细微的调整，打造出高对比度的画面效果，使照片呈现出强烈的艺术气息。

▼ 如下图所示的照片为原始图像效果，通过Lightroom中的“黑白”处理，使得彩色照片变成了黑白照片，并利用“基本”面板中的影调调整功能增强画面明部和暗部的对比度，制作出高质量的黑白照片，让原本平淡的画面更具魅力。

●曝光校正

照片的曝光是摄影最基本的技术要点之一，曝光是否正确、光影控制是否恰当将直接影响照片的质量。在拍摄照片的过程中，由于天气、环境光和时间等因素的干扰，拍摄出来的照片往往会存在一些光影的问题，如曝光不当、逆光拍摄、照片灰暗或闪光灯过强等，要修复这些问题，就需要对画面的光影进行调整，还原照片一个清晰、明亮的画面。

▼ 如图所示的照片为在Lightroom中调整影调前后的对比效果，可以看到在处理前照片中的暗部基本看不清细节，但是经过后期处理后，画面中明暗的层次展现了出来，同时暗部的细节也清晰地显示出来，使照片中的景物更具立体感。

●去除瑕疵图像

在拍摄的过程中有可能将多余的图像纳入到画面中，后期处理还可以对瑕疵图像进行修复，利用Lightroom中的“污点去除”工具就可以轻松实现操作，用临近的图像对目标区域的图像进行复制，制作出以假乱真的修复效果，让整体画面内容更加和谐、整洁。

▼ 如左图所示的风景照片中包含了多个正在拍摄风景的人物，为了让画面呈现出纯粹的风光效果，在后期处理中使用“污点去除”工具对其进行处理，让画面更加整洁，并配合“基本”面板中的功能对照片的整体颜色和影调进行修饰，完成效果如右图所示。

●修饰局部图像

对于一些局部效果不理想，或者聚焦效果不佳的照片，可以在后期中对局部的图像区域进行单独的调整，Lightroom中的“渐变滤镜”、“调整画笔”和“径向滤镜”工具可以为照片的部分区域进行单独调整，渐变的、自由的或径向的应用同一设置，使照片添加的色彩和影调更自然，营造出特殊的画面效果。

▼ 如右图所示为拍摄的鸟儿照片，画面中用于周围的环境太过繁杂，使得主体对象不够突出，使用Lightroom中的“径向滤镜”工具对照片的局部进行修饰，制作出晕影效果，并对全图的颜色和影调进行调整，得到如左图所示的效果，可以看到照片中的鸟儿更显生机活泼。

●锐化和降噪

在拍摄照片时，可以通过对焦和快门速度来控制照片的清晰程度，对于已经拍摄完成的照片，则可以通过Lightroom中的锐化和降噪功能对照片的细节进行完善，弥补拍摄中由于环境和操作不当等因素造成的画质问题，打造出高品质的影像效果。

▼ 如下左图为照片的原始图像效果，由于画质不够清晰，不能完全突显出景物的质感，通过在Lightroom的“细节”面板中对照片进行降噪和锐化处理，使照片中的细节更加地清晰，将静物的质感真实地展现出来，处理后的放大显示效果如下右图所示。

1.3 什么是Lightroom

Adobe Photoshop Lightroom是一款数码照片后期处理软件，主要面向数码摄影、图形设计等专业人士和高端用户，支持各种RAW图像，提供有各种处理工具和灵活的打印选项，可以帮助用户轻松高效地管理、编辑、调整、浏览及展示大量数码照片，缩短用户的操作时间，提高照片管理和处理的工作效率。

Lightroom按中文直接翻译就是“光房”的意思，但其根本含义可以称之为“数字暗房”，而Adobe公司推出的Adobe Photoshop Lightroom是一款专门针对摄影后期处理的工具，与Photoshop不同的是，Lightroom的功能更加专注于摄影本身，其作用主要体现在：改变数字照片的对比度，进行颜色调整，转换为黑白影像，调节照片的颗粒感，控制照片细节的锐化程度等。

Lightroom是为了给数码摄影师提供一个有效、强大的导入、选择、加工、输出、打印和显示巨量数码图像的途径而设计的。它让摄影师花费更少的时间分类排列和组织图像，从而有更多时间处理和编辑图像。它完全使用高级脚本语言设计，因此组件结构体系有意允许更大的弹性，允许简易快捷的整合附加功能。

Lightroom是摄影师可以信赖的制作工具，并且支持的相机进行联机拍摄，根据不同的版本，支持的相机也不同。Lightroom会根据相机的更新，不断地更新自己的产品软件升级，一个大版本会连带着很多小版本，目前该软件已经发布5.2版本，如右图所示为Adobe Photoshop Lightroom 1到Lightroom 5各个版本的欢迎界面图。

Lightroom对照片进行的是非破损的编辑，它将所有的调整保存在单独的数据库中，并不改变原始文件，官方称之为“非破损编辑环境”，由于原始图像始终保持不变，用户可以轻松撤销和修改任意步骤，还可以保存多个版本的修改结果，对于专业应用来说，具有很强的使用价值。

Adobe Photoshop Lightroom具有强大的功能，可以对数字底片，即RAW格式的文件，和多种格式的数字图像进行色彩、对比度、细节等方面的处理。除了常规的修整功能之外，还有一些极具特色的附加功能，比如减少杂色、相机校正、单反相机视频文件支持、透视校正和模拟电影粒状等。

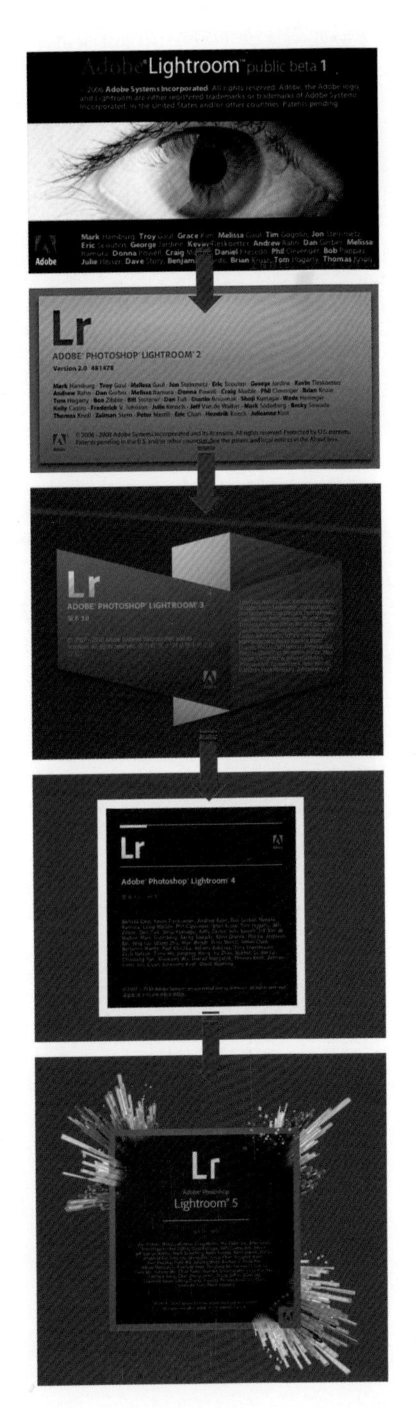

1.4 安装Lightroom 5

在使用Lightroom之前，先需要对其进行安装，Lightroom的安装同其他大部分软件的安装方法相同，也就是将安装光盘放入到光驱中，通过光驱向导安装软件。接下来通过本小节的讲解，将帮助读者学会如何正确地安装Lightroom，在安装的过程中需要有一定的耐心，因为安装的过程较为漫长，用户在已经安装了其他版本Lightroom之后，安装新版的Lightroom 5，可以不必卸载其他版本的软件，但需要先将正在运行中的Lightroom软件关闭再安装。

Lightroom的安装过程较为漫长，接下来本小节通过步骤讲解的方式为读者讲述该软件的安装方法，具体的操作如下。

❶ 打开Lightroom 5的安装光盘，双击安装文件的图标，如右图所示，执行该操作后，将打开提示对话框，在其中选择安装语言，选择后单击“确定”按钮，进入安装的下一个步骤中。

❷ 接着将进入Lightroom的安装向导中，提示用户将在计算机上安装Adobe Photoshop Lightroom 5软件，单击“下一步”继续进行安装，打开“许可协议”对话框，在其中单击“接受许可协议中的条款”单选按钮，单击“下一步”按钮，如下右图所示。

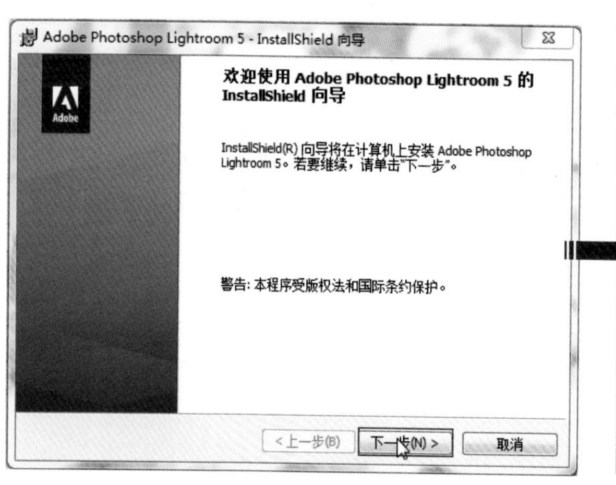

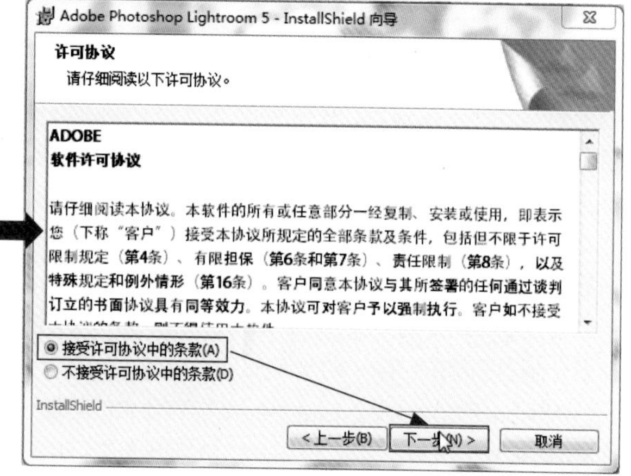

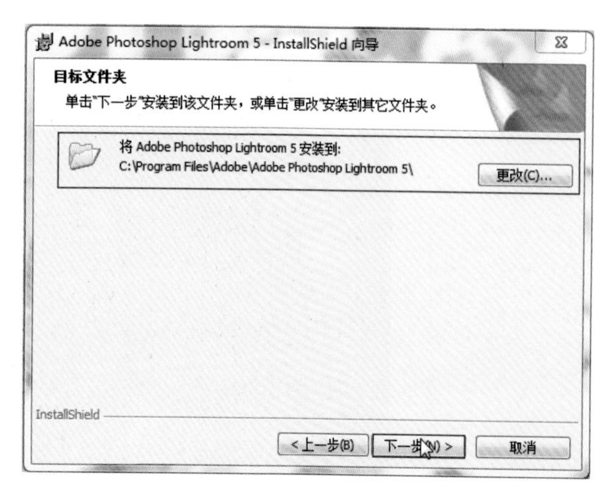

❸ 打开“目标文件夹”对话框，在其中可以设置Adobe Photoshop Lightroom 5的安装文件夹，如果需要更改安装的目标文件夹位置，可以在该对话框中单击“更改”按钮，将弹出计算机中的“资源管理器”，在其中可以指定新的目标文件夹；如果默认设置，则直接单击“下一步”按钮，如左图所示，进入到接下来的安装步骤中。

❹ 打开“已做好安装程序的准备”对话框，直接单击“安装”按钮，进入到Adobe Photoshop Lightroom 5的“正在安装”对话框中，在该对话框中将显示出正在安装的进度，如下右图所示，用户只需耐心等待片刻即可。

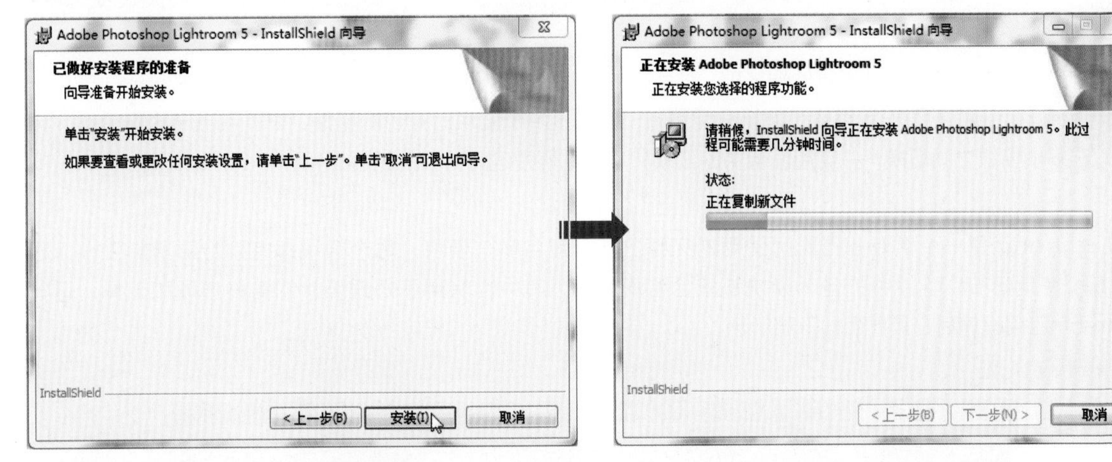

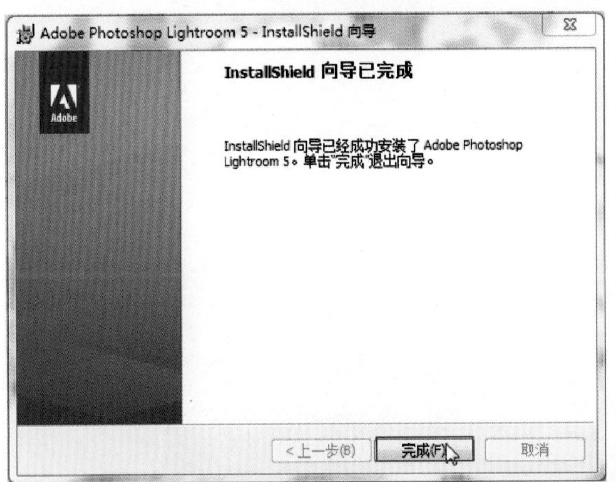

❺ 当安装完成后，会打开如左图所示的“向导已完成”对话框，提示此次的安装完成，单击“完成”按钮退出安装向导。

❻ Adobe Photoshop Lightroom 5安装完成后，在计算机的桌面上双击Lightroom 5的图标，或者在计算机上执行“开始 > 所有程序 > Adobe Photoshop Lightroom 5”菜单命令，即可启动Lightroom 5，如下图所示为启动后该软件读取计算机数据的界面。

Tips 安装中的问题

在安装Lightroom的过程中，可以在DVD盒的背面找到24位的序列号。在线客户或电子软件交付客户，可以从在线商店提供的收据页上以及收到的电子邮件确认函中找到序列号。安装过程中，向导会要求用户输入相应的序列号。

Lightroom不仅可以在Windows系统上安装，还可以在Macintosh系统上安装，安装要求最低的系统配置为2GB的内存、1GB的可用硬盘空间、DVD-ROM驱动器和1024 x 768显示器分辨率。

1.5 认识Lightroom界面

在对拍摄出来的数码照片进行处理之前，让我们先来认识一下即将学习的后期处理软件Lightroom 5的工作界面。Lightroom的界面干净整洁、功能分配清晰，它通过多个模块对照片的整理、修饰和展示进行分类，用户可以在多个模块之间切换，并使用面板中的选项和功能对照片进行有目的的编辑。

Lightroom是一个供专业摄影师使用的完整工具，包含多个模块，每个模块都特别针对摄影工作流程中的某个特定环节，软件中的各个模块都包含若干面板，其中含有用于处理照片的各种选项和工具。运行Lightroom应用程序后，其界面如下图所示。

◆**菜单栏：**包括几大类程序菜单，可以在菜单栏中选择命令来对照片进行编辑。

◆**模块选择区域：**用于以选择不同的模块对照片进行有针对性的编辑，在Lightroom 5中一共包含了7个不同的模块，每个模块都特别针对摄影后期工作流程进行的功能安排。

◆**胶片显示窗口：**位于各模块的工作区下方，可显示当前在图库模块中选定的文件夹、收藏夹、关键字集或元数据标准中所含内容的缩览图。

◆**图像预览窗口：**用于显示照片，该窗口中可以调整照片显示的模式，也可以在不同的模块中对照片进行编辑，此区域也常被称为“主窗口”。

◆**左面板：**根据所使用的模块不同而变化，主要用于管理目录文件、使用预设效果、导航照片的显示和预览及历史记录等。

◆**右面板：**在不同的模块中，此面板的显示也不同，主要用于处理元数据、关键字和调整图像等。

要在Lightroom中处理照片，需要先在“图库”模块中选择要处理的图像，然后单击某个模块名称，开始编辑、打印照片，或准备照片以便使用屏幕幻灯片放映或Web画廊进行演示。

各模块都会使用“胶片显示窗口”中的内容作为在该模块中执行的任务的源文件，要更改“胶片显示窗口”中的选定照片，可以转到“图库”模块并选择其他照片。按住Ctrl+Alt快捷键的同时并按数字1至7中的任一数字可在7个模块间进行切换。

在Lightroom中进行操作时，可以对各个面板进行显示或隐藏、更改屏幕模式和调整界面明暗，这些操作都可以让软件的界面显示更加符合用户的预览需要，让编辑更加人性化。

●显示或隐藏面板

在Lightroom中可以将界面中显示的面板隐藏起来，也可以将隐藏的面板显示出来。执行“窗口＞面板”菜单命令，即可在“面板”的子命令中看到每个面板的名称，单击选择后即可显示或隐藏界面中多个不同的面板，如下图所示。

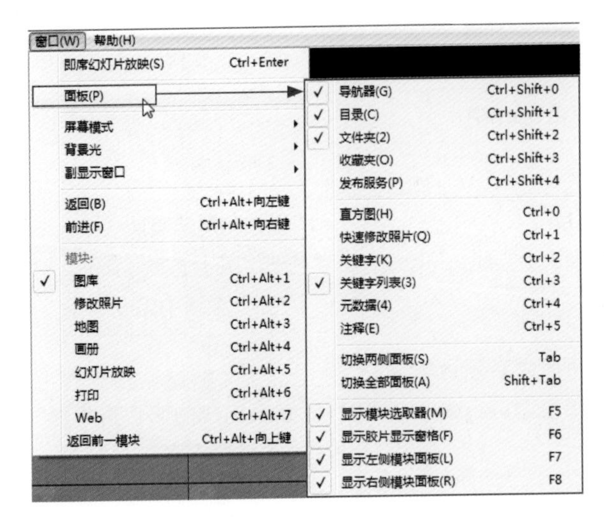

●更改屏幕模式

为了让界面的显示与编辑操作相互配合，可以在Lightroom中对界面的屏幕显示模式进行更改。执行“窗口＞屏幕模式”菜单命令，如下图所示，即可在打开的子菜单中选择“正常”、“带菜单栏的全屏模式”、“全屏”和“全屏预览”4种模式之间切换，用不同的屏幕模式展现工作区中的显示。

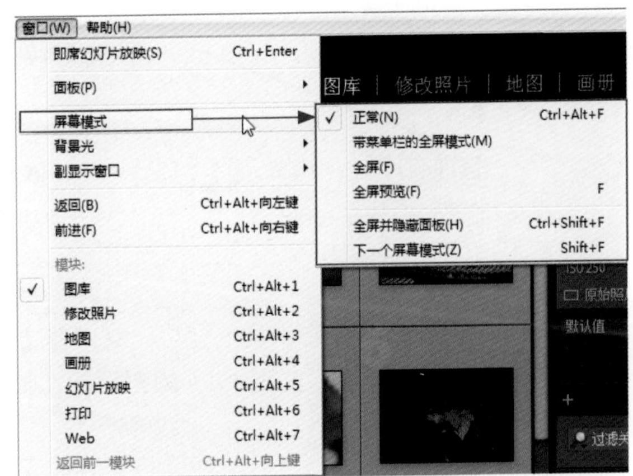

●界面的明暗调整

在Lightroom中进行编辑，可以使用“背景光”调整功能使Lightroom界面变暗或变黑，以使照片在屏幕上更醒目。

执行“窗口>背景光”菜单命令，然后在打开的级联菜单中选择一个选项，或者可以按L键以在三个选项之间切换，可以实现“打开背景光”、“背景光变暗”和“关闭背景光”的操作，如下左图所示。需要将背景光变暗，以突出照片的显示，可以执行“窗口>背景光＞背景光变暗”菜单命令，即可得到如下右图所示的界面显示效果。

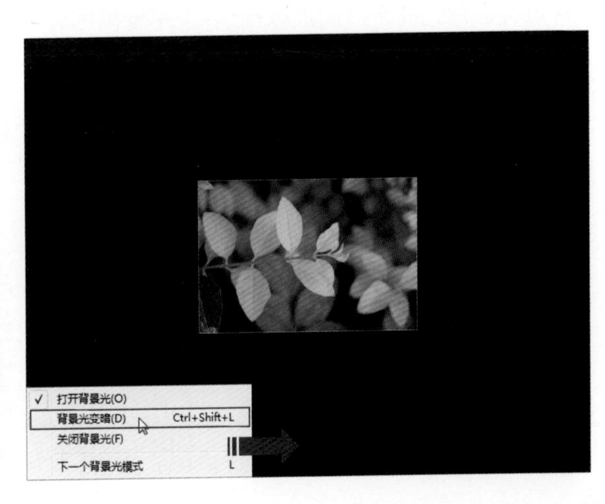

1.6 Lightroom后期处理基本流程

完成数码照片的拍摄之后，需要对拍摄的照片进行适当的后期处理，以得到更加理想的画面效果。在编辑照片之前除了对处理软件有一定的了解以外，还需要大致掌握照片处理的流程。

摄影师处理照片的流程，就是照片进行变身的具体过程，只有对后期处理的流程有一定的了解，才能在照片的处理中，操作更加合理、简便。

在Lightroom中对照片进行编辑，可以将步骤大致分为“整理”、“修饰”和“发布”三个主要的部分，在每个大的操作步骤中又可以根据需要对照片进行精细的编辑，具体如下表所示，根据照片的实际编辑和应用需要可以跳过其中的部分环节，简化照片的编辑流程。

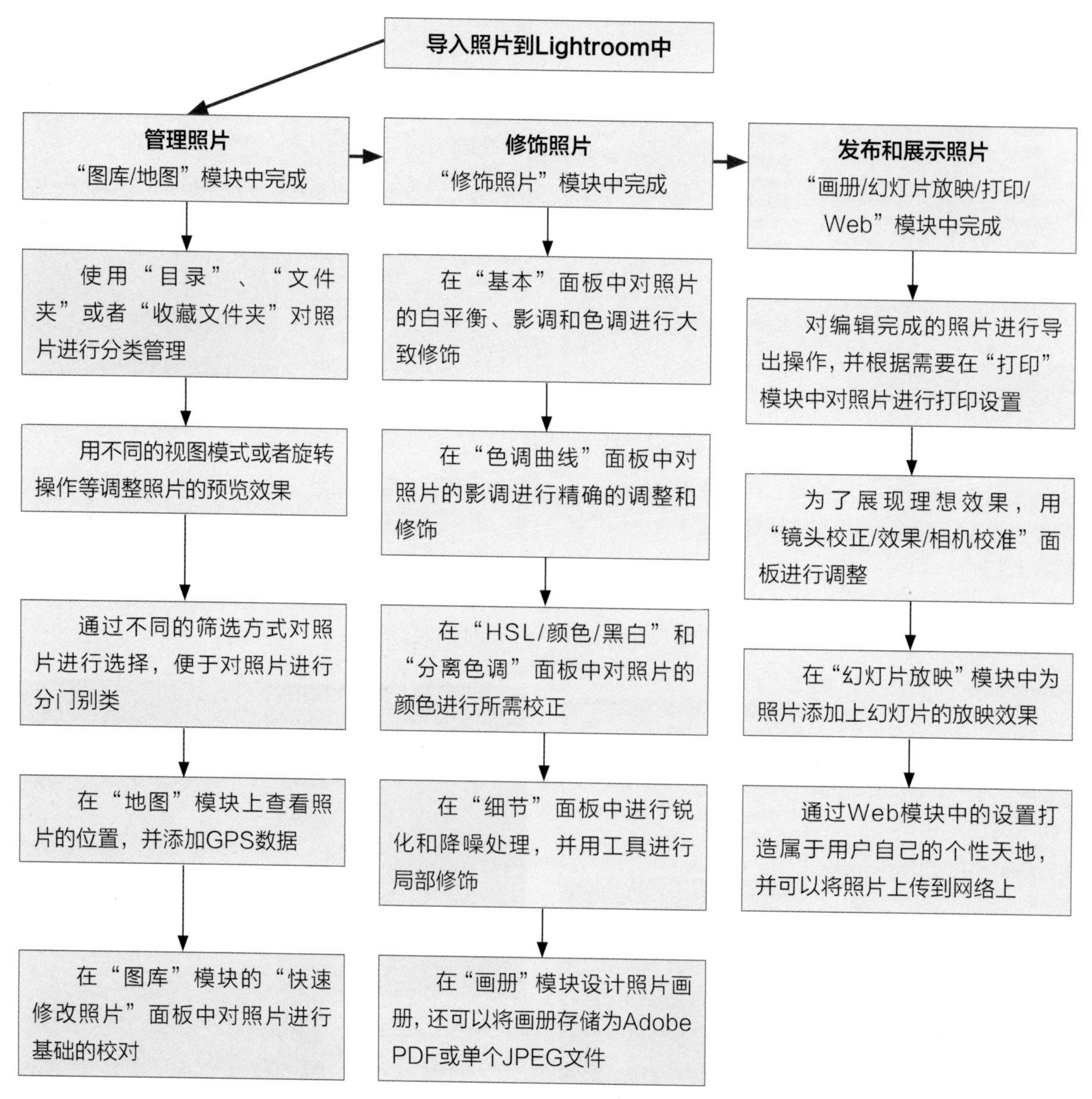

1.7 后期处理前必要的选项设置

在使用Lightroom对照片进行管理和编辑之前，还需要对该软件中的首选项有一定的了解，这样才能在后面的编辑中提高编辑的效率。Lightroom中的首选项设置可以从软件的“首选项”设置和目录的“目录设置”两个方面来完成，实现预设、外部编辑、文件处理、界面和元数据等相关选项的设置。

Lightroom中的“首选项”对话框用于对一些常规的设置、界面显示、外部编辑和预设相关的方面进行设置，而“目录设置”用于对Lightroom中与目录编辑相关的存储、元数据和预览缓存等进行设定，各自控制的范围不同，具体内容如下。

1.7.1 “首选项”对话框的设置

执行“编辑>首选项”菜单命令，即可打开“首选项”对话框，可以看到该对话框中包含了“常规”、“预设”、“外部编辑”、“文件处理”、和“界面”5个标签，不同的标签用于对不同的编辑进行首选项设置。

● “常规”标签

“常规”标签中包含了“语言”、“默认目录”、“导入选项”、“结束声音”、“提示”和“目录设置”一共6个选项组，如右图所示，具体每个选项组中的选项应用效果如下。

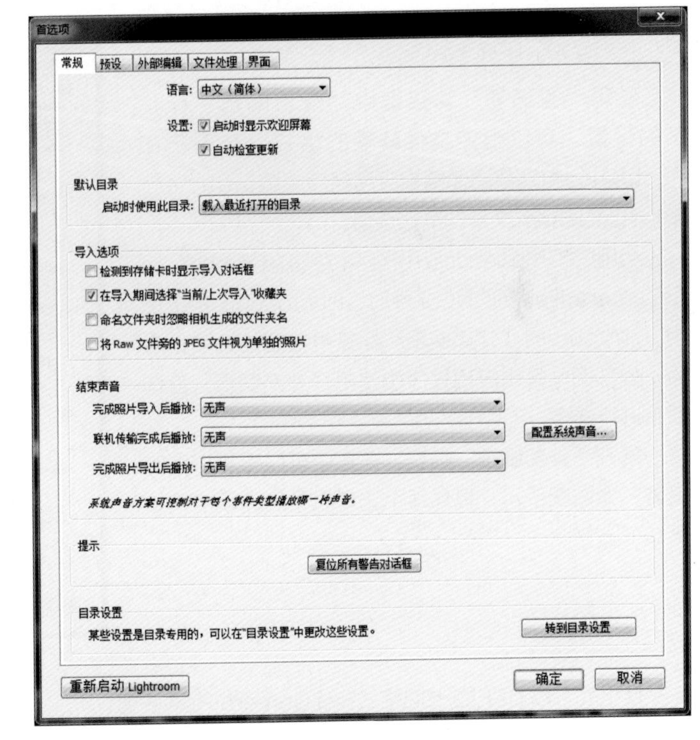

◆**语言：**该选项组中的选项用于设置Lightroom中的语言及影响的范围。

◆**默认目录：**用于设置在启用Lightroom时使用什么目录进行照片显示。

◆**检测到存储卡时显示导入对话框：**可以在将相机或存储卡读取器连接到计算机后自动打开导入对话框。

◆**命名文件夹时忽略相机生成的文件夹名：**提示 Lightroom不使用相机创建的文件夹名。

◆**将RAW文件旁的JPEG文件视为单独的照片：**适用于在相机上拍摄Raw+JPEG照片的摄影师，选择此选项可将JPEG作为独立的照片导入。

◆**结束声音：**该选项组中的设置用于调整完成照片导入、导出及联机传输后Lightroom的提示声音设置，如果用户要使用系统中的声音来进行设置，可以直接单击“配置系统声音”按钮。

◆**提示：**用于对Lightroom中需要弹出“提示”对话框的操作进行控制，设置是否弹出“提示”对话框。

◆**目录设置：**单击“转到目录设置”按钮，可以打开“目录设置”对话框。

◆**重新启动Lightroom：**单击该按钮可以应用“首选项”中的设置，并重新启动Lightroom。

● “预设”标签

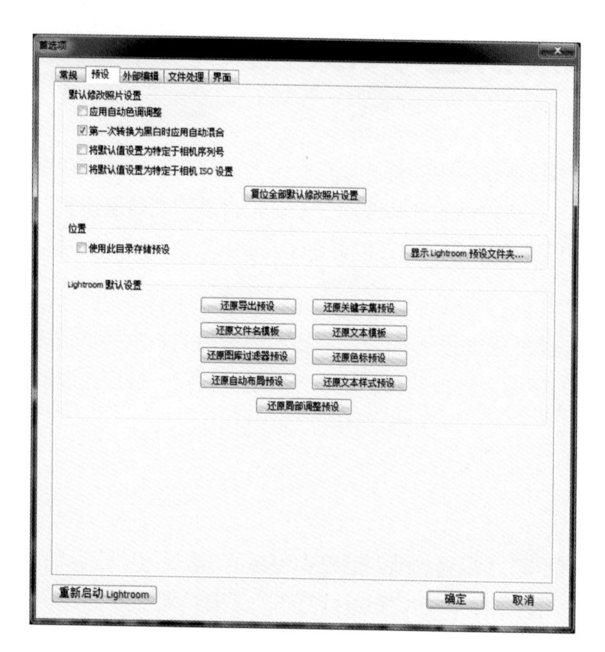

“预设”标签中的设置用于对“预设”面板中的预设效果进行控制，如左图所示，具体每个选项组中的选项应用效果如下。

◆**默认修改照片设置：**勾选该选项组中的复选框，可以对相应的调整应用到预设中。

◆**使用目录存储预设：**勾选“使用目录存储预设”复选框，可以使当前目录存储位置和以后新建目录存储的位置一致。

◆**显示Lightroom预设文件夹：**单击“显示Lightroom预设文件夹”按钮，可以在打开的资源管理器中对预设的存储位置进行设定。

◆**Lightroom默认设置：**将预设复位为原始设置，单击该选项组中的任一“恢复”按钮，即可将相关的设置复原为原始设置。

● “外部编辑”标签

使用“首选项”对话框中“外部编辑”标签下的设置，可以指定文件处理的格式以及用于在Photoshop和外部图像编辑应用程序中编辑Camera Raw和DNG格式文件的其他选项。

当用户在Photoshop应用程序中存储来自Lightroom和Camera Raw的DNG文件时，Photoshop 也将使用Lightroom的“外部编辑”标签中指定的选项，最后，外部图像编辑应用程序也使用“外部编辑”首选项来进行选择。

展开“外部编辑”标签，在其中可以看到相应的设置，如右图所示，具体每个选项组中的选项应用效果如下。

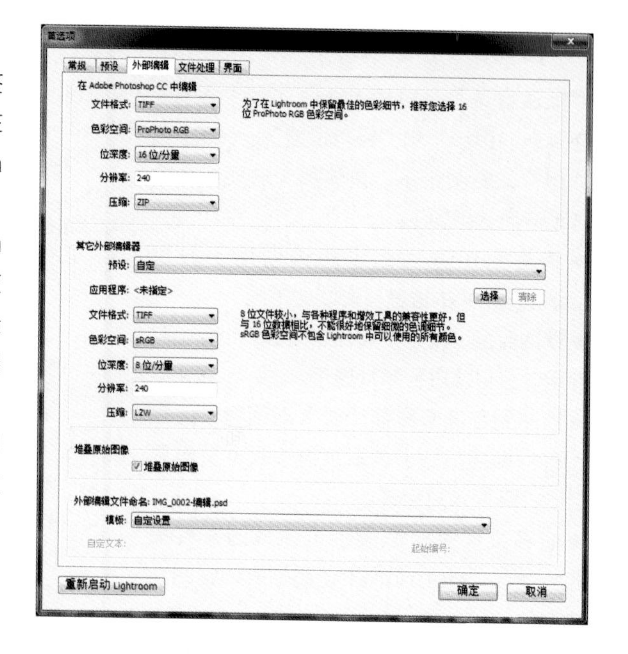

◆**文件格式：**以TIFF或PSD格式存储Camera Raw图像。

◆**色彩空间：**将照片转换为sRGB、Adobe RGB或ProPhoto RGB色彩空间，并用颜色配置文件进行标记。

◆**位深度：**以每颜色通道8位或16位的位深度存储照片。8位文件较小，与各种应用程序的兼容性更好，但不能保留16位文件中细微的色调细节。

◆**压缩：**对照片应用ZIP压缩或不应用压缩。ZIP是无损压缩方法，对于包含较大单色区域的图像，这种方法最为有效。

◆**预设：**在该选项的下拉列表中可以指定使用哪种预设对文件进行处理。

◆**应用程序：**在该选项中可以单击“选择”按钮，在打开的对话框中执行其他的外部编辑程序。

◆**模板：**使用指定的模板为文件命名。选择“模板”下拉列表中的选项后，指定自定文本或文件名的起始编号。

● “文件处理”标签

“文件处理”标签中的包含了用于对DNG导入选项、元数据的读取、文件名的生成及Camera Raw缓存设置等与文件处理相关的选项。展开“文件处理”标签，在其中可以看到相应的设置，如下图所示，具体每个选项组中的选项应用效果如下。

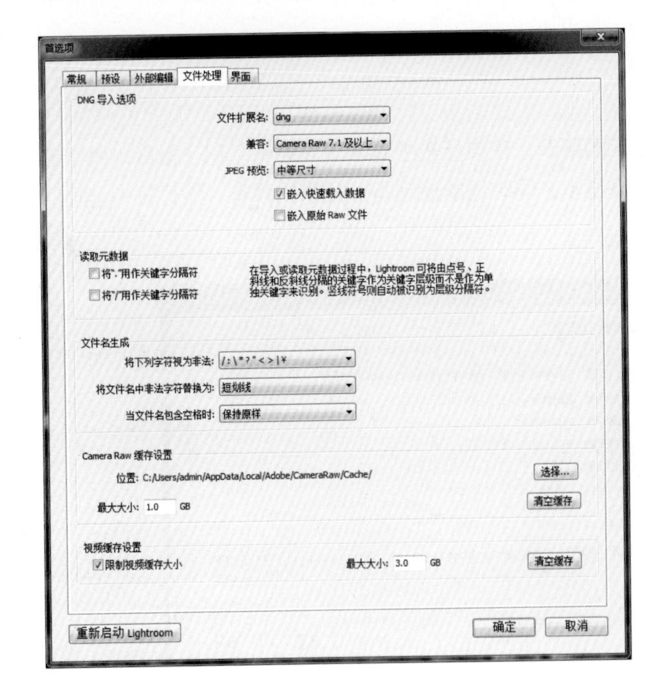

◆**文件扩展名：**当文件导入到Lightroom中时，转换为DNG格式的过程中使用哪种后缀名。

◆**兼容：**用于控制DNG格式所能运行的Camera Raw版本。

◆**JPEG预览：**用于设置JPEG图像的预览图像大小。

◆**读取元数据：**选择此选项可将关键字之间的句点或正斜线识别为指示关键字层级。

◆**文件名生成：**指定所导入照片的文件名中哪些字符和空格为非法，并确定如何进行替换。

◆**Camera Raw缓存设置：**用于设置Camera Raw的缓存位置和缓存的空间大小。

◆**视频缓存设置：**用于限制视频缓存的大小及最大的占用空间，单击“清空缓存”按钮，可以清除计算机中视频的缓存文件。

● “界面”标签

为了让Lightroom软件界面中的显示更加地符合用户的需求，或者彰显出个性化的色彩，可以在“首选项”对话框的“界面”标签中对Lightroom各个面板、背景光、背景颜色和胶片显示窗口中的显示效果进行设置。

在“首选项”对话框中展开“界面”标签，在其中可以看到相应的设置，如下图所示，具体每个选项组中的选项应用效果如下。

◆**面板：**用于设置Lightroom中面板的结尾标记和字体大小。

◆**背景光：**用于设置屏幕的颜色和变暗的级别，以便更准确地对照片影调进行预览。

◆**背景：**该选项组中的设置用于指定主窗口和副窗口中的填充颜色的纹理效果。

◆**关键字输入：**在该选项的“关键字分隔符”下拉列表中可以指定分隔符的符号，勾选下方的复选框可以在“关键字标记”字段中自动填写文本。

◆**胶片显示窗格：**在选项组中勾选复选框，即可在胶片显示窗口中显示出相应的设置。

◆**微调：**勾选该选项组下方的复选框即可开启相应的操作。

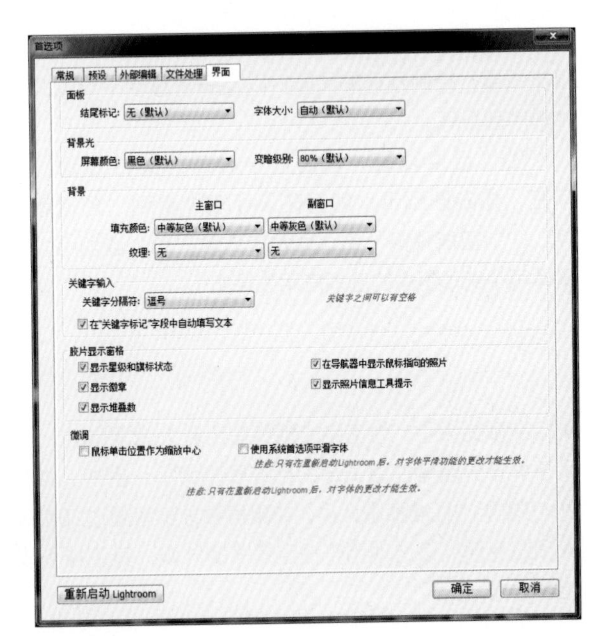

1.7.2 “目录设置”对话框的设置

执行“编辑 > 目录设置”菜单命令，即可打开“目录设置”对话框，该对话框中的设置用于对Lightroom“图库”模块的“目录”面板中的编辑进行控制，能够对目录的存储位置、备份时间、文件处理及元数据的编辑等相关操作进行设定。

● “常规”标签

展开“目录设置”对话框中的“常规”标签，如下图所示。在该标签中包含了“信息”和“备份”两个选项组，主要对目录的存储位置、文件名等相关信息进行显示，同时还能控制备份目录的频率，该标签中选项的含义如下。

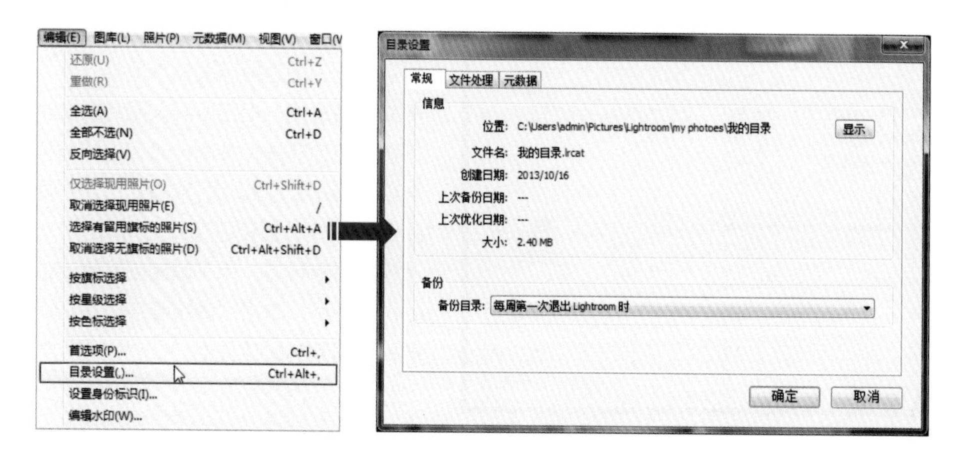

◆**信息：**提供了诸如目录的位置、文件名、创建日期和文件大小等信息，单击后面的“显示”按钮，可以在资源管理器中查看相关的文件。

◆**备份：**该选项用于指定备份当前目录的频率，可以在该选项的下拉列表中选择所需的操作进行应用，目录文件被意外删除或损坏后，可以使用备份文件恢复相关数据。

● “文件处理”标签

“文件处理”标签中的设置用于控制创建目录的预览效果，控制预览的品质，以及编辑目录中导入文件的序列号等。

在“目录设置”对话框中展开“文件处理”标签，如右图所示，即可在该标签中看到“预览缓存”、“智能预览”和“导入序列号”三个选项组，具体每个选项组中的选项应用效果如下。

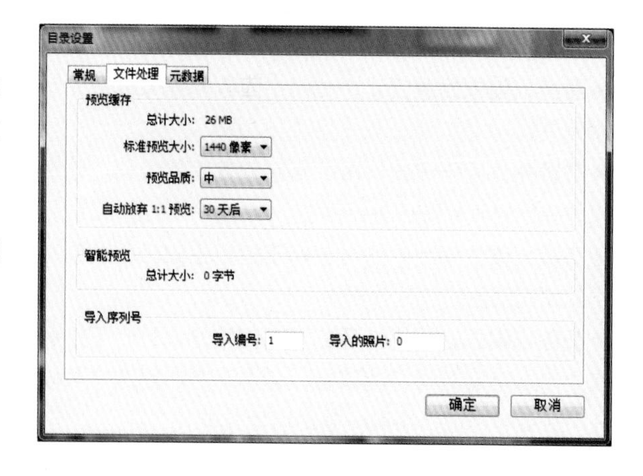

◆**标准预览大小：**为渲染的预览指定最大像素尺寸，可以选择适合用户所用的显示屏的大小，其中选择等于或大于屏幕分辨率的最长边的标准预览大小。例如，如果用户屏幕分辨率是1920像素x1200像素，则选择大于2048像素的标准预览大小，如果屏幕分辨率超过2048像素，Lightroom会生成一个1:1的预览。

◆**预览品质：**该选项用于指定预览的外观，其下拉列表中的“低”、“中”和“高”与JPEG文件品质等级的上限相当。

◆**自动放弃1:1预览：**根据最近一次对预览的访问，指定何时放弃1:1预览，1:1预览是根据需要渲染的，会使目录预览文件变得非常大。

◆**智能预览：**该选项用于显示文件处理的总共大小。

◆**导入序列号：**在该选项组中可以指定在将照片导入到目录中时照片的起始序列号，其中的“导入编号”选项是指表示导入操作执行次数的序列中的第一个编号，“导入的照片”选项是指表示已导入到目录中的照片数量的序列中的第一个编号。

● “元数据”标签

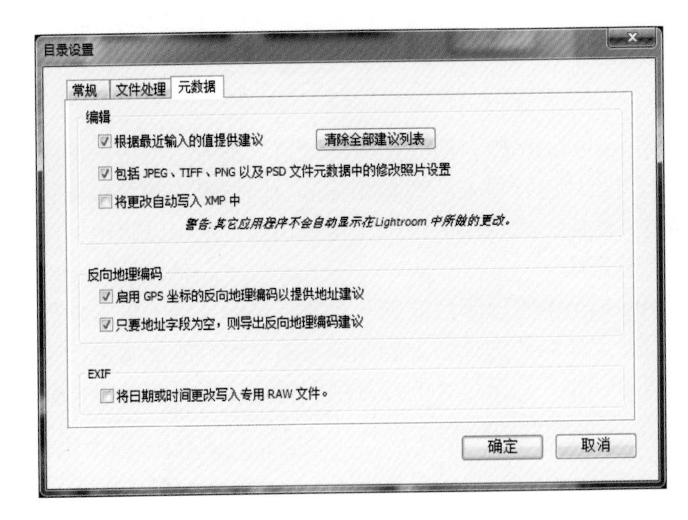

“元数据”标签中的设置用于控制当前目录中对元数据作出的编辑，即调整元数据的输入值建议，元数据的存储和是否将日期和时间更改写入专用RAW格式文件中。

在“目录设置”对话框中展开“元数据”标签，如左图所示，即可在该标签中看到相应的选项组，具体每个选项组中的选项应用效果如下。

◆**根据最近输入的值提供建议：**开始编辑元数据条目时，若输入的内容类似于以前输入的条目，系统会在用户键入时提供一条或多条建议，如果取消选中该复选框可禁用此功能，单击“清除全部建议列表”按钮可清除以前输入的条目。

◆**包括JPEG、TIFF以及PSD文件元数据中的修改照片设置：**取消选中该复选框后，Lightroom不会将“修改照片”模块的设置包括在JPEG、TIFF以及PSD文件的XMP元数据中。

◆**将更改自动写入XMP中：**选中此复选框，可将对元数据的更改直接存储到XMP附属文件中，因而可以在其他应用程序中显示这些更改。若取消选择该复选框，只会将元数据设置存储到目录中。

◆**反向地理编码：**该选项组中的选项用于控制是否启用GPS坐标的反向地理编码提供地址建议，以及只要地址字段为空，则导出反向地理编码建议。

◆**将日期或时间更改写入专用RAW文件：**执行“元数据>编辑拍摄时间”菜单命令，可以更改照片的拍摄时间元数据时，此选项可控制Lightroom是否将新日期和时间写入专用RAW文件中，默认情况下，此选项处于未选中状态。

Tips “元数据”标签中的“将更改自动写入XMP中”

在Lightroom中对文件进行编辑的过程中，如果勾选“目录设置”对话框“元数据”标签中“将更改自动写入XMP中”，那么在编辑后的文件中将对编辑的这些设置进行自动的存储。当再次在Lightroom中打开这些文件时，会显示出调整的设置参数，如果使用其他的应用程序打开这些文件，则不会自动显示在Lightroom中所做的更改。因此，如右图所示可以看到相关的“警告”提示时用户要注意这些问题。

第  章

轻松管理照片——导入、查看与筛选

在使用Lightroom时，最先接触的就是“图库”模块，该模块主要用于对照片进行导入、查看和筛选。当拍摄的照片数量较多时，通过“图库”模块中的组织和管理功能，就可以轻松对照片进行有效的管理。

在Lightroom中管理照片的第一步就是将照片导入到该软件中，接着根据实际需要选择合适的预览方式对照片的优劣进行审查，最后利用Lightroom强大的照片组织管理功能对照片进行分类，为后期的高效处理做好准备。

本章梗概

- 给照片一个家——导入照片
- 预览拍摄成果——查看照片
- 分门别类——筛选照片
- 别样的查看方式——“地图”模块

2.1 给照片一个家——导入照片

在未将照片进行整理之前，每个摄影师都可能会将大量的照片存储在自己的计算机、相机或者存储卡中，想要在Lightroom中使用强大的照片管理和处理功能对照片进行编辑，首选需要做的就是将照片导入到Lightroom中，导入的照片会集中在“图库”模块中进行管理，然后才能对照片进行进一步的分类和整理，因此导入照片是进入Lightroom操作的第一步。

2.1.1 导入照片的常规操作

如果用户是第一次使用Lightroom，那么可以使用最为常规的方式导入照片，只需要通过几个简单的步骤就可以对照片进行导入。

❶ 运行Lightroom应用程序，执行“文件＞导入照片和视频”菜单命令，如下左图所示。

❷ 打开导入窗口，在“源”面板中选择需要导入照片的位置，然后在照片的预览区域选择照片，选择“全选”，将指定文件夹中的照片全部导入到Lightroom中，完成后单击“导入”按钮，如右图所示。

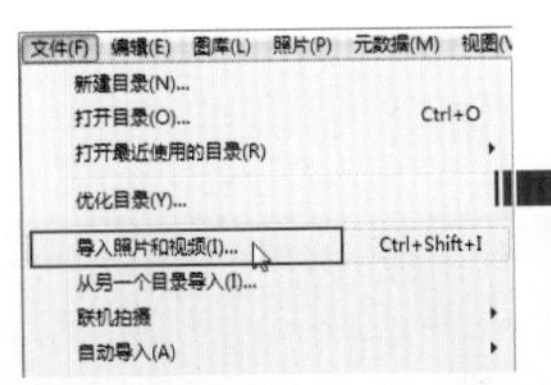

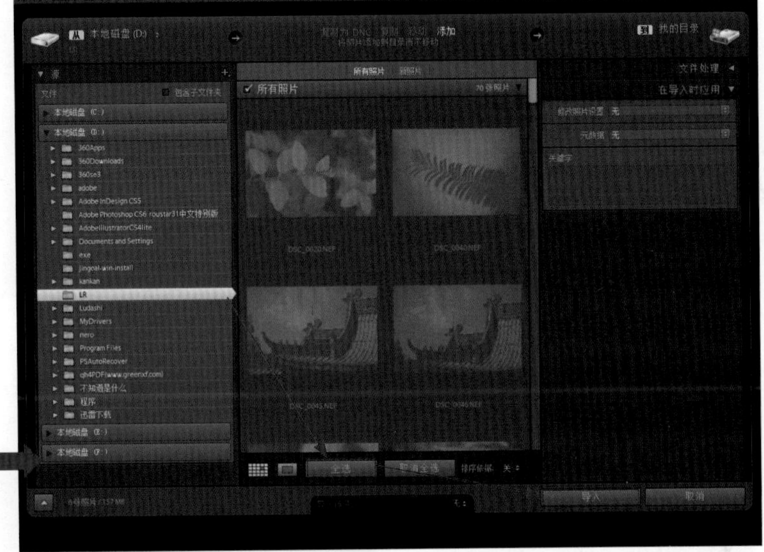

❸ 单击“导入”按钮后，Lightroom将自动切换到“图库”模块，在图像预览窗口和胶片显示窗口中可以看到导入的照片缩览图效果，如左图所示。

Tips 导入窗口中照片的不同显示状态

导入窗口中呈现出灰色显示的照片为已经导入到Lightroom中的照片，带有暗角半亮的照片是没有被选中的照片，最亮且带有小勾的照片是被选中将要导入的照片。

2.1.2 从相机中导入照片

当使用相机拍摄完成照片后，可以直接将相机中的照片导入到Lightroom中，这样可以缩短由于拷贝照片后再导入Lightroom的时间，提高工作效率。

❶ 运行Lightroom应用程序，使用数据线将相机与计算机相连，在计算机与相机之间接通之后，将弹出如下左图所示的“自动播放”对话框，在其中单击“导入照片”按钮。

❷ 单击“导入照片”按钮后将自动切换到Lightroom界面，在左侧的“源”面板中选择相机中的存储位置，选中需要导入的照片，单击“导入”按钮，如右图所示。

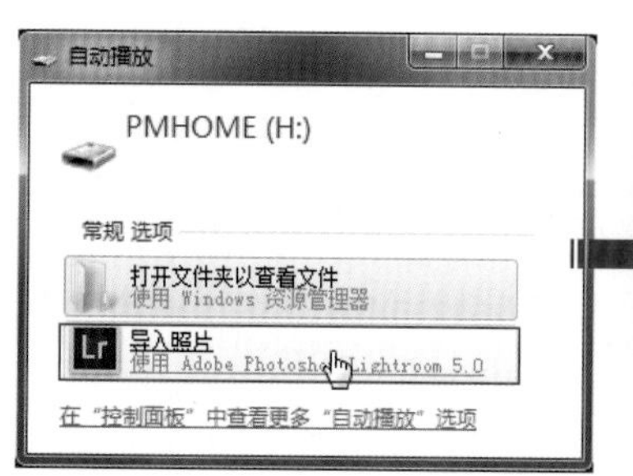

❸ 单击“导入”按钮后，Lightroom将自动切换到“图库”模块，将相机中的照片导入到Lightroom中，在导入的过程中会弹出如下左图所示的提示对话框，提醒用户是否将非RAW格式的照片转换为DNG格式，如果用户不需要转换，则直接关闭对话框即可，需要转换格式则单击“确定”按钮。

❹ 完成照片的导入操作后，在“图库”模块的“文件夹”面板中将自动创建文件夹，显示出当前导入的照片数量，如右图所示。

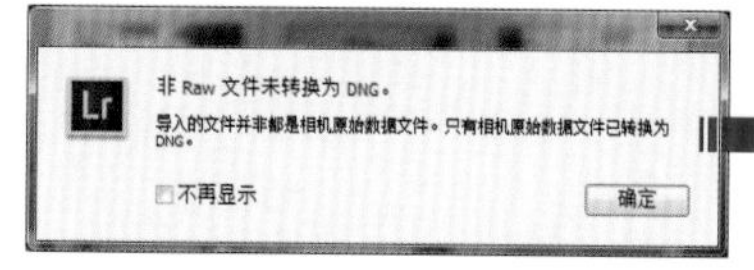

在使用相机导入照片的过程中，可以对导入后照片所使用的文件夹进行重新命名，执行“编辑 > 首选项”菜单命令，在打开的“首选项”对话框中的“常规”标签中进行设置，勾选“导入选项”选项组中的“命名文件夹时忽略相机生成的文件夹名”复选框，即可实现操作。

2.1.3 将导入的照片转换为DNG格式

数字负片DNG是一种用于数码相机生成的RAW文件的公用存档格式，它解决了各种型号的相机所生成的RAW文件没有开放标准的问题，有助于确保摄影师将来能够访问他们的文件。在 Lightroom 中，可以将专用RAW文件转换为DNG格式。

为了在Lightroom中处理照片的过程中，保留照片最原始的拍摄数据和处理信息，可以在导入照片的过程中将照片转换为DNG格式，也可以将已经导入到Lightroom中的照片转换为DNG格式，接下来就通过详细的步骤来进行讲解。

●在导入时将照片转换为DNG格式

在第一次导入照片的过程中，如果需要简化操作，可以在导入照片的同时将照片格式转换为DNG。在Lightroom的“首选项”对话框的“常规”和“文件处理”面板中设置导入首选项，能够让照片在导入的过程中自动转换为DNG格式。

❶ 运行Lightroom应用程序，执行“编辑＞首选项”菜单命令，如下左图所示，即可打开“首选项”对话框，在其中需要对导入的相关选项进行设置，以帮助用户在导入照片的过程中将照片转换为DNG格式。

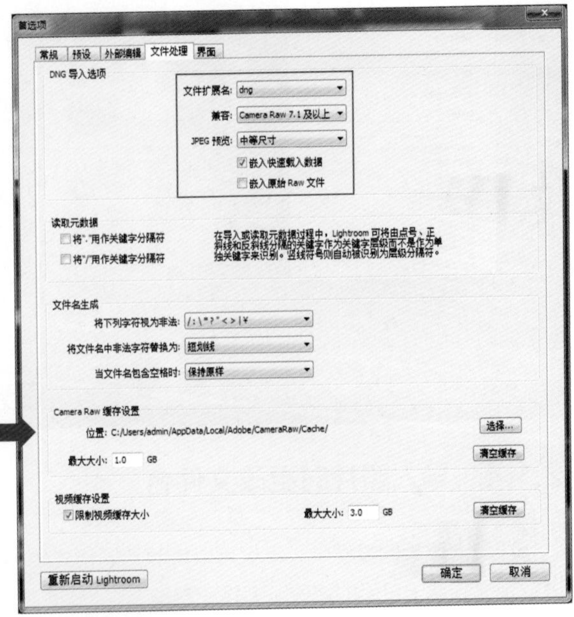

❷ 在“首选项”对话框的“文件处理”标签中对“DNG导入选项”选项组中的设置进行调整，如右图所示，完成设置后直接单击“确定”按钮，关闭“首选项”对话框。

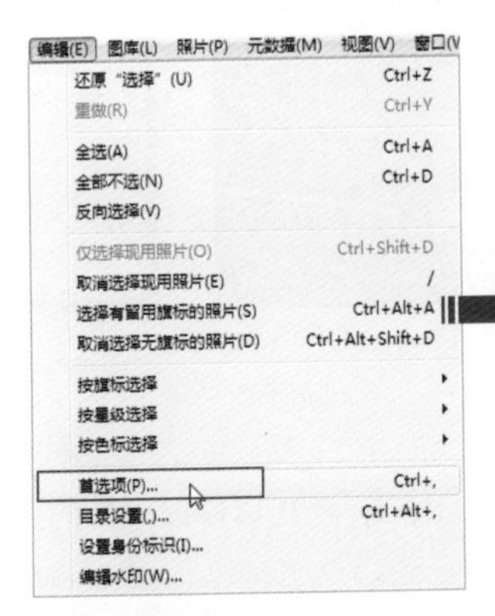

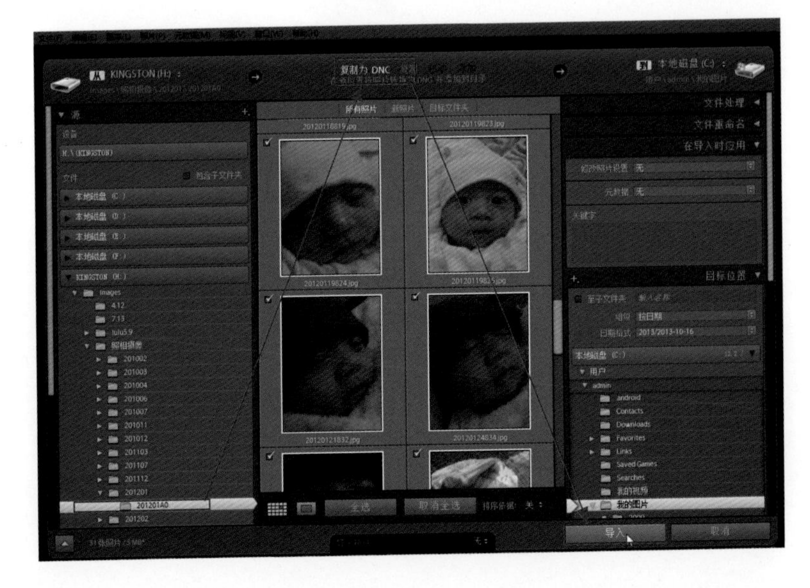

❸ 执行“文件＞导入照片和视频”菜单命令后，在打开的“导入窗口”中选择导入照片的位置，然后单击“复制为DNG”，这会将导入的照片复制到新的位置并转换为DNG格式，最后单击“导入”按钮，如左图所示，即可完成操作，使得导入的照片自动转换为DNG格式。

●将已经导入的照片转换为DNG格式

如果已经将照片导入到了Lightroom中，那么此时要将照片的格式转换为DNG格式，可以通过“将照片转换为DNG格式”命令来实现。

❶ 在Lightroom的“图库”模块中选中多张需要转换为DNG格式的照片，执行“文件＞将照片转换为DNG格式”菜单命令，如下左图所示。

❷ 在弹出的对话框中的“源文件”选项组中勾选“只转换RAW文件”复选框，并对“DNG创建”选项组中的选项进行设置，完成设置后单击“确定”按钮，如下右图所示，即可将已经导入到Lightroom中的照片转换为DNG格式。

2.1.4 导入照片时更改文件名

在导入照片的过程中，不仅可以将照片的格式转换为DNG，还可以修改照片的文件名，对照片的名称重新进行定义，便于日后的修改、编辑和整理。

导入照片时进行重新命名，只需在导入的窗口中选择导入的方式为“复制”，然后展开右侧的“文件重命名”面板，并勾选“重命名文件”复选框，在“模板”中选择一种新的命名方式，接着单击“导入”按钮，即可将导入的照片进行统一的重新命名，如右图所示。

2.2 预览拍摄成果——查看照片

在“图库”模块中将拍摄的照片导入到Lightroom后，就可以在Lightroom中对拍摄的成果进行预览了。该软件中可以通过四种不同的方式对照片进行查看和挑选，包括“网格视图”、“放大视图”、“对比视图”和“筛选视图”，除此之外，还可以通过旋转照片、改变视图背景颜色和设置导航器等操作，让照片的查看更加符合当前编辑的需要，提高工作的效率。

2.2.1 四种不同的视图模式

Lightroom中提供了多种预览照片的方式，选择不同的视图模式可以得到不同的预览效果，通过视图窗口左下方的图标按钮可以大致对视图模式的显示有一定的了解，如下图所示，其中的“放大视图”模式可以单独查看一张照片，“比较视图”模式可对两张照片进行对比，根据需要可以进行选择。

●网格视图

在“图库”模板中单击“网格视图”图标按钮，即可在Lightroom的视图窗口中看到已经导入照片的缩览图，以非常规整的棋盘式排列显示出来，如左图所示，在Lightroom的视图窗口中，“网格视图”是默认的显示模式。

●放大视图

在“图库”模板中单击“放大视图”图标按钮，或者在“网格视图”模式下双击其中一张照片，即可在Lightroom的视图窗口中看到当前选择照片的画面效果，该照片与“导航器”中显示的照片为同样一张照片，如右图所示。在“放大视图”中可以对照片的局部进行放大显示，便于用户预览到更多的细节。

●比较视图

Lightroom中的“比较视图”模式可以将选中的照片进行对比显示，其中首次选中的照片将作为对比的标准，显示在视图窗口的左侧，而右侧的照片会根据操作进行替换，这样的预览方式可以帮助用户清晰地对比照片之间的差异。

❶ 在“网格视图”模式显示下，按住Ctrl键的同时选择需要进行比较的两张或者多张照片，选中的照片将会以较亮的背景颜色突出显示出来，如左图所示为选中三张照片时的效果。

Tips “网格视图”选中照片的显示

在“网格视图”模式中选中多张照片时，缩览图单元格中背景颜色最亮的照片为选中的第一张照片。

❷ 单击“比较视图”图标按钮XY，即可在Lightroom的视图窗口中显示选中照片中的其中两张照片，以左右对比的方式显示出来，由于“比较视图”模式只是两张照片之间的对比，因此即便选取了三张照片，但是每次都只会显示出其中的两张，并且左侧的照片都只会是第一次单击选中的。

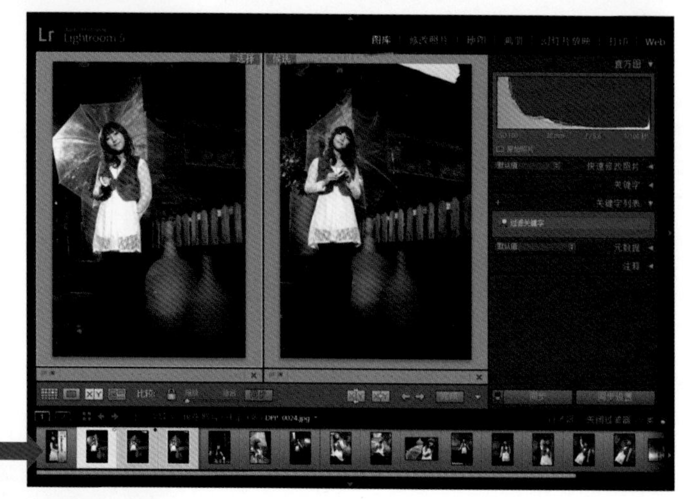

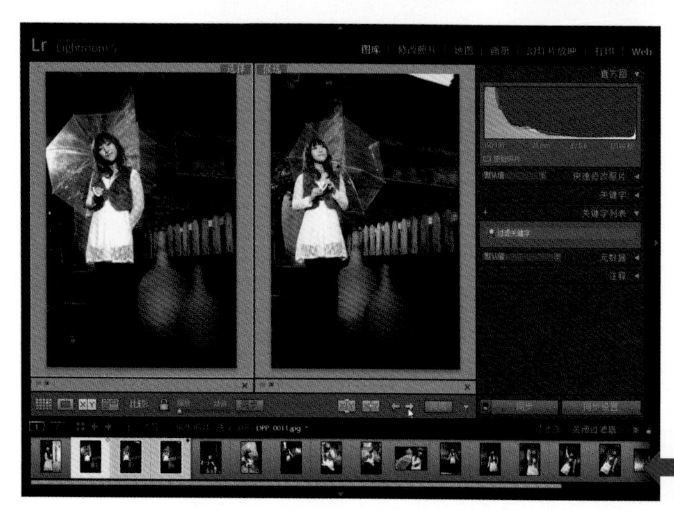

❸ 由于在之前的步骤中我们选中的是三张照片，需要将其他的照片来与左侧的照片进行对比，可以单击视图窗口右下角的“选中下一张”按钮➡，就可以替换对比的照片了，如左图所示。

● 筛选视图

“比较视图”模式可以对两张照片进行对比显示，但是如果要将多张照片进行并列比较，那么，“比较视图”模式就不能实现操作，此时就需要使用“筛选视图”模式来对照片进行查看。

❶ 在“网格视图”模式显示下，按住Ctrl键的同时选择需要进行比较的多张照片，或者按住Shift键的同时选中多张连续的照片，选中的照片将会以较亮的背景颜色突出显示出来，如右图所示为选中四张照片时的效果。

❷ 单击“筛选视图”图标按钮，在Lightroom的视图窗口中将并列显示出上一步骤中选中的多张照片，Lightroom将会根据照片在“文件夹”或者“收藏夹”中的顺序对照片进行排列，如左图所示为“筛选视图”模式下的照片显示效果。

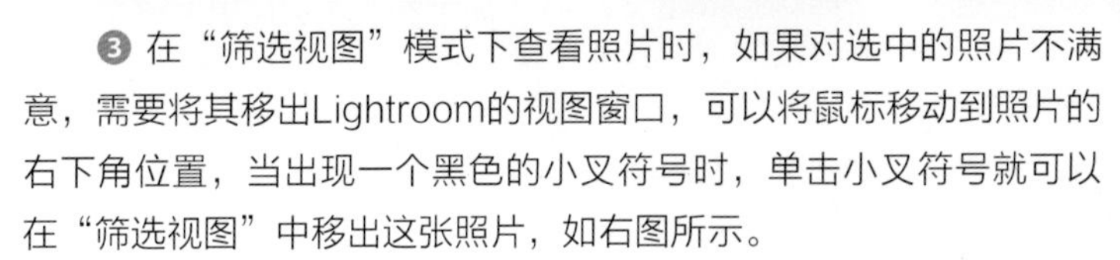

❸ 在“筛选视图”模式下查看照片时，如果对选中的照片不满意，需要将其移出Lightroom的视图窗口，可以将鼠标移动到照片的右下角位置，当出现一个黑色的小叉符号时，单击小叉符号就可以在“筛选视图”中移出这张照片，如右图所示。

Tips “修改照片”模块下的视图模式

在“修改照片”模块下的视图模式与“图库”模块下的视图模式略有不同，“修改照片”模块下只包含了“放大视图”和“比较视图”两种，其中的“比较视图”与“图库”模块下的“比较视图”不同，这里的“比较视图”重要用于切换修改前和修改后照片的对比效果。当单击“比较视图”右侧的下三角形按钮，可以弹出快捷菜单，如右图所示，在其中可以选择所需的选项。

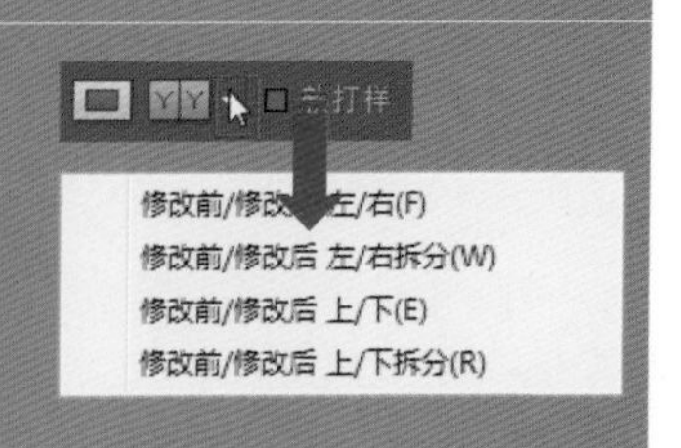

2.2.2 在多种视图模式之间进行切换

在Lightroom中对照片进行查看和预览的过程中，为了使视图模式与当前的编辑更加协调，可以选择不同的视图模式，根据需要切换视图模式是Lightroom中最常用的操作之一。

在Lightroom中可以通过两种方式在多种视图模式之前进行切换，一种是使用工具栏中的图标，通过单击图标来实现操作；一种是通过执行菜单命令。

●单击图标切换视图模式

通过单击图标的方式切换视图模式，是Lightroom中最常用的操作，可以快速实现不同的照片预览。在“图库”模块的工具栏中，包含了四个图标，即“网格视图”、“放大视图”、“比较视图”和“筛选视图”，通过单击这些图标，可以快速对视图模式进行切换。

当选中其中的一种视图模式后，代表该视图模式的图标将以较为明亮的形式突出显示出来，而其余视图模式的图标将以灰色的方式显示，具体效果如上图所示。

●执行菜单命令切换视图模式

在Lightroom的“视图”菜单中，通过执行“网格”、“放大”、“比较”或者“筛选”菜单命令，可以切换视图模式，如右图所示。

菜单命令前面的勾选表示当前使用的视图模式。

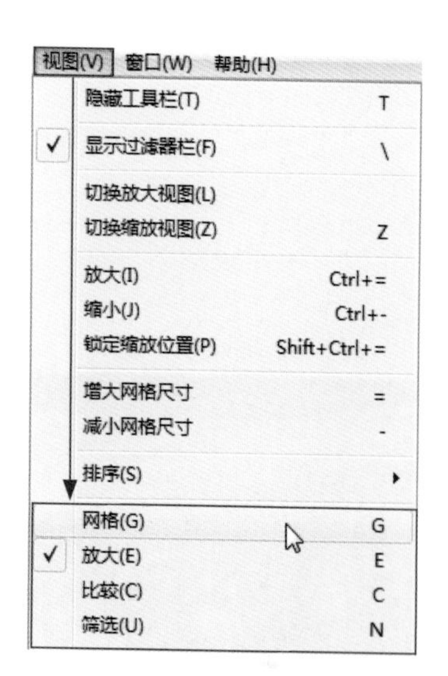

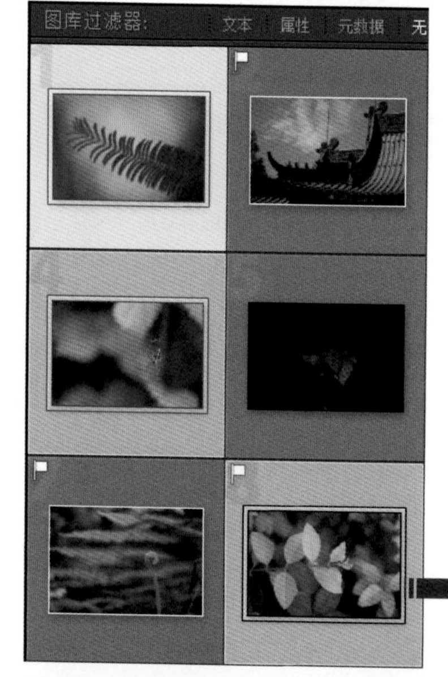

在“网格视图”的显示中选择一张或多个张照片时，执行“照片>在放大视图中打开”菜单命令，可切换到“放大视图”的显示，如下图所示。如果选择了多张照片，选中的照片会在“放大视图”中打开，当使用键盘上的向右键或者向右键可以在“放大视图”模式中在选定照片之间进行切换。

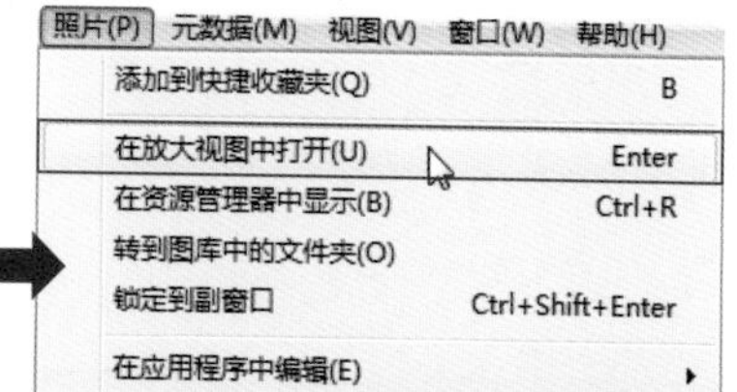

Tips 使用快捷键在多种视图模式之间进行切换

除了使用图标按钮和菜单命令在多种视图模式之间进行切换以外，还可以通过使用快捷键来实现切换操作，当按下G键即可在“图库”模块中切换到“网格视图”模式；当按下E键即可在“图库”模板中切换到“放大视图”模式；当按下C键即可在“图库”模板中切换到“比较视图”模式；当按下N键即可在“图库”模板中切换到“筛选视图”模式，让切换操作更加便捷。

2.2.3 可变的视图背景颜色和纹理

当预览不同明暗程度的照片时，不同的视图背景颜色会对照片的颜色或者亮度产生一定的影响，在Lightroom的“图库”模块中，可以通过设置对照片的视图背景颜色或者纹理进行更改，这样能够让照片的预览效果更准确。

在“图库”模块中执行“编辑>首选项”菜单命令，在打开的“首选项”对话框中单击“界面”图标，切换到“界面”标签，在该标签的“背景”选项组中可以通过设置“填充颜色”和“纹理”选项来对视图的背景进行调整，设置的影响范围可以通过“主窗口”和“副窗口”两个选项来进行控制，如下图所示。

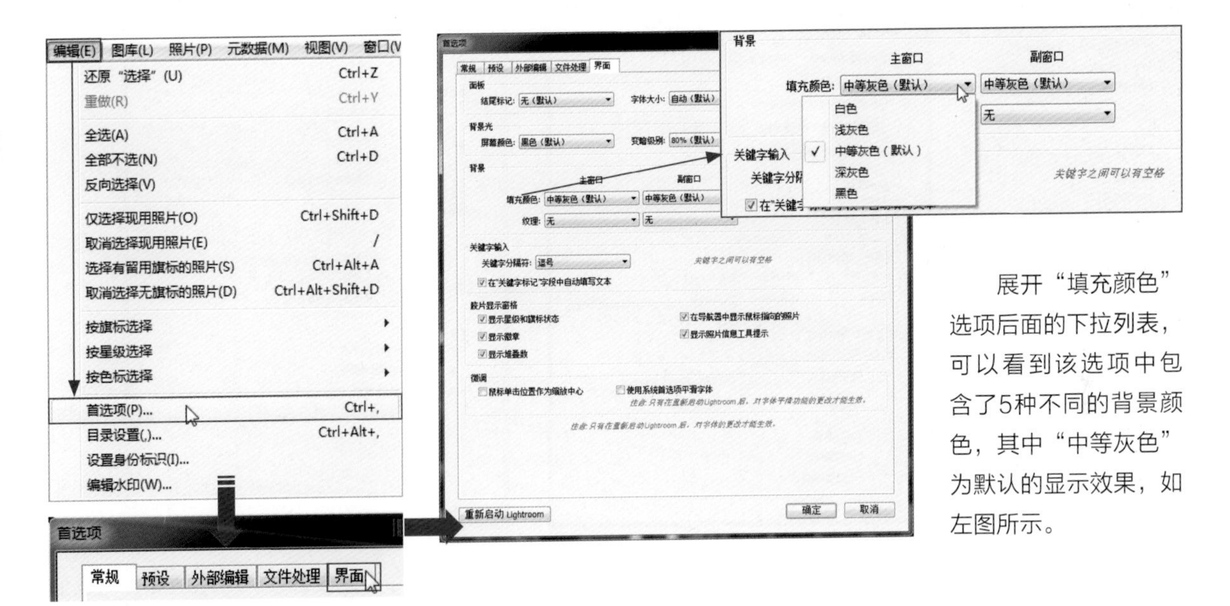

展开“填充颜色”选项后面的下拉列表，可以看到该选项中包含了5种不同的背景颜色，其中“中等灰色”为默认的显示效果，如左图所示。

不同的设置选项带来不同的视图颜色和纹理效果，如下左图所示为默认的视图背景颜色，当设置“主窗口”的背景颜色为“深灰色”，如下中图所示，可以看到照片周围的背景颜色变深；当设置“主窗口”的背景颜色为“浅灰色”，并调整“纹理”选项为“条纹”，可以看到如下右图所示的视图背景中颜色变浅，同时背景颜色中带有细小的条纹。

通过如下图所示的三种背景颜色可以看出，即便是相同的一张照片，但是在不同的背景颜色下，人眼观察到的明暗效果也略有差别，因此在Lightroom中对照片的曝光进行校正的过程中，可以通过更改视图背景颜色的方式来进行查看，得到最佳的照片处理效果。

2.2.4 图库视图选项

在“图库”模块下设置“视图选项”会确定照片在“网格视图”中的外观，用户可以指定各个显示效果的不同组合，范围从只显示缩览图，到带有照片信息、过滤器和“旋转”按钮的缩览图显示等。

在“图库”模块中，执行“视图>视图选项”菜单命令，可以打开如下左图所示的“图库视图选项”对话框，在该对话框中包含了两个标签，即“网格视图”和“放大视图”，单击“放大视图”图标，可以切换到“放大视图”标签，如下右图所示。

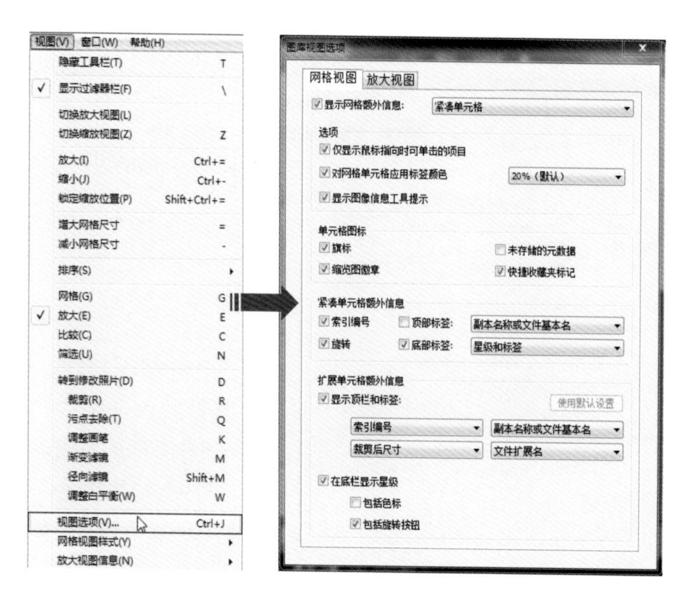

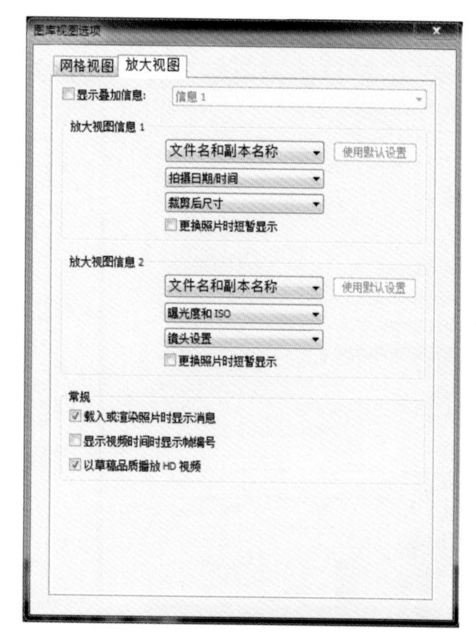

◆**显示网格额外信息：**勾选该复选框，可以查看照片缩览图单元格中的信息和图标。

◆**仅显示鼠标指向时可单击的项目：**勾选该复选框，则只在指针移动到单元格上时，显示可单击项目。

◆**对网格单元格应用标签颜色：**在每个单元格的背景中显示标签颜色。

◆**显示图像信息工具提示：**勾选该复选框，将指针悬停在项目上时，显示项目的说明。

◆**旗标：**使“留用”或“排除”旗标显示在缩览图单元格的左上角。

◆**未存储的元数据：**在Lightroom中将元数据或关键字添加到照片，而不将元数据存储到文件时，“需要更新元数据文件”图标会显示在单元格区域的右上角。

◆**快捷收藏夹标记：**在照片缩览图的右上角显示“快捷收藏夹”标记。

◆**缩览图徽章：**显示缩览图徽章，指示哪些照片应用了关键字、裁剪或具有图像调整。

◆**索引编号：**在“网格”视图显示照片的序号。

◆**旋转：**勾选该复选框后，将显示“旋转”按钮。

◆**顶部/底部标签：**显示菜单中选择的顶部/底部标签。

◆**显示顶栏和标签：**显示缩览图单元格的标题区域。

◆**显示叠加信息：**勾选该复选框，可以随照片一起显示信息，默认情况下“显示叠加信息”处于选中状态。取消勾选会在“放大视图”中显示不带叠加信息的照片。

◆**放大视图信息1/放大视图信息2：**使用菜单选择在“放大”视图的两个叠加信息中显示什么内容，用户可以在每个叠加中最多选择三个项目，其中包括文件名、元数据或无数据。

◆**更换照片时短暂显示：**可以只在“放大视图”中更换照片时，短暂显示叠加信息。

◆**载入或渲染照片时显示消息：**勾选该复选框，可在此过程中在“放大视图”中显示叠加信息。

Tips 更改网格视图选项

通过从“网格视图样式”菜单中进行选择，可以快速地更改“网格视图”选项。在“网格视图”中，执行“视图>网格视图样式”菜单命令，其中的“显示额外信息”、“显示徽章”、“紧凑单元格”、“扩展单元格”和“切换视图样式”命令，可以在“网格视图样式”菜单中的不同视图之间切换。

2.2.5 旋转照片改变预览效果

照片在导入Lightroom中后，会由于拍摄时相机的反向而对照片的反向产生影响，在Lightroom中可以一次旋转单张或者多张的照片，让照片的观察视角恢复正常。旋转照片可以通过右键菜单、菜单命令和快捷图标来进行操作，这些操作都非常得简单。

●单击图标旋转一张照片

在“网格视图”中选中一张照片，将其在“放大视图”中显示出来，在图像预览窗口的下方将显示出两个带有箭头的图标，单击其中的“逆时针旋转照片”图标，可以将照片从逆时针方向旋转90度；单击“顺时针旋转照片”图标，可以将照片从顺时针方向旋转90度。

在“图库”模块的“放大视图”中打开一张需要调整观察角度的照片，单击图像预览窗口中下方的“顺时针旋转照片”图标，将照片向右旋转90度，可以看到照片的观察视角恢复正常的显示，如右图所示。

此外，通过“放大视图”中右键单击照片，在右键菜单中执行“变换”命令，可在其子命令中选择合适的旋转方式。

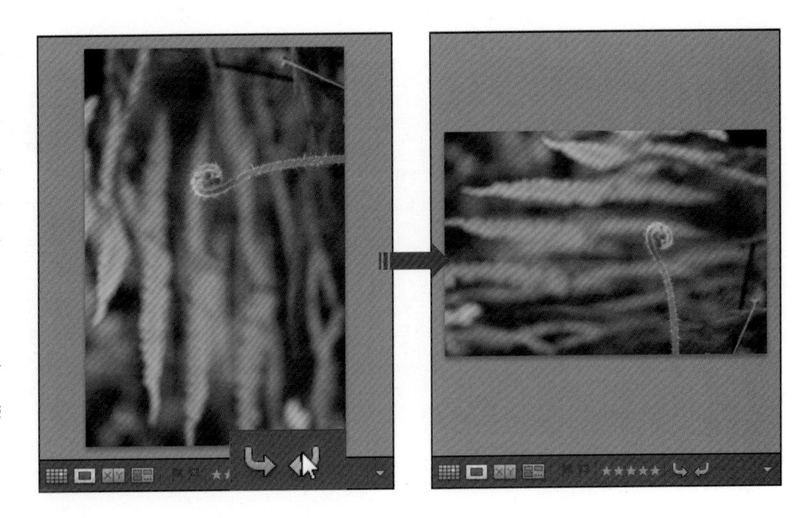

●菜单命令或右键菜单旋转多张照片

对多张照片进行旋转需要在“网格视图”中进行操作，但是在“网格视图”中不会显示出“逆时针/顺时针旋转照片”图标，因此只有通过菜单命令来实现操作。

如果想要同时旋转多张照片，可以在“网格视图”中按住Ctrl键的同时选中多张照片，通过执行“照片>逆时针旋转”或“照片>顺时针旋转”菜单命令，或者在照片上单击鼠标右键，在弹出的右键菜单中选择“逆时针旋转”或“顺时针旋转”命令，都可以对多张照片的角度进行调整，具体操作如下图所示。

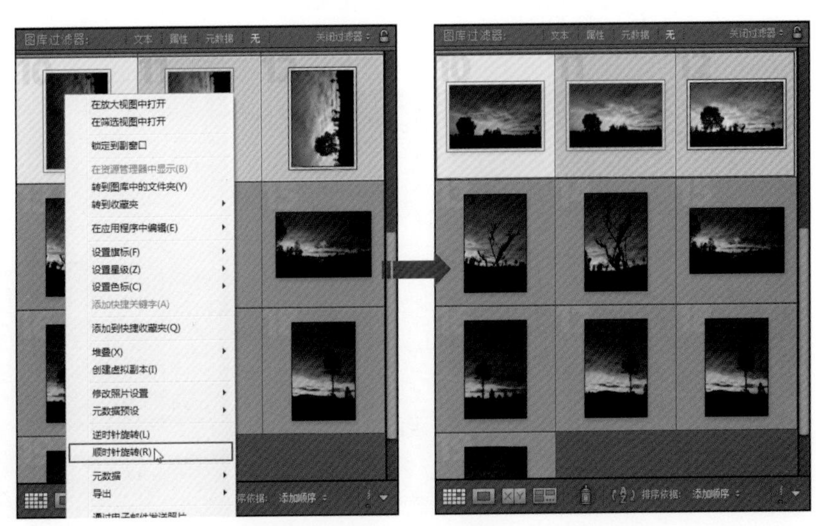

2.2.6 导航器的使用

“导航器”位于Lightroom界面的左上方，该区域主要用于显示当前鼠标停放位置的照片预览效果和对图像预览窗口中的照片进行缩放操作。

●更改缩放级别

在“图库”模块的“放大视图”中打开一张照片，单击“导航器”右侧的三角形图标，在其展开的下拉列表中可以看到多种预设的照片缩放比例选项，如下图所示，选择选项即可对照片进行比例缩放。

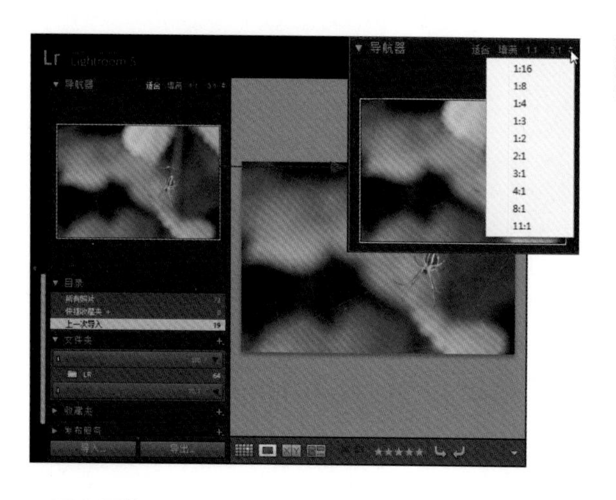

●平移图像

在对照片进行缩放的过程中，当出现部分照片不可见的情况时，当鼠标的指针放在图像预览窗口的照片上，将出现“手形”的显示，单击并拖曳鼠标即可调整显示结果，或在“导航器”面板上使用指针可将隐藏的区域移动到视图中，如下图所示。

“导航器”面板始终显示整个图像，上面覆盖方框表示主视图的边缘。

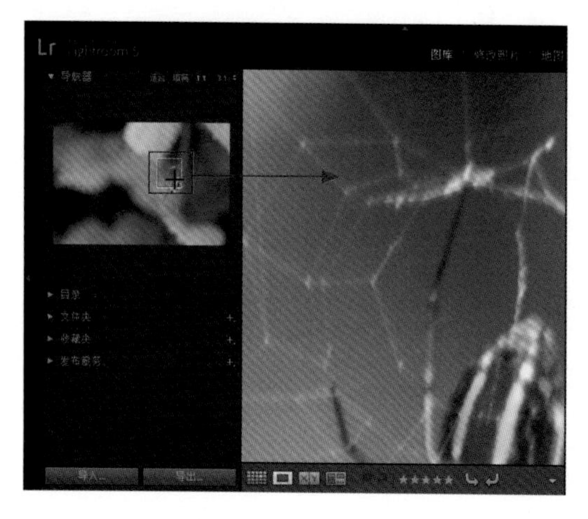

●使用预设显示

在“导航器”的右侧，还包含了“适合”、“填满”、“1:1”和“3:1”四个预设的显示选项，单击相应的选项，即可将图像预览窗口中的图像按照所需的比例进行显示，下图所示为选择“填满”后的显示效果。

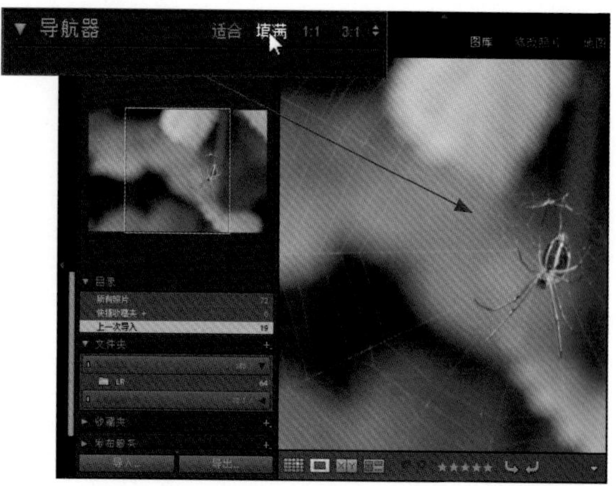

●改变导航器中的显示

将鼠标的指针放在“胶片显示窗口”中的任意照片上，在“导航器”面板中将显示出当前鼠标指针停留位置的照片效果，但是在图像预览窗口中显示的照片仍然为当前选中的照片，具体操作和显示效果如下图所示。

2.3 分门别类——筛选照片

Lightroom具有强大的照片管理功能，其中，筛选照片的操作显得尤为关键。当用户的照片达到一定多的数量后，大量的照片会让后期的工作变得更加繁琐。为了提高工作效率，在对照片进行修饰和美化之前，需要对照片进行分门别类，通过智能的筛选方法管理照片、用元数据来查看更多的照片信息，以及使用目录和对照片进行重新命名等。

2.3.1 智能的照片筛选方法

Lightroom中提供了三种筛选方式，即用等级划分照片级别的“星级筛选”、用形象的旗帜标注的“旗标筛选”和用颜色进行区分的“色标筛选”，用户可以根据照片的质量、类别、用途等对照片进行标注，从而完成照片的分类操作。

●星级筛选

“星级筛选”就是通过为照片添加不同等级星级的方式来对照片进行归类，用户根据不同的星级判断照片的重要性或实用性。

❶ 在“网格视图”模式显示下，执行“照片>设置星级”菜单命令，在打开的级联菜单中选择“1星”、“2星”或“3星”来执行照片的星级，或者直接使用鼠标在照片缩览图下方的五个点上单击，单击第一个点指定该照片为1星级，单击第二个点指定该照片为2星级，以此类推，具体操作如下图所示，这两种方式都可以完成照片星级的设置。

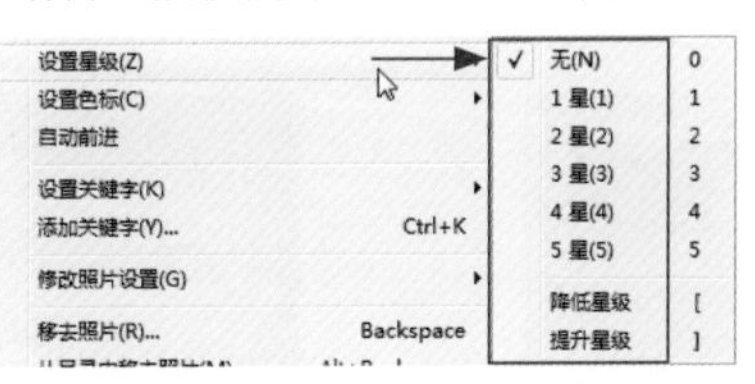

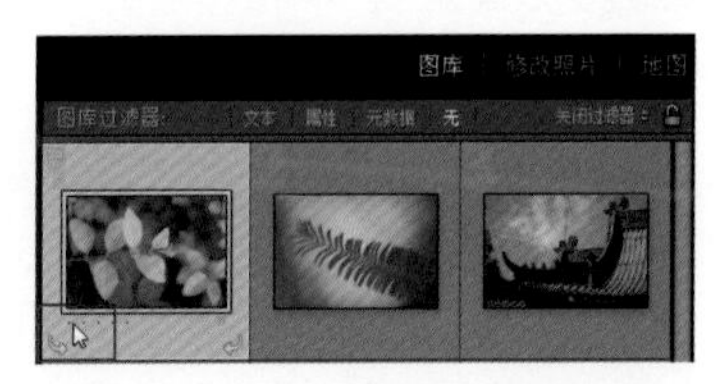

❷ 完成星设置后，在照片的缩览图下方会显示出不同数量的星级，此外，重复照片星级设置的操作可以对照片的星级进行更改。

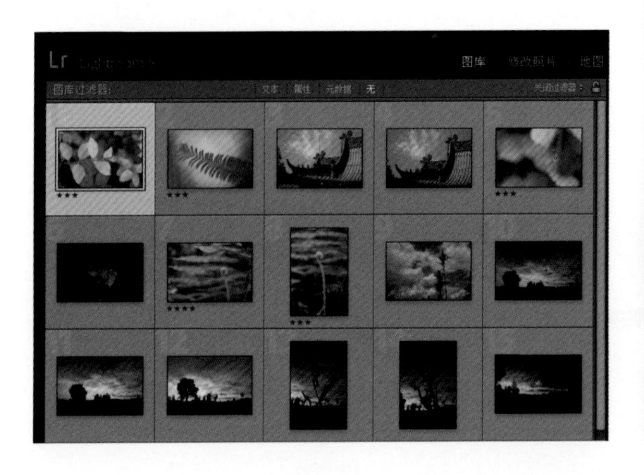

❸ 单击图像预览窗口上的“属性”字样，展开照片属性显示，在“图库过滤器”中单击星级过滤按钮，即可显示出指定星级的照片。

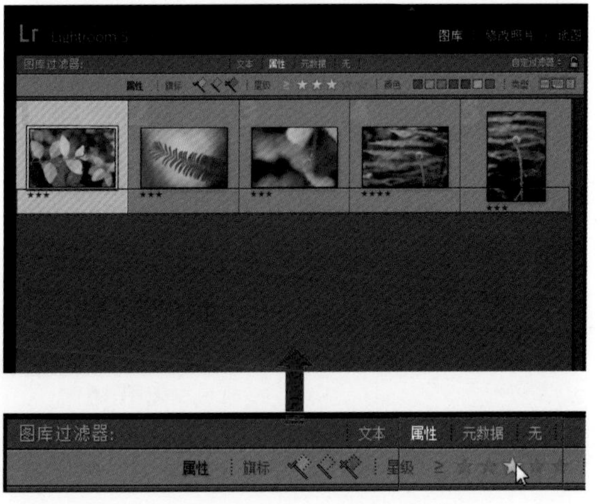

Tips 移去照片的星级

要移去照片的星级，可以在“图库”的“图库过滤器”面板中选定一张或多张照片，执行“照片 > 设置星级 > 无”菜单命令，即可取消照片的星级评定，也可以单击位于照片缩览图下方最右边的一颗五角星来移去星级，例如，照片的星级为五颗星，可以单击第五颗星移去星级。

●色标筛选

使用特定的颜色来标记照片，就是Lightroom中所谓的“色标筛选”，它也是一种快速分类照片的方法，用户可以为“网格视图”中的照片标记上不同的颜色，由此来对众多的照片进行区分。

❶ 在“网格视图”中选中多张照片，执行“照片 > 设置色标”菜单命令，在该菜单命令的级联菜单中包含了“红色”、“黄色”、“绿色”、“蓝色”、“紫色”和“无”一共6个选项，选择不同的选项即可为照片标记上不同的颜色，下图所示为将照片标记上蓝色的操作。

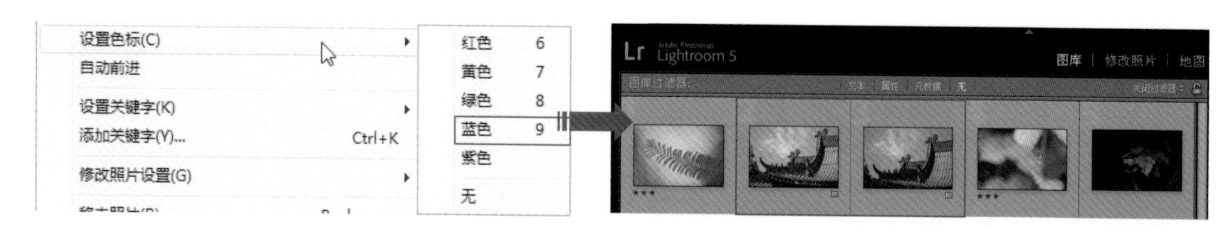

❷ 完成照片的色标标记操作后，在“网格视图”模式下可以看到照片的被标注上了不同的颜色，以显示出不同类别的摄影作品，下图所示为不同色标照片的显示效果。

❸ 单击图像预览窗口上的“属性”字样，展开照片属性显示，在“图库过滤器”中单击“颜色”后面的蓝色色块，即可显示出指定色标的照片，如下图所示。

❹ 除了在“网格视图”模式下对照片进行色彩标记以外，还可以对红、黄、绿、蓝、紫这一组色标进行重新命名，以改变其功用，方便用户根据自身的需求进行操作。在“图库”模块中执行“元数据 > 色标集 > 编辑”菜单命令，如下左图所示；打开如下右图所示的“编辑色标集”对话框，在其中可以在不同颜色图标后面的文本框中输入不同的名称，完成设置后单击“确定”按钮，即可对色标组进行重新命名。

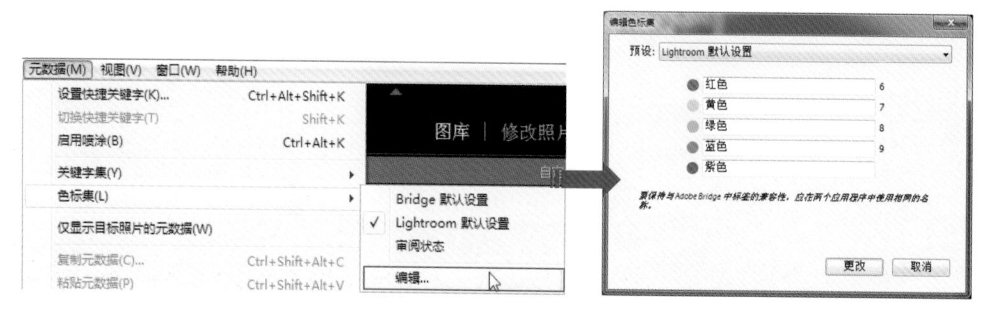

●旗标筛选

“旗标筛选”可以在“图库”模块中为照片设置不同的旗标，由此来指定照片是留用还是排除，通过“图库过滤器”可以完成照片的筛选，以显示出指定旗帜的照片，再进行有针对性的操作，具体操作如下。

❶ 在“网格视图”中选中一张或者多张照片，执行“照片>设置旗标”菜单命令，即可打开该命令的级联菜单，在其中选择“留用”、“无旗标”或“排除”来进行操作。

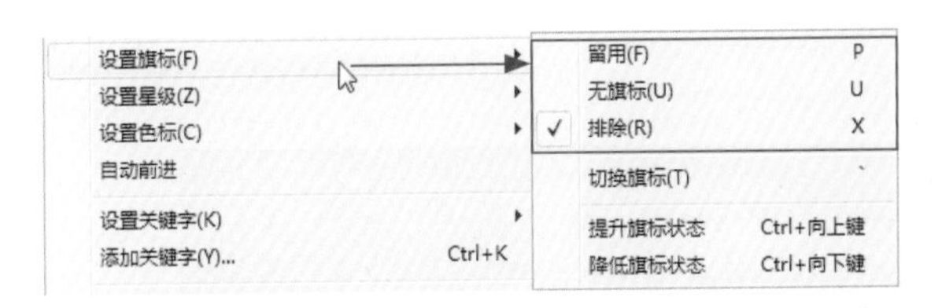

❷ 完成旗标设置后，在照片的左上角将显示出相应的旗帜图标，单击旗帜图标，在打开的菜单中可以对照片的旗标进行更改，具体操作如下图所示。

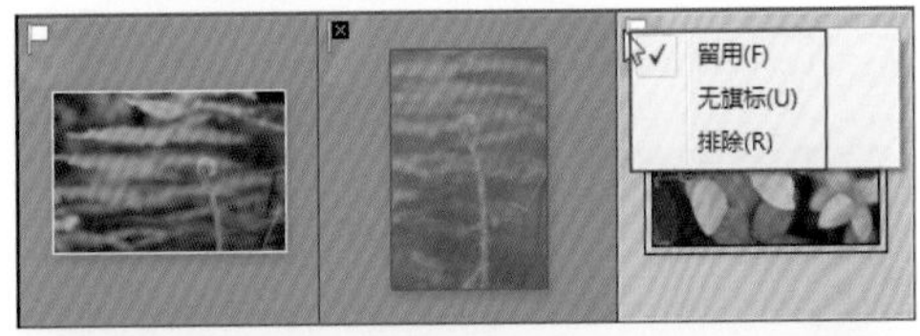

❸ 单击图像预览窗口上的“属性”字样，展开照片属性显示，在“图库过滤器”中单击“旗标”后面的不同旗标图标，即可显示出指定旗标的照片，右图所示为筛选出“留用”旗帜标识照片的操作效果。

❹ 通过“旗标筛选”方式对照片进行筛选后，在“胶片显示窗口”中会显示出当前筛选出来的照片数量，下图所示为72张照片中筛选出来3张符合条件的照片。

❺ 对照片进行旗标标记后，如果不需要对其进行筛选，只需对其进行选择，可以通过执行“编辑>选择有留用旗标的照片”菜单命令，即可用较亮的形式突出显示出符合条件的照片。

Tips “旗标筛选”的操作技巧

在进行“旗标筛选”的操作中，可以通过按住Ctrl键的同时按下键盘上的上键或者下键来分别提升或者降低旗标的状态，此外，如果将照片的旗标设置为“排除”，那么在“网格视图”模式下，该照片会显示出灰色状态。如果在“网格视图”中无法直接显示和设置照片的旗标，则需要在“图库视图选项”对话框中勾选“旗标”复选框后才能进行操作。

2.3.2 堆叠照片进行高效管理

在Lightroom中对照片进行堆叠操作，就是将多张照片归组到一个缩览图下，在操作的过程中可以堆叠任何格式的照片，由此方便对同一文件夹中的照片进行分门别类。例如，使用堆叠可以组织通常由许多图像文件组成的图像序列。

❶ 在“图库”模块中的“网格视图”中选中多张需要堆叠在一起的照片，用鼠标右键单击其中的一个照片缩览图，在弹出的快捷菜单中执行“堆叠 > 组成堆叠”菜单命令，如下左图所示；选中的照片将会堆叠在一个缩览图中，并且只显示出照片中处于最上方的照片，在缩览图的左上方会显示出堆叠图标，用数字表示堆叠照片的数量，如下右图所示。

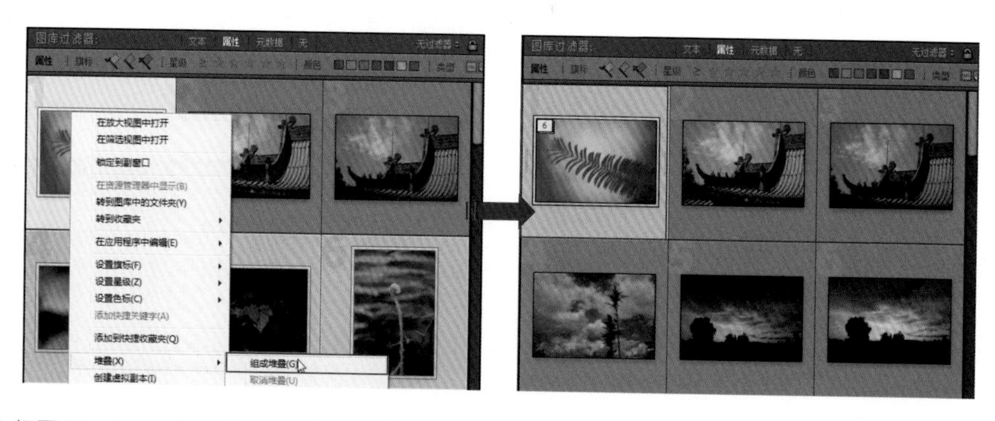

❷ 想要展开堆叠的照片，可以单击堆叠左上角的堆叠图标，在弹出的快捷菜单中选择“展开堆叠”命令，如下左图所示，即可展开堆叠的照片，展开的堆叠照片最前端的照片将以较亮的方式进行显示，并且通过数字标示照片的顺序，如下右图所示。

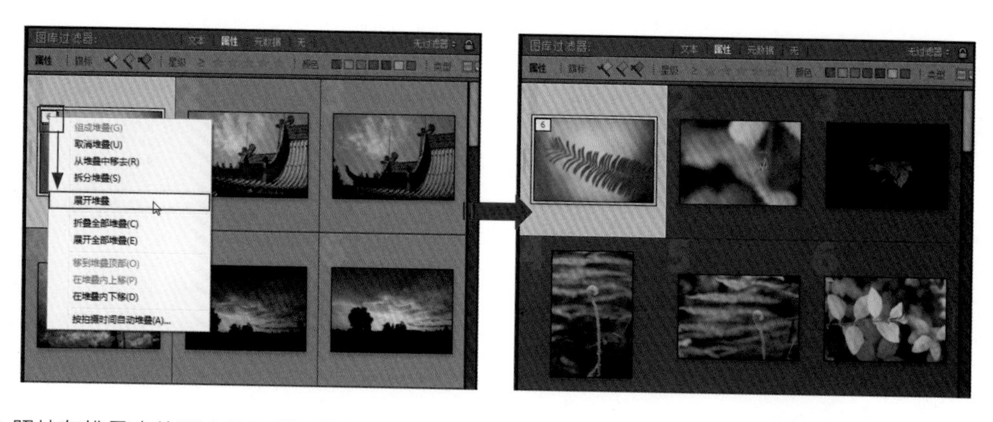

❸ 照片在堆叠中的顺序是可以调整的，最常用的方式就是在“胶片显示窗口”中展开堆叠的照片，单击并拖曳需要调整顺序照片的位置即可，如下图所示，也可以右键单击照片的缩览图，在弹出的菜单中执行“堆叠”子菜单中的相关命令即可，如右图所示。

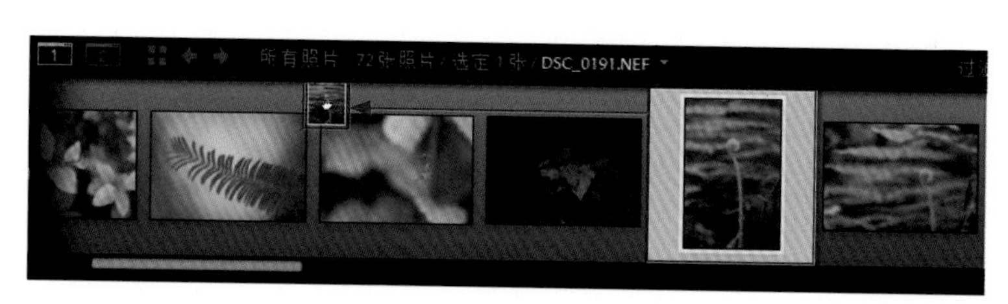

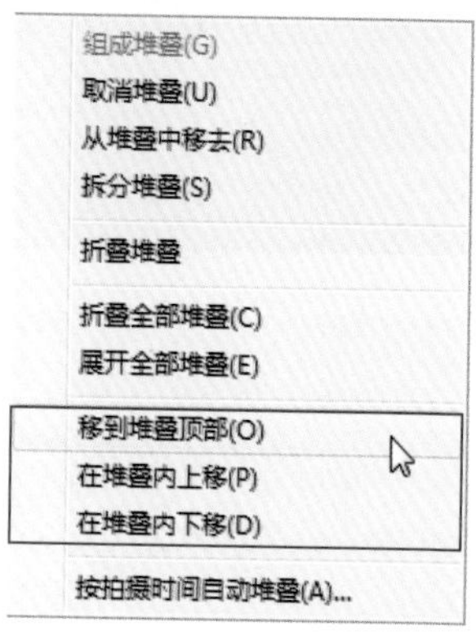

2.3.3 元数据的编辑

元数据是关于照片的一组标准化信息，包括作者姓名、分辨率、色彩空间、版权以及对其应用的关键字等。大多数数码相机会附带一些关于文件的基本信息，如高度、宽度、文件格式以及拍摄时间等。Lightroom也支持使用“国际出版电讯委员会”制定的信息标准识别传输的文本和图像，此标准包含说明、关键字、类别、开发团队和来源等相关条目，在Lightroom中可以使用元数据来优化工作流程以及组织文件。

●查看元数据

在Lightroom中可以通过“图库”模块右侧的“元数据”面板来查看照片的拍摄数据。

在“图库”模块中选中任意一张照片，单击右侧“元数据”后面的三角形按钮，展开“元数据”面板，在“元数据”面板左侧的下拉列表中选择需要显示的信息，如EXIF信息，就可以在“元数据”面板中查看到当前照片的元数据了，具体的操作如右图所示。

●更改照片的拍摄日期

如果在拍摄照片之前没有对相机的时间和日期进行设置，那么还可以通过Lightroom对照片的拍摄时间进行更改，保证照片信息的准确性。如果更改了拍摄时间，“元数据”面板中的原始日期时间 EXIF元数据也会发生变化，并且对于大部分相机而言，原始日期时间与数字化日期时间相同，因此数字化日期时间也会进行相应的更改

❶ 在“网格视图”下选中一张或者多张照片，然后执行“元数据＞编辑拍摄时间”菜单命令，如下图所示。

❷ 在“编辑拍摄时间”对话框中单击选中“调整为指定的时间和日期”单选按钮，然后在“新时间”选项下设置“校正后时间”选项，完成更改后单击“更改”按钮，回到“元数据”面板中可以看到EXIF中的日期已经改变。

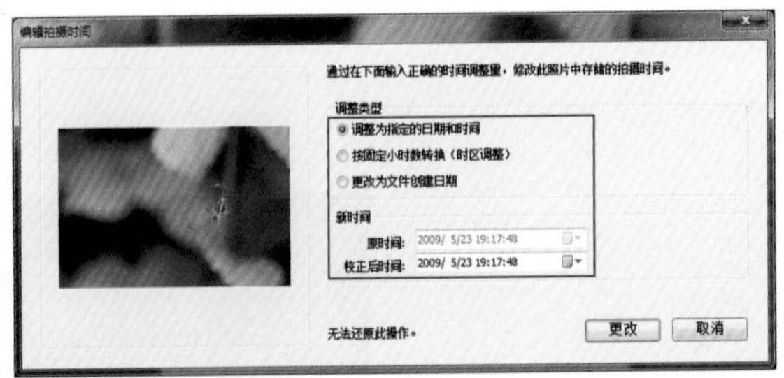

● 添加和编辑元数据

通过在“元数据”面板中输入信息，可将元数据添加到照片中。使用预定的元数据集，可以轻松对照片的所有元数据或一个元数据子集进行添加或编辑。

❶ 在“网格视图”中选定了一张或多张照片，或者在放大、比较或筛选视图中，在“胶片显示窗格窗口”中选定了单张照片时，在“元数据”面板中设置显示为“默认值”，如下图所示。

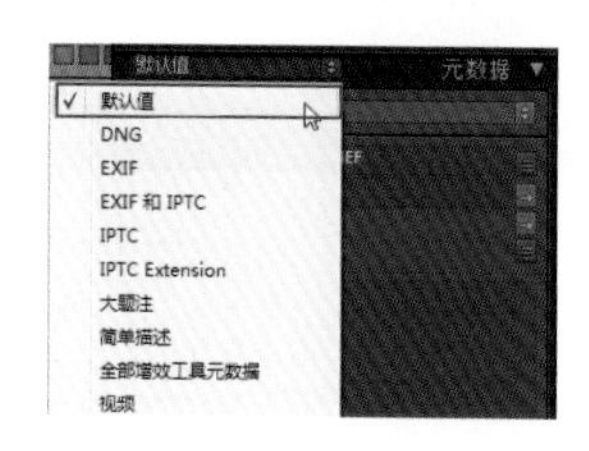

❷ 要添加元数据，可以将鼠标放在选项后面的文本框位置单击，当鼠标呈现出可输入状态时，单击鼠标进入编辑状态，在文本框中输入文本即可编辑元数据，如下图所示。

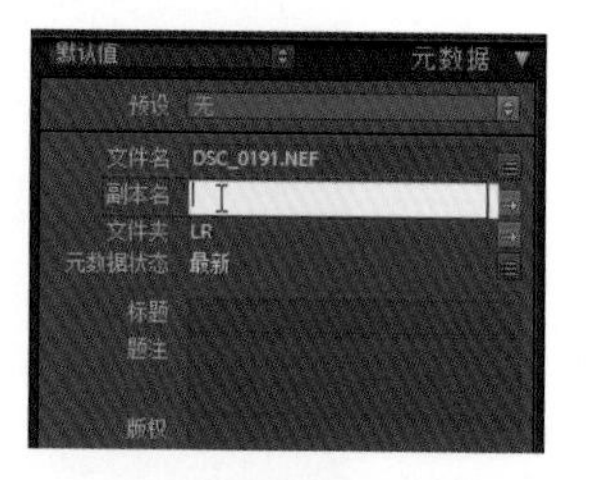

❸ 要执行相关操作，单击元数据字段右侧的操作图标，例如，要对照片的尺寸进行修改，可以单击“裁剪后”选项后的图标，进入Lightroom的裁剪编辑中，如下图所示。

Tips 元数据的其他作用

Lightroom软件中还提供其他字段，用于发送电子邮件和跳转到某个网站链接。例如，单击网站右侧的链接，可以在浏览器中打开指定的网站。在放大、比较或筛选视图中，如果在胶片显示窗格中选定了多张照片，则元数据只会添加到现用照片。

● 将相同的元数据应用到多张照片

在Lightroom中可以通过“编辑预设”操作将元数据信息应用到多张照片中，省去手动为不同照片重复输入相同信息的繁琐操作，实现照片的元数据信息的批量更改。

❶ 在“元数据”面板的“预设”下拉列表中选择“编辑预设”选项，如下图所示。

❷ 打开“编辑元数据预设”对话框，在该对话框中根据需要勾选信息前面的复选框，再根据实际情况输入添加的信息，完成信息的编辑后单击对话框右下角的“完成”按钮，具体内容如右图所示。

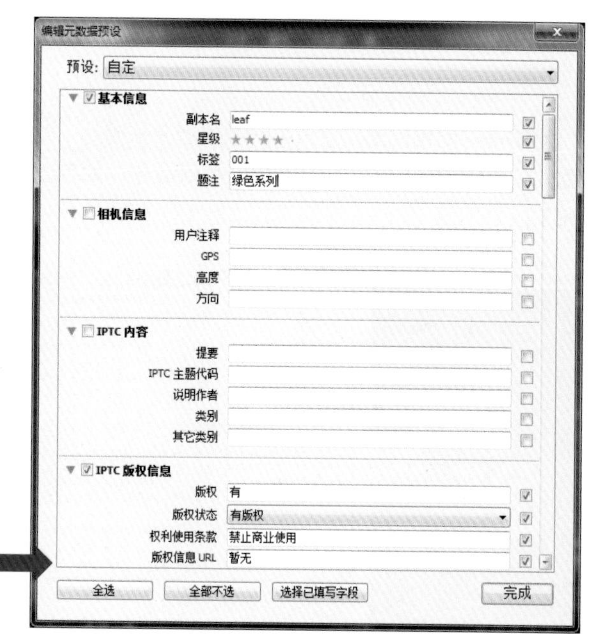

❸ 关闭“编辑元数据预设”对话框后，打开“确认”对话框，在该对话框中单击“存储为”按钮，如下左图所示；接着打开“新建预设”对话框，在“预设名称”文本框中输入名称，单击“创建”按钮即可完成设置，如右图所示。

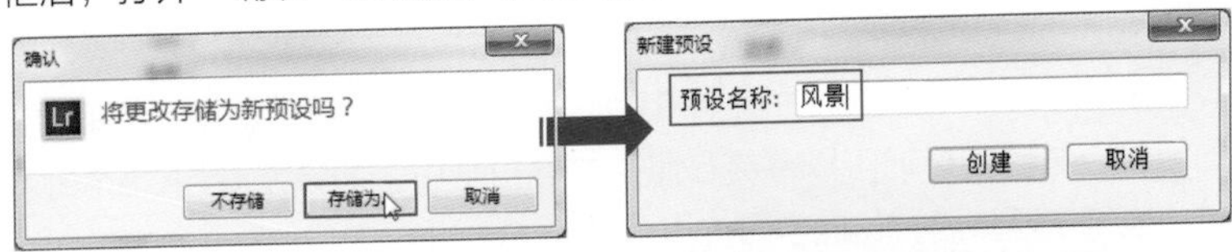

❹ 完成元数据的预设编辑后，在“网格视图”中选择需要应用预设的照片，从“元数据”面板的“预设”下拉列表中选择刚刚创建的“风景”预设选项，如右图所示，即可将预设中的信息应用到所选择的照片中。

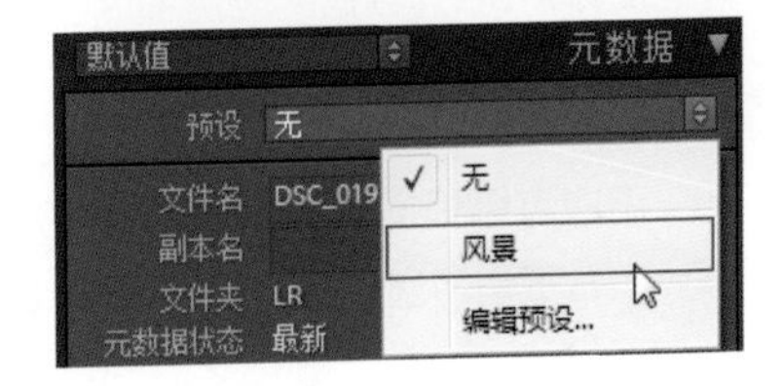

●依据元数据查找照片

通过对照片中的元数据进行筛选，也可以达到对照片进行归类的目的，接下来就以ISO为100的照片为基本的筛选条件，然后提取出其中使用Canon EOS 500D相机拍摄的照片，将符合条件的照片挑选出来。

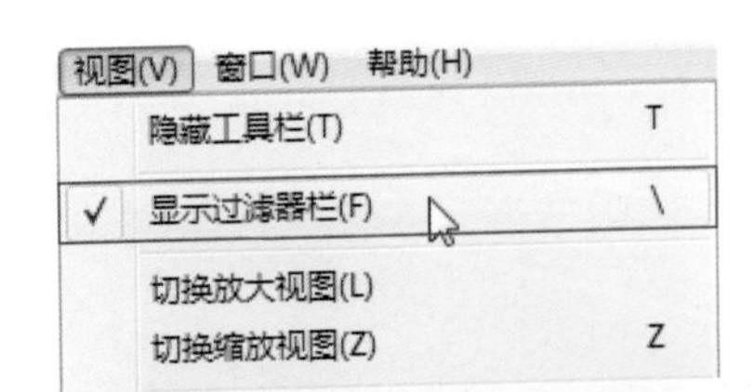

❶ 在Lightroom的菜单栏中单击“视图”菜单，在该菜单的菜单命令中选择“显示过滤器栏”命令，如左图所示，让图像预览窗口中显示出“图库过滤器”，接着在其中单击“元数据”，让“图库过滤器”中显示出当前文件夹中照片的元数据归类。

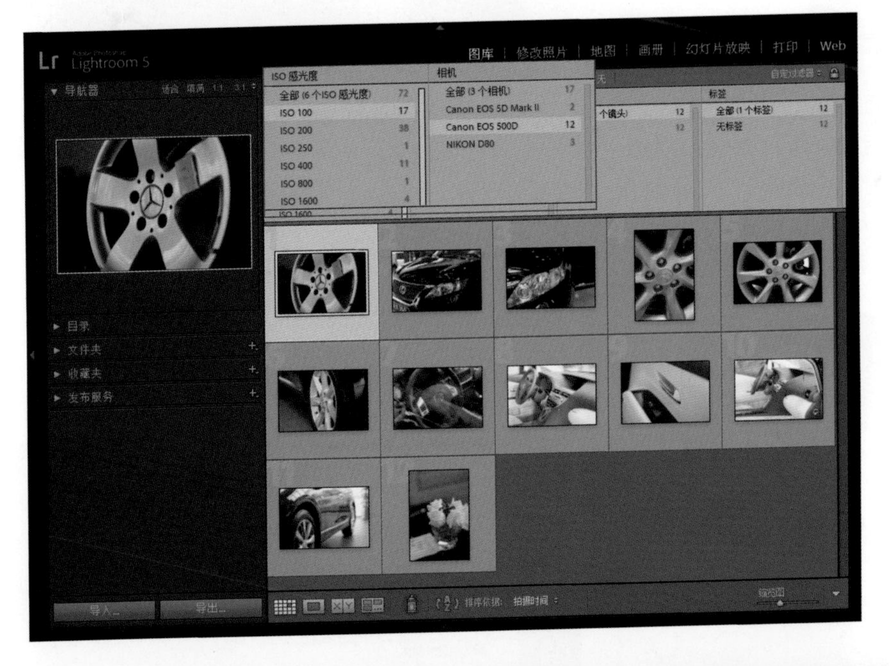

❷ 在“ISO感光度”选项下单击ISO 100选项，可以看到符合该条件的照片一共有18张，继续对照片进行筛选，单击“相机”选项下的Canon EOS 500D，将使用该相机拍摄且IAO为100的照片在图像预览窗口中显示出来，软件会自动筛选出符合这些条件的照片，如左图所示。

Tips 更改元数据筛选项目的顺序和内容

单击“日期”、“相机”、“镜头”、“标签”后面的三角形按钮，操作如右图所示，可以在其下拉列表中选择添加或者移去该列，由此来更改筛选项目的顺序，达到调整筛选项目内容的目的。

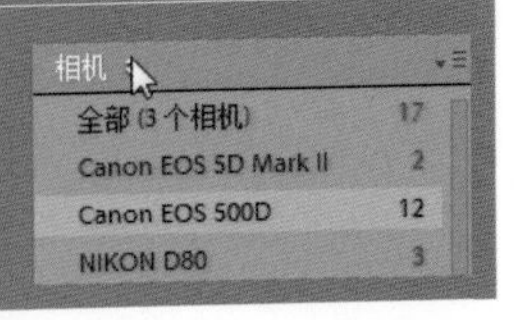

2.3.4 添加关键字

关键字标记是描述照片重要内容的文本元数据，可帮助用户标识、搜索和查找目录中的照片。与其他元数据相似，关键字标记可以存储在照片文件自身中，如果是专用Camera RAW文件，则存储在XMP附属文件中。应用于照片后，关键字即可由Adobe Bridge、Photoshop或Photoshop Elements等 Adobe应用程序或其他支持XMP元数据的应用程序读取。

●创建关键字

用户可以根据照片的内容为照片添加上关键字，在Lightroom的“网格视图”中为照片添加了关键字，在照片的右下角将显示出一个铅笔形状的缩略图图标，表示该照片中包含了关键字。

❶ 在“网格视图”中选定了一张或多张照片，或者在放大、比较或筛选视图中在胶片显示窗口中选定了单张照片时，在“关键字”面板上的“关键字标记”选项组中的“单击此处添加关键字”字段中键入关键字。

❷ 按Enter键确认关键字的编辑，跳过此过程中的其余步骤，当单击添加关键字的照片时，可以在“关键字”或“关键字列表”面板中查到照片的关键字。

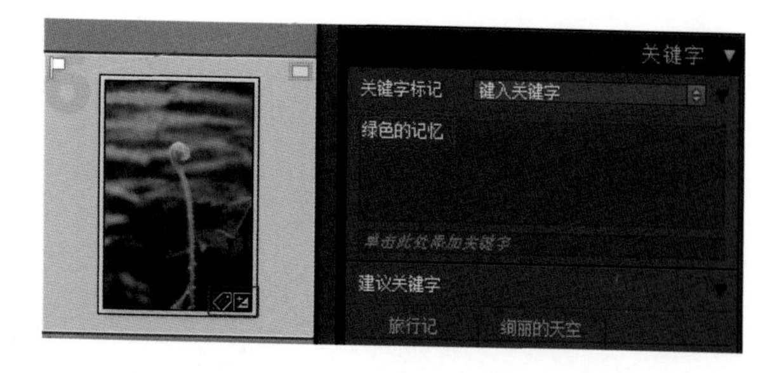

❸ 单击“关键字列表”面板中的加号图标，在打开的“创建关键字标记”对话框中，如下图所示，输入关键字标记的名称，当输入关键字标记的同义词，使用逗号分隔同义词。如果在放大、比较或筛选视图中选定了多张照片，则关键字只会添加到现用照片。

❹ 要自动将新的关键字嵌套在某一特定更高层级标记下，可以在“关键字列表”面板中右键单击更高层级标记，然后选择“将新关键字置入到该关键字中”命令，此时，父关键字旁边将出现一个点，并且如果用户没有从上下文菜单中取消选择此选项，所有的新标记都会成为此关键字的子项。

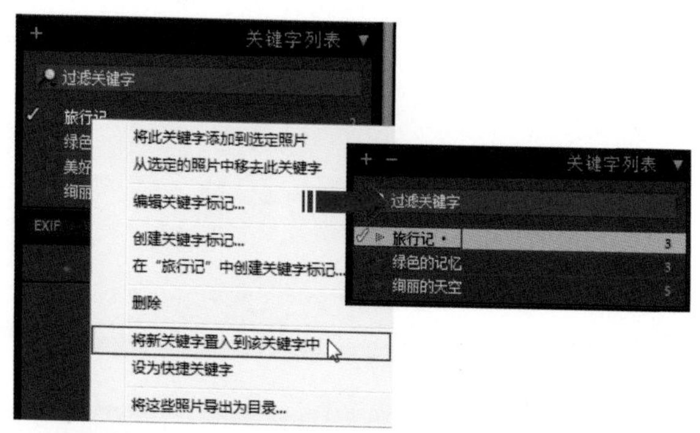

Tips 关键字的编辑

关键字中不允许使用逗号、分号和竖线（|），因为这几个标点会分隔关键字列表，关键词不允许以星号（*）结尾，关键词和同义词不允许以空格或制表符字符开头或结尾。

❺ 要将关键字应用到多张照片中，可以在“网格视图”中选中多张照片，接着在“关键字”面板的“建议关键字”区域中单击某个关键字标记，对选中的照片添加上关键字标记之后，“关键字列表”面板中相关的关键字右侧将显示出使用此类关键字的照片总数，操作如右图所示。

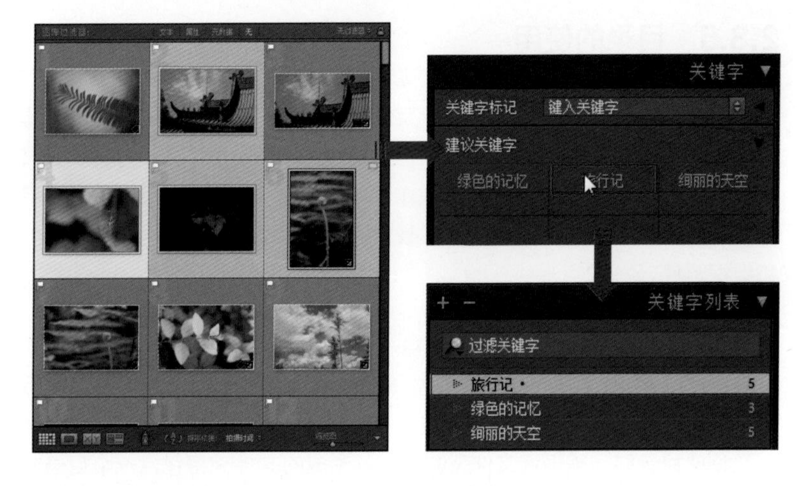

●关键字集

当不断向目录中添加关键字标记时，创建关键字集将非常重要，因为这样用户可以轻松访问相关的关键字标记。例如，可以为特定活动、地点、人物或任务创建含有多达九个关键字标记的关键字集。

使用关键字集不会更改将关键字标记写入到照片元数据中的方式，而只是提供了另一种组织关键字标记的方式，一个关键字标记可以属于多个关键字集。

❶ 将特定关键字标记包括在一个关键字集中，要确保在“关键字”面板中选择了该关键字集。执行“元数据>关键字集>编辑”菜单命令，打开对话框中输入或覆盖关键字标记，从“预设”菜单中选择“将当前设置存储为新预设”命令，如下图所示。

❷ 创建了关键字集后，在“关键字”面板中可以看到创建的关键字集显示，通过单击“关键字集”后面的三角形按钮，在弹出的快捷菜单中可以对当前的关键字集进行更多的操作。

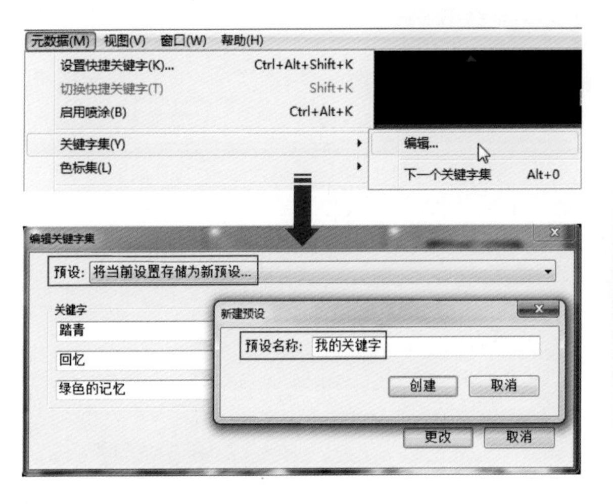

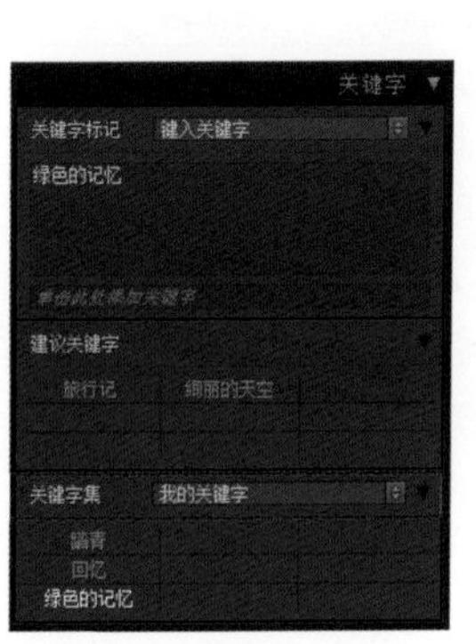

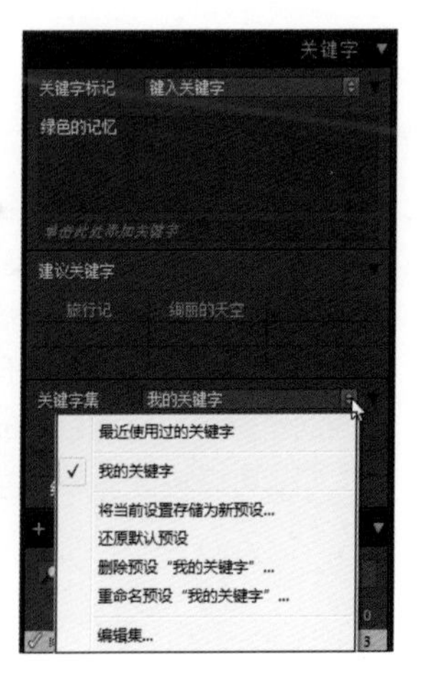

❸ 在“图库”模块的“关键字”面板上，从“关键字集”弹出菜单中选择“编辑集”命令，或者执行“元数据>关键字集>编辑”菜单命令，都可以打开如下图所示的“编辑关键字集”对话框，从“预设”菜单选择关键字集，当选择“重命名预设‘我的关键字’”，可以重新命名关键字集；选择“删除预设‘我的关键字’”，可以删除关键字集。

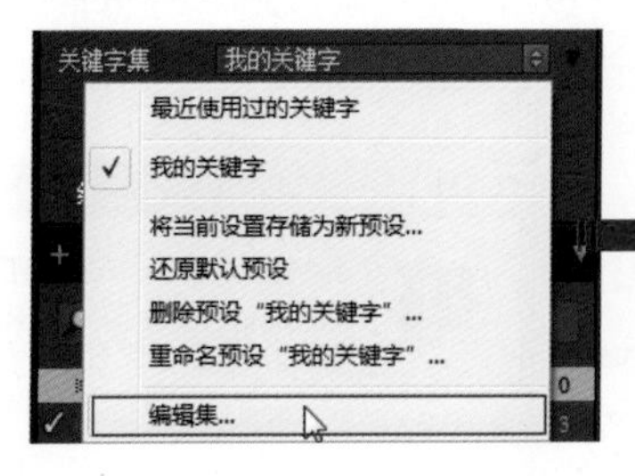

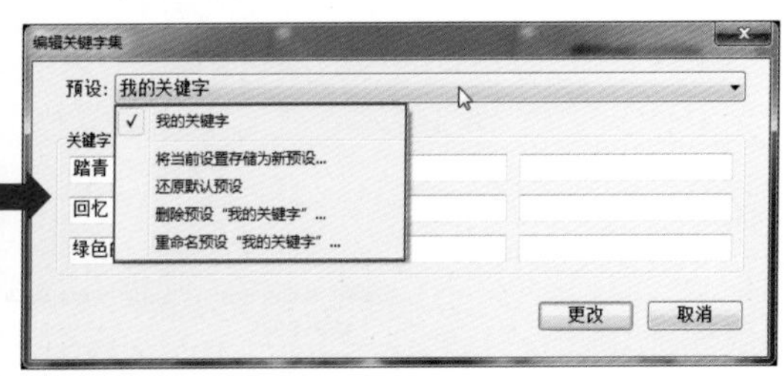

2.3.5 目录的使用

Lightroom使用“目录”记录文件位置及文件相关信息，目录类似于含有照片记录的数据库，此记录存储在目录中，其中所含的数据包括：预览信息、指示照片在计算机上所处位置的链接、描述照片的元数据以及在修改照片模块中应用的编辑操作说明，设置照片星级、添加元数据和关键字标记、将照片组织到收藏夹中或从目录中移去照片时，这些设置会存储到目录中。通过目录的使用，Lightroom可以灵活地管理、标识和组织照片。

●创建目录

启动Lightroom并导入照片后，系统会自动创建一个目录文件，此目录会记录照片及其相关信息，但并不包含实际的照片文件本身。

创建目录时，需指定文件夹的名称，生成的文件夹将包含一个目录文件，该目录文件可存储目录设置，导入照片时，系统会创建一个新子文件夹，用于存储JPEG格式的预览图像。

❶ 在Lightroom的菜单栏中执行“文件＞新建目录”菜单命令，即可打开如左图所示的“创建包含新目录的文件夹”对话框，选择新建目录存放的位置后，为新建的目录输入名称“我的目录”，完成设置后单击“保存”按钮，具体操作如左图所示。

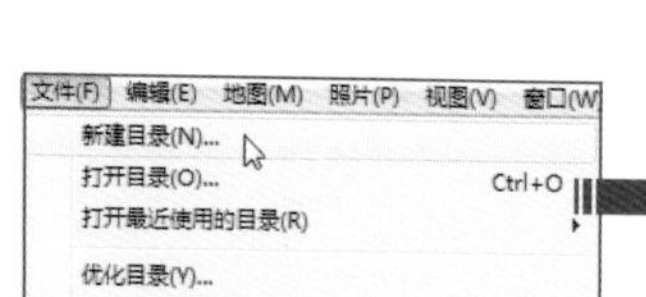

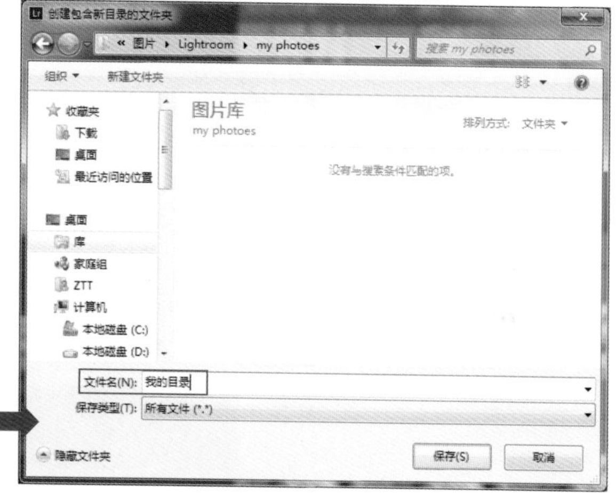

❷ 在创建新的目录后，Lightroom将会自动重新启动，并且载入这个新创建的目录，这个目录是一个全新的空白目录，其中没有导入任何的照片，在软件界面的左侧可以看到目录的名称，如右图所示，通过导入照片可以将目录中的内容丰富起来。

●打开目录

打开其他目录时，Lightroom会关闭当前目录并重新启动，只需执行“文件>打开目录”菜单命令，在“打开目录”对话框中，指定目录文件，然后单击“打开”按钮；也可以“文件>打开最近使用的目录”菜单中选择一个目录，出现提示后，单击“重新启动”，关闭当前目录并重新启动Lightroom，即可打开指定的目录。

●复制或移动目录

在复制或移动目录和预览文件之前，为了避免操作失败，需要先将它们备份，然后找到包含目录和预览文件的文件夹，在Lightroom中执行“编辑>目录设置”菜单命令，打开“目录设置”对话框，在“常规”标签中的“信息”选项组中单击“显示”按钮，如下左图所示；在Windows源管理器中打开此目录，将目录文件复制或移动到新的位置即可，如下右图所示，在新位置中双击目录中的.lrcat文件，可以在Lightroom中将其打开。

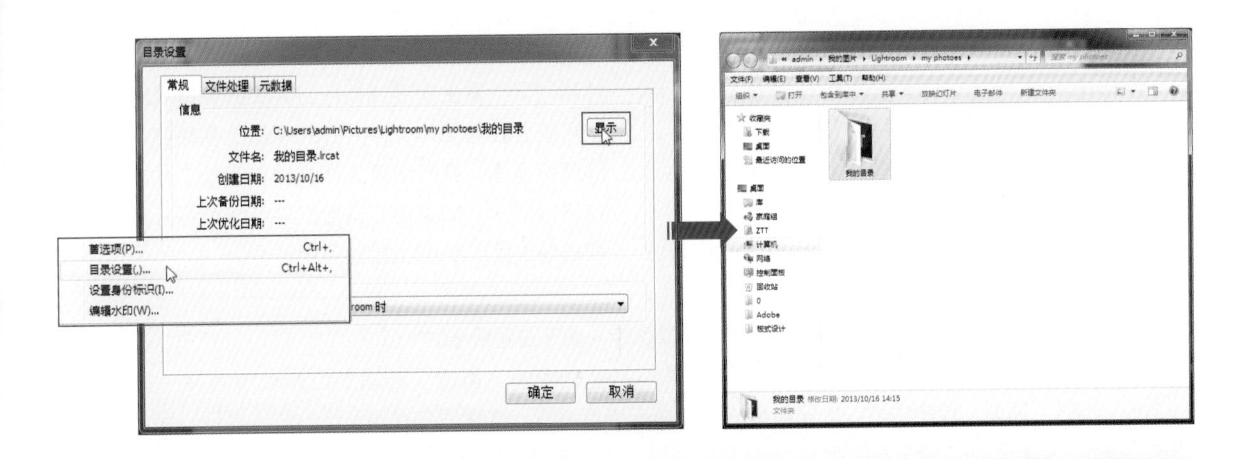

Tips 复制和移动目录中出现的问题

如果Lightroom在复制的或移动的目录中找不到文件夹或照片，将会在“网格视图”中的“文件夹”面板或照片缩览图里的文件夹名称旁出现一个问号。要恢复文件夹链接，可以右键单击带问号图标的文件夹，然后选择“查找丢失的文件夹”命令。

●组合或合并目录

在Lightroom中选择照片并将这些照片导出到一个新目录，便可以从现有照片创建目录。如果需要的话，可以将新目录与其他目录合并。例如，当将照片导入到便携式计算机上的一个目录中，然后要将这些照片添加到台式计算机的主目录时，这种方法十分有用。

❶ 在“图库”模块的“网格视图”显示下选择要添加到新目录中的照片，如下左图所示。

❷ 执行“文件>导出为目录”菜单命令，在打开的“导出为目录”对话框中指定新建目录的名称和位置，同时指定是否要导出负片文件和预览，然后单击“保存”按钮，如下中图所示。

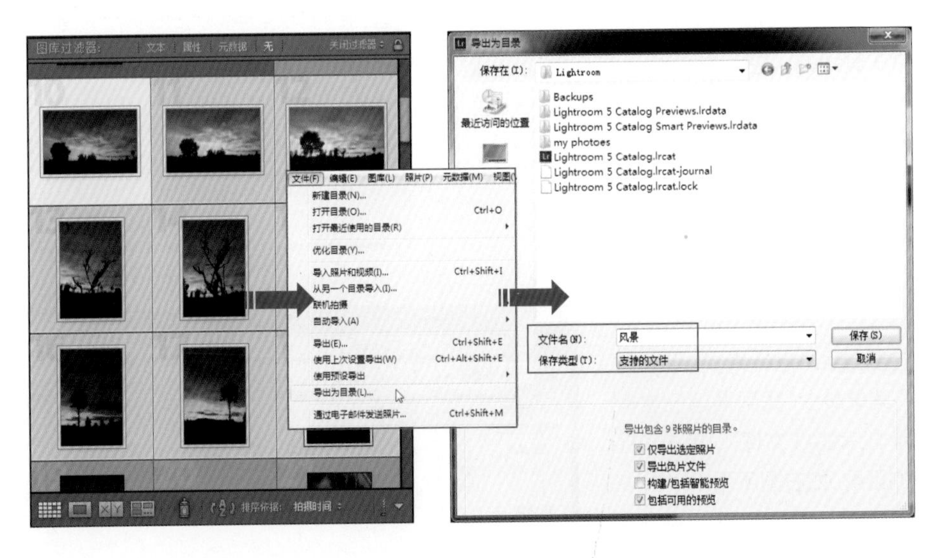

❸ 新目录包含选择的照片及其相关信息。要查看该目录，必须将其打开。要组合目录，需要将新目录导入到其他目录中。

●删除目录文件夹

执行删除目录文件夹的操作时，在Lightroom中执行的所有未存储到照片文件中的操作都会丢失，而删除预览时，不会删除其链接的原始照片。删除目录文件夹，只需使用Windows资源管理器找到创建的目录文件夹，然后将其拖入“回收站”即可。

●备份目录

Lightroom允许在退出软件时安排常规目录备份，从Lightroom执行的备份仅包括目录文件，用户必须手动备份编辑过的照片、预览、附属文件、幻灯片放映、Web画廊以及在Lightroom之外导出的照片。

经常定期对目录进行备份只是应该更全面地备份策略的一部分，制定备份策略时切记，备份目录和照片越频繁，发生崩溃或损坏时丢失的数据就越少。如果可能，在与工作文件分开的硬盘上存储照片和目录的备份副本，并考虑将工作文件与备份文件之间的改动进行同步。如果担心备份文件可能被意外擦除，则在其他磁盘或DVD上创建备用备份。

❶ 在Lightroom中执行“编辑>目录设置”菜单命令，如下左图所示。

❷ 打开“目录设置”对话框，在其中的“常规”标签中的“备份”选项下拉列表中选择“每次退出Lightroom时”选项，用户也可以根据自身的实际情况进行设置，选择适合目录备份的时间周期，完成设置后单击“确定”按钮即可，如下右图所示。

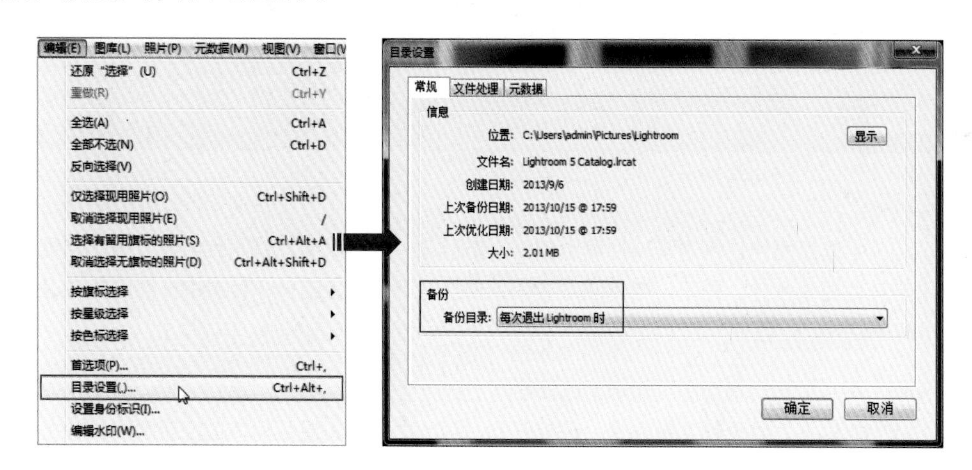

❸ 完成备份目录的设置后，每次退出Lightroom时，就会弹出如右图所示的对话框，单击其中的“备份文件夹”右侧的“选择”按钮，为备份目录选择一个存放的位置，再单击“备份”按钮，Lightroom就会自动完成备份操作。

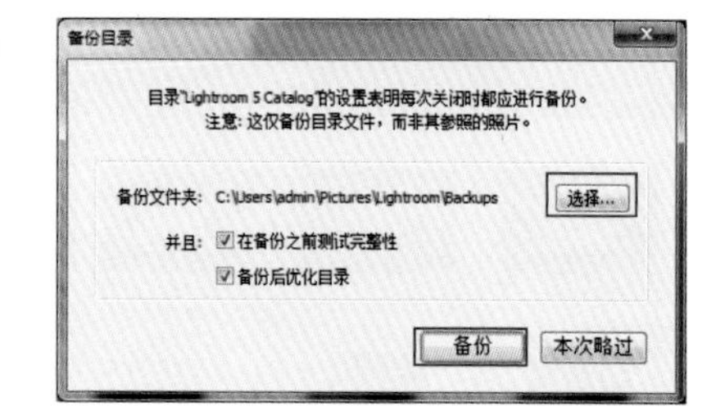

●目录损坏后的恢复

如果目录文件损坏，需要对目录进行恢复，可以通过执行“文件>打开目录”菜单命令，找到最近一次备份的目录，选择“类型”为“LRCAT文件”，单击“打开”按钮就可以恢复损坏的目录，如右图所示。

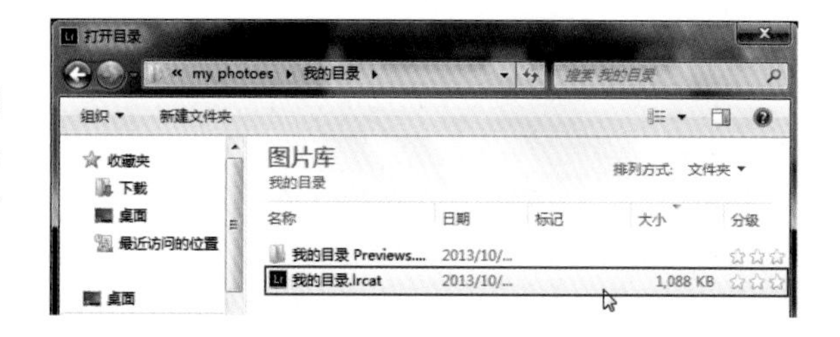

2.4 别样的查看方式——“地图”模块

利用Lightroom的“地图”模块可以在Google地图上查看拍摄照片的位置，它使用嵌入在照片元数据中的GPS坐标在地图上显示照片。大多数移动电话摄像头都在元数据中记录GPS坐标。如果用户的摄像头不记录GPS坐标，可将其添加到“地图”模块中，或从GPS设备导入跟踪日志。但必须处于联机状态才能使用“地图”模块，该模块默认Web浏览器所使用的语言进行显示，让用户更直观地查看照片的位置。

2.4.1 认识“地图”模块

要查看某张照片是否使用GPS元数据进行了标记，首先查看“图库”或“地图”模块的“元数据”面板中预设的GPS选项，包含了GPS信息的照片将在“地图”模块中显示出来，切换到“地图”模块，可以看到如下图所示的窗口。

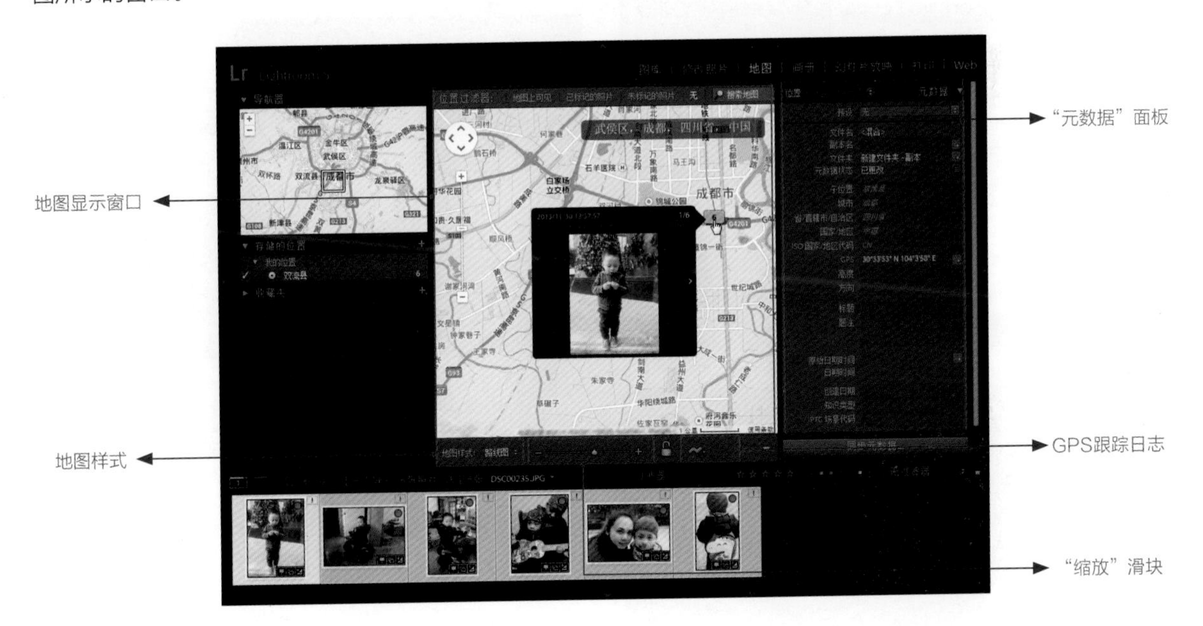

◆**地图显示窗口：**该窗口中显示的是Google地图，并且同时将照片镶嵌在其中。

◆**“元数据”面板：**该面板中显示的是当前选中照片的元数据信息，其中包含了照片的GPS信息，与“图库”模块中的“元数据”面板相似。

◆**地图样式：**用于指定地图显示窗口中地图的外观，其中的“卫星”选项用于显示位置的卫星摄影；“路线图”用于在平面图形背景上显示道路和地理的边界和界标；“混合”选项用于在卫星摄影上叠加道路和地理数据；“地形”用景观的图形表示；“亮/暗”用路线图数据的亮或暗的低对比度描绘。

◆**GPS跟踪日志：**该选项的下拉菜单中包含了“载入跟踪日志”、“最近跟踪日志”、“设置时间偏移”等命令，用于对照片的GPS跟踪日志进行相关的设置。

◆**“缩放”滑块：**该选项中的滑块用于调整地图显示窗口中地图的显示比例，向左拖曳滑块可以增大显示的范围，向右拖曳滑块可以让地图中的显示更加的精确。

2.4.2 在“地图”模块上查看照片

在“地图”模块的地图显示窗口中，可以清晰地看到当前文件夹中照片的分布情况，通过单击地图显示窗口中的照片标识，即可查看到该位置照片的缩览图效果。

●查看照片

在Lightroom的“地图”模块中查看照片，主要操作都是在地图显示窗口中完成的，通过该窗口的设置可以对照片所在的位置、照片数量等有一定的了解，准确地告知用户照片的拍摄地。

❶ 在“图库”模块的“网格视图”中选中需要在“地图”模块中显示的照片，然后单击Lightroom窗口中的“地图”，切换到“地图”模块，在其中可以看到照片以黄色带数字的标识显示。

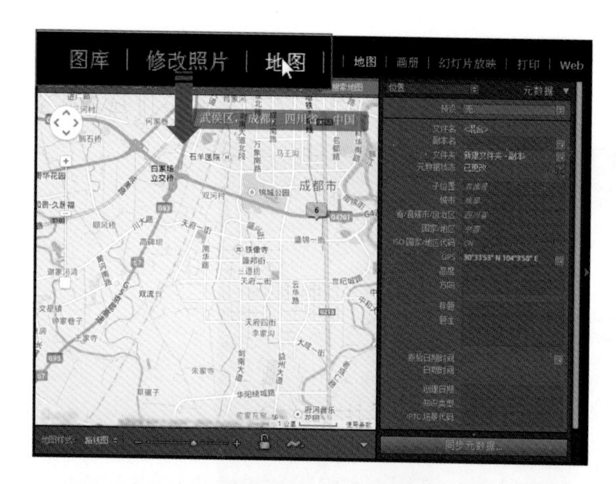

❷ 为了清晰地查看到照片所在的位置，可以在地图显示窗口中向右单击并拖曳“缩放”滑块，将地图显示窗口中的地图放大。在拖曳滑块的过程中，地图显示窗口的图像会同步改变，显示速度与当前计算机的处理速度和网络速度有关。

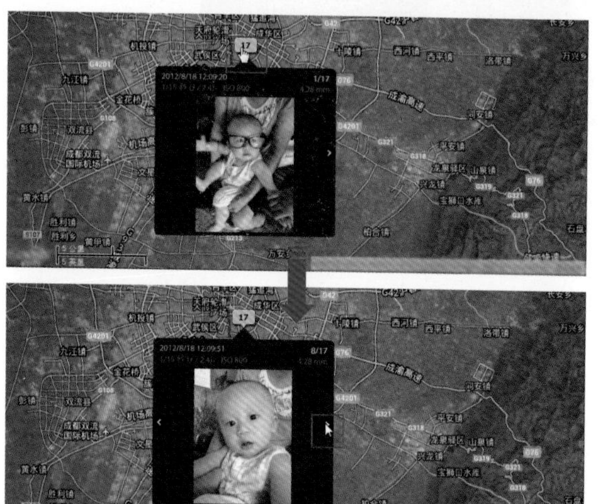

❸ 单击地图显示窗口中黄色带数字的图标，即可弹出照片显示悬浮窗口，在其中显示出了照片的拍摄日期、感光度及照片缩览图，如左图所示。此外，在地图显示窗口的右下角还显示出了当前照片的GPS信息。

❹ 单击悬浮窗口上的白色箭头，可以对相同位置下的其他照片进行浏览，如左图所示，并且在悬浮窗口的右上角显示出当前浏览照片的顺序。

Tips 导航地图

要在“地图”模块中导航地图，可以双击地图放大该位置，“地图”模块还支持使用鼠标滚轮和在触控板上使用多点触手势进行缩放，此外，按Alt并在预览区域拖动以放大该区域，还能拖动地图在预览区域中对其重新定位。

●设置地图样式

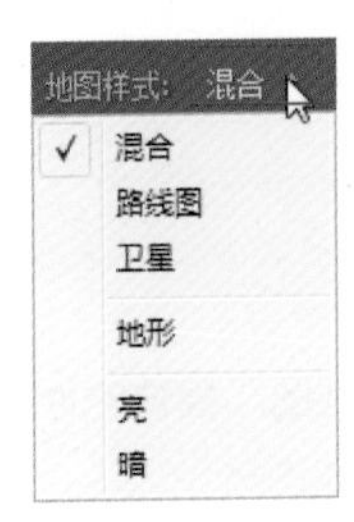

“地图”模块的地图显示窗口的左下方位置可以对地图的显示样式进行设置，不同的地图样式所显示出来的地图图像是不一样的，“地图样式”下拉列表展开的效果如左图所示，用户可以使用“混合”地图样式来对当前地图上的道路和地理数据进行查看，还可以使用“路线图”地图样式针对边界和界标进行查看，根据不同的需要可以选择不同的地图样式。

不同的地图样式其显示的速度也是不相同的。通常情况下，“混合”地图样式的信息包含的数据较多，因此相对其他的地图样式而言，其刷新速度要慢一些。

混合：用于在卫星摄影上叠加道路和地理数据。

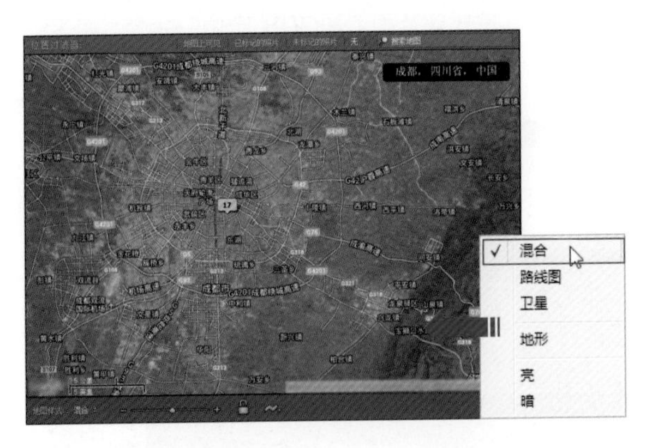

卫星：该地图样式用于显示位置的卫星摄影。

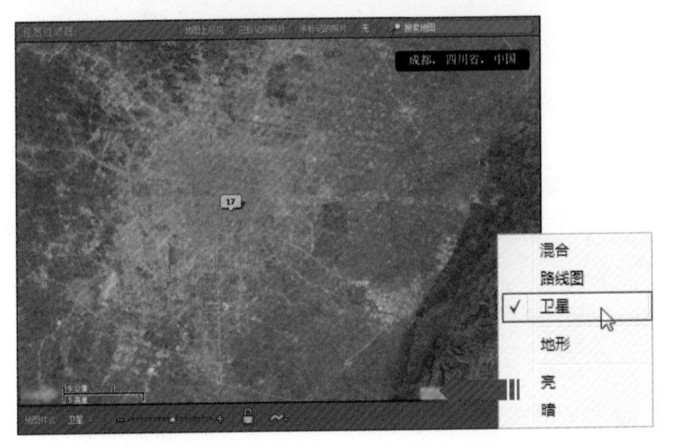

亮：用路线图数据的较亮的低对比度描绘。

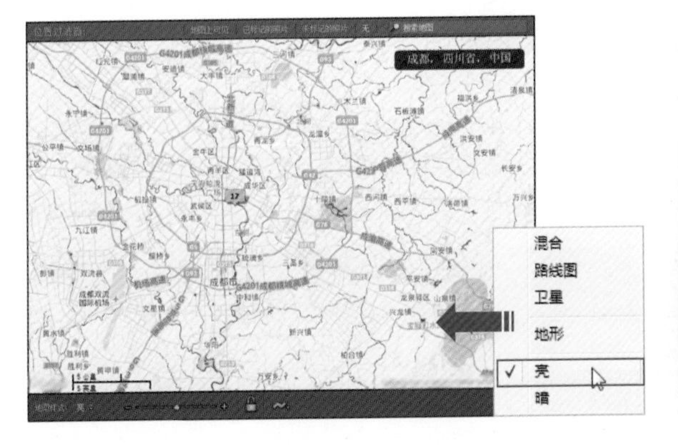

路线图：在平面图形上显示道路和地理的边界和界标。

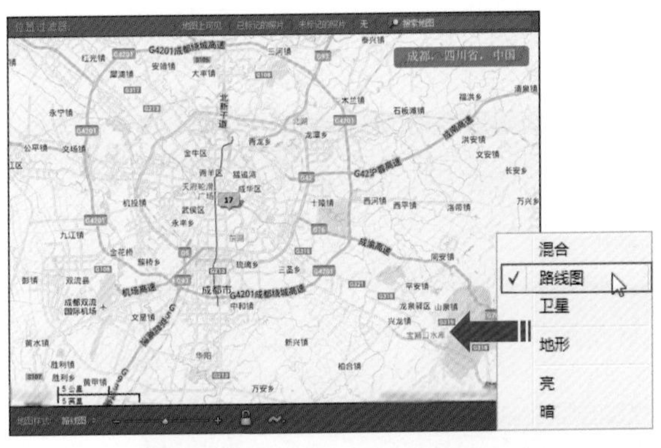

地形：用景观的图形表示，显示地势的陡峭程度。

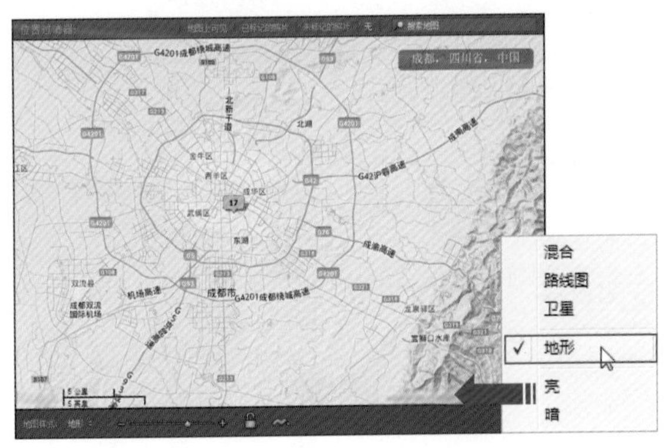

暗：用路线图数据的较暗的低对比度描绘。

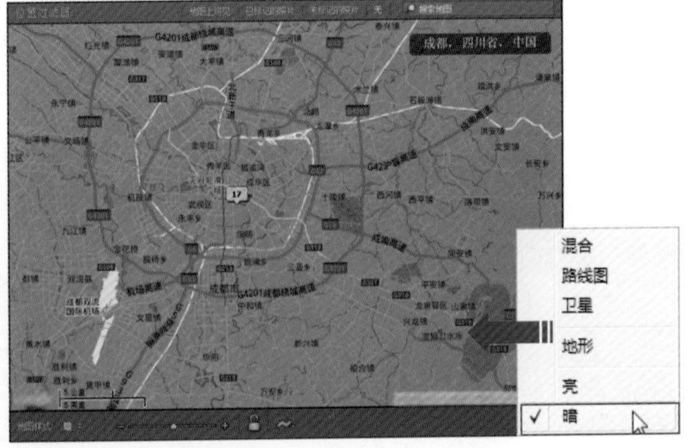

2.4.3 使用照片的GPS数据

在“地图”模块中，照片的GPS数据显得尤为重要，它可以精确定位照片在地图上的位置，在该模块中可以人为添加GPS坐标到照片中，也可以删除GPS坐标，具体操作如下。

●将GPS坐标添加到照片

在Lightroom中将GPS坐标添加到照片中，实际上就是将没有GPS元数据的照片添加到“地图”模块的地图显示窗口中，为照片手动添加上GPS信息。

❶ 在“地图”模块下方的胶片显示窗口中单击并选中一张或者多张照片，将照片从胶片显示窗口中直接拖放到地图显示窗口上，即可将GPS坐标添加到照片上，如下图所示。

❷ 在胶片显示窗口中选择一张或多张照片，然后右键单击地图显示窗口中的位置，在弹出的快捷菜单中选择“在选定照片中添加GPS 定位”命令，如下图所示。

●显示地图键

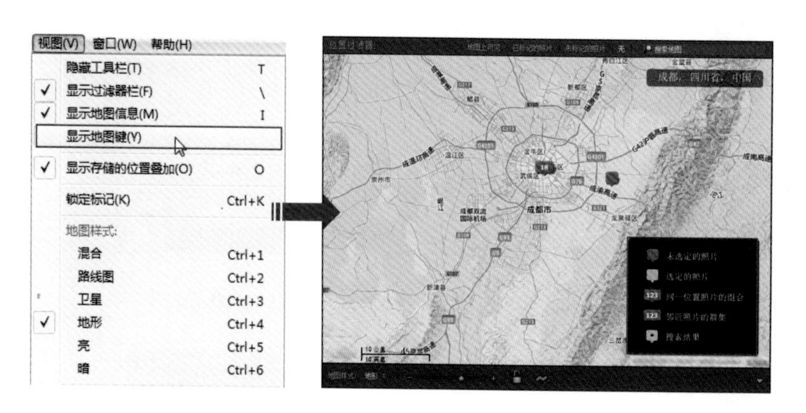

要在特定位置查看照片的缩略图预览，可以通过单击照片针脚来实现。

操作也很简单，只需执行“视图>显示地图键”菜单命令，即可获得说明照片标记的叠加信息，如左图所示。

●从照片中删除GPS元数据

要从照片中删除GPS元数据，同时从地图中删除照片，可以直接在地图显示窗口上选择照片的标记并按下Delete键；或者在地图显示窗口中右键单击标记并选择“删除GPS定位”命令，都可以将照片中的GPS元数据删除，操作如下图所示。

●位置过滤器

除了使用“图库”模块中的多种方式对照片进行筛选以外，还可以使用“地图”模块中的“位置过滤器”显示胶片显示窗格中的哪些照片将显示在地图上。

“位置过滤器”位于地图显示窗口的最上方，其中包含了“地图上可见”、“已标记的照片”、“未标记的照片”和“无”四个控制选项，如下图所示。

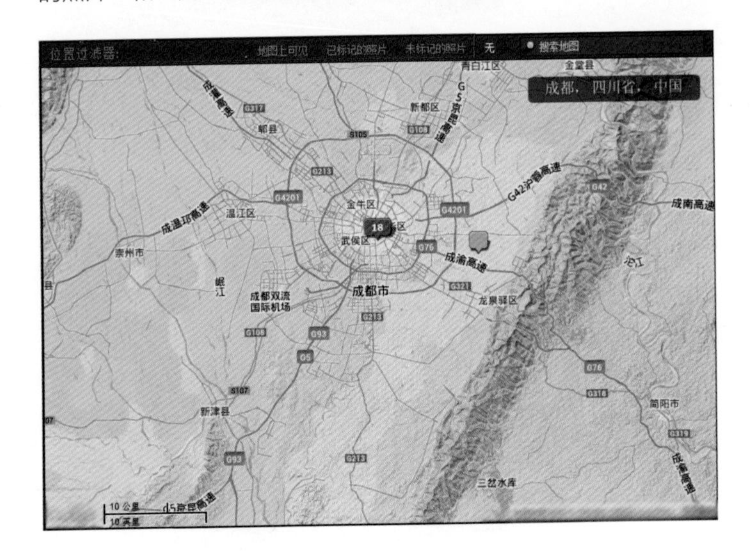

单击“地图上可见”，可以显示胶片显示窗口中的哪些照片位于当前地图视图中；单击“已标记的照片”，可以显示胶片显示窗格中的哪些照片使用GPS数据进行了标记；单击“未标记的照片”，显示胶片显示窗格中的哪些照片未使用GPS数据进行标记；单击“无”，可以清除位置过滤器中的数据。

2.4.4 存储位置

对于在定义的邻近位置内拍摄的照片，可创建一个存储的位置例如，如果到异地旅行为某位顾客拍摄照片，可创建一个存储的位置，其中包含用户游玩过的位置。

❶ 在“地图”模块中，导航到地图上的某个位置，然后单击“存储的位置”面板中加号按钮+，其中“存储的位置”面板位于Lightroom软件窗口的左侧，如下左图所示。

❷ 打开“新建位置”对话框中，为该位置输入一个名称，然后选择一个文件夹将其存储到其中，以英尺、英里、米或千米为单位定义半径，表示与可视地图区域中心之间的距离，设置如下中图所示。

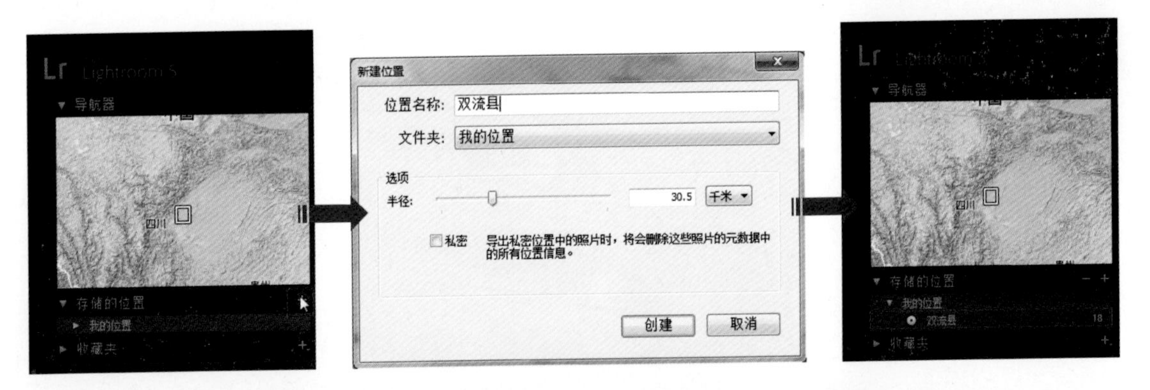

❸ 单击“创建”按钮完成设置，该位置在地图上标为白色圆圈，如上右图所示。

Tips “私密”的作用

“新建位置”对话框中的“私密”选项，可以从Lightroom中导出存储的位置中的照片时，删除所有IPTC位置元数据，其中包括GPS坐标、子位置、城市、省/直辖市/自治区、国家/地区以及ISO国家/地区代码等信息。

第2篇

成为数码暗房高手

——照片处理流程

在Lightroom中对照片进行处理时，需要掌握正确的处理流程，这样除了可以快速实现编辑效果以外，还能将照片信息的丢失率降到最小。

Lightroom是一款专业的照片处理软件，可以对照片进行管理、裁剪、调色、调整曝光和局部修饰，这些操作在后期的编辑中都会有一个较为科学的处理顺序，掌握了照片处理的流程，就能轻松实现编辑效果，成为数码暗房高手。

第3章

轻松实现效果——快速修改照片、基本调整

在Lightroom中完成照片的整理和分类后，就可以正式的进入照片处理流程中了。通常情况下摄影师都会通过一些较为粗略的简单设置，快速改变照片的画面效果。Lightroom中包含了多种预设的选项、裁剪工具、白平衡设置和“色调控制”面板，这些功能分别从影调、构图、色彩等方面对照片进行基础的编辑，可以在较短的时间内实现明显的编辑效果，也是照片处理流程中的第一步，这个环节的操作如果编辑适当，可以大大缩短后期编辑的时间，达到事半功倍的目的。

本章梗概

- 感受视觉盛宴——存储的预设
- 构建完美构图——裁剪图像
- 色彩的关键点——白平衡
- 影调与色调的基础调整——色调控制

3.1 感受视觉盛宴——存储的预设

在Lightroom中包含了多种软件预设的编辑效果，可以快速将其应用到照片中，让用户感受到丰富的视觉盛宴。此外，在编辑照片之前，应该先确定照片的编辑风格，Lightroom的“处理方式”就可以帮助用户快速定义照片是以彩色的方式进行编辑，还是以黑白色的方式进行编辑，通过处理方式的设置，可以让后期处理的方向更加明确。

3.1.1 预设选项的应用

Lightroom中包含了多种预设的编辑效果，以分组的方式排列在“预设”面板中。各个预设选项中都包含了一组相应的设置，可以将其应用到照片上，应用的同时将在“修改照片”模块的图像预览窗口中实时查看到预设的应用结果。

进入“修改照片”模块后，单击“导航器”下方“预设”前面的三角形按钮，即可展开“预设”面板，如右图所示。在其中可以看到软件自带的预设选项组，每个选项组都用不同的编辑效果进行了命名，在各个选项组中都包含了多个修改照片的预设。

●预览和应用预设

预览和应用修改照片预设的操作非常简单。在“修改照片”模块的“预设”面板中列出了多组默认的预设，单击任意预设选项组前面的三角形按钮，即可展开相应的预设选项组。

要预览照片应用某预设后的效果，只需在“预设”面板中，在该预设上移动指针，并在“导航器”面板中查看效果即可。

如果要将某预设应用于照片，则在“预设”面板中单击该预设，即可快速应用预设在照片中，如左图所示。

值得注意的是，在使用“预设”面板中的预设效果时，Lightroom的“修改照片”模块中相应的选项参数也会发生相应改变，可以通过展开相应的面板来查看设定的预设参数。

●创建和组织预设文件夹

当用户在创建自定义的预设之前，可以先在“预设”面板中创建预设文件夹，当用户创建的预设效果过多时，预设文件夹可以帮助用户对预设进行管理。

❶ 右键单击“预设”面板的任意区域，在弹出的快捷菜单中选择“新建文件夹”命令，具体操作如下左图所示。

❷ 在打开的“新建文件夹”对话框中的“文件夹名”文本框中输入文件夹名称，如下中图所示。

❸ 完成设置后单击“确定”按钮，即可在“预设”面板中查看到创建的预设文件夹，如下右图所示。接下来便可以将自定义的预设拖曳到创建的预设文件夹中了。

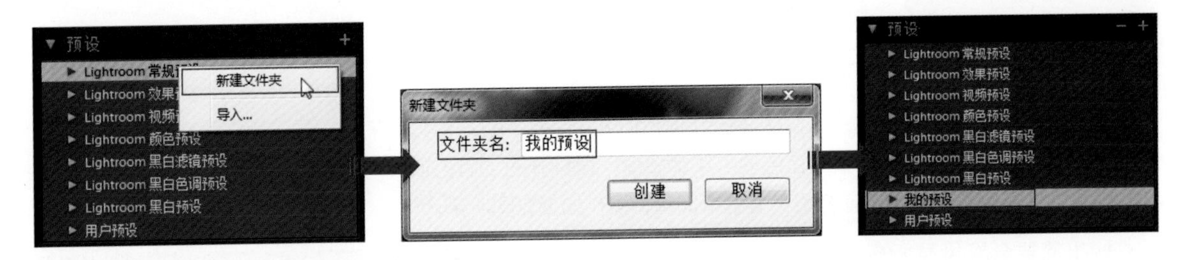

●创建自定义预设

在“修改照片”模块中创建一个预设并将其添加到“预设”面板后，该预设将会一直保留在面板上，直到用户将其删除为止，此外创建的预设还会显示在“修改照片设置”列表中，导入照片时可进行选择。

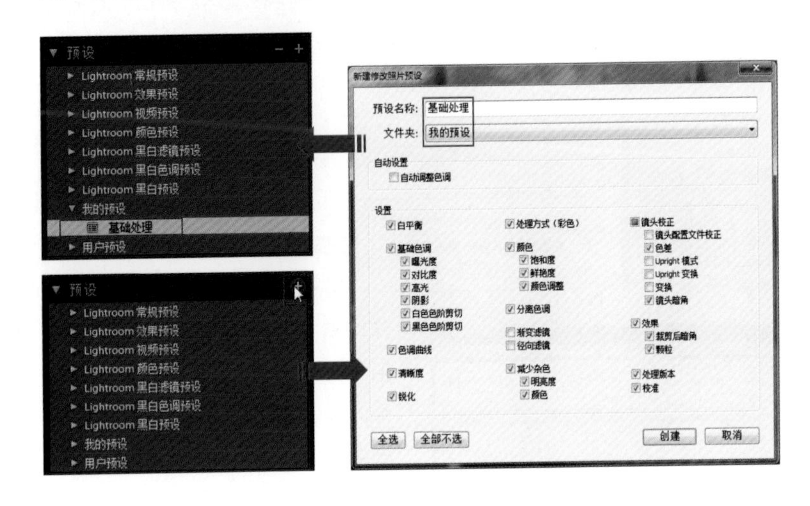

在“修改照片”模块中，单击“预设”面板顶端的“新建预设”按钮+。在打开的“新建修改照片预设”对话框，在其中对需要包含的设置进行勾选，并在“预设名称”文本框中输入名称，指定应存储该预设的文件夹；然后单击“创建”按钮，此时，该预设会添加到指定文件夹下的预设列表中，如左图所示。

●更新修改照片预设

在完成修改照片预设的创建后，就可以对该预设进行编辑了，编辑预设就是将Lightroom中对照片的设置添加到预设中，以方便日后再次使用。

选择一个自定义预设，然后根据需要修改设置，接着右键单击该预设，选择“使用当前设置更新”命令，在打开的对话框中进行设置即可更新预设，如右图所示。

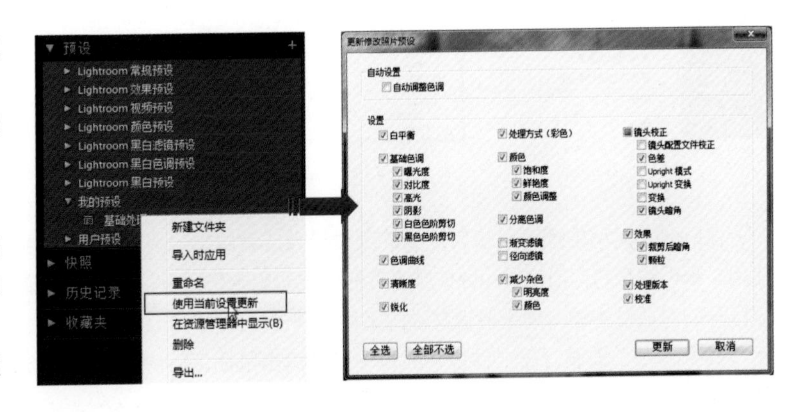

●删除自定义预设

在Lightroom中不能删除软件自带的预设，只能删除用户自定义的预设。在“修改照片”模块中，右键“预设”面板中的某个自定义预设，然后在弹出的快捷菜单中选择“删除”命令即可，如下图所示。

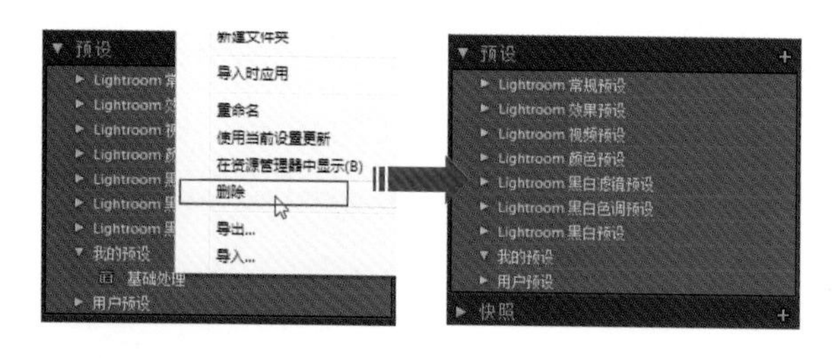

Tips 删除自定义预设不能使用快捷键

删除自定义预设不能直接按键盘上的Delete键，这样只会删除当前选定的照片，而对预设不会产生影响。

●确定自定预设的存储位置

默认情况下，用户自定义的预设存储在Lightroom文件夹下的某个文件夹中。要将用户预设存储在目录所在的文件夹中，只需执行“编辑 > 首选项”菜单命令，在打开的“首选项”对话框的“预设”标签的“位置”选项组中勾选“使用此目录存储预设”复选框即可，操作如下左图所示。

如果需要查看目录所在的文件夹在计算机的位置，以此确定预设存储的位置，可以单击“首选项”对话框“预设”标签中的“显示Lightroom预设文件夹”按钮，即可在资源管理器中打开计算机中相应的存储位置，如右图所示。

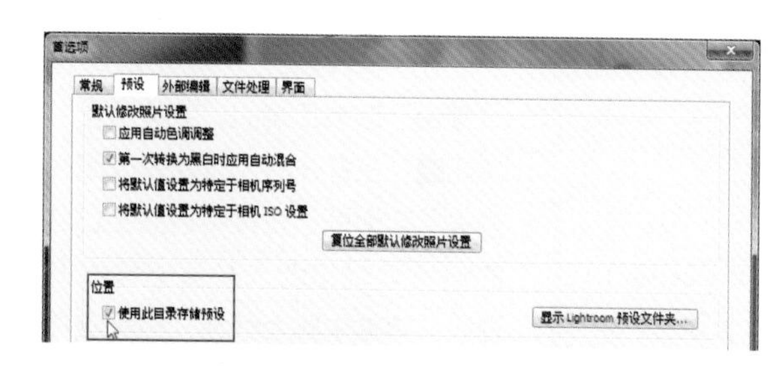

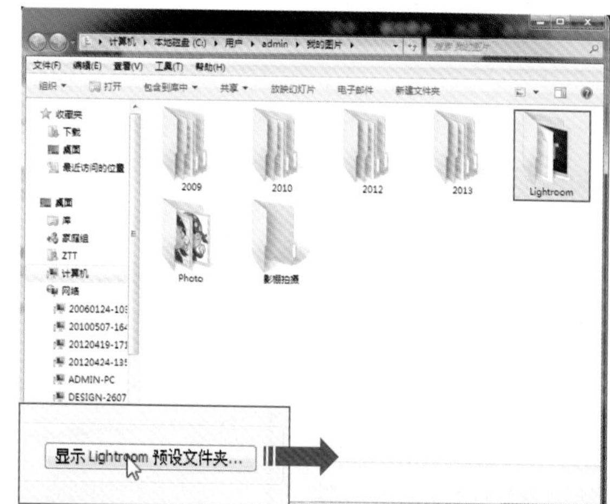

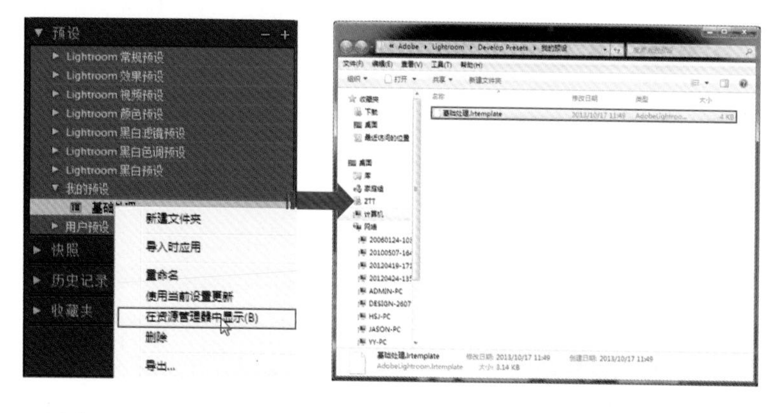

用户如果需要查看预设文件夹中的某个自定义预设的位置，可以在“修改照片”模块中的“预设”面板选中一个自定义的预设，右键单击鼠标，在弹出的快捷菜单中选择“在资源管理器中显示”命令，即可打开相应的对话框显示预设存储的位置，操作如左图所示。

●导出和导入预设

在Lightroom中还可以将自定义的预设导入或者导出，将自己创建的预设进行分享，或者在其他计算机上使用。预设模板将以lrtemplate扩展名存储。要导出一个预设，可以右键单击该预设，然后选择“导出”命令，在打开的对话框中输入预设模板文件的名称，单击“保存”按钮即可。

要导入一个预设，在“预设”面板中右键单击鼠标，在快捷菜单中选择“导入”命令，在打开的对话框中进入预设存储的位置，双击该预设模板文件即可导入。

3.1.2 处理方式的控制

Lightroom的“处理方式”用于确认用户处理照片的方式是以彩色的方式进行操作，还是以黑白的方式进行操作，不同的处理方式在“修改照片”模块中的选项含义也略有不同。

设置照片的处理方式可以通过两种方法来实现，一种是在“图库”模块中展开“快速修改照片”面板，在“存储的预设”选项组中的“处理方式”选项后展开下拉列表，即可看到“彩色”和“黑白”两个选项，如下左图所示。另外一种是在“修改照片”模块中展开“基本”面板，在该面板的顶部可以看到“处理方式”选项后面包含了“彩色”和“黑白”两个选项，其中亮显的为当前选中的处理方式，如下右图所示。

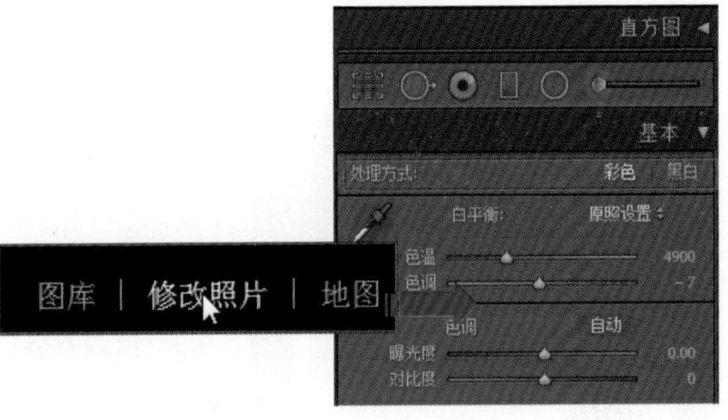

选择不同的处理方式，会对“修改照片”模块中的选项产生影响，当用户选择“彩色”处理方式进行编辑，那么“修改照片”模块中的全部功能都能使用；如果用户选择“黑白”处理方式对照片进行编辑，那么“基本”面板中的“鲜艳度”和“饱和度”选项将呈现出不可用状态，用户不能对其进行设置，如下右图所示。

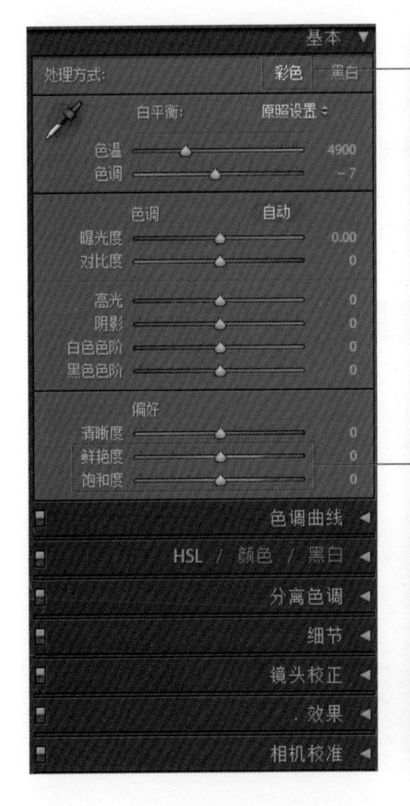

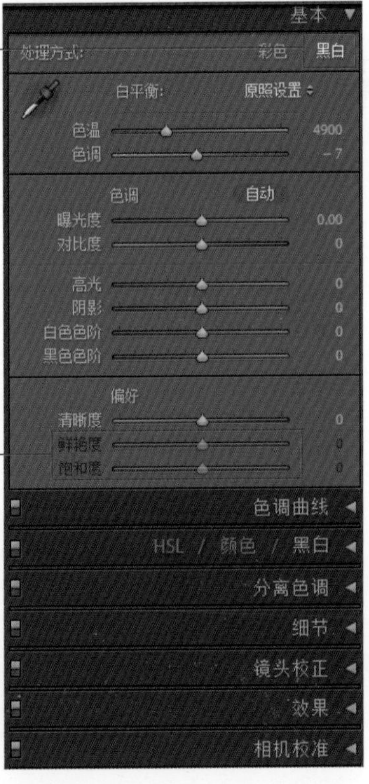

“黑白”处理方式比较于“彩色”处理方式除了有部分选项不能进行编辑以外，在“HSL/颜色/黑白”面板中的设置选项也是不相同的。

当用“彩色”处理方式对照片进行编辑，“HSL/颜色/黑白”面板中的选项主要针对照片中各个色系的颜色明暗、饱和度和色相进行设置；而当用“黑白”处理方式对照片进行编辑时，“HSL/颜色/黑白”面板中的选项主要针对照片中不同区域的明暗进行调整。值得注意的是，要在将照片转换为“黑白”处理方式时自动应用“灰度混合”，需要在“首选项”对话框的“预设”标签中选择“第一次转换为黑白时应用自动混合”复选框。

3.2 构建完美构图——裁剪图像

在摄影中包含了多种经典的构图形式，针对不同的拍摄对象可以采用相应的构图进行表现，如果对前期拍摄的构图效果不满意，还可以使用Lightroom中的裁剪功能对照片进行裁剪，让构图效果更加完美，诠释出更多的信息。在Lightroom中进行裁剪操作，可以通过两种方式来实现，一种是用“裁剪比例”进行快速裁剪，一种是使用“裁剪叠加”工具进行精确裁剪。

3.2.1 裁剪比例

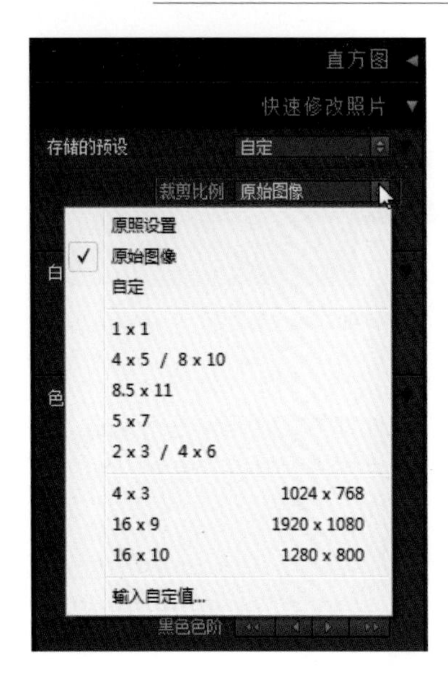

“裁剪比例”是Lightroom中“图库”模块下的选项，该选项位于“快速修改照片”面板中，单击该选项后面的按钮，即可展开该选项的下拉列表，如左图所示，在其中包含了“原照设置”、“原始图像”、“自定”等选项。通过单击选中各种不同比例的裁剪选项，就能够对当前选中的一张或者多张照片进行预设裁剪，Lightroom会根据选中的裁剪比例，对照片自动进行裁剪。

如果用户对裁剪的效果不满意，可以选择“裁剪比例”下拉列表下的“原始图像”命令，即可将照片恢复到原始的图像比例。此外，还可以选择“输入自定值”命令，在如左图所示的对话框中自定义裁剪长宽比。

使用“裁剪比例”可以快速改变照片的长宽比例，完成对照片的二次构图操作。在Lightroom的“图库”模块中的“放大视图”下打开一张照片，展开“快速修改照片”面板，在其中的“裁剪比例”下拉列表中选择“16x9 1920x1080”选项，具体操作如下右图所示。选择该选项后，Lightroom将会根据宽度为1920像素，高度为1080像素，16:9的比例来对照片自动进行裁剪，裁剪后的效果如下左图所示，可以看到照片上部和下部的图像都被裁剪掉了一部分，且图像的像素比例变成了16:9。

3.2.2 “裁剪叠加”工具

Lightroom中的“裁剪比例”只能对照片的构图进行一些简单处理，当需要精确调整照片的构图时，就需要使用“修改照片”模块中的“裁剪叠加”工具了，该工具通过编辑裁剪框的方式来对照片的裁剪区域进行定位，让裁剪的结果更加准确。

●常规的裁剪处理方式

使用“裁剪叠加”工具进行编辑的过程中，通过单击并拖曳鼠标的方式创建自定义的裁剪框，是最常规的裁剪方式。

❶ 在“修改照片”模块的工具条中选择“裁剪叠加”工具，或者直接按R键，即可选中“裁剪叠加”工具，进入裁剪编辑状态，如下图所示，此时在照片周围将会显示一个有调整手柄的边框。

❷ 通过在照片中拖动裁剪框指针或拖动一个裁剪调整柄，设置裁剪边界，通过手柄可用于同时调整图像宽度和高度，如下图所示。此外，还可以使用“手形”工具在裁剪框内拖动照片，将裁剪框的位置重新定位。

❸ 勾选“裁剪叠加”工具设置中的“锁定以扭曲”复选框，如下图所示，可以在应用镜头校正后，在图像区域内保留裁剪边界框，防止照片扭曲。

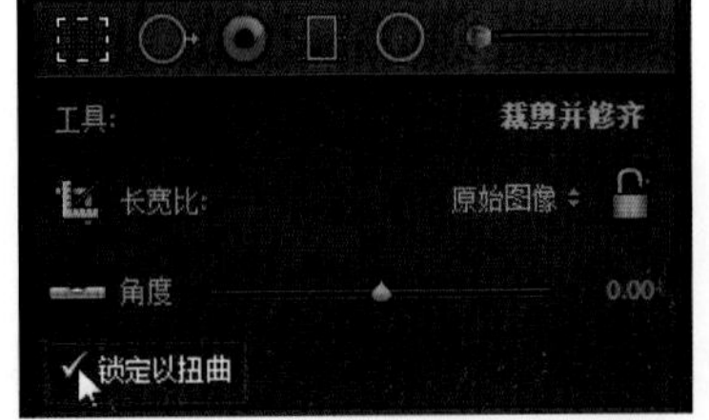
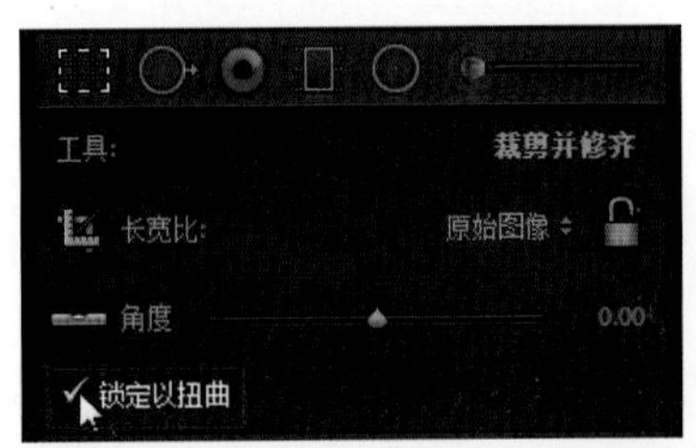

❹ 完成裁剪框的编辑操作后，单击“裁剪叠加”工具或者按Enter 键即可确认裁剪，如下图所示。

●裁剪网格的编辑

在Lightroom中使用“裁剪叠加”工具的过程中，基本上都是依靠裁剪框中的网格来对图像的比例进行参照的，裁剪网格的显示是可以自由定义的，要仅在裁剪时显示裁剪网格，可以执行“工具>工具叠加>自动显示”菜单命令；要禁用裁剪网格的显示，只需执行“工具>工具叠加>从不显示”菜单命令即可。

裁剪图像是要遵循一定的法则的，就是所谓的构图法，在使用“裁剪叠加”工具的过程中，可以通过按O键在裁剪区域中循环切换网格叠加形式，每按一次O键，裁剪框内的显示网格就会显示不同的效果，接下来用不同的照片来介绍几种较为常用的裁剪网格及构图法则。

◆**黄金分割构图法：**将数学中的黄金分割延伸，就得到了摄影中的黄金分割构图，照片中的对角线与其垂直线的焦点，即为黄金分割点，即将被摄体或者画面视觉中心放在黄金分割的点上。如下图所示的照片为了突显出主体对象，将主体放在黄金分割点上。

◆**螺旋线构图法：**这种螺旋状的网格视图被称为“黄金螺旋线”，具有引导观赏者视线的作用，它是黄金分割构图法延伸的一种构图形式，通过螺旋线的走向来安排对象。如下图所示的植物，将螺旋线的末端放在主体上，可以使观众的视觉更集中。

◆**三分构图法：**三分法构图是指将画面横向或者纵向三等分，形成三个大致相等的矩形。每一条等分线上都可以放置不一样的被摄体，这种构图法则适合表现平行的主体，呈现出具有明显层次且简洁鲜明的画面。如左图所示的建筑照片，在裁剪的过程中采用了三分法构图，让两侧的墙壁和远处的远景各占画面的三分之一，将画面垂直三等分，使之显得更加平衡整洁，整体效果简洁紧凑。

除了以上介绍的三种较为常用的构图方法，在Lightroom的裁剪网格中还包含了其他的网格显示效果，用户可以根据照片实际的内容和编辑操作进行选择。

●**切换裁剪方向**

在Lightroom中使用“裁剪叠加”工具对裁剪框进行编辑的过程中，还可以对裁剪的方向进行切换，只需在工具条中选择“裁剪叠加”工具，然后在照片中拖动以设置裁剪边界，接着按X键将方向从横向更改为纵向，或从纵向更改为横向。

右图所示为将裁剪框从纵向更改为横向的效果。

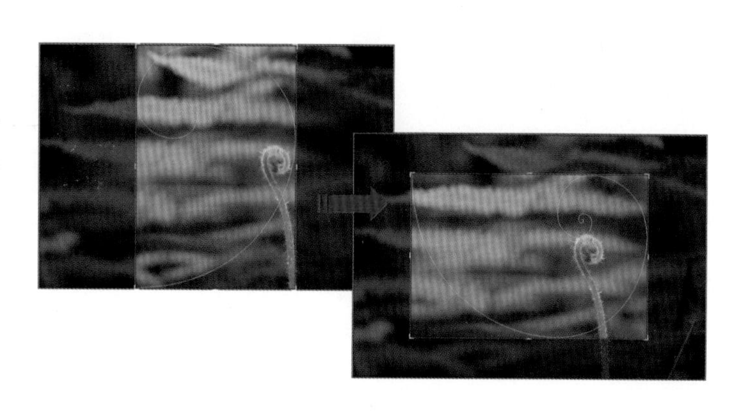

●拉直照片调整裁剪角度

对于处理一些水平线或者垂直线倾斜的照片，为了让照片的水平线恢复平稳状态，使得照片的效果更加完美，可以通过使用Lightroom中“裁剪叠加”工具中的拉直功能或者角度调整功能，快速对裁剪框的角度进行调整，以一定的倾斜角度对照片进行旋转裁剪。

在Lightroom中调整裁剪框的角度，可以通过三种不同的方法来实现，一种的拖曳裁剪框的直角，一种是设置“角度”选项的参数，还有一种是使用“矫正工具”。

❶ 在“修改照片”模块的工具条中选择“裁剪叠加”工具，然后将鼠标放在图像预览窗口中裁剪框的直角外侧，当鼠标呈现出弯曲的双箭头状态时，单击并拖曳鼠标，即可对裁剪框的角度进行调整，具体操作如下图所示。

❷ 当使用“裁剪叠加”工具后，在该工具的工具箱中单击“角度”选项中的调整滑块，拖曳滑块即可调整裁剪框的角度，同时在“角度”选项后面的数值框中会显示出角度的具体数值，操作如下图所示。

❸ 通过拖曳和调整“角度”选项都可以对裁剪框的角度进行调整，此外，还可以使用编辑的方式对照片进行拉直，即用“矫正工具”拉直照片。单击“裁剪叠加”工具箱中的“矫正工具”按钮，然后在图像预览窗口中单击并拖曳鼠标，重新定义照片的垂直或者水平基线，释放鼠标后按下Enter键，Lightroom会根据绘制的基线创建一个带有一定角度的裁剪框，此时裁剪框中的图像将显示出平稳的画面效果，具体操作如下图所示。

●复位和关闭裁剪编辑

在Lightroom中要清除或还原裁剪或矫正调整，可以在“裁剪叠加”工具箱中单击“复位”将裁剪框恢复到原始图像编辑状态。

如果单击“裁剪叠加”工具箱中的“关闭”，则可以对当前编辑的裁剪框进行确认，Lightroom将会根据当前编辑的裁剪框对照片进行裁剪。

3.3 色彩的关键点——白平衡

拍摄照片的时候会受到各种光线的影响，光线除了改变画面中的明暗对比以外，还会对画面的色彩产生影响。因此拍摄出来的照片可能会与实际所看到的景象有所不同，这种差别通常称之为“偏色”，偏色有时候会带来一定的艺术效果，但是如果想要还原景物本来的色彩，就需要用到相机中的“白平衡”功能。

如果在前期拍摄过程中白平衡设置不当，那么可以通过后期Lightroom中的“白平衡”校正来恢复对象真实的颜色。本节将详细讲解Lightroom中与白平衡设置相关的操作，帮助读者快速掌握正确的白平衡校正方法。

3.3.1 预设白平衡的应用

在对照片的颜色进行修饰之前，首先需要调整照片的白平衡，调整白平衡的过程中可以先使用预设的白平衡，以反映拍摄照片时所处的光照条件，预设的白平衡包括了“日光”、“白炽灯”或“闪光灯”等。

在“图库”模块中展开“快速修改照片”面板，在其中的“白平衡”选项后的下拉列表中选择白平衡预设选项，或者在“修改照片”模块中展开“基本”面板，展开“白平衡”选项中的下拉列表，可以看到其中包含了“自动”、“日光”、“白炽灯”、“闪光灯”等多个选项，用户可以根据需要选择预设的白平衡选项，Lightroom会根据选中的选项调整白平衡设置，如下图所示，同时“色温”和“色调”选项的参数也会发生相应的改变。

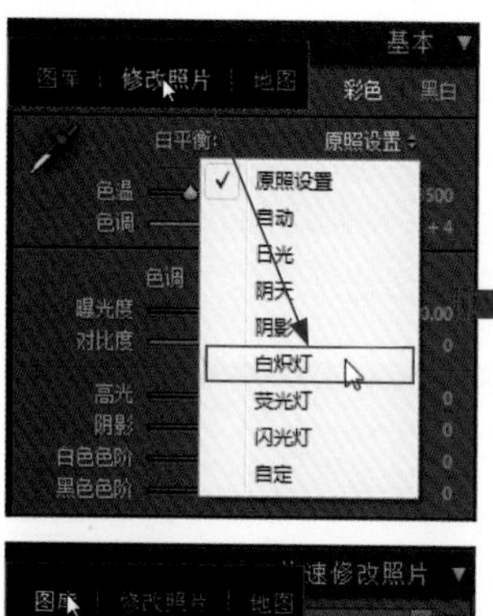

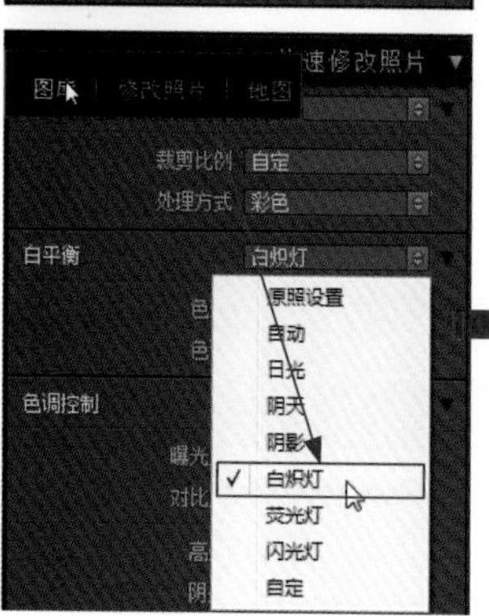

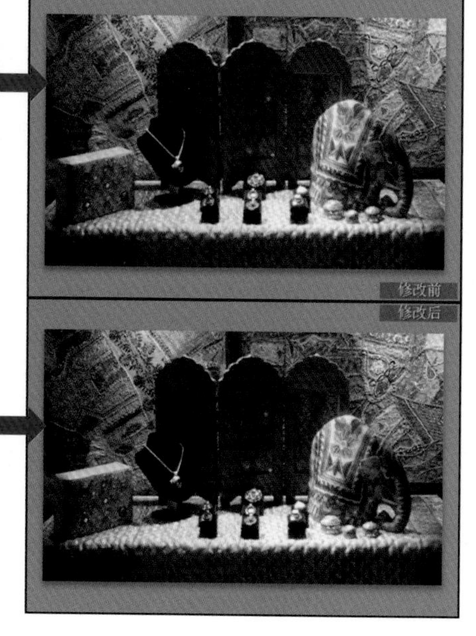

◆**自动：**自动为照片选择认为是“最好”的设置，自动白平衡在很多情况下效果不错，不过在一些特殊光源下就会失效。

◆**日光：**该选项会增强暖色调以补偿日光中的冷色。

◆**阴天：**该选项所应用的效果“日光”更强烈，用来补偿暖色。

◆**阴影：**该选项所应用的效果“阴天”更强烈。

◆**白炽灯：**该选项会降低画面色温，适合在白炽灯下拍摄的照片。

◆**荧光灯：**会对荧光灯的冷色温进行补偿，提高照片的色温。

◆**闪光灯：**闪光灯会发出较冷的光，该选项模式会提高照片色温。

3.3.2 白平衡选择器

Lightroom中的“白平衡选择器”工具可以根据照片的实际情况对图像的白平衡进行实时的调整，它通过指定照片中的中性区域作为标准，根据指定的中性区域来更改照片的白平衡。

❶ 在“修改照片”模块的“基本”面板中，单击“白平衡选择器”工具将其选中，或直接按下W键，如下图所示。

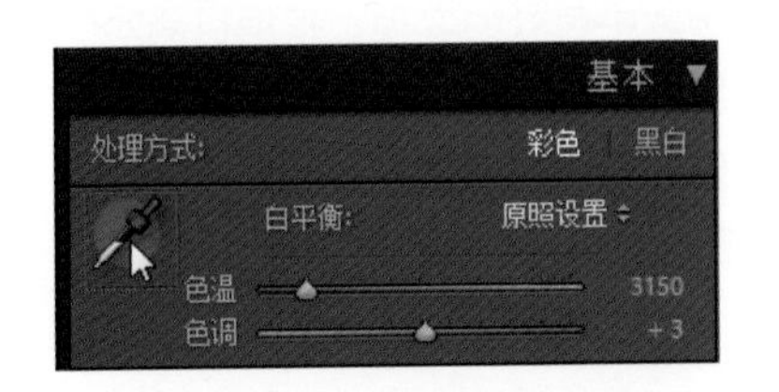

❸ 找到合适区域时，单击该区域即可完成操作，同时“基本”面板中的“色温”和“色调”滑块将会随之调整，如下图所示。

在使用“白平衡选择器”的过程中，“修改照片”模块的图像预览窗口下方包含了几个设置选项，显示效果如右图所示，这些选项的具体功能如下。

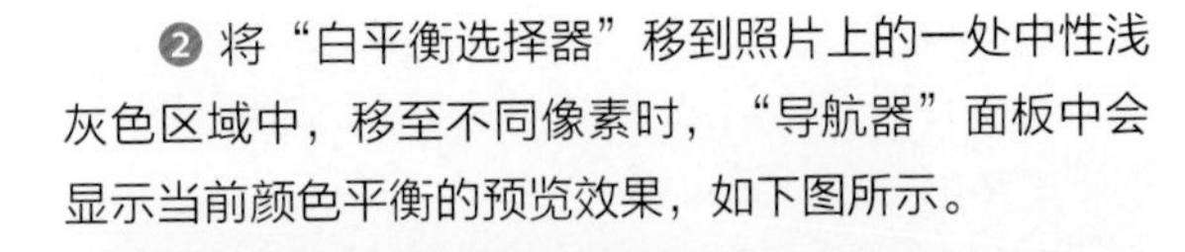

❷ 将“白平衡选择器”移到照片上的一处中性浅灰色区域中，移至不同像素时，“导航器”面板中会显示当前颜色平衡的预览效果，如下图所示。

Tips “白平衡选择器”单击位置的选择

用“白平衡选择器”指定中性区域的同时，为了获得最佳的白平衡校正效果，应该避免将鼠标移到光谱高光或完全呈现白色的区域，因为这些区域都没有足够可以采样的像素。

◆**自动关闭**：将“白平衡选择器”工具设置为仅在照片中单击一次后即自动关闭。

◆**显示放大视图**：显示位于白平衡选择器下像素样本的特写视图和RGB值。

◆**“缩放”滑块**：在“放大视图”中缩放特写图，单击并拖曳滑块即可实现缩放操作。

◆**完成**：关闭“白平衡选择器”工具，默认情况下，鼠标的指针会变为“手形”或“放大”工具。

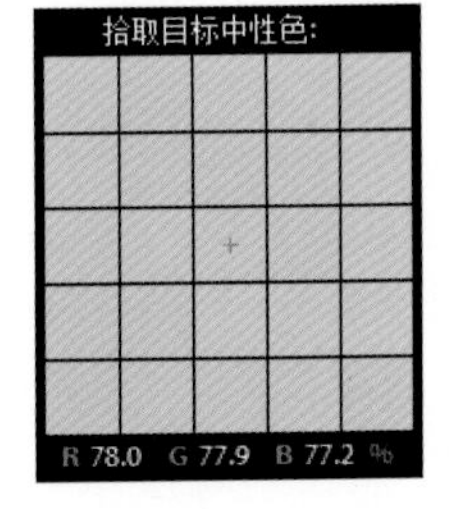

使用“白平衡选择器”工具的过程中，移动鼠标指针至图像中应当显示中间灰色或者中间白色的区域，此时会出现如左图所示的一个包含25像素的放大图像，帮助用户更加准确地显示采样的位置。

在使用“白平衡选择器”时，建议在“关闭背景光”视图模式中观察图像的颜色，当悬浮窗口下方的RGB值几乎相等时，即可确定该取样点为照片的“浅色”区域，单击鼠标即可校正白平衡，得到准确的编辑结果。

3.3.3 色温和色调的精确调整

如果用户对“预设白平衡”和“白平衡选择器”工具调整的效果不满意，可以使用“修改照片”模块中“基本”面板下的“色温”和“色调”选项对照片的白平衡进行细微的调整。

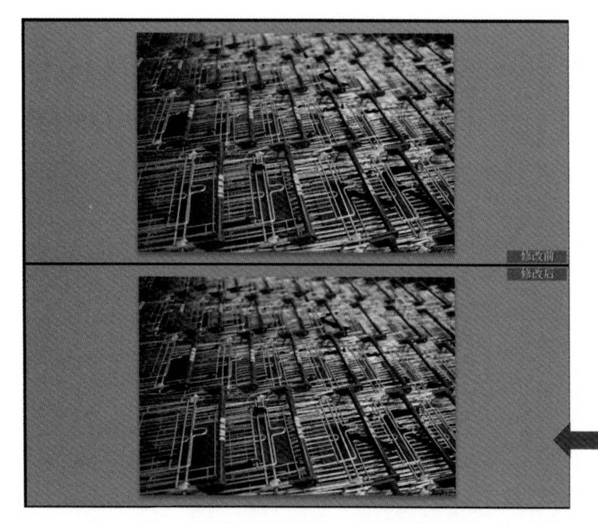

在“修改照片”模块中的“对比视图”模式下打开一张偏色的照片，展开“基本”面板，在其中拖曳“色温”和“色调”选项的滑块，或者直接在数值框中输入参数，观察照片中色彩的变换，根据目测对照片的白平衡进行调整，设置如下图所示。通过“对比视图”可以看到调整前后的颜色变换，编辑后的照片白平衡趋于正常，显示出了静物真实的颜色。

在对“色温”和“色调”选项进行调整时，需要对这两个选项所包含的概念有一定了解。“色温”选项使用绝对温度的颜色温标微调白平衡，将该滑块左移可降低照片的色温，将其右移可提高照片的色温。此外，还可以在“色温”文本框中设置一个特定值，使其与环境光颜色匹配。例如，摄影用的白炽灯光通常在3200K达到平衡，如果在摄影用白炽灯光下拍照并将图像色温设置为3200K，则照片应显示的色彩就是准确的。

怎样才能知道自己现在所处的环境色温是多少呢？这就需要记下一些常用环境的色温值了，不同类型的光照和色温对照如下表所示。

自然光源色温	
不同环境和气候	色温（K）
朝阳及夕阳	约2000
日出后一个小时	约3500
早晨及午后阳光	约4300
平常白昼	约5000~6000
晴天中午太阳	约5400
阴天	约6000以上
晴天时的阴影下	约6000~7000
雪地	约7000~8500
蓝色无云天空	约10000以上

人工光源色温	
光照类型	色温（K）
蜡烛及火光	约1900以下
家用钨丝灯	约2900
摄影用钨丝灯	约3200
摄影用石英灯	约3200
220V日光灯	约3200~4000
普通日光灯	约4500~6000
HMI灯	约5600
水银灯	约5800
电视荧光幕	约5500~8000

在使用“色温”和“色调”选项对照片白平衡校对的过程中，最好使用原始的RAW格式文件进行编辑，这样在后期更改“色温”的参数就犹如在拍摄时更改相机的设置一样，允许设置的范围很广。但是处理JPEG、TIFF和PSD文件时，采用的是-100~100范围的色温值，而不是绝对色温，可以设置的色温值范围有限。

除了调整“色温”之外，还可以使用“色调”微调白平衡来补偿绿色或洋红色调，将滑块左移可给照片添加绿色，将滑块右移可添加洋红。

3.4 影调与色调的基本调整——色调控制

在Lightroom“图库”模块的“快速修改照片”面板中的“色调控制”选项组下，包含了多个设置选项，用于对照片的影调和色调进行基础的调整，但是这些选项都是以固定参数值进行增加或减少的，在“修改照片”模块“基本”面板的“色调”和“偏好”选项组中也有相同的设置选项，但是这些选项可以让用户精确定义参数，使得调整效果更准确。接下来本小节将着重对这些选项的调整进行讲解。

3.4.1 自动调整色调

在“修改照片”模块“基本”面板下的“色调”选项组，单击“自动”，可以设置整体色调等级。此时，Lightroom会根据照片实际的明暗程度，对“曝光度”、“对比度”、“高光”、“阴影”、“白色色阶”和“黑色色阶”进行调整，同时改变相应选项的参数，使色调等级达到最大，而使高光和阴影剪切减少到最小。

在Lightroom中打开一张明暗对比不强烈的照片，在“修改照片”模块中展开“基本”面板，单击其中的“自动”，可以在图像预览窗口中看到照片的对比度和亮度均发生了改变，同时“基本”面板中的选项参数也进行了自动的调整，操作如下图所示。

在“图库”模块的“快速修改照片”面板中，也可以对照片的影调进行自动的调整，虽然从人眼观察，使用“快速修改照片”面板中的“自动”和“基本”面板中的“自动”都可以让照片的对比度增强，但是这两个“自动”所调整的参数结果却是不相同的。

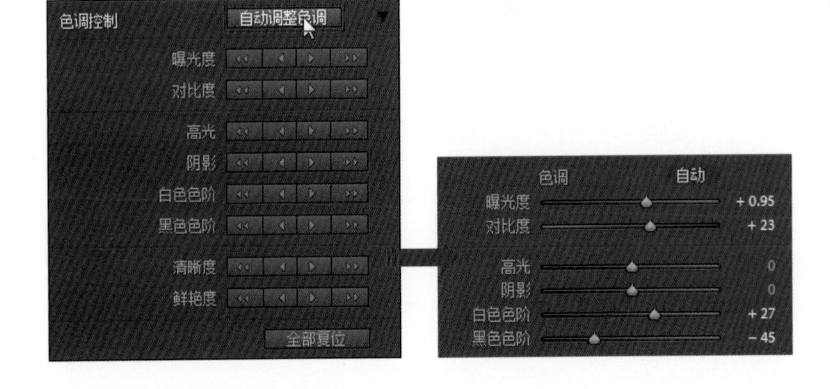

◀ 如右图所示，单击“快速修改照片”面板中的“自动调整色调”按钮，可以在“修改照片”模块的“基本”面板中看到参数发生了变化，但是具体的数值却与“基本”面板中的“自动”调整后的参数不相同。

3.4.2 曝光度与对比度

对于一些曝光和明暗对比效果不理想的照片，可以通过“基本”面板中的“曝光度”和“对比度”来进行精确的调整。

如左图所示，在“修改照片”模块中打开一张曝光不足的照片，展开“基本”面板，向右拖曳“曝光度”选项的滑块，补偿画面曝光，增加曝光为+0.93，然后向右拖曳“对比度”选项的滑块到+60的位置，提高照片明部和暗部之间的对比程度，设置完成后，通过“对比视图”模式可以直观地看到照片的曝光度和对比度发生了明显的变化。

Lightroom“修改照片”模块中的“曝光度”选项会对全图的曝光程度进行调整，用于改变图像总体亮度，调整滑块即可让照片达到满意效果。

“图库”模块的“曝光度”选项递增与相机光圈值，即光圈大小的递增等量相当，单击一次◂◂或▸▸按钮，即可降低或增加1档曝光度；单击一次◂或▸按钮，可以降低或增加1/3档曝光度。而“修改照片”模块中的“曝光度”调整到+1.00相当于使光圈值增加1，调整到－1.00相当于使光圈值减小1，这两个“曝光度”选项的显示如下图所示，它们两者的作用都是一样的，只是调整的强度不相同。

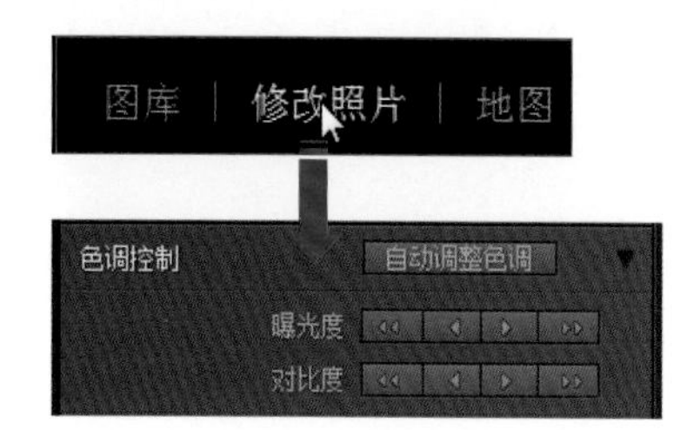

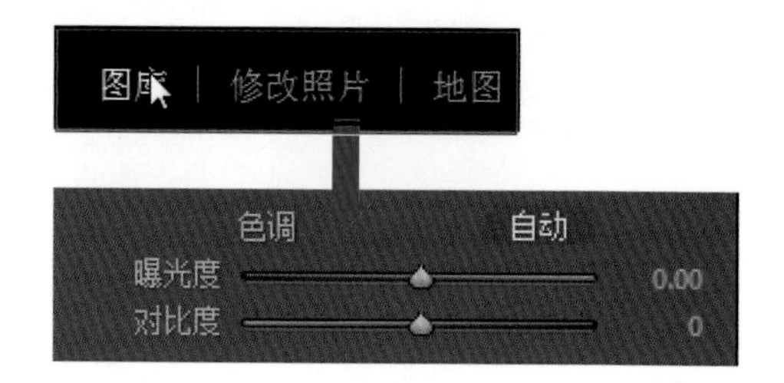

“曝光度”选项是针对全图进行的明暗调整；而“对比度”选项虽然也是针对全图进行明暗调整，但是主要针对的是照片中的中间影调，它能够增加或者降低图像的对比度，对图像中的高光和阴影图像影响较小。

通过实际的应用可以看出，当增加“对比度”选项的参数时，中间色调到暗色调的图像区域会变得更暗，而中间色调到亮色调的图像区域会变得更亮，而降低“对比度”选项的参数时，对图像色调产生的影响与之相反，具体效果如右图所示。

3.4.3 高光与阴影

如果在Lightroom中需要对照片不同明暗区域的图像进行有针对性的调整时，可以通过调整“高光”和“阴影”选项的参数来实现效果。

“高光”选项用于调整图像明亮区域。向左拖动该选项的滑块可以使高光变暗，并恢复“模糊化的”高光细节，向右拖动该选项的滑块可使高光变亮，同时最小化剪切。

▼ 如下图所示，当向右拖曳“高光”选项的滑块时，通过“比较视图”可以看到，照片中的高光云层区域变得更加明亮，而其余的中间调和暗部区域的图像基本不受调整的影响。

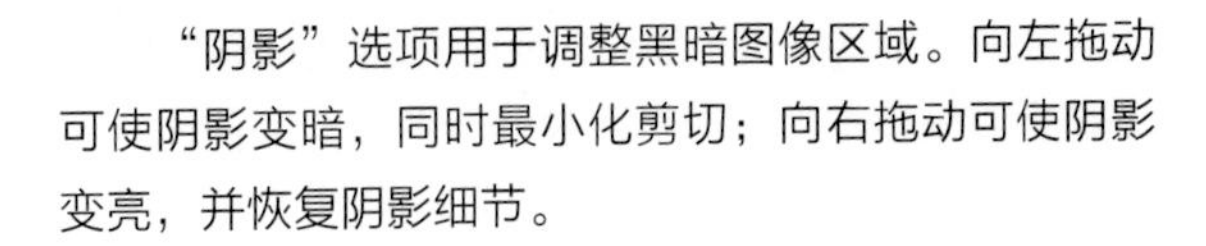
“阴影”选项用于调整黑暗图像区域。向左拖动可使阴影变暗，同时最小化剪切；向右拖动可使阴影变亮，并恢复阴影细节。

▼ 如下图所示，当向右拖曳“阴影”选项的滑块时，通过“比较视图”可以看到照片中的近景暗部的图像变亮，显示出更多的细节，而其余的中间调和明亮区域的图像基本不受调整的影响。

3.4.4 白色色阶与黑色色阶

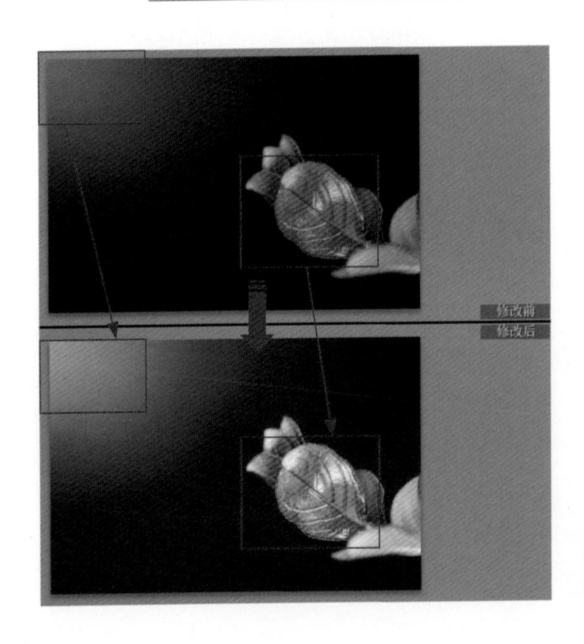

Lightroom中的“白色色阶”选项和“黑色色阶”选项可以对照片中最接近白色和黑色的区域进行裁切，由此来调整照片的明暗效果。

“白色色阶”用于调整白色高光区域的剪切，向左拖动可减少高光剪切，向右拖动可增加高光剪切，对于镜面高光，如金属表面，可能需要增加剪切，才能得到满意的效果。

◀ 如左图所示，当增加“白色色阶”选项的参数，可以看到画面中间调区域被提亮，而高光区域被调整为接近白色的效果，同时进行了相应的剪切。

相对于“白色色阶”而言，“黑色色阶”的调整效果刚好相反。“黑色色阶”用于调整黑色色阶剪切，向左拖动可增加黑色色阶剪切，将更多的阴影映射到纯黑色，向右拖动可减少阴影剪切。

“黑色色阶”可以指定哪些图像值映射黑色色阶，右移此滑块可使更多区域变为黑色，有时会造成图像对比度增加的印象，最佳黑色效果在阴影中产生，而中间色调和高光的变化相对较少。

右图所示为向左拖曳“黑色色阶”滑块后的效果，可以看到暗部基本变成了黑色。

3.4.5 清晰度、鲜艳度及饱和度

在“基本”面板的“偏好”选项组中，通过调整“清晰度”、“鲜艳度”和“饱和度”选项的参数，可以更改照片中所有图像的清晰程度和颜色的饱和度，这三个选项作用在照片上每个像素中的应用效果都是一样的，如果要调整特定范围的颜色，可以在“HSL/颜色/黑色”面板中进行设置。

◆**清晰度：** 通过增加局部对比度来增加图像深度，调整该选项的参数时，最好将照片的显示放大到100%或更大，要使效果达到最佳，可以增大该选项的参数值，直到看到图像边缘细节附近出现光晕，然后再稍微减小该选项的参数值即可。

◆**鲜艳度：** 调整饱和度以便在颜色接近最大饱和度时最大限度地减少剪切，从而更改所有低饱和度的颜色的饱和度；而对高饱和度的颜色的影响较小，适当设置鲜艳度还可避免肤色变得过度饱和。

◆**饱和度：** 将所有图像颜色的饱和度从-100（黑白）同步调整为+100（使饱和度翻倍）的效果，该选项如果设置过大，会让照片中的图像出现饱和过度的效果。

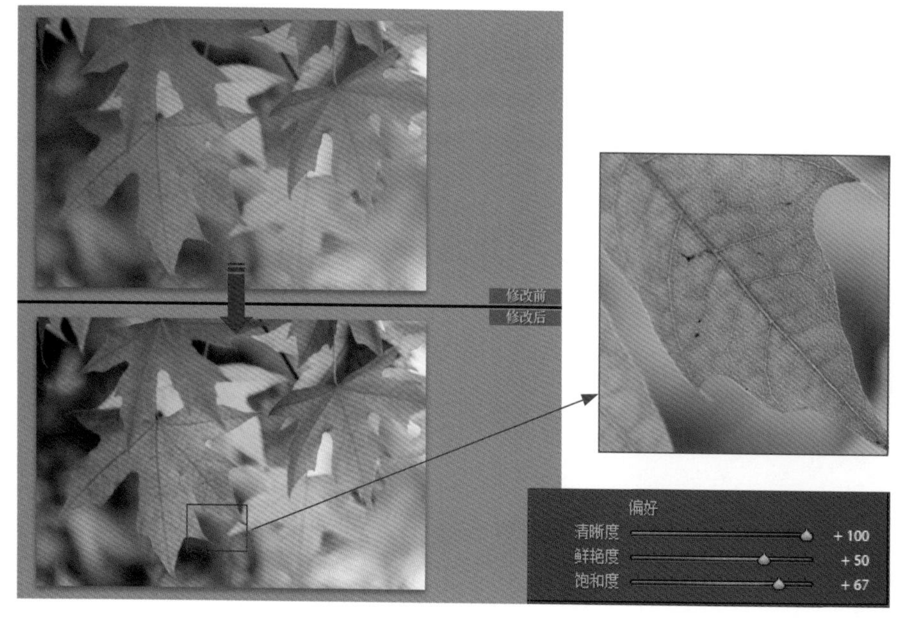

在Lightroom的“修改照片”模块中打开一张照片，在“基本”面板的“偏好”选项组中对参数进行调整，增强照片的清晰度和饱和度。通过“对比视图”模式可以看到照片的细节变得更加尖锐，颜色更加鲜艳，将照片进行放大显示，可以清晰地看到叶脉上的纹理，如左图所示。

Example 01 二次构图获得理想效果

素　材：随书光盘\素材\03\01.dng
源文件：随书光盘\源文件\03\二次构图获得理想效果.dng

构图是一张照片的关键所在，它具有引导观赏者视线的作用，合理的构图可以让照片中的主体更加突出。本例中的照片拍摄的是凤凰古城，由于画面左边的景物使得画面中的内容显得杂乱，为了获得理想的构图效果，在编辑的过程中先使用预设选项改变画面的色调，再使用“渐变叠加”工具裁剪图像，打造出满意的画面效果。

STEP 01 运行Lightroom 5应用程序，在“图库”模块中导入本书光盘\素材\03\01.dng素材文件，在“图库”模块的预览窗口中可以看到照片的原始效果，展开“快速修改照片”面板，在其中“存储的预设”选项组中展开下拉列表，执行“Lightroom颜色预设>古极线”命令，为照片应用上预设效果，在图像预览窗口中可以看到照片的颜色和影调发生了改变。

STEP 02 切换到“修改照片”模板，在该模板的工具条上单击选中“裁剪叠加”工具，进入裁剪操作，在工具条的下方可以看到“裁剪叠加”工具的相关设置，如左图所示，同时照片的周围显示出裁剪框。

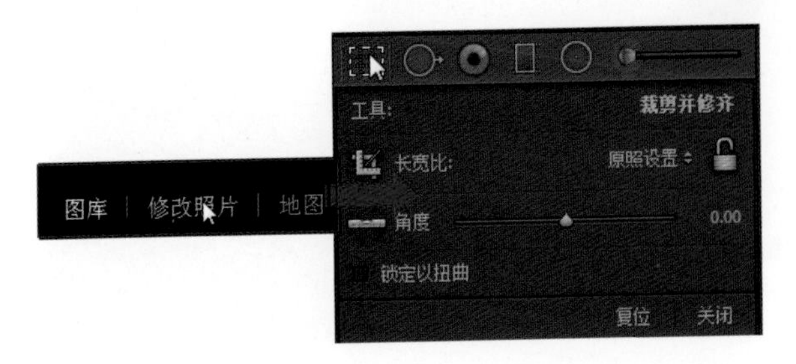

STEP 03 在“放大视图”模式下进行编辑，在图像预览窗口中单击并拖曳鼠标，对裁剪框的范围进行调整，同时在裁剪框的直角位置单击并拖曳鼠标，调整裁剪框的角度。

STEP 04 调整裁剪框的“角度”为0.80，再对裁剪框的范围进行调整，裁剪框的外侧为较暗的显示，表示这些图像将会被裁剪掉，完成裁剪框的编辑后单击“关闭”，Lightroom会根据裁剪框对照片进行裁剪。

STEP 05 完成照片的裁剪操作后，为了让照片的画面效果更加完美，还需要对画面的影调进行修饰，展开“基本”面板，设置“色温”为-2，“色调”为-1，“高光”为-30，“阴影”为-10，完成设置后可以看到画面中的影调发生了改变，显得更具层次，如下图所示。

Tips 参数的设置

由于照片在第一步骤中应用了预设选项，因此“基本”面板中的参数不是以默认值显示的，而是有一定改动的，此步骤中的调整只是对预设调整的参数进行完善。

STEP 06 除了调整画面的影调之外，还需要对照片的颜色进行调整，继续在“基本”面板中进行设置，调整“清晰度”选项的参数为+82，“鲜艳度”选项的参数为+11，增强画面的清晰度和颜色的饱和度，完成设置后将照片导出，可以看到本例最终编辑的效果。

Example 02 纠正室内灯光导致的偏色

素　材：随书光盘\素材\03\02.dng
源文件：随书光盘\源文件\03\纠正室内灯光导致的偏色.dng

在拍摄照片时，如果相机中的白平衡设置与景物照明的光线条件不一致，那么就会导致拍摄出来的照片存在偏色的情况。本例就是一张由于室内灯光照明导致偏黄的照片，在后期处理中使用Lightroom中的“白平衡选择器”工具对其进行校正，并通过“基本”设置修正影调和色调，让照片恢复真实的色彩。

STEP 01 运行Lightroom 5应用程序，在“图库”模块中导入本书光盘\素材\03\02.dng素材文件，在图像预览窗口可以看到照片中的静物由于室内光线照射的原因，呈现出偏黄的效果；接着切换到“修改照片”模块，展开其中的“基本”面板，单击“白平衡选择器”按钮，或者按下W键，选中该工具准备对照片的白平衡进行重新的定义。

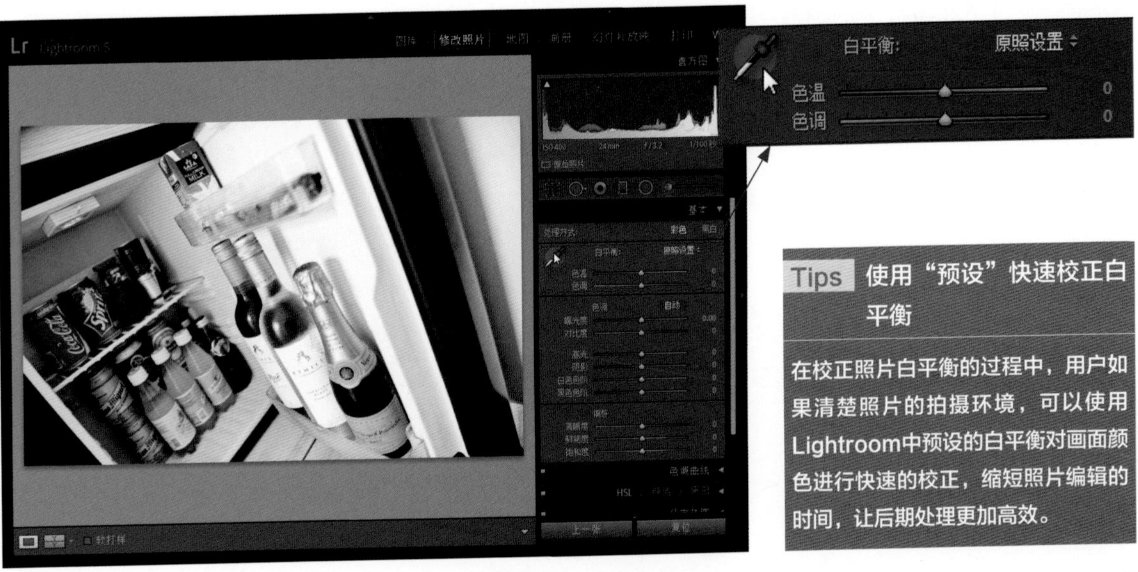

Tips 使用“预设”快速校正白平衡

在校正照片白平衡的过程中，用户如果清楚照片的拍摄环境，可以使用Lightroom中预设的白平衡对画面颜色进行快速的校正，缩短照片编辑的时间，让后期处理更加高效。

STEP 02 将鼠标移动到视图窗口的照片上，“导航器”中将根据鼠标移动的位置显示出白平衡的调整效果，同时在“拾取目标中性色”中显示取样点的颜色值，单击鼠标后，画面将自动进行白平衡矫正，将“色温”调整到-23的位置，“色调”调整到+23的位置。

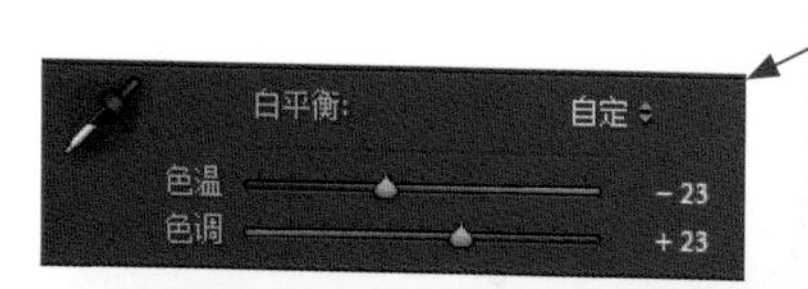

STEP 03 对照片的白平衡进行矫正之后，可以看到照片恢复到正常的色调，为了让画面层次更加清晰，还需要对其影调进行调整。在“基本”选项卡，调整“高光”选项的参数为-27，“白色色阶”选项的参数为-13，“黑色色阶”选项的参数为+16，在视图窗口中可以看到调整后的照片影调效果。

STEP 04 为了让照片中的细节更加的完美，还需要对照片色调和锐利程度进行调整。在“基本”选项卡的“偏好”选项组中设置“清晰度”选项的参数为+45，“鲜艳度”选项的参数为+20，在视图窗口中放大图像可以看到本例中照片最终的编辑效果。

Example 03

调整影调恢复画面层次

素　材：随书光盘\素材\03\03.jpg
源文件：随书光盘\源文件\03\调整影调恢复画面层次.dng

对于一些画面层次不清晰的照片，可以通过Lightroom中“基本”面板下的设置来增强画面明部和暗部之间的对比，突显出画面的层次。本例中的照片因为天气和拍摄设置的原因，使得画面中的景象表现出灰蒙蒙的感觉；为了增强画面的感染力，在后期中通过对照片的影调进行调整，让画面的层次更加清晰。

STEP 01 运行Lightroom 5应用程序，在“图库”模块中导入本书光盘\素材\03\03.jpg素材文件，切换到“修改照片”模块，展开“基本”面板，设置“曝光度”选项的参数为+0.48，“对比度”选项的参数为+64，提高画面的曝光度和对比度，接着设置“高光”为-45，“阴影”为-41，“白色色阶”为-14，“黑色色阶”为+41，可以看到照片中的层次更加清晰。

Tips　设置“曝光度”选项的技巧

在Lightroom中设置“曝光度”选项的参数时，应当对该参数进行细微的调整，因为较大的参数会让照片中的颜色信息丢失，在编辑的过程中应该以较小参数进行设置。

STEP 02 为了打造出完美的画面效果，接着继续在“基本”面板中进行设置，调整“清晰度”为+76，“鲜艳度”为+48，“饱和度”为+4，完成设置后在图像预览窗口中可以看到本例最终的编辑效果。

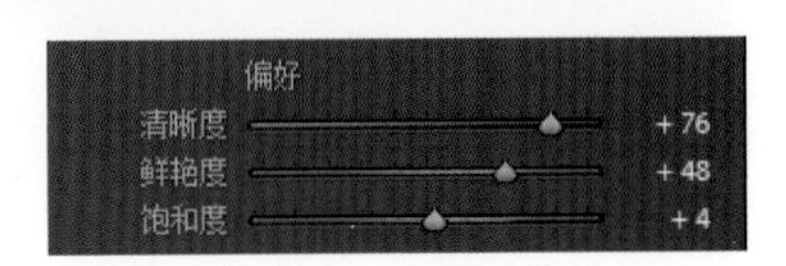

第4章 秘密调整武器——校正曝光

摄影是光的艺术，想要真正地用摄影语言来表达自己，必须能够驾驭光圈和快门，实现理想的曝光。在对照片进行修饰的过程中，完成裁剪图像的操作后，接下来就需要对照片的曝光进行细致的调整了。

调整照片的曝光就是对照片的明暗进行设定，将曝光过度的照片调暗，对曝光不足的照片进行曝光补偿，这些操作都可以在Lightroom中轻松地实现，并且还可以将“直方图”作为曝光是否合理的参考标准，准确地对照片的曝光进行校正。

本章梗概

- 像素分布一目了然——直方图
- 精确调整画面层次——色调曲线

4.1 像素分布一目了然——直方图

随着数码相机图像处理技术的不断发展，越来越多的相机内置了直方图的功能。虽然直方图对初学者来说，还很陌生，但它却早已存在于我们的生活、工作中，如在鼎鼎大名的图像处理软件Photoshop里面，对应直方图的命令就是“直方图”调整，而在Lightroom中也专门设定了“直方图”面板，以便用户更加直观地查看照片的曝光信息。

4.1.1 认识Lightroom中的直方图

直方图表示照片中各明亮度百分比下像素出现的数量分布效果。如果直方图从面板左端一直延伸到面板右端，则表明照片充分利用了色调等级。若直方图没有使用完整色调范围，则可能导致图像对比度低而昏暗。如果直方图在任一端呈现峰值，则表明对照片进行了阴影或高光剪切，剪切可能会导致图像细节损失。

● “直方图”面板

在Lightroom的“图库”或者“修改照片”模块中，都可以查看到“直方图”面板，如果未显示出“直方图”面板，可以通过执行“窗口>面板>直方图”菜单命令来将其打开，打开的“直方图”面板如下图所示。

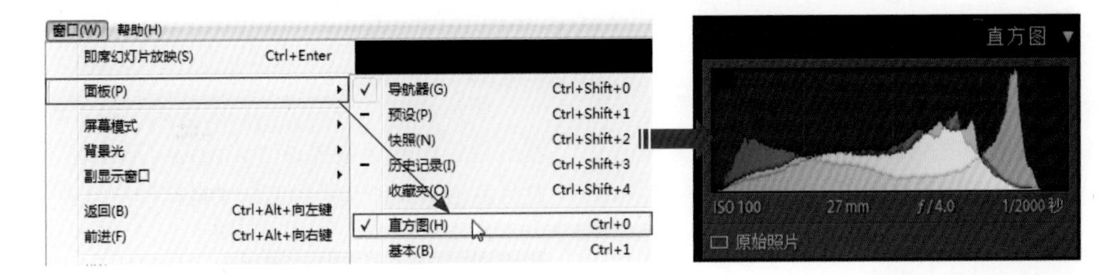

“直方图”面板中的图像表示照片中的像素明暗分布情况，最左端表示明亮度为0%的像素，最右端表示明亮度为100%的像素。

Lightroom中的直方图由三个颜色层组成，分别表示红色、绿色和蓝色通道。这三个通道发生重叠时将显示灰色，RGB通道中任两个通道发生重叠时，将显示黄色、洋红或青色，其中的黄色相当于“红色”加上“绿色”通道，洋红相当于“红色”加上“蓝色”通道，而青色则相当于“绿色”加上“蓝色”通道，如下图所示。

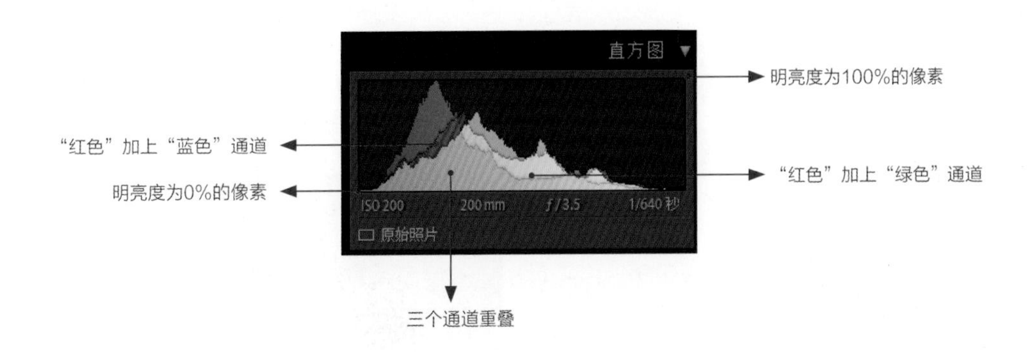

●在“直方图”中构建智能预览

在“直方图”面板的左下角位置显示了一个“原始照片”复选框，可以使用智能预览编辑未实际连接到您的计算机的图像。智能预览文件是一种新的轻量小型文件格式。

智能预览比原始照片小得多，可以选择在具有较大存储容量的外部设备上保存原始文件，以便在具有较小容量的设备上释放磁盘空间。在创建智能预览后，智能预览文件始终保持最新状态。在连接存储设备后，也会立即将对原始文件所做的任何编辑应用于智能预览。

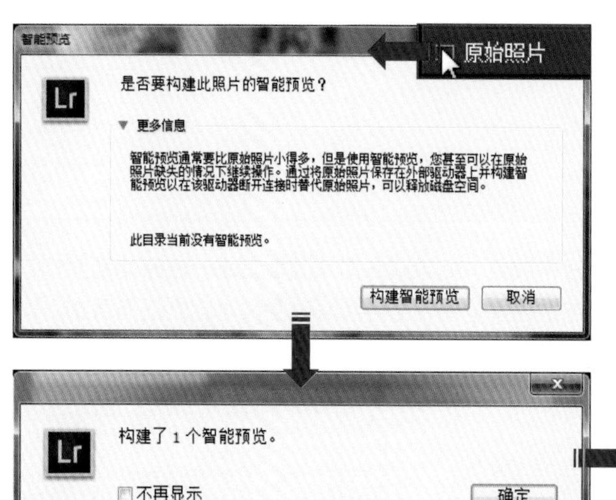

勾选“原始照片”复选框，将弹出“智能预览”对话框，在其中提示将对选中的照片创建智能预览，单击“构建智能预览”按钮将打开新的提示对话框，单击“确定”按钮，即可在“直方图”面板中查看到显示的变化，如图所示。

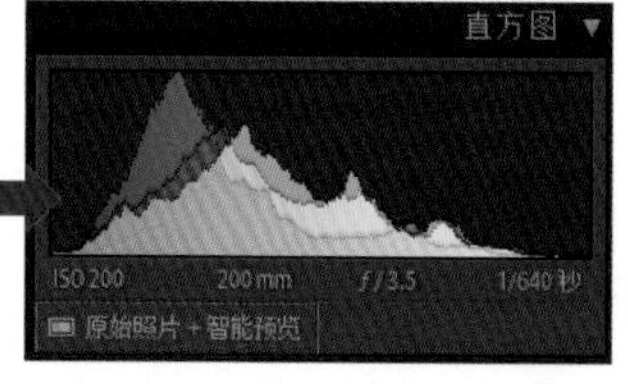

“直方图”面板下方的文字显示有四种不同的方式，从不同的显示方式可以判断出照片的预览状态，各种显示方式如下图所示。

原始照片：当显示“原始照片”时，表示当前选中的照片为原始的图像，其中并不存在智能预览文件，也是导入照片后的默认显示。

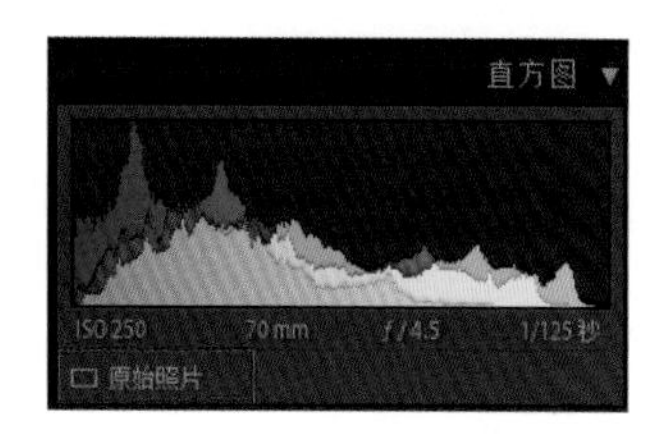

智能预览：当显示“智能预览”时，表示当前查看的是智能预览效果，Lightroom无法检测包含原始文件的设备，即照片的原始文件可能已经删除。

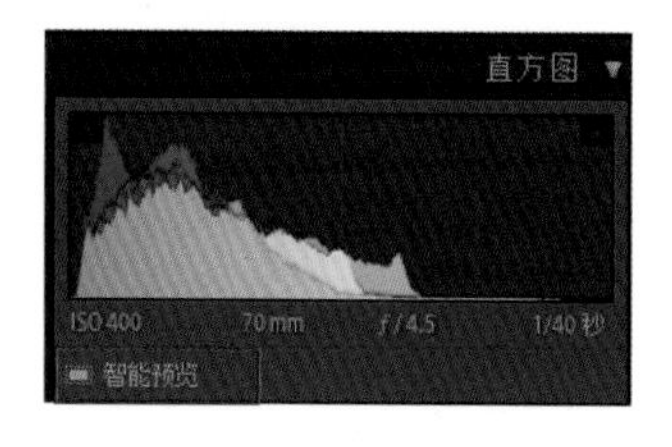

原始照片+智能预览：当显示“原始照片+智能预览”时，表示查看的效果是原始文件，同时相应的智能预览也存在，也就是原始文件存在的同时，对照片创建了一个新的智能预览，这样可以自动与原始文件之间同步对智能预览文件所做的任何编辑。

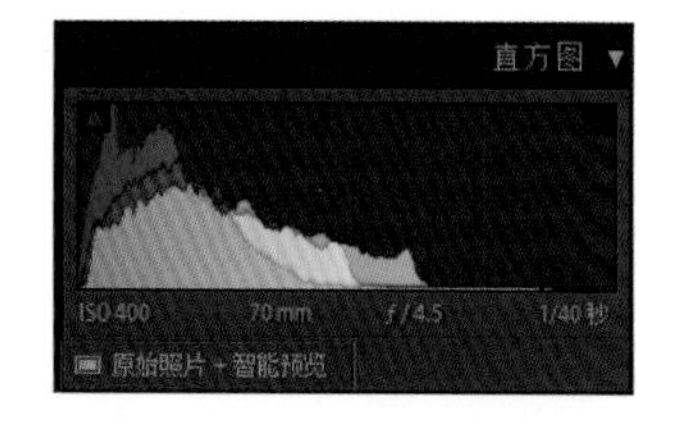

图标显示：当显示四个不同样式的图标时，表示在“网格视图”下选中多张照片的效果，其中第一个图标表示没有智能预览的原始照片；第二个图标表示具有智能预览的原始照片；第三个图标表示仅包含智能预览，而没有原始文件；第四个图标表示缺少原始文件，但是可以正常显示预览。

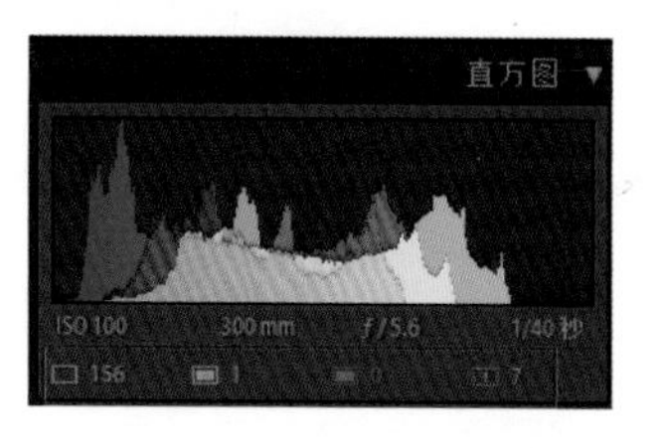

4.1.2 通过直方图判断和调整照片曝光

在Lightroom的“直方图”面板中可以对照片的曝光进行判断，根据像素的分布来观察照片的曝光是否恰当。此外，还可以直接在“直方图”面板中通过单击并拖曳鼠标，来对照片的曝光进行快捷调整，具体内容如下。

●判断照片的曝光

照片是由一个个的像素组成的，每个像素都有各自不同的明亮度，直方图中的色块所表示的就是像素的分布情况，当照片中相似明度的像素较多时，直方图中相对应位置的色块面积就会较大；相反，当照片中相似明度的像素较少时，直方图中相对应位置的色块面积就会较小。

直方图左侧的像素表示明度为0%的像素，即黑色或者最暗的像素。当直方图中大部分的像素靠近左侧时，表明该照片的曝光不足，如下图所示，这样的照片在后期处理中需要对其进行补光，提高画面的亮度，让照片的曝光恢复正常。

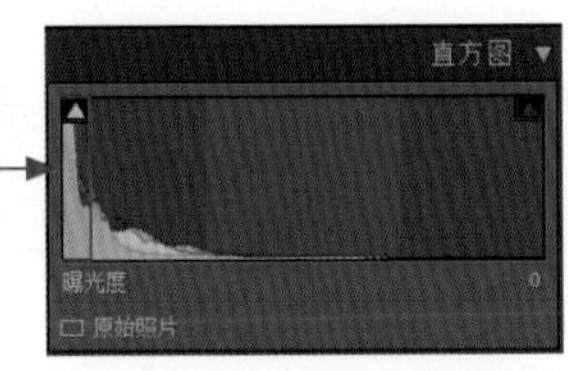

◀ 从左图所示的照片中可以看到画面整体偏暗，只有很少的阴影图像，基本没有亮部像素，在“直方图”中的像素大部分都在左侧。

一张曝光正常的照片，应该有适当的亮部和暗部，以及大致均匀的中间调，即在“直方图”中的分布应该呈现出类似拱形的效果，如下图所示，这样才能保证画面中包含不同明暗程度的像素。

▶ 从右图所示可以看出照片中包含了暗部和亮部，以及大部分的中间调，这个信息同时也在“直方图”面板中真实地反应了出来，表明这张照片的曝光正常。

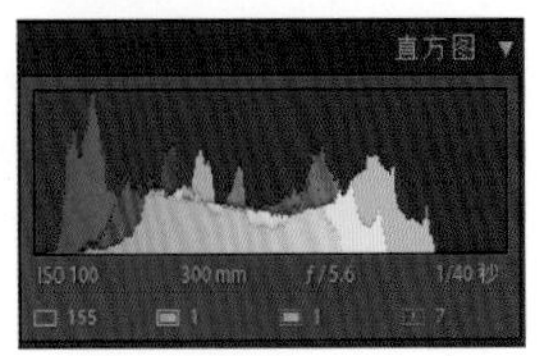

与曝光不足的照片相反，曝光过度的照片会基本没有暗调，而大部分的像素会集中在“直方图”的右侧，此时的照片中会包含大部分的亮部，而缺乏暗部和中间调的像素，如下图所示。

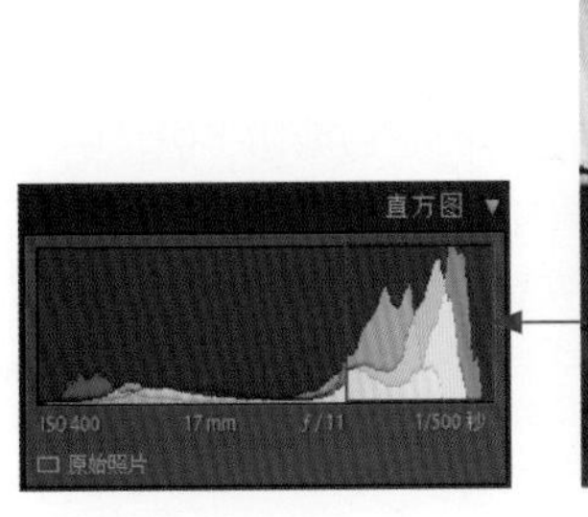

◀ 如左图所示可以看到照片呈现出惨白的效果，其亮部的像素过多，使得画面中的细节丢失，而“直方图”中的波形图基本靠近右侧，左侧基本没有像素分布。

●在“直方图”中调整曝光

在Lightroom中还可以使用直方图调整图像的曝光，在“修改照片”模块的“直方图”面板中，将鼠标放在某些特定区域，可以使其与“基本”面板中的色调滑块相关，可以通过在“直方图”中进行拖动来调整曝光，同时，所做的调整将实时地反映在“基本”面板上的对应滑块中。如果在直方图的“曝光度”区域进行拖动时，“基本”面板上的“曝光度”滑块会相应调整。

将指针移至直方图中的高光区域，此时受影响的区域将会高亮显示，而受影响的选项名称会显示在面板左下角，将指针向左或向右拖动，调整“基本”面板中的相应滑块值，如下图所示，可以看到当调整“高光”到+45的位置时，“基本”面板中的“高光”选项也自动设置成了+45。

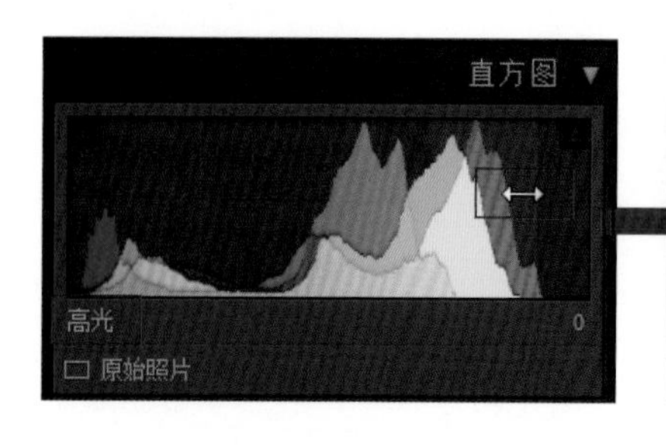

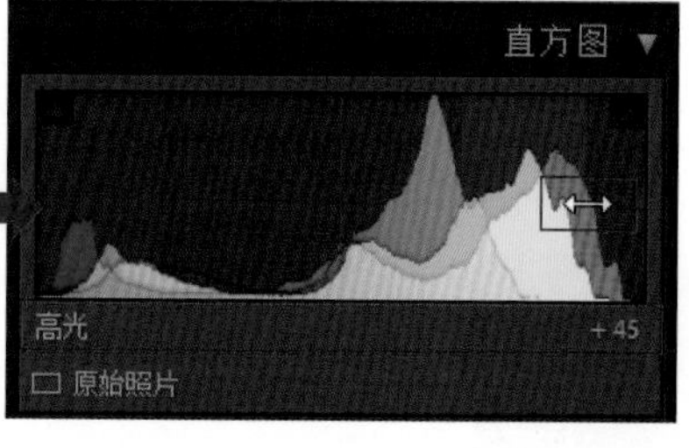

如果在“直方图”面板的左下角没有文字显示，可以将鼠标的指针移动到直方图上并右键单击，在弹出的菜单中选择“显示信息”命令，即可将文字显示出来，如下图所示。

在“直方图”面板上调至照片的曝光，和在“基本”面板中设置“曝光度”、“高光”、“阴影”、“白色色阶”和“黑色色阶”选项的参数是一一对应，相互影响的。当在“基本”面板中设置参数时，“直方图”面板中的像素分布也会发生相应的变化。

4.1.3 在直方图中查看照片数据

在Lightroom的“直方图”面板中还可以查看与照片相关的数据，包括了ISO感光度、焦距、光圈和快门速度。

如右图所示可以在“直方图”面板的波形图下方进行查看，通过这些数据可以基本了解照片拍摄时的相机设置。

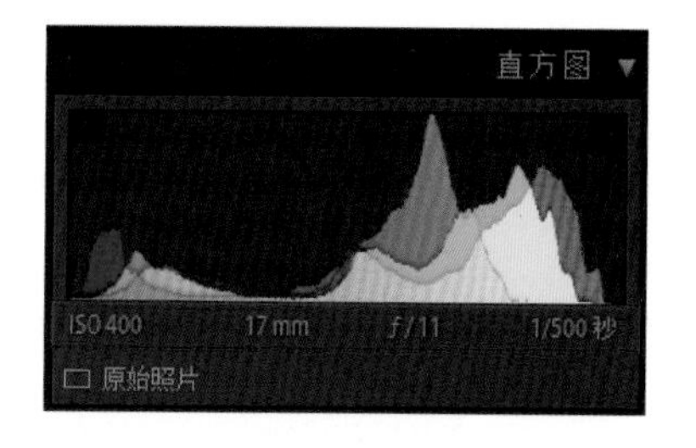

除此之外，还可以在“直方图”面板中查看照片中指定位置像素的RGB颜色值。在图像预览窗口中移动鼠标指针，当“手形”或“缩放”工具所在位置单个像素的RGB颜色值将显示在“修改照片”模块中“直方图”下方的区域，如下图所示。

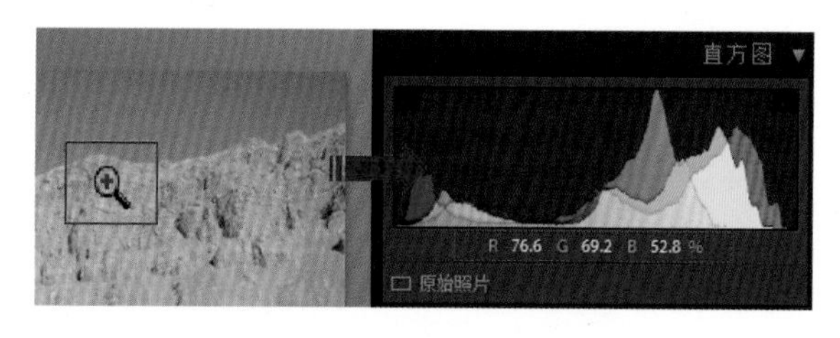

用户可以根据这些信息判断是否剪切了照片中的任何区域，例如R、G或B值是0%黑色还是100%白色，也许可以使用该通道恢复照片中的某些细节。

4.1.4 高光/阴影剪切

在Lightroom的“直方图”面板中除了可以查看照片曝光的情况、拍摄数据和调整曝光效果以外，还可以在图像预览窗口中预览“高光剪切”和“阴影剪切”。

在处理照片时预览照片中的色调剪切，可以让调整的效果更精确。剪切是指像素值向最大高光值或最小阴影值的偏移。剪切区域是全黑或全白的，不含任何图像细节，通常情况下也会称“剪切”为“溢出”现象，在摄影中如果没有特殊的效果要求，都应该避免这样的情况出现。

当调整“基本”面板中的色调滑块时，可以预览剪切区域。剪切指示器位于“修改照片”模块中“直方图”面板的顶端，其中黑色剪切指示器在左上角，白色指示器在右上角，单击“显示阴影剪切”和“显示高光剪切”按钮，如下图所示，即可显示出照片中裁剪的像素。

开启剪切警示后，如下图所示，可以看到其中的红色区域为剪切掉的高光像素，而蓝色区域为剪切掉的阴影像素。同时可以发现，被剪切掉的红色图像区域为纯白色，代表该区域的图像中没有记录任何的细节；而蓝色的图像区域为纯黑色，同样该区域的图像没有记录任何的暗部细节。

在“基本”面板中移动“黑色色阶”滑块，可以观察黑色剪切指示效果，移动“曝光度”或“白色色阶”滑块，可以观察白色色阶剪切指示效果，照片中的黑色剪切区域将呈蓝色，而白色剪切区域呈红色。在调整与照片影调相关的选项的同时，图像预览窗口中所显示出来的剪切范围也会随之发生变化。

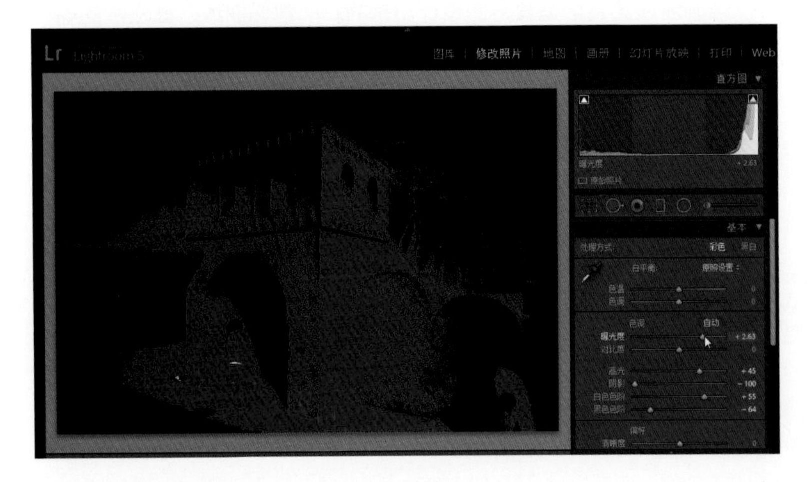

要查看每个通道的图像剪切区域，可以在“修改照片”模块的“基本”面板中移动滑块时，按住Alt键的同时调整选项的参数。右图所示为按住Alt键的同时单击并拖曳“曝光度”选项的效果，可以，看到图像预览窗口中的显示变成了通道图像。

4.2 精确调整画面层次——色调曲线

层次清晰的照片会有更强的感染力，在欣赏的同时也容易带来好心情，但是在实际拍摄的时候，由于拍摄条件的限制，可能会曝光不足或者明暗对比不强烈，为了拯救一副曝光效果不理想或者层次结构不清晰的照片，可以通过Lightroom中的“色调曲线”来对这些照片问题进行修复，使它们更漂亮，更具渲染力。

4.2.1 认识“色调曲线”

使用色调曲线，可以对在“基本”面板中对照片所做的调整进行微调。“修改照片”模块的“色调曲线”面板中的曲线图反映了对照片的明暗等级所做的更改。水平轴表示原始色调值，其中最左端表示黑色，越靠近右端色调亮度越高。垂直轴表示更改后的色调值，其中最底端表示黑色，越靠近顶端色调亮度越高，最顶端为白色，展开“色调曲线”面板如下图所示。

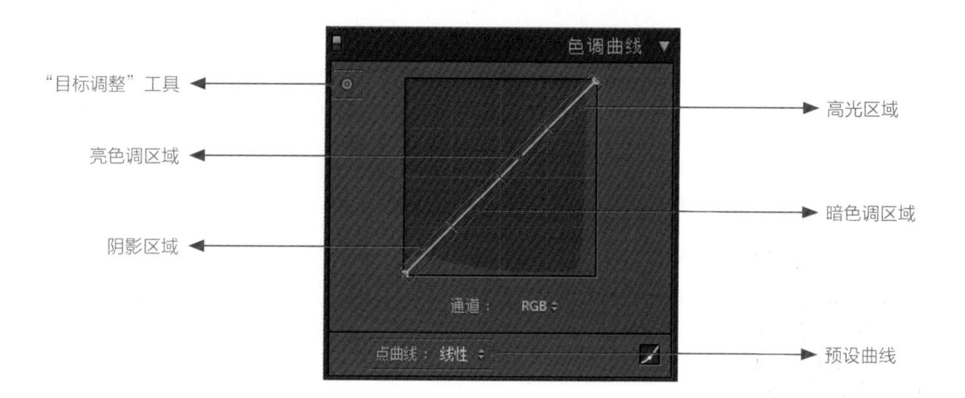

单击“色调曲线”面板右下角的“单击以编辑点曲线”按钮，可以将该面板中的四个调整选项显示出来，如下图所示，即“高光”、“亮色调”、“暗色调”和“阴影”选项，通过单击并拖曳这些选项的滑块，可以分别调整对应的影调区域。

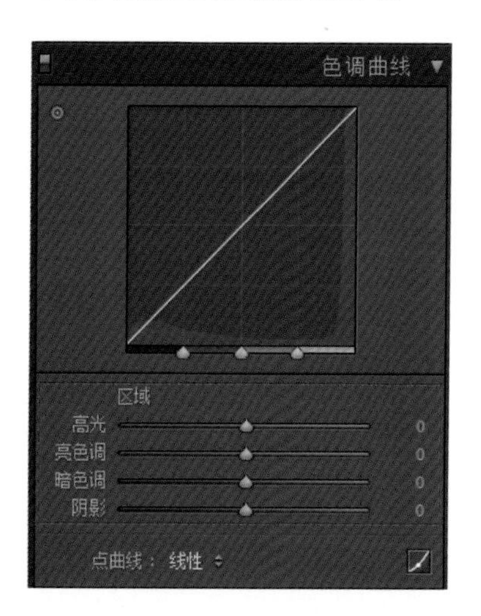

色调曲线图是依据直方图设计出来的，“色调曲线”面板中的曲线在默认情况下是以向右倾斜45度角显示的，表示色调等级没有任何的变化，原始输入值与输出值完全相同。在曲线的下方包含了三个灰色的三角形滑块，可以用来调整照片中特定区域的亮度。

Tips 色调曲线出现弯曲的情况

如果当用户第一次查看没有进行调整的照片时，可能会看到一条弯曲的色调曲线，这种初始曲线反映了Lightroom在导入照片期间对照片应用的默认调整，即在“首选项”对话框“预设”标签中勾选了“应用自动色调调整”复选框，此时就会出现首次查看色调曲线出现弯曲的情况。

4.2.2 预设曲线快速实现调整效果

“色调曲线”面板中的“点曲线”后面下拉列表中包含了“线性”、“中对比度”和“强对比度”三个选项，其中的“线性”为默认选项，也是复原色调曲线形态的选项，使用预设曲线可以快速的实现调整效果。

在“修改照片”模块中打开一张照片，可以看到照片的原始图像效果，展开“色调曲线”面板，通过使用预设中的“中对比度”和“强对比度”选项来观察照片的影调变化，可以看到如下图所示的效果，“中对比度”选项的效果比“强对比度”的效果要弱一些。在应用了预设效果之后，曲线上会自动添加控制点，同时调整曲线的位置。

除了应用预设的曲线对照片的影调和层次进行调整以外，用户还可以在“色调曲线”面板中将自定义设置的曲线形态存储为预设，以便下次再次使用。

当在“色调曲线”面板中自定义曲线的形态后，展开“点曲线”后面的下拉列表，在其中选择“存储”命令，即可打开“存储点曲线”对话框，在其中对存储的点曲线进行命名，还能更改预设点曲线的存储位置，完成设置后单击对话框中的“确定”按钮，完成预设点曲线的操作，接着在“色调曲线”面板中展开“点曲线”后面的下拉列表，即可在其中查看到存储的点曲线的名称，单击即可再次应用，具体操作如下图所示。

在Lightroom中使用“色调曲线”面板的预设对照片影调进行调整之后，如果对调整的效果不满意，还可以根据预设的曲线形态对调整的效果进行加强或者减弱处理，只需直接在曲线上单击并拖曳控制点，或者删除和添加控制点即可，此时“点曲线”后面将显示出“自定”，表示曲线已经被用户自定义设置。

4.2.3 通过参数进行精确调整

当完全展开“色调曲线”面板后，可以使用其中的四个选项来精确控制调整的结果，其中的“暗色调”和“亮色调”选项中的滑块主要影响曲线的中部区域，“高光”和“阴影”选项中的滑块主要影响色调范围的两极区域，对不同选项的滑块进行拖曳或者直接在数值框中输入参数，即可改变色调曲线的形态，但是使用参数进行色调曲线设置时，曲线中将只会显示出形状的变化，而不会显示出控制点，这样使得曲线的形状会有更多的可能性。

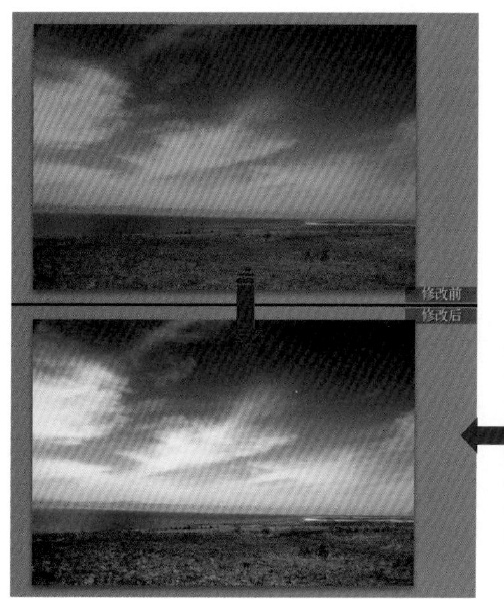

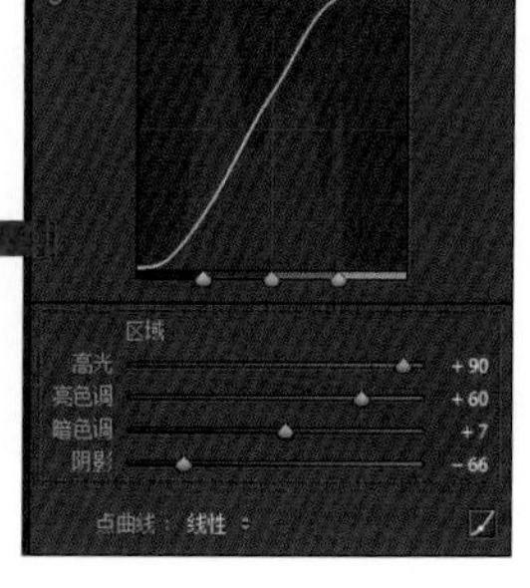

在“修改照片”模块中打开一张照片，展开“色调曲线”面板，单击面板右下角的“单击以编辑点曲线”按钮，将选项显示出来，调整“高光”选项的参数为+90，“亮色调”选项的参数为+60，“暗色调”选项的参数为+7，“阴影”选项的参数为-66。通过“对比视图”模式可以看到照片调整前后的对比效果，同时在“色调曲线”面板中可以直观地观察到曲线的形状发生了改变，如左图所示。

除此之外，还可以通过单击并拖曳曲线下方的三角形滑块来对特定的影调区域进行调整，这种方式也能实现调整画面明暗的目的。

4.2.4 用点曲线自由控制曲线形态

在“色调曲线”面板中还可以通过点曲线自由地控制曲线的形态，它可以通过两种方法来实现编辑效果，一种是使用“目标调整”工具直接在照片中需要调整的图像位置进行拖曳；一种是在曲线上进行拖曳，无论用这两种方法中的任何一种方法，都可以达到理想的调整效果。

● 通过在照片中拖曳来进行调整

单击以选择“色调曲线”面板左上角的“目标调整”工具，然后在图像预览窗口中单击要调整的照片区域，拖曳鼠标或直接按键盘上的↑键和↓键，即可使照片中所有相近色调的图像变亮或变暗，操作如下图所示，可以发现在拖曳的过程中，曲线会自动添加控制点并进行自动调整，用户可以根据实际编辑需要，在照片的任意位置进行拖动。

●直接在曲线上进行拖曳

在“色调曲线”面板中直接单击曲线，并向上或向下拖动，拖动时，受影响的区域将会以高亮的形式显示并且移动相关滑块。原始色调值与新色调值会显示在色调曲线图的左上角，具体的操作如下图所示，可以看到在编辑的过程中，曲线会根据拖曳的位置自动添加上控制点，移动鼠标时，控制点会随着鼠标的移动而移动。

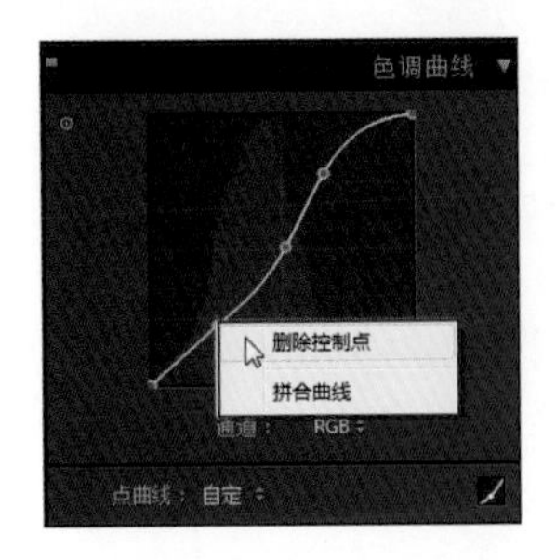

在编辑曲线的过程中，如果需要将曲线中多余的控制点删除，可以直接在控制点上右键单击鼠标，在弹出的快捷菜单中选择“删除控制点”命令，如左图所示，即可将当前选中的控制点删除。

如果用户需要将曲线恢复到默认显示的状态，可以在曲线上任意位置右键单击鼠标，选择右键菜单中的“拼合曲线”命令，就可以将曲线恢复到默认状态，即以向右倾斜45度角显示。

4.2.5 使用曲线控制颜色通道

利用“色调曲线”面板还可以对照片中的颜色通道进行单独调整，不同颜色模式的照片有不同的颜色通道。在“色调曲线”面板的“通道”下拉列表中可以查看到照片的颜色通道数量和类型，如下图所示，用户可以在其中选择需要编辑的通道名称，即可对该颜色通道进行单独编辑。

在“修改照片”模块中打开一张照片后展开“色调曲线”面板，在该面板的“通道”下拉列表中可以看到该照片的颜色模式为RGB模式，其中包含了“红色”、“绿色”和“蓝色”三个通道。选中“红色”通道后在曲线上单击并进行拖曳，调整曲线的形态，降低照片中红色通道中图像的色调，通过“对比视图”可以看到照片编辑前后的效果，具体操作如右图所示。

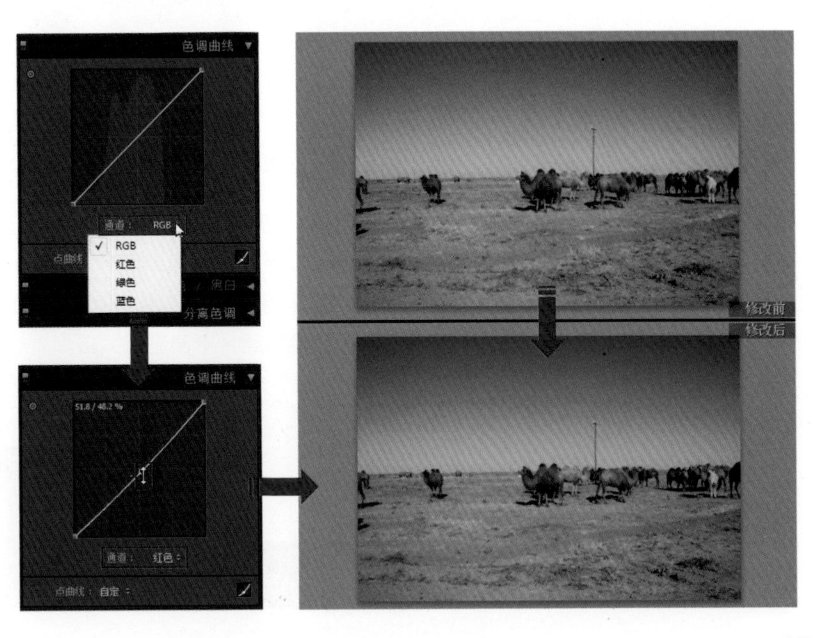

Example 01 校正偏灰的画面

素　材：随书光盘\素材\04\01.jpg
源文件：随书光盘\源文件\04\校正偏灰的画面.dng

由于天气、拍摄技术等原因，有时会使得拍摄出来的照片出现偏灰的情况，此时照片中的画面层次不够清晰，不能给人带来愉悦的观赏感。在后期中对此类照片进行处理的过程中，可以先使用“基本”面板中的设置对照片进行粗略的调整；接着再使用“色调曲线”面板中的曲线对照片影调进行精确的微调，在确保最小颜色信息丢失的情况下改善照片的曝光；最后适当对颜色和清晰度进行增强，就可以让偏灰的照片呈现出明亮的效果。

STEP 01 运行Lightroom 5应用程序，在“图库”模块中导入本书光盘\素材\04\01.jpg素材文件，在图像预览窗口中可以看到照片原始照片，切换到“修改照片”模块，展开“直方图”面板，单击“显示阴影剪切”和“显示高光剪切”按钮，显示出编辑中的剪切提示，以便于更准确地对照片影调进行编辑。

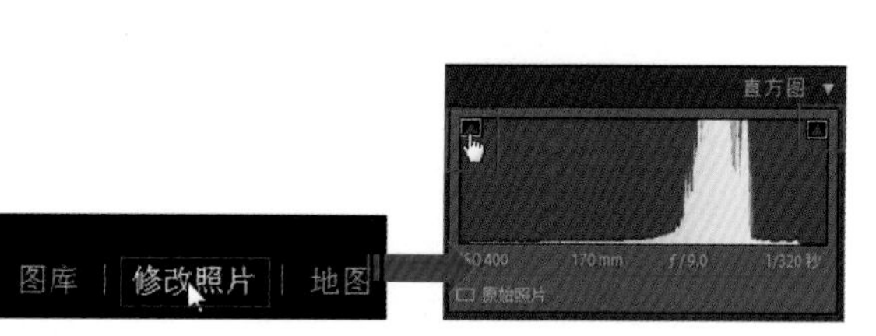

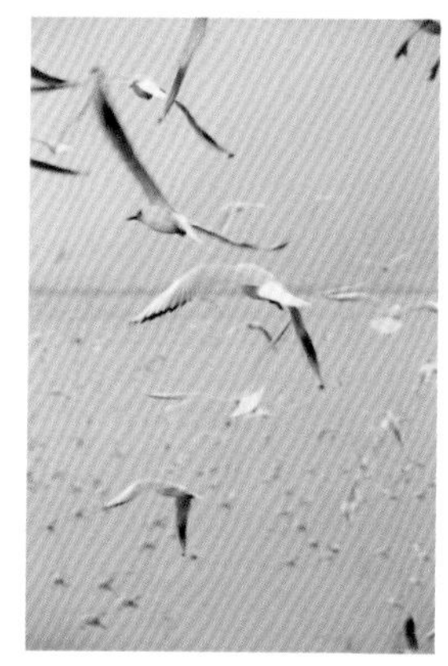

STEP 02 在“修改照片”模块中展开“基本”面板，在其中对参数进行设置，调整“色温”选项的参数为-10，“曝光度”选项的参数为+0.40，“对比度”选项的参数为-10，“白色色阶”选项的参数为+21，“黑色色阶”选项的参数为+8，完成设置后在图像预览窗口中可以看到照片中的颜色和影调均发生了变化，具体设置和效果如左图所示。

STEP 03 展开“色调曲线”面板，单击面板右下角的“单击以编辑点曲线”按钮，将选项显示出来，可以看到此时的曲线呈现出笔直的状态。

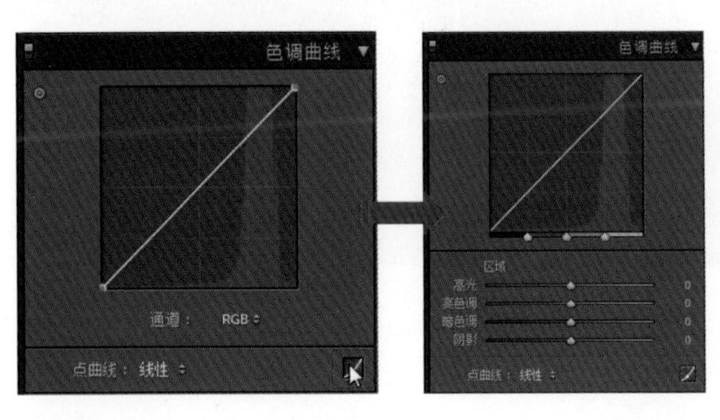

STEP 04 为了让画面中的影调更加完美，接下来使用“色调曲线”面板中的设置来对画面的层次进行调整，拖曳“高光”选项的滑块到+25的位置，“亮色调”选项的滑块到+3的位置，“暗色调”选项的滑块到-13的位置，“阴影”选项的滑块到-58的位置，对选项的滑块进行滑动的过程中，可以看到曲线的形态也在发生着相应的变化。

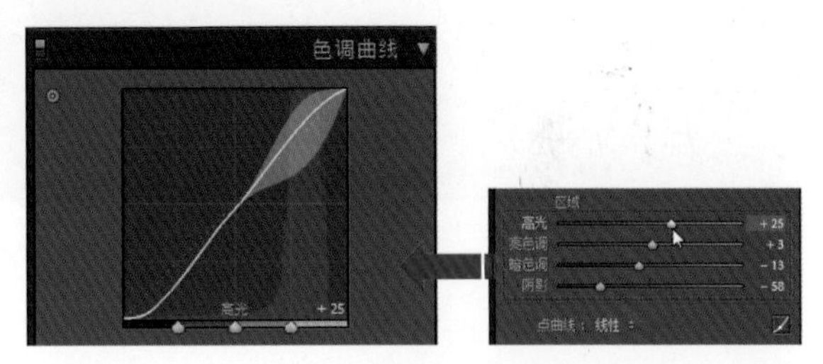

STEP 05 完成“色调曲线”面板中的编辑后，可以在图像预览窗口中对照片编辑的效果进行查看，为了让照片的色调和细节更加完美，还需要继续对“基本”面板中的选项进行设置。调整“清晰度”选项的参数为+30，“鲜艳度”选项的参数为+85，“饱和度”选项的参数为+21，提高画面中细节部分的清晰度和颜色鲜艳度，可以在图像预览窗口中看到照片不再是偏灰的效果，而呈现出清晰明亮的画面，利用“对比视图”模式显示可以直观地看到编辑前后的效果，完成本例的编辑。

Example 02 增强逆光下的剪影效果

素　材：随书光盘\素材\04\02.jpg
源文件：随书光盘\源文件\04\增强逆光下的剪影效果.dng

在逆光下进行拍摄是非常考验摄影师对曝光控制的技术的。本例中的照片由于前景中的建筑显得不够暗，因此没有达到预想中的剪影效果，为了表现出夕阳下清晰的剪影效果，在使用Lightroom进行后期处理中先将近景中的对象调暗，再增强画面的层次和色彩，最后进行降噪出，打造出迷人的逆光剪影效果。

STEP 01 运行Lightroom 5应用程序，在“图库”模块中导入本书光盘\素材\04\02.jpg素材文件，在图像预览窗口中可与看到照片的原始图像效果，切换到“修改照片”模块，展开“基本”面板，设置“色温”为+24，“色调”为+29，“曝光度”为−0.33，“对比度”为+30，“高光”为+17，“阴影”为−13，“白色色阶”为+20，“黑色色阶”为−2，对照片进行基础的调整。

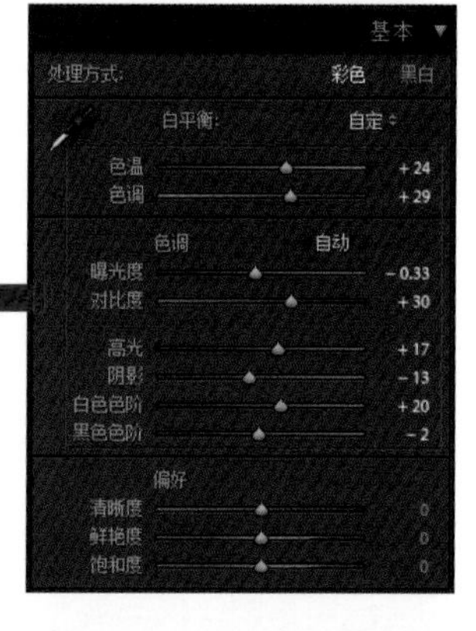

Tips 通过“自动”调整对照片进行基础校正

在Lightroom中对照片进行编辑之前，可以先单击“基本”面板中的“自动”，先对照片进行基础的校正，如果校正的效果不理想，再对每个选项的参数进行有针对性的调整，这样可以让编辑的操作更快捷。

STEP 02 展开“色调曲线”面板，可以看到此时的曲线呈现出笔直的状态，单击曲线添加一个控制点，拖曳控制点对曲线的形态进行调整，设置该控制点的坐标为31.4/10.8%；接着使用相同的方法添加另外一个控制点，设置该点的坐标为66.7/60.0%，完成控制点的编辑后，在图像预览窗口中可以看到照片中建筑体的位置变暗。

STEP 03 为了让调整的效果更完美，单击面板右下角的“单击以编辑点曲线”按钮，将选项显示出来，设置“高光”选项的参数为+14，“亮色调”选项的参数为+5，“暗色调”选项的参数为-5，“阴影”选项的参数为-11，在图像预览窗口中可以看到编辑的效果。

STEP 04 在“基本”面板中设置“偏好”选项组中的“清晰度”为+35，“鲜艳度”为+63，“饱和度”选项的参数为+8，对照片的清晰度和颜色饱和度进行提高，让画面的颜色显得更加鲜艳。

STEP 05 由于照片中的细节部分有杂色，还需要对照片进行降噪处理，展开“细节”面板，在其中的“减少杂色”选项组中对参数进行设置，设置“明亮度”为33，“细节”为50，“对比度”为0，“颜色”为27，“细节”为50，去除照片中的杂色，在图像预览窗口中可以看到本例最终的编辑效果。

Example 03 改善曝光增强静物的质感

素　材：随书光盘\素材\04\03.jpg
源文件：随书光盘\源文件\04\改善曝光增强静物的质感.dng

在光线比较暗的情况下进行拍摄，往往会由于曝光控制不当而让拍摄的对象缺乏感染力，在Lightroom中可以通过“基本”面板中的曝光调整，以及“色调曲线”面板中的参数设置来让原本曝光不足的画面变成更加具有层次感，本例中的照片在经过Lightroom的后期处理后，让原本灰暗画面中的主体展现出清晰质感。

STEP 01 运行Lightroom 5应用程序，在“图库”模块中导入本书光盘\素材\04\03.jpg素材文件，切换到“修改照片”模块，展开“直方图”面板，单击“显示阴影剪切”和“显示高光剪切”按钮，以便于更准确地对照片影调进行编辑。

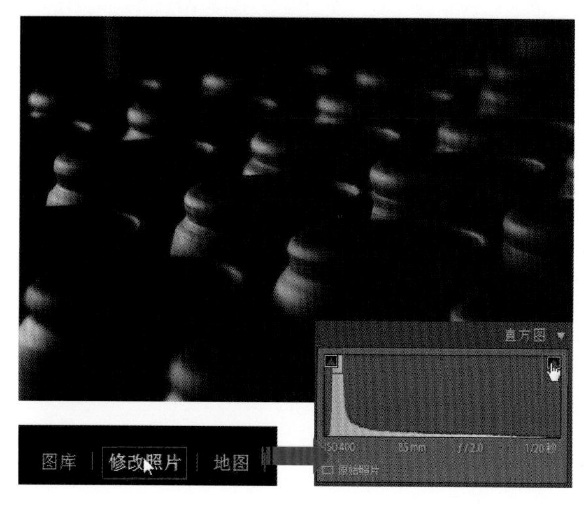

STEP 02 展开“基本”面板，在其中对照片的白平衡进行设置，单击并向右拖曳“色温”选项的滑块到+16的位置，提高照片的色温值，增强画面中的暖色调，在图像预览窗口中可以看到照片颜色的变化。

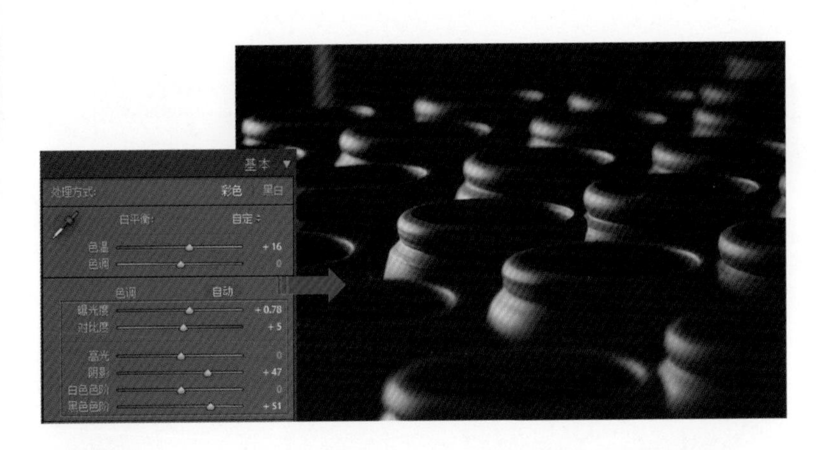

STEP 03 继续在“基本”面板中进行设置，调整“曝光度”选项为+0.78，“对比度”选项为+5，“阴影”选项为+47，“黑色色阶”选项为+51，对照片的曝光度和局部区域的亮度进行调整，在图像预览窗口中可看到效果。

STEP 04 为了让调整的效果更完美，单击面板右下角的“单击以编辑点曲线”按钮，将选项显示出来，设置“高光”选项的参数为+26，“亮色调”选项的参数为-3，“暗色调”选项的参数为+26，“阴影”选项的参数为-8，在图像预览窗口中可以看到编辑的效果。

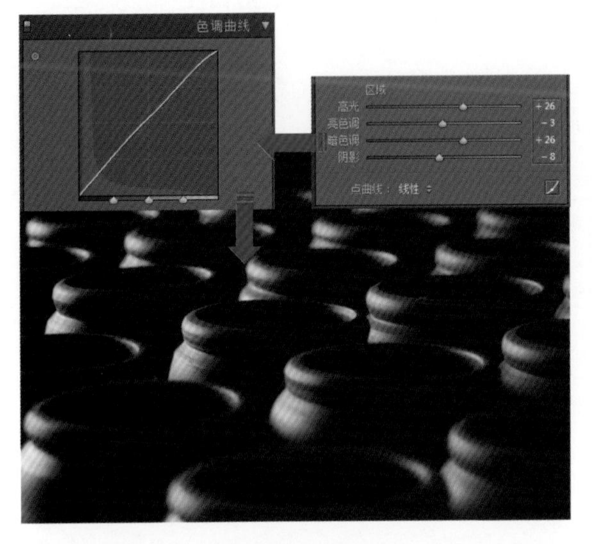

STEP 05 为了让照片中的颜色和细节更加和谐，接下来还需要在“基本”面板中进行设置，返回到“基本”面板中，调整“清晰度”选项的参数为+50，提高照片中细节部分的清晰程度，接着设置“鲜艳度”选项的参数为-19，降低照片的饱和度，在图像预览窗口中可以看到编辑后的效果。

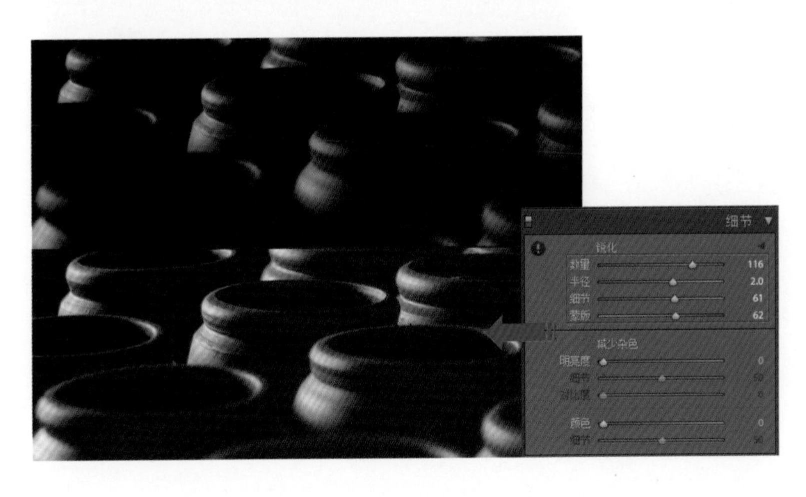

STEP 06 为了让静物的质感更加突出，还需要在“细节”面板中进行设置，展开“细节”面板，在“锐化”选项组中设置“数量”为116，“半径”为2.0，“细节”为61，“蒙版”为62，通过“对比视图”可以看到照片处理前后的变化效果，完成本例的编辑。

第5章 打造迷人色调——颜色修饰

照片的色调会影响画面表现的情感和思想，因此，对照片进行调色也是一个非常重要的环节。

在Lightroom中对照片进行色彩调整是一项非常容易的操作，因为该软件中通过设置选项可以对全图的颜色进行调整，也可以对特定的颜色进行调整，还能将彩色照片转换为黑白的照片，这样如果都不能满足用户需求，用户还可以在“分类色调”面板中为照片赋予更多艺术的色彩，打造出迷人的色调。

本章梗概

5.1 让调色更准确——调色的基础

为了让后期制作中调色的效果更准确，在调色之前基本上都会对显示器的显示进行校准，显示器的校准可以通过系统直接完成，也可以使用软件来进行调整，此外，还需要对色彩的相关知识作进一步了解，因为使用不同的色彩可以让画面呈现出不同的效果，通过对色彩的学习可以让后期的调色更加得心应手，避免失误和多余的操作。

5.1.1 显示器的校准

如果用户使用的是Win 7系统，可以通过其中提供的“显示颜色校准”功能对显示器的颜色进行校正。如果觉得显示器看起来不够舒服，亮度太亮或者颜色太淡，都可以使用Win 7的“显示颜色校准”功能进行校准，接下来将进行详细介绍。此外，用户还可以使用Adobe公司配置的一个软件Adobe Gamma来进行校准，避免由于显示器偏色而导致图像饱和度、色相和明暗存在偏差。

❶ 单击“开始”程序，进入“控制面板”对话框，单击“个性化”，然后单击“显示”，打开左侧边栏上的“校准颜色”，如下图所示。

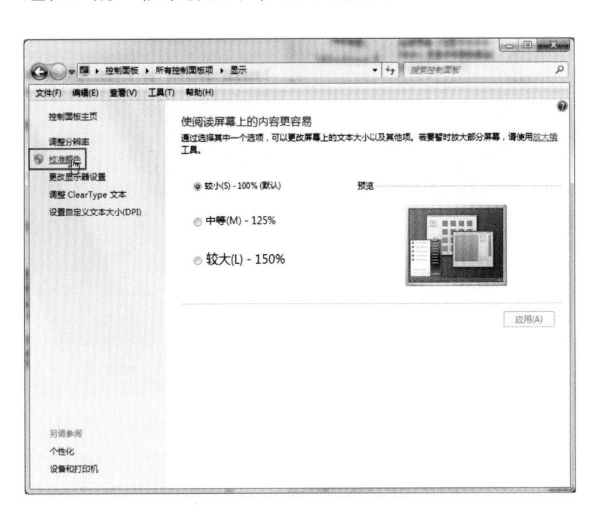

❷ 进入“显示颜色校准”界面，在其中将显示出相关的信息，用户只需直接单击“下一步”按钮进入操作。

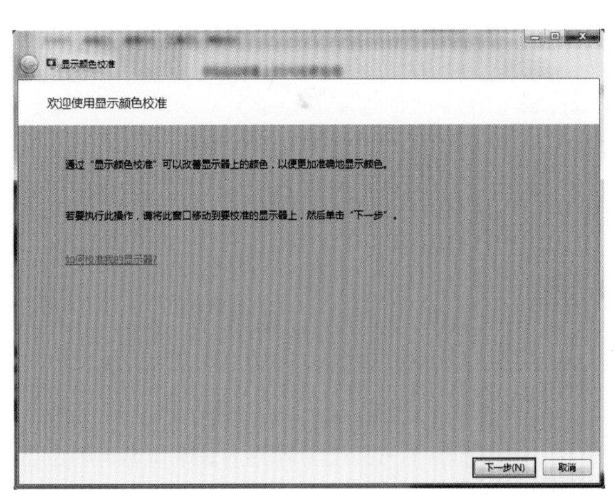

❸ Win 7系统的“显示颜色校准”功能可以帮助我们对显示器的颜色、伽马、亮度、对比度等进行比较专业的设置，同时操作步骤非常轻松。如果继续进行操作，将对显示器的亮度、对比度和颜色平衡进行调整，具体的设置将取决于当前使用的显示功能，有必要时可以直接单击“下一步”继续设置，如右图所示。

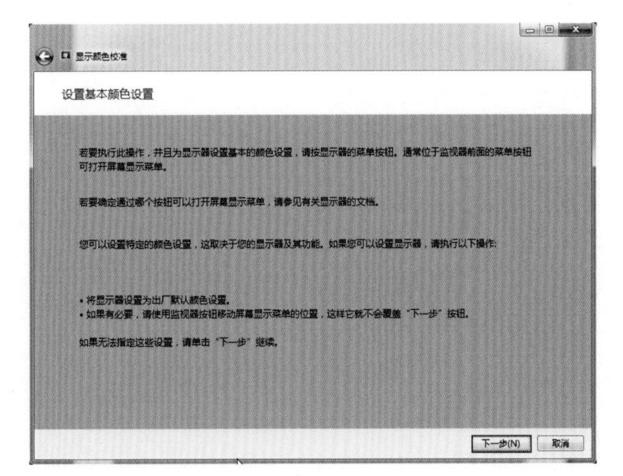

❹ 进入“如何调整伽玛”界面，在其中将显示出与伽玛相关的信息，以及如何正确调整，单击“下一步”继续进行设置。

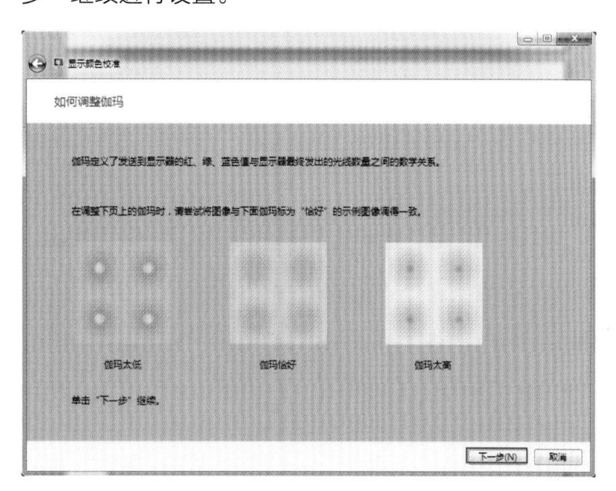

❺ 在“调整伽玛”界面中，单击并拖曳左侧的滑块，可以对右侧圆圈中间的小圆点进行可视化调整，如下图所示。

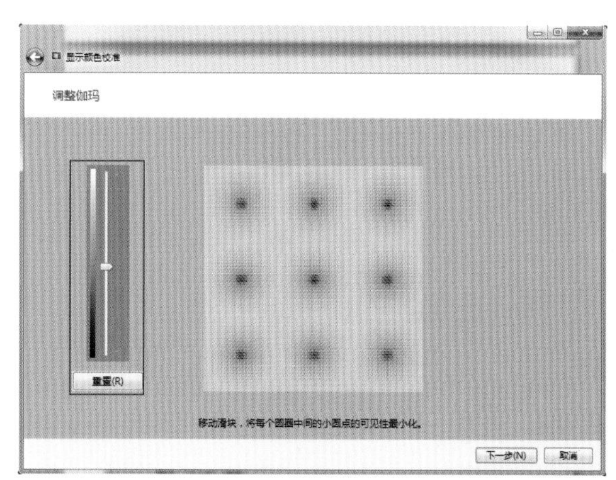

❻ 单击“下一步”按钮进入到“如何调整亮度”界面，在其中介绍了亮度调整的方式和正确的亮度显示效果，如下图所示。

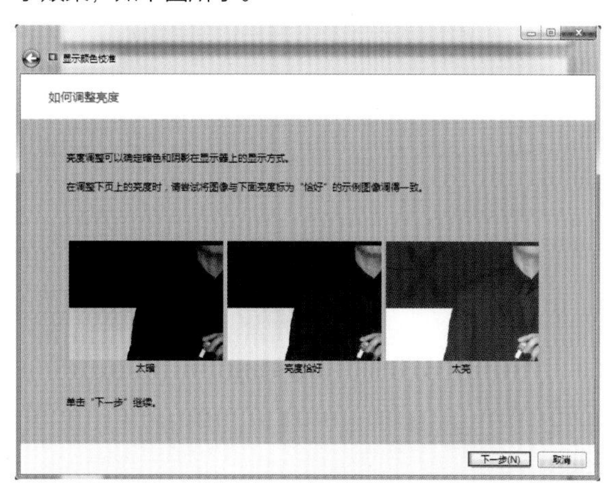

❼ 完成亮度和对比度的调整后，进入到“如何调整颜色平衡”界面，在其中介绍了颜色平衡的显示方式、校正方式等，如下图所示。

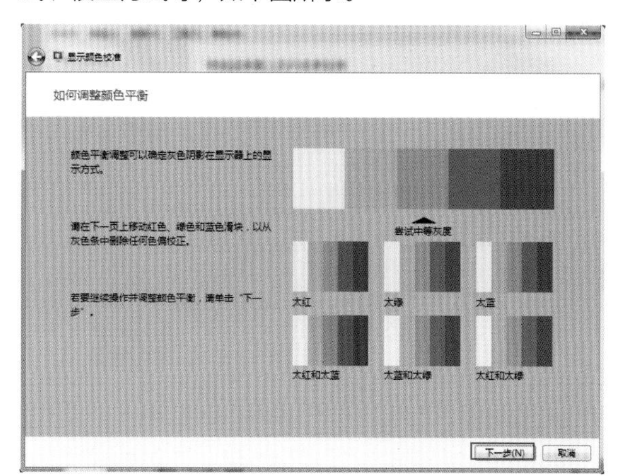

❽ 单击“下一步”按钮进入到“调整颜色平衡”界面，通过拖曳下方三个不同的滑块来调整颜色的显示，完成后单击“下一步”按钮。

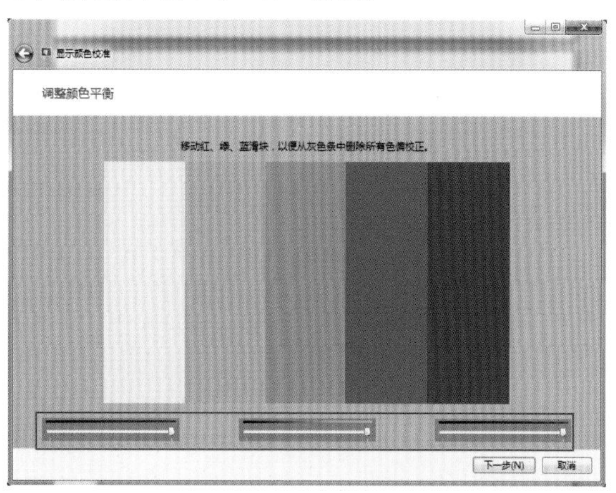

❾ 确认之前的设置可以直接单击“完成”按钮，即可使用系统完成显示器的校准，如果取消设置，则单击“取消”按钮。

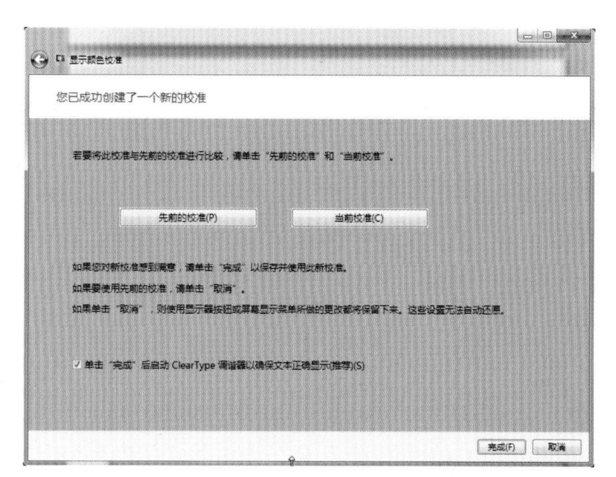

5.1.2 色彩的种类

为了方便认识和了解万千色彩的属性和规律，丰富多样的颜色可以分成无彩色系和有彩色系两大类，它们各自有各自的特点，具体如下。

●无彩色系

无彩色系是指白色、黑色和由白色黑色调合形成的各种深浅不同的灰色。无彩色按照一定的变化规律，可以排成一个系列，由白色渐变到浅灰、中灰、深灰到黑色。无彩色系的颜色只有明度一种基本性质，不具备色相和纯度的性质，也就是说它们的色相与纯度在理论上都等于零。

在这样一个充斥着彩色的世界里，黑白摄影以其独特的表现力和持久的生命力，深深吸引着无数摄影爱好者。黑白摄影作品在保存特性上有比较大的优势，从体现摄影家的思想内涵和创作意念来看,相对于彩色摄影，黑白摄影更具有象征性，更显得单纯化，更富有想象空间，也许这正是黑白摄影。左图所示为黑白的摄影效果。

对于一些彩色的照片，也可以通过Lightroom等后期处理软件将其处理成黑白的色彩效果，展示出无彩色的魅力。

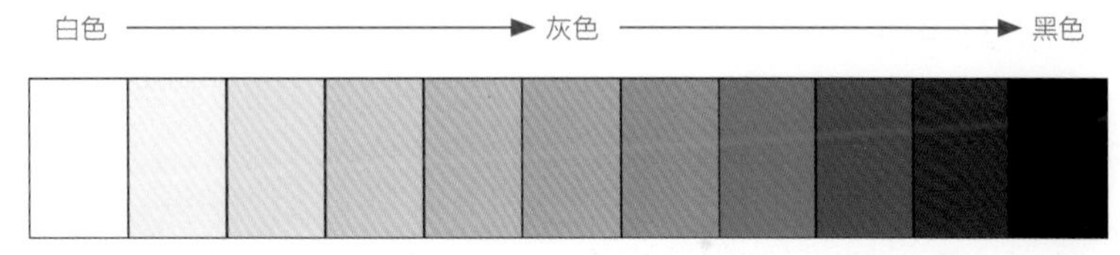

●有彩色系

有彩色系中的彩色是指红、橙、黄、绿、青、蓝、紫等颜色。不同明度和纯度的红、橙、黄、绿、青、蓝、紫色调都属于有彩色系，有彩色是由光的波长和振幅决定的，波长决定色相，振幅决定色调。 彩色图像更能适合时代的要求，更能准确、真切地传达情报和信息，为大众所喜闻乐见。

► 右图所示为拍摄的彩色照片效果，在其中可以看到丰富的各种颜色，即用有彩色系进行画面表现。

▼ 下图所示为彩色的色相环，其中包含了各种原色及相关的过渡色。

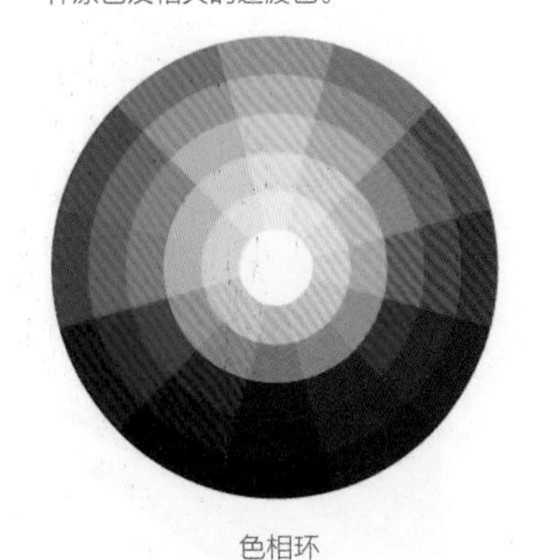

色相环

5.1.3 理解色彩三要素

有彩色系的颜色具有三个基本特性，即色相、纯度和明度，在色彩学上也称为色彩的三大要素或色彩的三属性，有色系中的每一种颜色都具有这三个特性。

●色立体

有彩色的色相、纯度和明度三特征是不可分割的，应用时必须同时考虑这三个因素。在后期对照片进行调色的过程中，都基本上结合颜色的这三个要素对照片进行调色的，因此学习和掌握色彩的三要素是调整的基础必备知识。

色彩的体系就是将色彩按照三属性，有秩序地进行整理、分类而组成有系统的色彩体系。这种系统的体系如果借助于三维空间形式，来同时体现色彩的明度、色相、纯度之间的关系，则被称之为“色立体”。

右图所示为色彩三属性的色立体示意图，其中纵轴表示明度的变化阶梯，圆环表示不同的色相，由中心向四周逐渐体现的是色彩的纯度变化。

由于色立体为人们提供了几乎全部的色彩体系，在后期对照片的颜色进行调整时，可以帮助我们开拓新的色彩思路，对色彩的使用和管理会带来很大的方便，并且能更好地掌握色彩的科学性、多样性，使复杂的色彩关系在头脑中形成立体的概念，为更全面地应用色彩、搭配色彩提供根据，调制出理想的照片色彩。

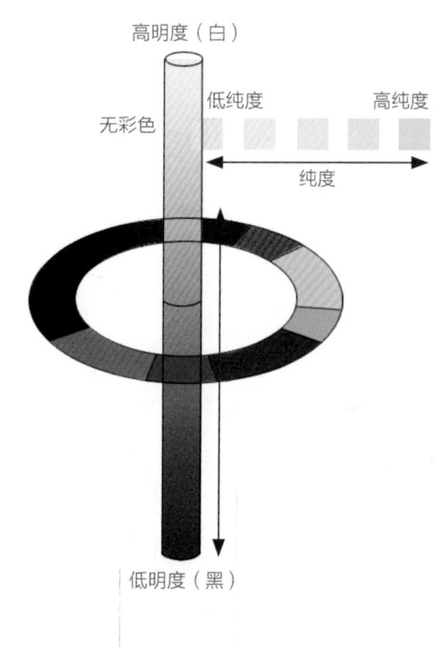

●色相

色相是有彩色的最大特征，所谓色相是指能够比较确切地表示某种颜色色别的名称，如玫瑰红、橘黄、柠檬黄、钴蓝、群青、翠绿等，如下左图所示的各种色相关系。从光学物理上讲，各种色相是由射入人眼的光线的光谱成分决定的。对于单色光来说，色相的面貌完全取决于该光线的波长。对于混合色光来说，则取决于各种波长光线的相对量。

如下右图所示，照片中的彩色铅笔以不同的色相显示出来，基本上每一种颜色都可以在色环中查到。在后期进行调色的过程中，如果用户对照片的色相进行调整，实际上改变的就是图像的色别。

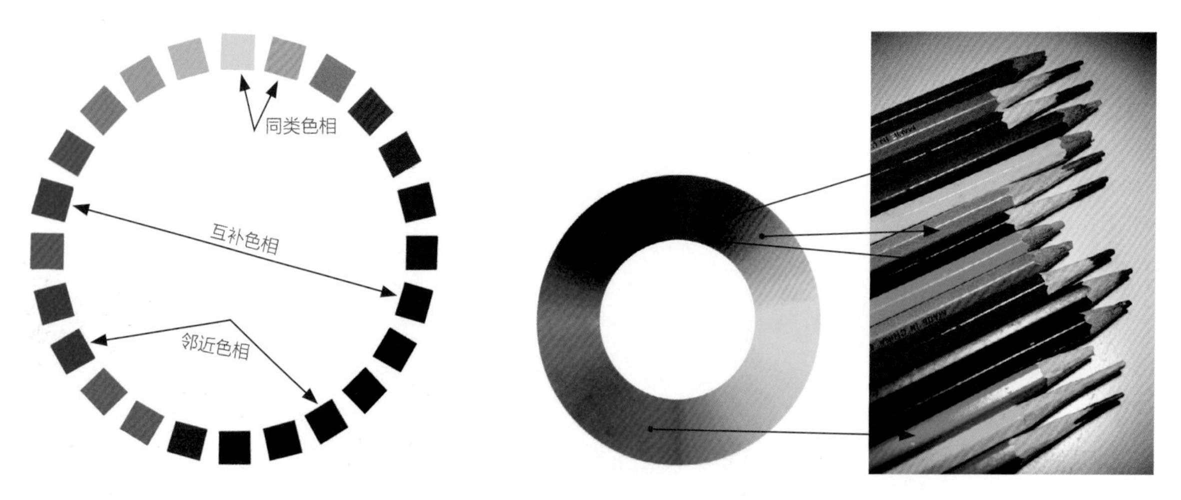

●纯度

色彩的纯度是指色彩的纯净程度，它表示颜色中所含有色成分的比例。色彩中含有色彩成分的比例越大，则色彩的纯度就越高，含有色成分的比例越小，则色彩的纯度也越低。

可见光谱的各种单色光是最纯的颜色，为极限纯度。当一种颜色加入黑、白或其他彩色时，纯度就产生变化。当加入的颜色达到很大的比例时，在眼睛看来，原来的颜色将失去本来的光彩，而变成加入的颜色了。当然这并不等于说在这种被加入的颜色里已经不存在原来的色素，而是由于大量地加入其他彩色而使得原来的色素被同化，人的眼睛已经无法感觉出来了。

▶ 右图所示为Lightroom中调整不同饱和度的画面效果，可以看到低纯度的照片显示出了淡淡的色彩，而高纯度的照片则显得非常鲜艳。

低纯度

高纯度

▼ 下图所示为高纯度的玫红色到低纯度玫红色的阶梯性变化图，可以看到越往低纯度靠近，色块中的色素就越少。

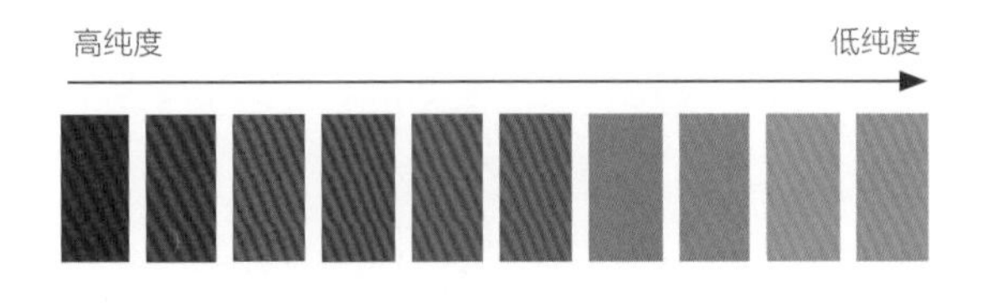

●明度

明度是指色彩的明亮程度，各种有色物体由于它们的反射光量的区别而产生颜色的明暗强弱。色彩的明度有两种情况，一种是同一色相不同明度。如同一颜色在强光照射下显得明亮，弱光照射下显得较灰暗模糊；同一颜色加黑或加白掺和以后也能产生各种不同的明暗层次，二是各种颜色的不同明度。

每一种纯色都有与其相应的明度，其中黄色明度最高，蓝紫色明度最低，红、绿色为中间明度。色彩的明度变化往往会影响到纯度，如红色加入黑色以后明度降低了，同时纯度也降低了，如果红色加白则明度提高了，纯度却降低了。

◀ 左图所示为一副花卉照片，照片背景中的图像由于不同的层次而显示出不同的明暗效果，其中较亮的位置明度较高，而较暗的区域图像的明度就较低，因此调色的过程中除了考虑色彩的色相和纯度以外，还应该主要色彩的明度。

▼ 下图所示为高明度到低明度的阶梯形变化图，在其中可以看到越靠近高明度的色块就越明亮。

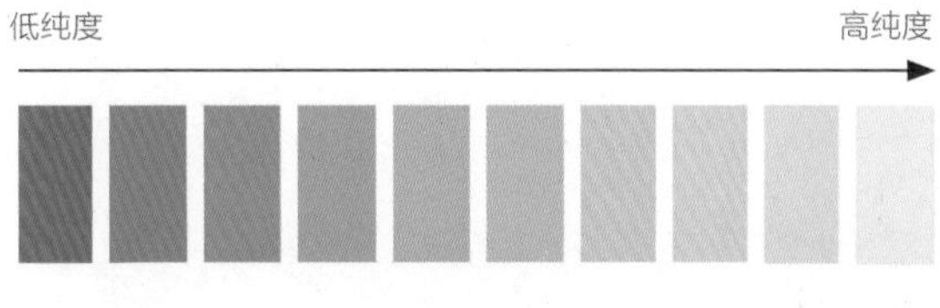

5.2 有针对的调色——HSL调整功能

HSL是Hue（色相）、Saturation（饱和度）、Luminance（明度）首个字母的缩写，是一种对RGB色彩空间中点的表示方式。HSL实际上就是色彩的三要素，它通过对色彩的三个基本属性的设置来对照片的颜色进行调整，并将颜色分为不同的八个色系，由不同的色系来控制调整的范围，对照片进行有针对性的调色处理。

5.2.1 针对色相进行调整

在“修改照片”模块的“HSL/颜色/黑白”面板中包含了三个不同的标签，在HSL中可以从色相、饱和度和明亮度三个方面对颜色进行调整，接下来就针对色相的调整进行详细的讲解。

◀ 如左图所示，可以看到在“色相”下包含了八个不同的调整选项，即八个不同的色系，用户只需单击并拖曳滑块，或者直接在数值框中输入-100到+100的数字即可对各个选项的参数进行设置。

此外，在调整选项的过程中，向不同的方向上进行拖曳，会得到不同的调整效果，并且会对与该色系相似的颜色产生影响，但是针对色相进行调整时，不会对饱和度和明亮度产生影响。

▼ 如下图所示，当拖曳“红色”选项的滑块到+100的位置时，照片中红色的图像变成了橘黄色，而其他的图像颜色并未受到调整的影响，由此可见，在HSL的“色相”调整过程中，特定的色系只会对与其相似的色系有作用，而不会造成全图的颜色变化。

Tips 快速让设置的参数恢复默认值

在编辑的过程中如果对调整的效果不满意，需要将调整的参数归零，可以直接使用鼠标双击该选项的三角形滑块，即可快速将指定的选项归零。

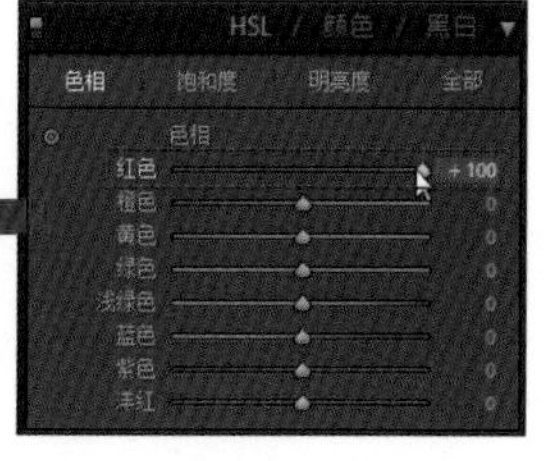

在调整参数的过程中，对某些色系的色相进行设置，可能会发现无论参数增大或者缩小，照片中的颜色都基本不会发生变化，这就说明在该照片中没有或只包含了很少的特定色系的图像，因此在调色之前，应先观察照片中的颜色分布，进行有目的的编辑操作。

5.2.2 针对饱和度进行调整

饱和度是改变画面颜色的鲜艳程度的，HSL中的“饱和度”可以改变特定颜色的鲜艳度或纯度，例如，如果一个红色对象看上去过于鲜明和显眼，可以使用“红色”对应的“饱和度”滑块调整该对象，会让照片中所有相近的红色将都会受到影响。

▶ 如右图所示为HSL中“饱和度”下的调整选项，可以看到“饱和度”的调整也是基于八个不同的色系进行的。当设置的选项参数为负值或者向左拖曳滑块，可以将指定色系的饱和度降低；反之，当设置的选项参数为正值或向右拖曳滑块，就可以将指定色系的饱和度升高。

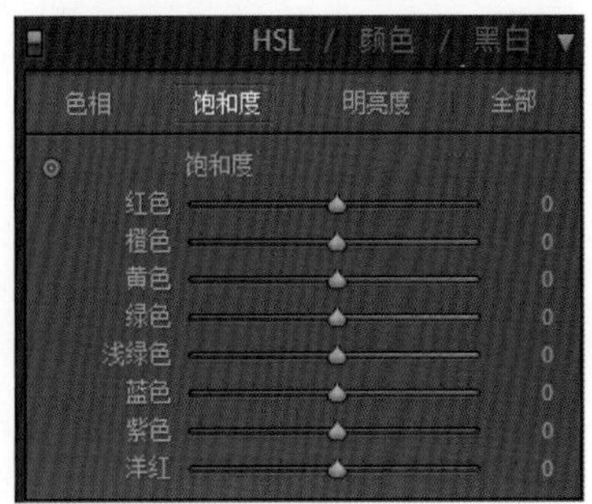

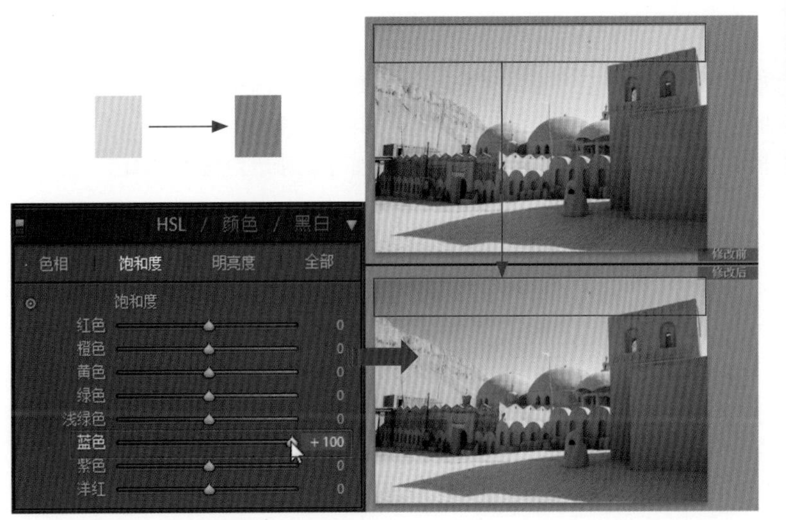

◀ 如左图所示，为了让照片中天空位置的图像显得更加鲜艳和明显，可以在HSL的“饱和度”中对“蓝色”选项的参数进行设置，提高蓝色的饱和度，编辑后可以看到照片中的天空颜色显示出蔚蓝的色彩，但是其他颜色的图像饱和度却未受影响。

5.2.3 针对明亮度进行调整

“明亮度”是改变特定颜色的亮度的，它的设置和调整方法和前面的“色相”和“饱和度”相同，不同的是“明亮度”在调整的过程中，只会对特定色系的明暗程度进行调整，而不会改变颜色的色相和鲜艳度。

▶ 如右图所示为HSL中“明亮度”下的调整选项，可以看到“明亮度”的调整也是基于八个不同的色系进行的。当设置的选项参数为负值或者向左拖曳滑块，可以将指定色系的明亮度降低，反之，当设置的选项参数为正值或向右拖曳滑块，就可以将指定色系的明亮度升高。

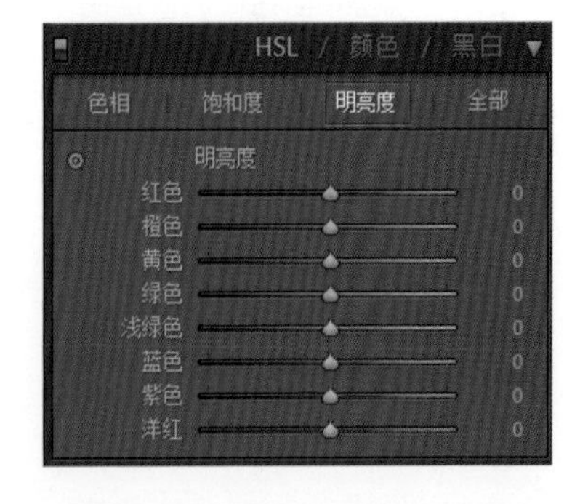

当用户选择“全部”进行显示时，在HSL中奖显示出所有色彩范围的色相、饱和度和明亮度设置选项，如果屏幕较小的话，可以上下滑动右侧的滑块来查看全部的内容。

在“HSL”中，选择“色相”、“饱和度”、“明亮度”或“全部”显示要使用的滑块，拖曳选项的滑块或在滑块右侧的文本框中输入值即可实现调整，此外单击面板左上角的“目标调整”工具，将指针移至图像预览窗口中照片上需要的区域，然后单击鼠标左键，拖曳鼠标指针或直接按↑键和↓键也可以进行调整。

5.3 基于色彩三要素的校正——颜色

在“HSL/颜色//黑白”面板中的“颜色”标签下可以针对不同的颜色对照片中的特定色系进行全面的调整，它也是基于色彩的三要素进行较色的。当用户在其中确定一种色相后，可以通过设置对该色相的颜色、饱和度和明亮度进行集中调整，免去了HSL中反复的切换和选择，能够大大提高后期编辑的效率。

5.3.1 调整范围的选择

在“HSL/颜色/黑白”面板的“颜色”下，可以看到八个不同颜色的色块，用于选择调整的颜色范围，其中红色的色块代表的是红色系、蓝色的色块代表的是蓝色系，以此类推。当用户需要选择某种色系时，只需单击其中一个色块即可，同时下方的选项将显示出与色块颜色相符合的色条，如下图所示为选择“绿色”和“紫色”后的显示效果。

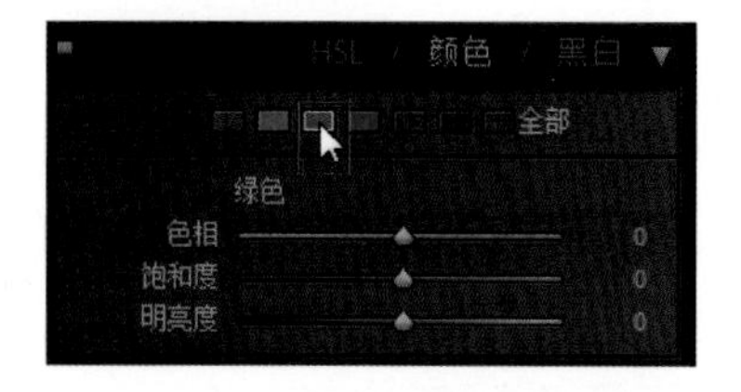

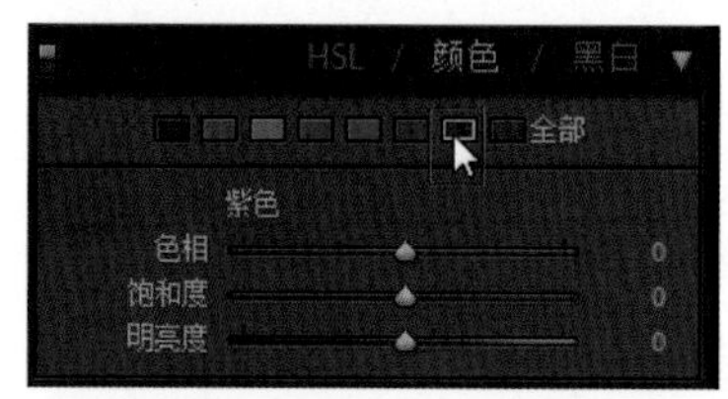

如果用户要将所有的色系全部显示出来，那么只需单击“全部”即可，此时“HSL/颜色/黑白”面板会将八个色系的全部设置都在面板中显示。

5.3.2 色相/饱和度/明亮度

在“HSL/颜色/黑白”面板的“颜色”下，当需要对某种色系进行编辑时，可以直接在数值框中输入参数，或者单击拖曳相应滑块即可分别对指定颜色的色相/饱和度/明亮度进行调整。

在“修改照片”模块中打开一张静物照片，展开“HSL/颜色/黑白”面板，在其中的“颜色”标签中单击“蓝色”色块，对蓝色的色相、饱和度和明亮度进行调整，在编辑的过程中可以看到照片中蓝色的花瓶受到了编辑的影响，而其他的颜色却依然保持原图不变，通过“对比视图”可以看到编辑前后的效果，具体操作如右图所示。

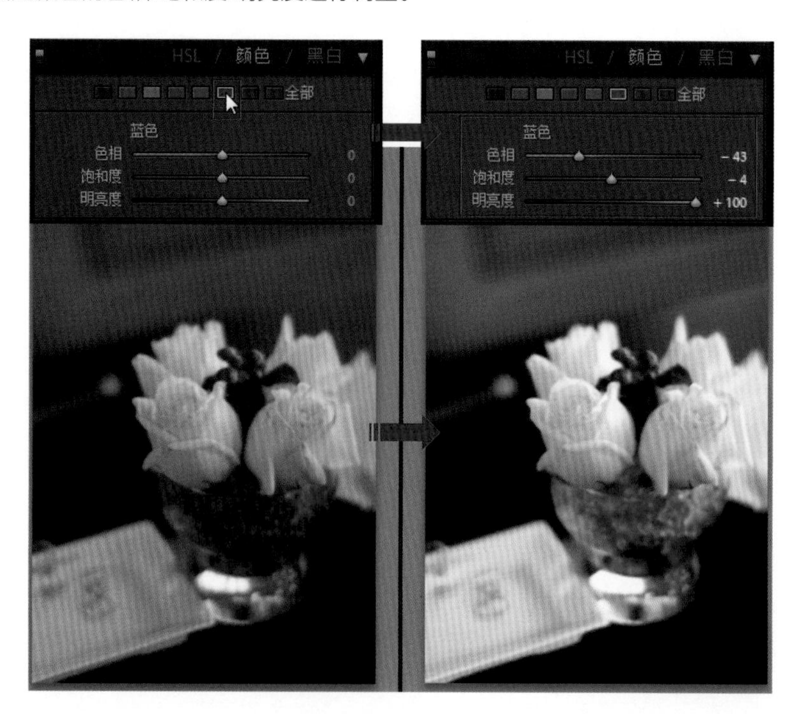

5.4 无彩色的魅力——黑白

黑白照片是以黑白片来表现被摄景物影像的，用黑、灰、白三色的绝妙组合，呈现出厚重、耐看的颗粒感和迷人的光影质感，具有传神的视觉魅力，是表达情感和渲染气氛的好方式。在Lightroom中可以通过多种方式将彩色的照片转换为黑白照片，并且通过不同的色系对特定区域的明亮度进行调整，帮助用户制作出高水准的黑白影像。

5.4.1 四种转换为黑白的方法

在Lightroom中可以通过四种不同的方法将彩色的照片转换为黑白的照片，它们都具有操作简单、方便的特点，接下来就让我们一起来学习吧。

❶ 在“网格视图”中的照片上右键单击鼠标，在弹出的菜单中执行“修改照片设置＞转换为黑白”菜单命令即可，如下图所示。

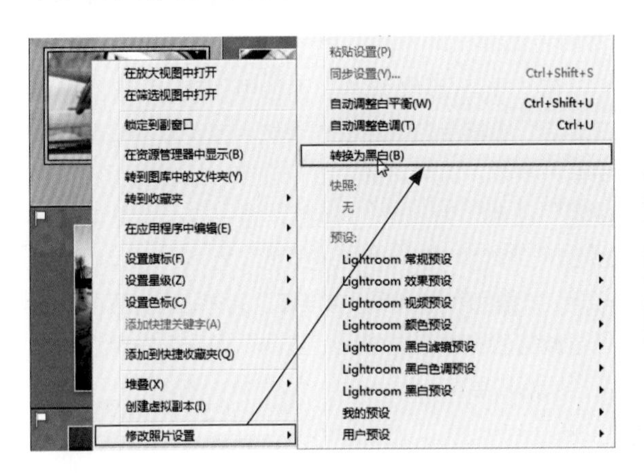

❷ 选中照片后进入到“修改照片”模块中，展开“HSL/颜色/黑白”面板，在其中单击“黑白”，切换到“黑白”标签，可以将当前的照片转换为黑白，如下图所示。

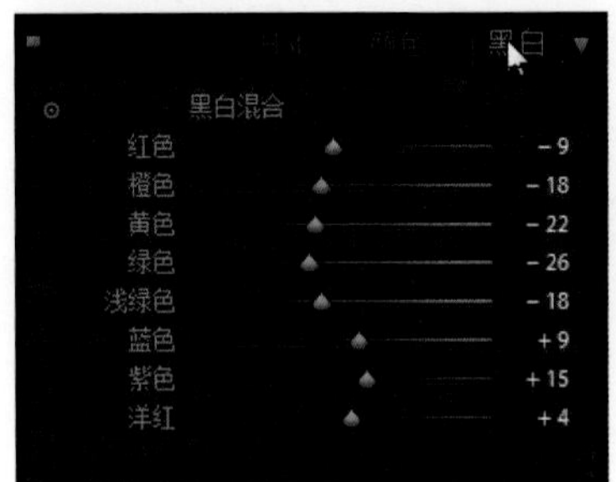

❸ 在“修改照片”模块的“基本”面板中，在“处理方式”选项后面单击“黑白”，即可将当前的照片以黑白的形式进行处理。

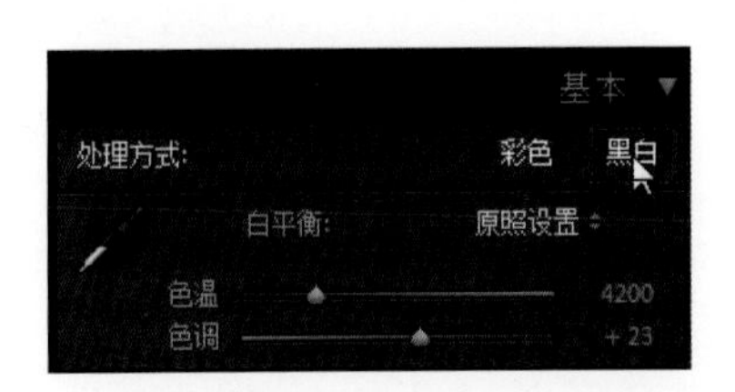

❹ 在“图库”模块中展开“快速修改照片”面板，在其中的“处理方式”后单击三角形按钮，展开下拉列表选择“黑白”命令即可。

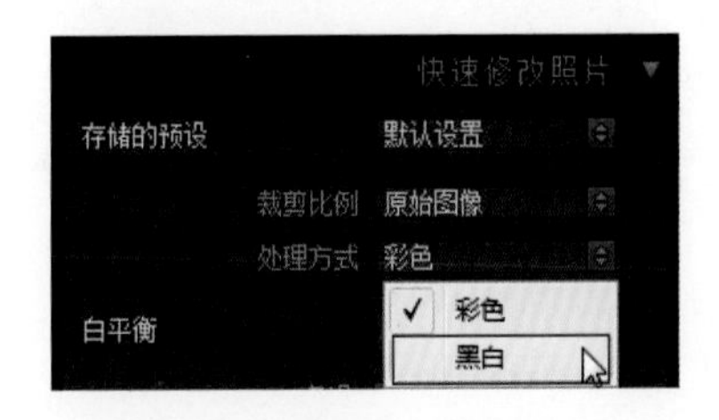

在单击右键弹出的快捷菜单和“Lightroom预设”中系统都预置了一项“普通-灰度”效果，它和其他的“黑白”所产生的效果有些不同，这是因为预置的“普通-灰度”效果会在转换的过程中分析画面图像，然后选择自动调整曝光，这样常常会导致整个图像的影调发生变化，因此不能保留照片中更多的明亮度信息，使得照片中的信息丢失，导致调整的结果不够理想，因此，大部分的时候都不会选择右键菜单中的“转换为黑白”命令将彩色照片转换为黑白照片。

5.4.2 不同区域明亮度的调整

将彩色照片转换为黑白照片以后，可以通过“HSL/颜色/黑白”面板中“黑白”下的“黑白混合”来对照片中的特定颜色明暗度进行调整，调整“黑白混合”中各个颜色的滑块，将对画面黑白影调产生不同的影响。

当首次单击“黑白”后，图像预览窗口中显示的黑白图像为自动调整的效果，此时“HSL/颜色/黑白”面板中“黑白”下的“自动”为使用状态，如下图所示。为了让黑白照片的层次更加清晰，可以通过设置选项来做进一步的调整。

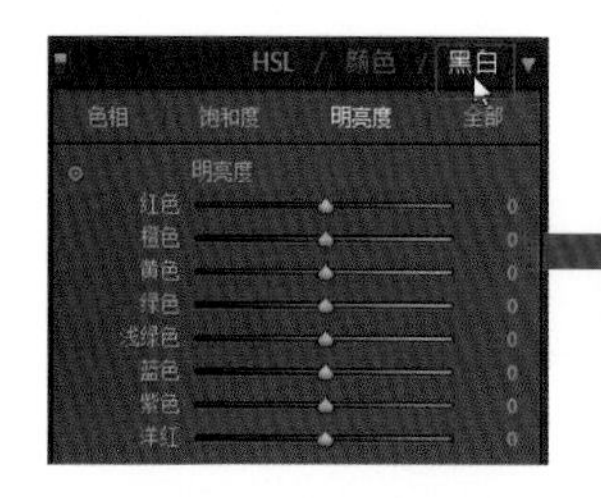

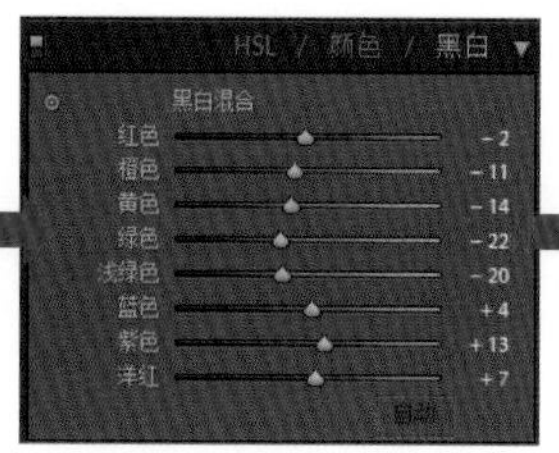

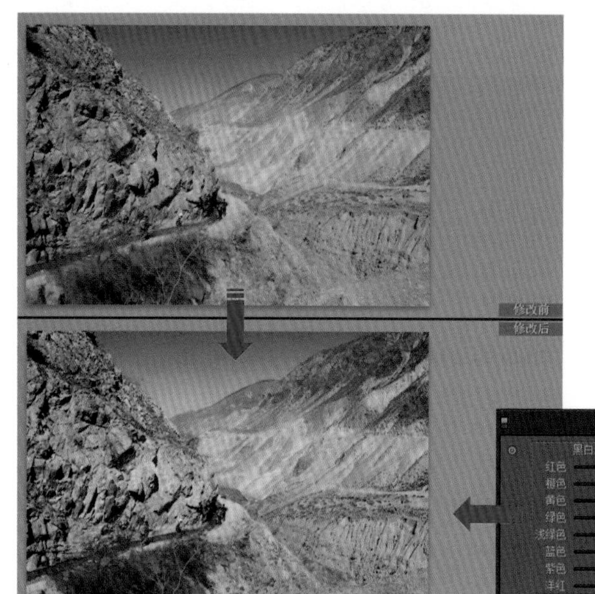

在“HSL/颜色/黑白”面板中“黑白”下的“黑白混合”中拖曳各个选项的滑块，或者直接在数值框中输入参数，即可对选项进行设置，如左图所示。当设置“红色”为-6，“橙色”为-62，“黄色”为+72，“绿色”为-4，“浅绿色”为+9，“蓝色”为+23，“紫色”为-55，“洋红”为+13后，可以看到经过调整后的黑白图像比“自动”调整后的黑白图像更具质感和层次。

如果用户需要将照片的黑白调整为自动调整时的参数，单击“自动”，即可让“黑白混合”后的参数恢复到自动状态。

“黑白”中的“黑白混合”可用于将彩色图像转换为黑白灰度图像，允许控制将各种颜色转换为灰色色调。单击“自动”，设置可最大程度分布灰色调的灰度混合，选择“自动”通常可产生理想的效果，可以为使用滑块微调灰色调打下良好的基础。

此外，还可以通过“目标调整”工具来对黑白照片的特定颜色明暗进行调整。单击“黑白”面板左上角的“目标调整”工具，将鼠标指针移至图像预览窗口照片中要调整的区域，然后单击鼠标，拖动该工具或按↑键和↓键，使原始照片中所有颜色相近区域的灰色调变亮或变暗。

要在将照片转换为灰度照片时自动应用灰度混合，可以在“首选项”对话框的“预设”标签中勾选“第一次转换为黑白时应用自动混合”复选框即可。

5.5 打造特殊的色调——分离色调

Lightroom中的“分离色调”面板可用于为黑白图像着色，或创建彩色图像的特殊效果。“分类色调”可以对照片中的高光和阴影区域的颜色进行单独的处理，通过修改色相和饱和度控制不同区域的颜色，并且利用“平衡”选项来调节不同影调区域的受影响程度，制作出传统暗房中极其不易实现的颜色效果。

5.5.1 分别控制高光和阴影的颜色

在“修改照片”模块中展开“分离色调”面板，如右图所示，在其中可以看到“高光”和“阴影”选项组，这两个选项组下都各自包含了“色相”和“饱和度”两个选项。

“色相”滑块可用于设置色调颜色，“饱和度”滑块用于设置效果的强度，它们用于分别控制“高光”和“阴影”的颜色。

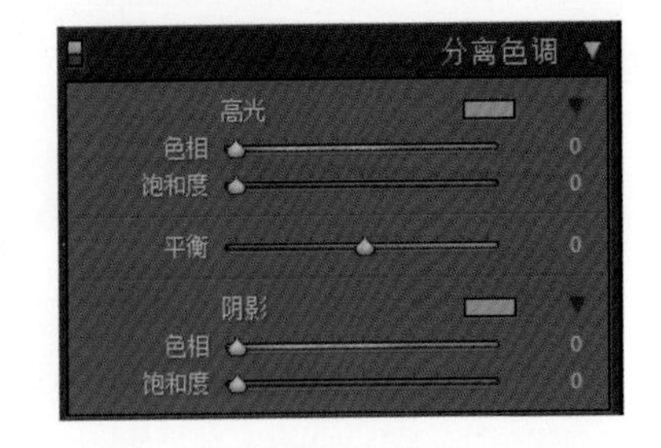

在调整“高光”和“阴影”颜色的过程中，可以单击面板中的色块，打开相关的拾色器，此时鼠标的指针将变成吸管图标，用鼠标在拾色器中单击，即可设置高光的颜色，如下图所示。选取到合适的颜色后，单击拾色器左上角的小叉图标，即可关闭拾色器显示。

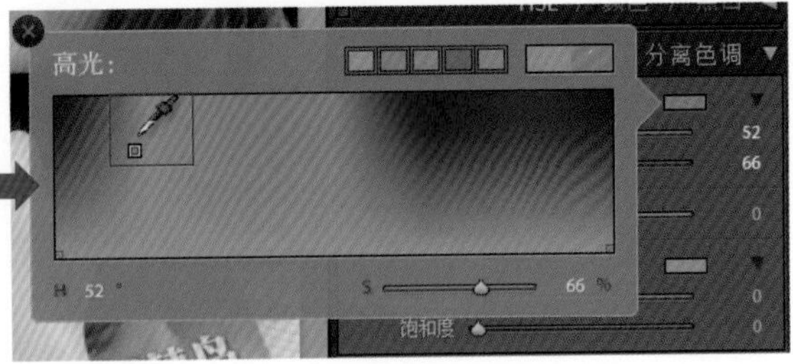

拾色器的顶部有5个小色块，是一些常用的色调颜色，最右边最大的色块为当前画面的高光颜色，这里的拾色器是以一个基于色相和饱和度来设计的拾色区域。

在“修改照片”模块中打开一张照片，展开“分类色调”面板，在其中对“高光”和“阴影”选项组中的“色相”和“饱和度”选项进行设置，通过“对比视图”可以看到照片的颜色变换，如左图所示。

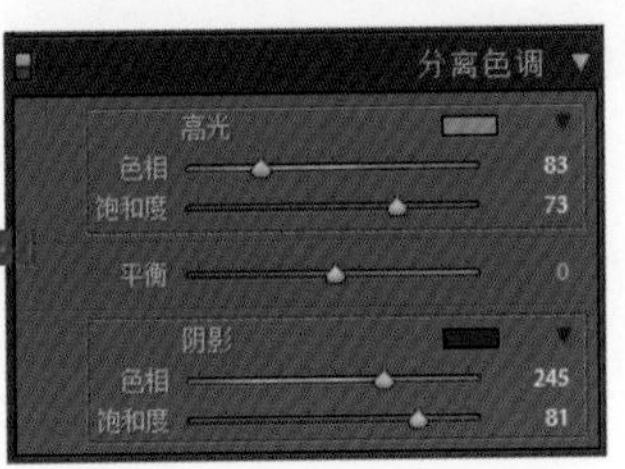

使用“分离色调”面板中的滑块可以为灰度照片着色，用户可以在整个色调范围内添加一种颜色，例如棕褐色效果，也可以生成分离色调效果，从而对阴影和高光应用不同颜色，最暗和最亮部分保持为黑色和白色。

在“修改照片”模块中打开一张灰度图，展开“分离色调”面板，调整其中的“高光”和“阴影”中的“色相”和“饱和度”滑块。对“高光”和“阴影”的颜色进行设置，可以看到黑白的照片添加上的设置的颜色，显示出双色调的效果，具体设置如下图所示。

Tips “分类色调”中的“色相”

在“分离色调”面板中所看到的“色相”选项，该选项的滑条显示为一条彩色的细长方条，其中的颜色显示实际上就是展开的色环，如右图所示。

5.5.2 平衡高光和阴影之间的比例

在“分离色调”面板中还可以使用“平衡”选项来平衡“高光”和“阴影”选项之间的影响，输入的数值为正值时，则增加“高光”选项的影响；当输入数值为负值时，则增加“阴影”选项的影响。

如下图所示的两张照片，当“平衡”选项为0时，照片中高光和阴影区域的颜色基本平衡，但是当设置“平衡”为+60时，照片中的“高光”将作为主色调，则削弱了“阴影”颜色对照片的影响。

当把“平衡”选项的滑块移动到+100的位置时，高光设置将对阴影和中间调区域产生影响，把滑块移动到-100时，能够完全消除影响，但是有的照片编辑中可以不必要对“平衡”选项进行设置，如果同时使用“高光”和“阴影”设置时，“平衡”选项的参数就显得很重要了。

Example 01 制作色彩绚丽的夕阳美景

素　材：随书光盘\素材\05\01.jpg
源文件：随书光盘\源文件\05\制作色彩绚丽的夕阳美景.dng

绚丽的色彩可以增强画面的表现力，使照片呈现出动态的美感，在Lightroom中可以利用“HSL/颜色/黑白”面板中的设置，分别对特定颜色的色相、饱和度和明亮度进行独立的调整，使得照片的色彩更加丰富，由此打造出色彩绚丽的夕阳美景图，并使用影调和细节调整功能让照片整体更加地完美。

STEP 01 运行Lightroom 5应用程序，在“图库”模块中导入本书光盘\素材\05\01.jpg素材文件，切换到“修改照片”模块，展开其中的“基本”面板，在其中单击“白平衡选择器”按钮，或者按下W键，选中该工具准备对照片的白平衡进行重新的定义，在图像预览窗口中寻找中性色，用鼠标指针在照片上移动，如下图所示。

STEP 02 确定中性色后单击鼠标，即可完成白平衡的校准，在“基本”面板中可以看到“色温”选项的参数变成了-4，“色调”选项的参数变成了+24，图像预览窗口中的照片颜色基本恢复了正常的白平衡。

STEP 03 展开“HSL/颜色/黑白”面板，在其中单击“HSL”，在“饱和度”中调整八个不同色系的饱和度，提高照片颜色的鲜艳程度，在图像预览窗口中可以看到照片的颜色更加艳丽。

STEP 04 继续对HSL进行设置，单击“色相”，在该标签中对“红色”、“橙色”、“黄色”和“紫色”选项的参数进行调整，适当改变各个色系的色相，让照片的颜色显得更加丰富。

STEP 05 继续对HSL进行设置，单击“明亮度”，在该标签中设置“红色”为-21，“橙色”选项为-13，“黄色”选项为-15，“蓝色”选项为-19，“紫色”选项为+29，对特定颜色的明亮度进行调整，在图像预览窗口中可以看到照片的层次更加明显。

STEP 06 返回到“基本”面板中，在“偏好”选项组中拖曳“清晰度”选项的滑块到+32的位置，拖曳“鲜艳度”选项的滑块到+19的位置，提高照片的清晰度和饱和度。

STEP 07 完成“清晰度”和“鲜艳度”选项的设置后，可以看到照片的颜色发生了变化，将照片进行放大显示，可以看到照片中的细节显得更加清晰，由此可见“清晰度”选项的增大使得画面中的细节更加明显。

STEP 08 为了进一步提高照片的细节显示，还需要在“细节”面板中进行锐化处理。展开“细节”面板，在“锐化”选项组中设置“数量”选项的参数为117，“半径”选项的参数为1.5，“细节”选项的参数为31，“蒙版”选项的参数为33，可以在图像预览窗口中看到锐化的效果。

STEP 09 除了对照片进行锐化之外，为了让细节更加完美，还需要对照片进行降噪处理，在“细节”面板的“减少杂色”选项组中设置“明亮度”选项的参数为65，“细节”选项的参数为53，“对比度”选项的参数为19，“颜色”选项的参数为28，“细节”选项的参数为31，完成本例的编辑。

Example 02 制作高对比度的黑白照片

素　材：随书光盘\素材\05\02.jpg
源文件：随书光盘\源文件\05\制作高对比度的黑白照片.dng

黑与白两者之间相互衬托，会显得尊贵和纯粹。黑白的人像能够表现一种永恒与稳定，给人神秘和高贵的感觉，利用Lightroom中的“黑白”控制方式，可以将彩色照片转换为黑白的图像效果，并通过“色调曲线”等功能打造出高对比度的黑白画面，使其蕴含丰富的原始味道。

STEP 01 运行Lightroom 5应用程序，在“图库”模块中导入本书光盘\素材\05\02.jpg素材文件，接着切换到“修改照片”模块，展开其中的“基本”面板，在其中单击“处理方式”后面的“黑白”，将照片转换为黑白图像效果，去除彩色照片中的颜色。

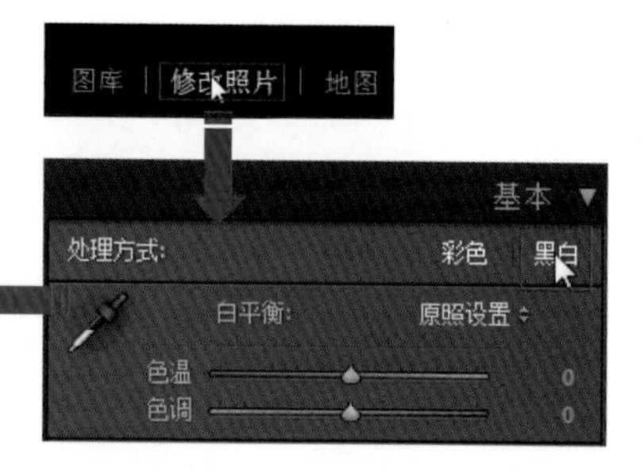

STEP 02 为了提高画面的影调，在“基本”面板中继续设置，单击并拖曳“曝光度”选项的参数为+0.33，提高照片的曝光度，让照片整体提亮，效果如图所示。

STEP 03 展开“HSL/颜色/黑白”面板，在其中的“黑白混合”中设置“红色”为-45，“橙色”为-6，“黄色”为+11，“绿色”为-26，“浅绿色”为+38，“蓝色”为-19，“紫色”为+48，“洋红”为-21，对照片中不同色系的明暗进行调整，增强黑白照片的层次。

Tips “黑白混合”中不同色系明暗的影响范围

“黑白混合”中包含的8个不同色系用于调整黑白照片中不同色调区域的明暗，实际上就是调整原彩色照片中不同色系的亮度，向右拖曳滑块变暗，向左拖曳滑块就会变亮。

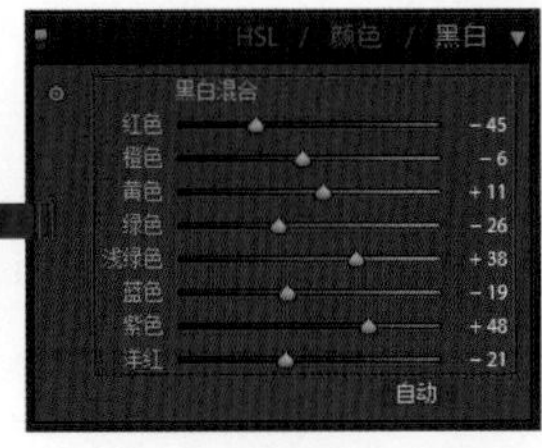

STEP 04 展开“色调曲线”面板，单击面板右下角的“单击以编辑点曲线”按钮，将选项显示出来，设置“高光”选项的参数为+13，“亮色调”选项的参数为-7，“暗色调”选项的参数为+25，“阴影”选项的参数为-21，在图像预览窗口中可以看到编辑的效果。

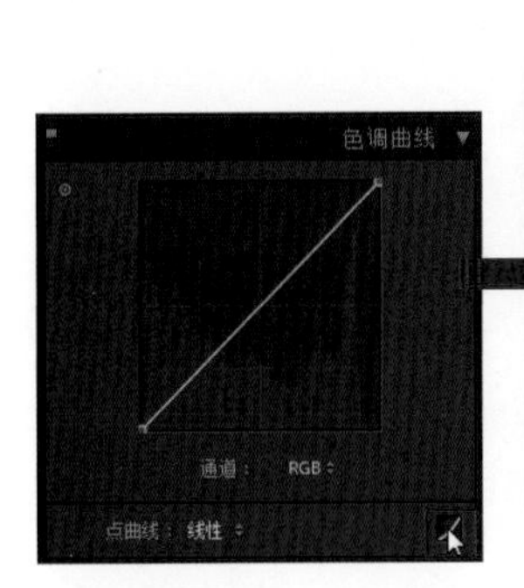

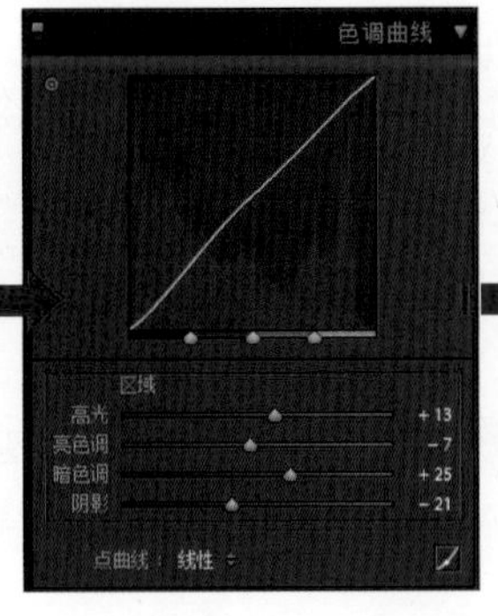

STEP 05 要突显出照片中的细节，可以在Lightroom中返回到“基本”面板，在“基本”面板的“偏好”选项组中设置“清晰度”选项的参数为+39，提高照片细节的清晰程度。

STEP 06 继续对照片的细节进行修饰，展开“细节”面板，在该面板的“锐化”选项组中设置“数量”选项的参数为102，“半径”选项为1.6，“细节”选项为52，“蒙版”选项为42，提高照片的锐利程度。

Example 03 打造具有感染力的特殊色彩

素　材：随书光盘\素材\05\03.jpg
源文件：随书光盘\源文件\05\打造具有感染力的特殊色彩.dng

在一些静物照片的处理中，通常会利用黄色调来烘托出温暖惬意的画面效果，由此让画面的色彩更加具有感染力。在Lightroom中利用“分离色调”面板中的设置可以增强画面中明部和暗部的暖色调，营造出喜悦、欢快和温馨的画面氛围，更好地表现出画面中静物蕴含的阳光味道。

STEP 01 运行Lightroom 5应用程序，在“图库”模块中导入本书光盘\素材\05\03.jpg素材文件，切换到“修改照片”模块，展开其中的“基本”面板，设置“色温”选项的参数为+21，“曝光度”选项的参数为+0.70，“对比度”选项的参数为+7，对照片进行基础调整。

STEP 02 继续在“基本”面板中对照片进行基础调整，在“偏好”选项组中单击并拖曳“鲜艳度”选项的参数为−32，降低照片的颜色饱和度，在图像预览窗口中可以看到照片的颜色纯度降低。

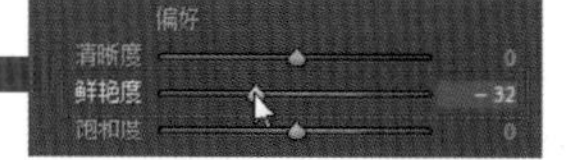

STEP 03 为了打造出艺术色调，要先展开“分离色调”面板，在其中的“高光”选项组中设置“色相”选项为59，“饱和度”选项为76，在“阴影”选项组中设置“色相”选项为259，“饱和度”选项为90，完成设置后可以在图像预览窗口中看到照片的颜色呈现出别样的风采。

STEP 04 展开“色调曲线”面板，单击面板右下角的“单击以编辑点曲线”按钮，将选项显示出来，设置“高光”选项的参数为+2，“亮色调”选项的参数为-13，“暗色调”选项的参数为+25，“阴影”选项的参数为+70，在图像预览窗口中可以看到编辑的效果。

STEP 05 为了提高照片四周亮度，可以将照片的暗角提亮，展开“镜头校正”面板，在其中的“镜头暗角”选项组中设置“数量”选项的参数为+100，“中点”选项的参数为43，在图像窗口中可以看到照片的四周变亮，整体画面显得更加清新。

STEP 06 对照片的细节进行修饰，展开“细节”面板，在该面板的“锐化”选项组中设置“数量”选项的参数为141，“半径”选项为1.7，“细节”选项为0，“蒙版”选项为0，提高照片的锐利程度，完成本例的编辑。

Example 04 双色调风光的魅力

素　材：随书光盘\素材\05\04.jpg
源文件：随书光盘\源文件\05\双色调风光的魅力.dng

带有茶色的画面会让云层堆积的天空显得更加神秘，展现出独特的艺术感和怀旧感，在Lightroom中可以先将彩色的照片以“黑白”方式进行处理，接着在“分离色调”面板中创建出细节丰富的双色调风光摄影作品，让原本色彩平淡的风光具有一种特殊的魅力。

STEP 01 运行Lightroom 5应用程序，在“图库”模块中导入本书光盘\素材\05\04.jpg素材文件，切换到“修改照片”模块，单击选中“裁剪叠加”工具，进入裁剪操作，对裁剪框的大小进行编辑，裁剪框的外侧为较暗的显示，表示这些图像将会被裁剪掉，完成裁剪框的编辑后单击“关闭”，Lightroom会根据裁剪框对照片进行裁剪。

STEP 02 展开“修改照片”模块中的“基本”面板，在其中单击“处理方式”后面的“黑白”，将照片转换为黑白图像效果，去除彩色照片中的颜色，在图像预览窗口中可以看到照片的颜色变成了黑白色。

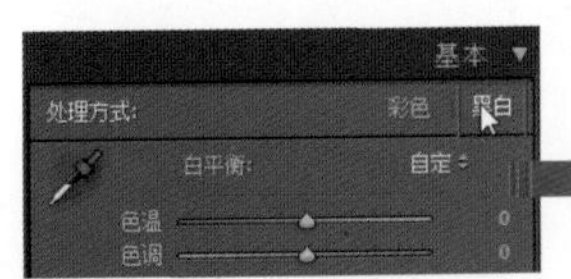

STEP 03 继续在“基本”面板中进行设置，调整“对比度”选项的参数为+27，“高光”选项的参数为-44，“阴影”选项的参数为-59，“白色色阶”选项的参数为-7，“黑色色阶”选项的参数为+8，“清晰度”选项的参数为+72，对照片的层次进行调整。

STEP 04 展开“分离色调”面板，在其中的“高光”选项组中设置“色相”选项为51，“饱和度”选项为15；在“阴影”选项组中设置“色相”选项为43，“饱和度”选项为46，完成设置后可以在图像预览窗口中看到照片的颜色呈现出双色调的效果。

STEP 05 展开“细节”面板，在该面板的“锐化”选项组中设置“数量”选项的参数为150，“半径”选项为2.1，“细节”选项为43，“蒙版”选项为0；在“减少杂色”选项组中设置“明亮度”为37，“细节”为19，“对比度”为40，完善照片的细节修饰。

第6章

细节决定品质——降噪、锐化和局部调整

使用“修改照片”模块中各个调整面板上的选项，可以调整整张照片的颜色和色调。但是，有时用户不希望对整张照片进行全局调整，而只针对照片的特定区域进行校正。例如，需要在人物照片中增加脸的亮度，使其变得突出，或者在风景照片中增强蓝天的显示效果。

要在Lightroom中进行局部校正，可以使用“调整画笔”工具和“渐变滤镜”工具应用颜色和色调调整，或者通过“细节”面板中的设置对照片中的细节进行优化，获得更高品质的影像。

本章梗概

- 提升细节画质——锐化与减少杂色
- 必备的局部修饰——工具详解

6.1 提升细节画质——锐化与减少杂色

在对照片进行后期处理时，适当地锐化可以让照片的细节更加清晰，而降噪可以清除照片中的杂色点，提高画面品质，因此锐化和降噪是后期处理中大部分照片必须经历的环节。在Lightroom中有专门针对锐化和降噪的“细节”面板，在该面板中把锐化和降噪分为两个选项组，分别用于使图像更加锐利和减少照片中的杂色，都是对照片细节的优化操作。

6.1.1 锐化图像呈现清晰影像

在Lightroom中提供了相应的“锐化”选项组来对照片进行锐化处理，可以在Lightroom工作流程的两个阶段中锐化照片，一个是在“修改照片”模块中锐化图像，一个是在打印或导出照片时锐化图像，接下来的小节就针对“修改照片”模块中的锐化进行讲解。

锐化是相机默认设置的组成部分，Lightroom会自动将这些默认设置应用于照片。Lightroom 在导出或打印一张照片以便在外部编辑器中编辑时，会将该图像的锐化设置应用于渲染的文件，而“修改照片”模块中的锐化操作会在“细节”面板中完成，需要锐化的照片大部分都是因为前期拍摄不当而留下的遗憾，这些问题都可以在Lightroom中进行修饰。

在“修改照片”模块中打开一张照片，将照片以100%的比例进行显示，并且在“对比视图”模式下查看照片，接着展开“细节”面板，在“锐化”选项组中对四个选项的参数进行设置，通过这些选项的调整，可以得到最佳的锐化效果，通过对比可以看到处理前的照片显得很朦胧，而锐化后的照片显示非常的清晰，如下图所示，这是因为Lightroom通过加强像素之间的对比度，让观赏者产生错觉，认为图像变得更加清晰。

● "数量"控制相邻像素对比值

"锐化"选项组中的"数量"选项用于调整边缘清晰度，增加"数量"选项的参数以增加锐化的程度。如果"数量"选项值为0，则关闭锐化操作。通常为了使图像看起来更清晰和自然，应将"数量"选项设置为较低的值。

"数量"可以控制相邻像素之间的对比程度，当"数量"选项为0时，"锐化"选项组中的其他三个选项将处于不可用的状态，当逐渐增大"数量"选项的参数到150时，可以看到在拖曳"数量"选项的过程中，参数越大，照片的锐化效果就变得更加明显，如左图所示。

如果用户编辑的照片为RAW格式，那个Lightroom将自动设置"数量"选项的参数为25，因为这是一个基于数码相机特性的相对数值。

● "半径"控制锐化边缘宽度

"锐化"选项组中的"半径"选项用于调整应用锐化的细节的大小，是用来控制锐化边缘宽度的，其中命案对比强烈的像素就是所说的图像边缘。

具备精细细节的照片可能需要较低的"半径"参数设置，具有较粗略细节的照片可以使用较大的"半径"参数设置。如果用户使用较大的"半径"选项，可能会产生不自然的外观效果。

当按住Alt键的同时单击并拖曳"半径"选项的滑块，可以将图像预览窗口中的图像以"高反差保留"的模式进行查看，当"半径"选项的参数较小时，图像中只显示出淡淡的轮廓效果，当增大"半径"选项的参数值时，图像预览窗口中的图像轮廓边缘将变得非常明显，此时更多的图像被显示出来，其锐化应用的效果也会更广，如右图所示。

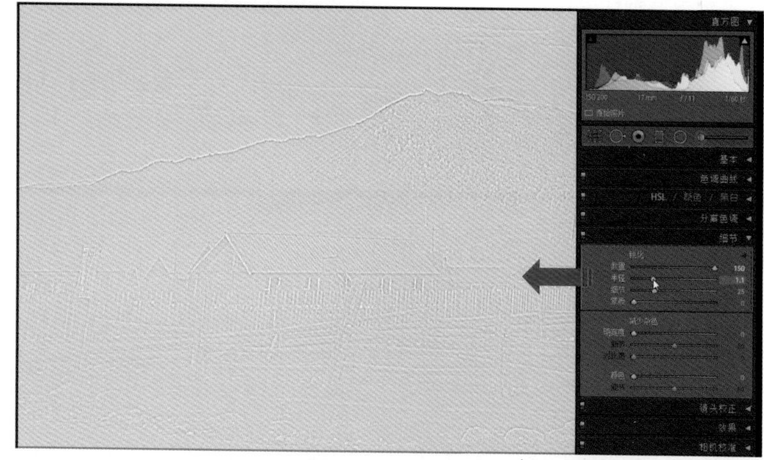

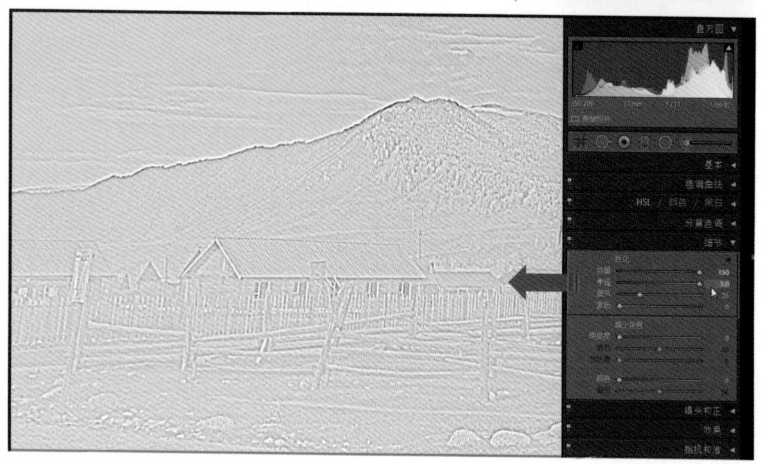

● “细节”滑块

“锐化”选项组中的“细节”选项用于调整在图像中锐化多少高频信息和锐化过程强调边缘的程度。较低的“细节”选项设置主要锐化边缘以消除模糊，较高的“细节”选项设置有助于使图像中的纹理更显著。

▼ 如下图所示，当设置“细节”选项的参数为10时，照片中的图像边缘已经显得清晰了，但是当设置“细节”选项的参数为100时，图像预览窗口中的图像显示出更加清楚的纹理效果。

● “蒙版”控制边缘蒙版

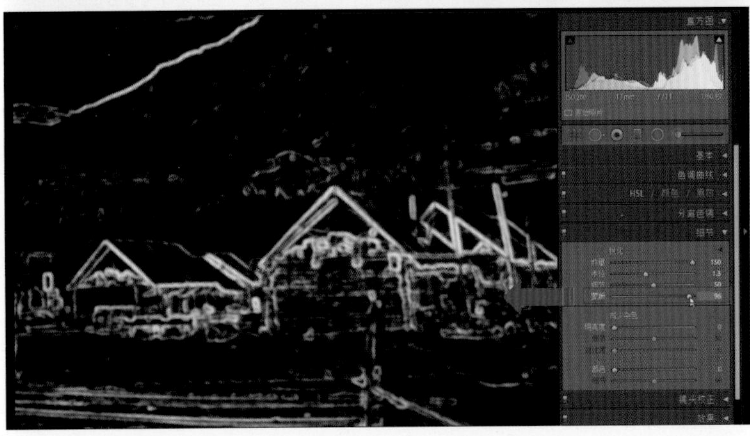

“锐化”选项组中的“蒙版”选项用于控制边缘蒙版。当设置“蒙版”选项为0时，图像中的所有图像均接受等量的锐化，当设置“蒙版”选项的参数为100时，锐化主要限制在饱和度最高的边缘附近的区域。

当用户按住Alt键的同时单击并拖曳“蒙版”选项的滑块，可以显示出真实的蒙版效果，其中黑色的区域为被遮住的区域，白色的区域为锐化的图像区域，可以看到随着“蒙版”选项参数的增加，锐化的区域变得更小，锐化的效果就会显得不明显，如左图所示。

通过“蒙版”的设置可以保护具有大面积和连续色调的图像不受锐化的影响，而只对对比度较高的区域进行锐化。

6.1.2 减少杂色让画面更干净

如果拍摄时使用的ISO感光度高，或者数码相机不够精密，照片中可能会出现明显的杂色。图像杂色表示外来的可见伪影，会导致图像品质下降。图像杂色包括亮度杂色和彩色杂色，亮度杂色使图像呈现粒状，不够平滑；彩色杂色通常使图像颜色看起来不自然。

在Lightroom中可以使用“修改照片”模块“细节”面板中的“减少杂色”选项组来对照片的杂色进行清除，不仅可以去除亮度杂色，还可以去除彩色杂色。

●查看杂色点的方式

在对照片进行清除杂色操作之前，需要将照片进行放大，仔细分析照片中的杂色点类型是亮度杂色还是彩色杂色，在心中有数之后再进行处理。在Lightroom中可以通过两种不同的方法，一种是通过“细节”面板中的“放大图像预览”窗口来显示照片，一种是通过“缩放”滑块来对照片的显示比例进行调整，具体操作如下。

❶ 展开“细节”面板，单击“锐化”选项组后面的小三角形，展开“放大图像预览”窗口，这个窗口中的图像将会以100%的比例显示照片，如下图所示，将鼠标放在“放大图像预览”窗口中单击并进行拖曳，可以更改窗口的显示效果。

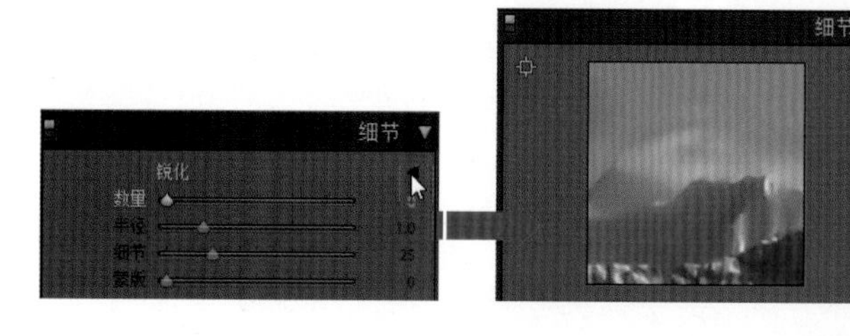

❷ 单击“细节”面板左上角的按钮，在图像预览窗口中移动鼠标指针，“放大图像预览”窗口会根据鼠标移动的位置更改细节显示，如右图所示。

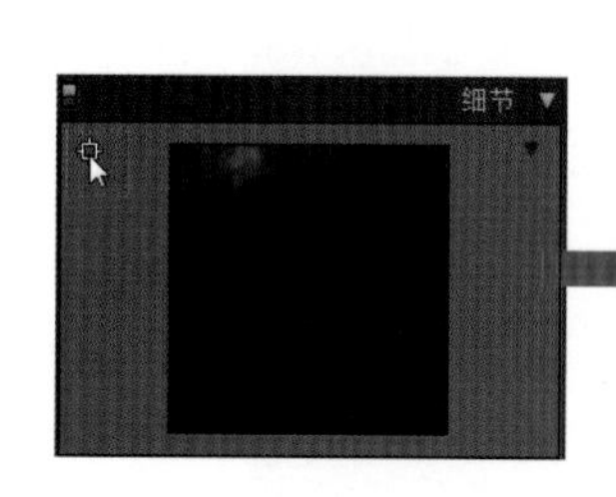

❸ 在“修改照片”模块的图像预览窗口的右下角位置有一个“缩放”滑块，可以根据需要对图像的比例进行控制，单击并拖曳滑块即可更改显示比例，如右图所示，可以让用户更加清楚地观察图像的噪点。

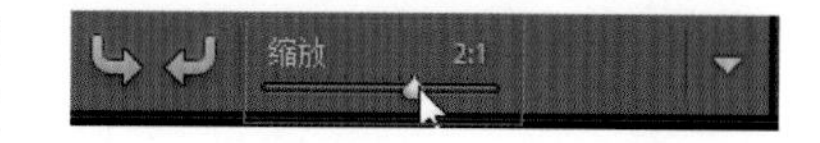

●去除明亮度噪点

亮度杂色可以通过“减少杂色”选项组中的前三个选项来进行清除，其中，“明亮度”选项用于减少图像中的灰度颗粒，让图像更加平滑。“细节”用于控制明亮度杂色阈值，适用于杂色极多的照片，“细节”值越高，保留的细节就越多，但最终效果中杂色较多；反之“细节”值越低，最终效果就越干净，但也可能会消除某些细节。“对比度”选项用于控制明亮度对比，“对比度”值越高，保留的对比度就越高，但可能会产生杂色的花纹或色斑；反之“对比度”值越低，产生的效果就越平滑，但也可能使对比度较低。

在“修改照片”模块中打开一张有亮度杂色的照片，将图像以100%比例显示出来时，可以看到天空中出现了明显的杂色点，展开“细节”面板，在“减少杂色”选项组的前三个选项中设置参数，清除照片中的杂色点，当照片以“对比视图”模式进行显示时，可以看到图像中的杂色点被清除掉了，天空显得平滑，如下图所示。

Tips 停用“减少杂色”设置

要停止使用“减少杂色”选项组中的设置，可以将“明亮度”或者“颜色”选项的参数设置为0，或者直接使用“细节”面板上的警用/启用图标进行控制即可。

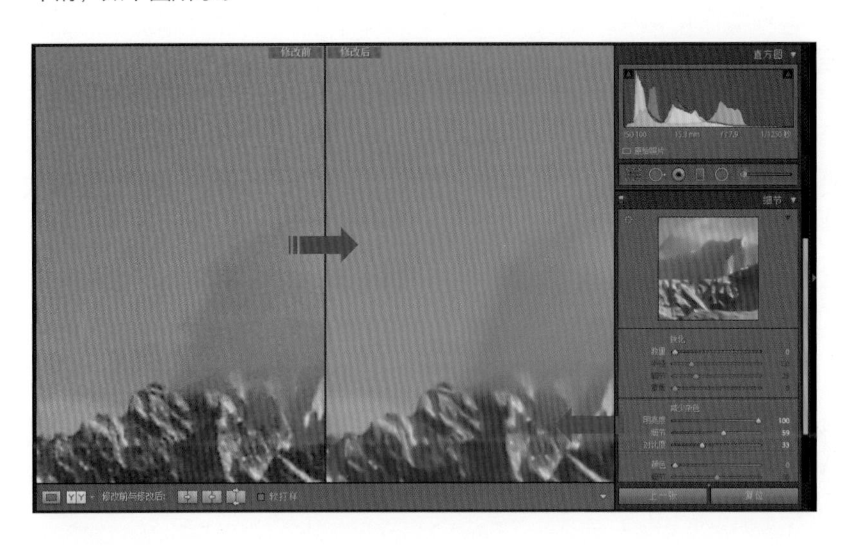

● 去除彩色噪点

在Lightroom中减少彩色杂色，可以通过“减少杂色”选项组最下方的两个选项来进行操作，其中的“颜色”选项用于减少图像中的彩色杂点，使颜色过渡地更加平滑、自然，“细节”选项用于控制彩色杂色点的阈值，参数越大，其清除的程度就越明显，与“明亮度”选项下的“细节”相同。

在“修改照片”模块中打开一张有彩色噪点的照片，展开“细节”面板，在“减少杂色”选项组中的最后两个选项中设置参数，去除照片中的彩色噪点，通过“对比视图”可以看到照片处理前后的对比效果，具体设置和效果如下图所示。

6.2 必备的局部修饰——工具详解

在Lightroom“修改照片”模块的工具条中包含了多个用于处理图像的工具，除了之前讲到的“裁剪叠加”工具以外，还有“污点去除”、“红眼校正”、“径向滤镜”和“调整画笔”等工具，这些工具主要是对照片中的局部图像进行修饰，通过局部调整来让照片的整体效果更加完整或者更具层次，是后期处理中必备的修饰工具。

6.2.1 “污点去除”工具

Lightroom中的“污点去除”工具可以通过从同一图像的不同区域取样来修复图像的选定区域。可以去除任何不必要的对象来让照片整体的效果更加完整。例如，去除风景照片中的人物和电杆，清除人物脸部的瑕疵等，都可以使用“污点去除”工具来进行操作。

在“修改照片”模块中，从工具条中选择“污点去除”工具，或者按Q键，可以在右侧的面板中看到“污点去除”工具的相关设置，如右下图所示。

◆**仿制：**将图像的取样区域复制到选定区域。

◆**修复：**将取样区域的纹理、光线、阴影匹配到选定区域。

◆**大小：**用于控制仿制区域的大小。

◆**不透明度：**用于调整仿制区域应用的不透明程度。

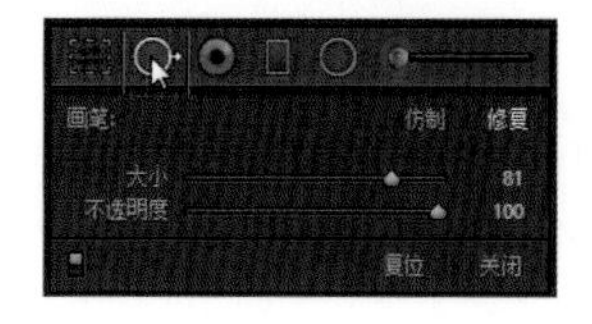

●控制仿制区域的范围

当使用“污点去除”工具在图像预览窗口中单击时，边缘较细的圆圈为选定区域，边缘较粗的区域为取样区域，Lightroom会使用取样区域中的图像来代替选定区域的图像。

在使用“污点去除”工具的时候，通过调整“大小”选项的参数，可以对仿制区域的范围进行控制。当“大小”选项的参数越大时，仿制区域和选定区域也随之变大；当“大小”选项的参数变小时，仿制区域和选定区域也随之变小，如下图所示。此外，按下键盘上的【键或者】键，也可以对“大小”选项进行设置；或者将鼠标放在圆圈边缘上，鼠标出现双箭头时单击并拖曳鼠标即可实现调整。

在新版本的Lightroom 5中，还可以通过涂抹的方式编辑仿制区域的大小和形状，在使用“污点去除”工具的过程中，会以当前“大小”选项的参数为画笔大小控制涂抹的范围。如下图所示，“大小”设置为80时的涂抹效果。

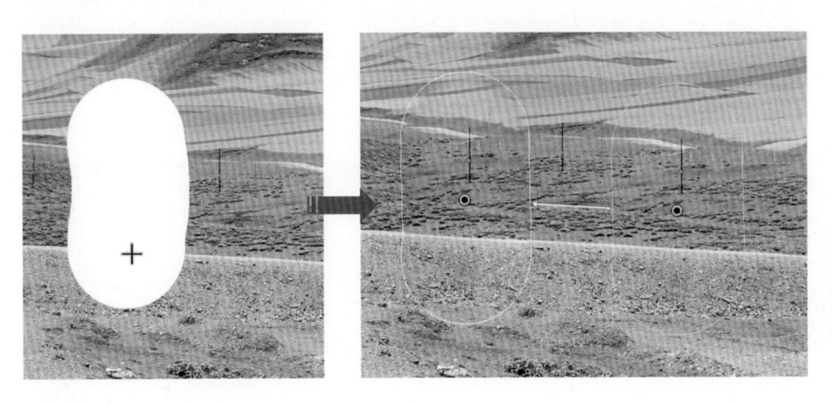

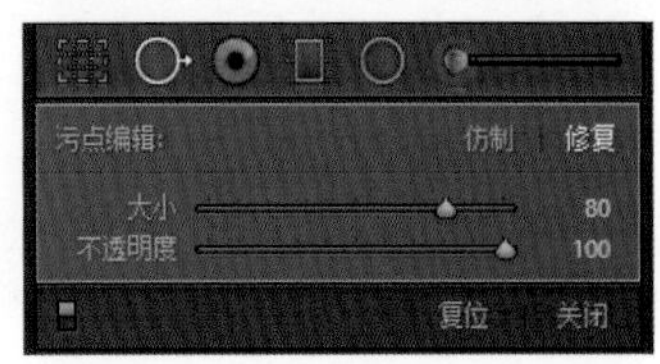

●调整取样区域的位置

在使用“污点去除”工具的过程中，当确定选定区域的范围后，就可以使用照片中其他的图像来替换选定区域的图像了。

Lightroom在编辑最初会自动指定取样区域的位置，如左图所示，当用户对取样位置的效果不满意，可以通过单击选中取样区域的方式对其进行移动，如下左图所示，在移动鼠标的过程中，选定区域的图像会随着取样区域的图像而变化。当确认取样区域的位置时释放鼠标，即可确认取样位置的编辑，如下右图所示。

Tips 微调取样区域位置

按下键盘上的↑键、↓键、←键和→键，可以对当前取样区域的位置进行细微的调整。

●删除“污点去除”的编辑点

当面对编辑效果不理想的编辑点时，可以将其进行删除，恢复照片原始的图像效果，其操作方法也很简单，只需使用鼠标单击并选中编辑点，按下Delete键即可删除，如下图所示。

除此之外，还可以按住Alt键的同时单击一个编辑点以将其删除，在按住Alt键的时候，鼠标的指针将变成剪刀的形状。

●禁止或确认编辑操作

除了设置选项以外，在“污点去除”工具的设置中还包含了几个重要的操作，用于禁止或者确认当前“污点去除”操作，当按下■按钮时，可以控制禁用或者启用“污点去除”的操作，当按下“复位”时，之前编辑的操作都将清除，而图像预览窗口中的照片会恢复到“污点去除”之前的显示效果，当按下“关闭”时，可以确认操作以退出“污点去除”编辑，如下图所示，此外，直接按下键盘上的Enter键，也可以确认编辑操作。

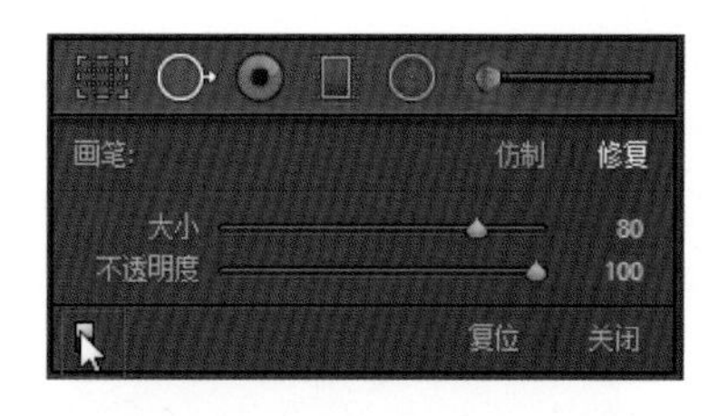

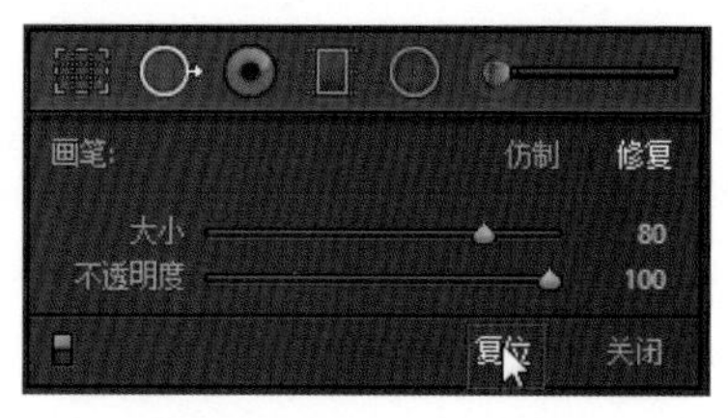

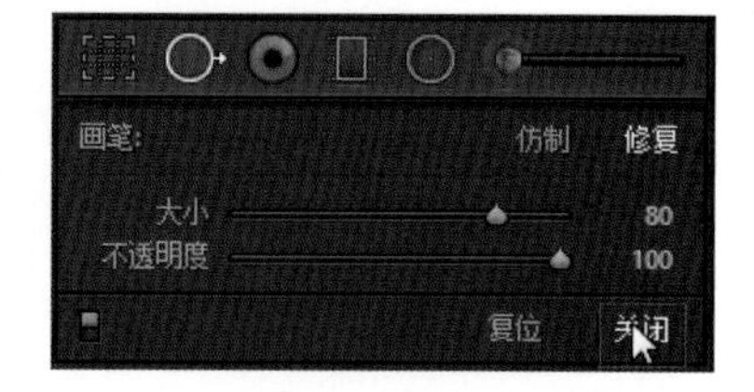

●右键菜单命令

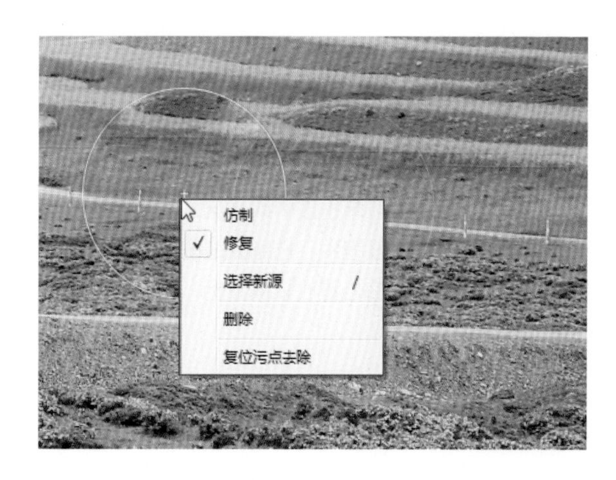

当使用鼠标在编辑点上右键单击时，可以展开右键菜单命令，如左图所示，通过这些命令可以完成一些基本的操作，具体如下。

◆**仿制：**将该编辑点设置为“仿制”模式。

◆**修复：**将该编辑点设置为“修复”模式。

◆**选择新源：**执行该命令将把取样区域恢复到默认位置。

◆**删除：**执行该命令可以将当前编辑点删除。

◆**复位污点去除：**将删除所有的编辑点，恢复到使用“污点去除”工具之前的编辑效果。

6.2.2 “红眼校正”工具

“红眼”这个术语实际上是针对人物拍摄的，当闪光灯照射到人眼的时候，瞳孔会放大让更多的光线通过，视网膜的血管就会在照片上产生泛红现象，而对于动物来说，即使在光线充足的情况下拍摄也会出现这类现象。

在Lightroom中可以使用工具条中的“红眼校正”工具来清除红眼现象，让照片中的人物或者动物眼睛显示出原本的黑色。

在Lightroom的“修改照片”模块中打开一张夜晚拍摄的人像照片，可以看到人物的眼睛出现的红眼现象。选择工具条中的“红眼校正”工具，滑动鼠标滑轮可以调整选区的大小，或从眼睛中心拖动以改变选区大小。为获得最佳效果，选择整只眼睛而不仅是瞳孔部分。

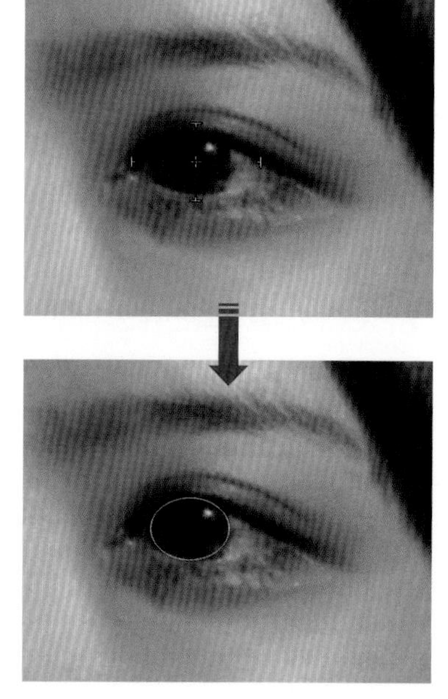

单击鼠标后Lightroom将自动检测红眼并进行校正，此时在右侧的面板中会显示出“红眼校正”工具的设置选项，如右图所示。

在“红眼校正”工具的选项中，向右拖动“瞳孔大小”选项的滑块使校正区域增大，向右拖动“变暗”选项的滑块，使选区中的瞳孔区域和选区外的虹膜区域变暗。如果按下H键可以隐藏或显示红眼。要移去有关红眼的更改，可以先选择红眼并按Enter或Delete键，单击“复位”可清除“红眼校正”工具所做的更改，并关闭所选区域。

如果用户在使用“红眼校正”工具进行红眼查找的过程中，Lightroom没有检测到红眼，将显示出如左图所示的对话框，在其中将提示检测区域未包含红眼，用户只需单击“确定”按钮关闭对话框，继续使用该工具进行编辑即可。

6.2.3 “渐变滤镜”工具

使用“渐变滤镜”工具，可以在某个照片区域中渐变地应用“曝光度”、“清晰度”和其他色调调整，可以随意调整区域的宽窄。与Lightroom的“修改照片”模块中应用的其他所有调整一样，局部调整也是非破坏性的，不会永久应用于照片。

在“修改照片”模块的工具条中，选择“调整画笔”工具或“渐变滤镜”工具，其设置的选项都是大致相同的，用户只需设置参数或者拖曳滑块即可，具体每个参数的作用如下。

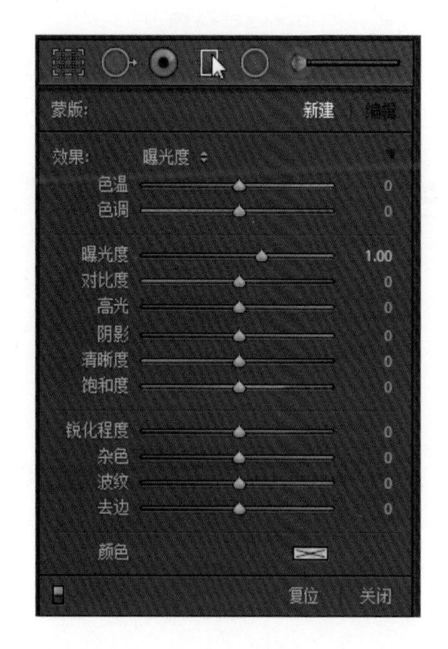

◆**色温**：调整图像中某个区域的色温，控制色温的提高或降低，渐变滤镜温度效果可以修饰在混合照明条件下拍摄的图像。

◆**色调**：该选项用绿色或洋红作为偏色的补偿。

◆**曝光度**：设置图像总体亮度，应用曝光度局部校正可以取得类似于传统减淡和加深的效果。

◆**对比度**：调整图像对比度，主要影响中间色调。

◆**高光**：恢复图像的过曝的高光区域的细节。

◆**阴影**：恢复图像的曝光不足的阴影区域的细节。

◆**清晰度**：通过增加局部对比度来增加图像深度。

◆**饱和度**：调整颜色的鲜明度。

◆**锐化程度**：增强边缘清晰度，负值表示细节比较模糊。

◆**杂色**：减少明亮度杂色。

◆**波纹**：去除波纹伪影或颜色混叠。

◆**去边**：消除边缘的边颜色。

◆**颜色**：将色调应用于受局部校正影响的区域。通过单击色块，可以在打开的悬浮窗口中选择或编辑色相，如果将照片转为黑白，将保留色彩效果。

●编辑渐变应用的范围

在使用“渐变滤镜”工具进行局部修饰的过程中，首先应对渐变应用的范围进行调整。选中“渐变滤镜”工具以后，在图像预览窗口中需要应用调整的区域单击并拖曳，即可创建渐变的应用效果，由于Lightroom对“渐变滤镜”默认的设置“曝光度”为1.00，因此在创建渐变区域后将明显地查看到应用区域的影调变化，接着再对渐变的角度和宽度进行调整，即可实现编辑效果。

在“修改照片”模块中打开一张需要进行局部调整的照片，可以看到照片中的草地区域显得很暗，明显曝光不足，因此需要在后期进行曝光补偿。选择工具条中的“渐变滤镜”工具，在图像预览窗口的下方单击，向上拖曳鼠标后释放鼠标，可以创建渐变编辑区域，可以看到草地变得明亮，如下图所示。

在编辑渐变应用范围的过程中，可以看到渐变应用区域用三条不同粗细的线条和一个黑色的圆点表示，其中最粗最亮的线条表示全部应用调整效果，中间的线条表示渐变的中间过渡区域，而最淡最细的线条表示渐变的结束分界点。

当鼠标放在黑色的圆点周围，鼠标指针呈现出弯曲的双箭头状态时，单击并拖曳鼠标，可以对渐变所应用的角度进行调整；当鼠标放在最粗或最细的直线上，鼠标指针呈现出手型效果时，单击并拖曳鼠标可以对渐变的范围进行扩大或缩小，如下图所示。当把鼠标放在圆点上呈现手型状态时，单击并拖曳鼠标可以对渐变应用范围的位置进行更改。

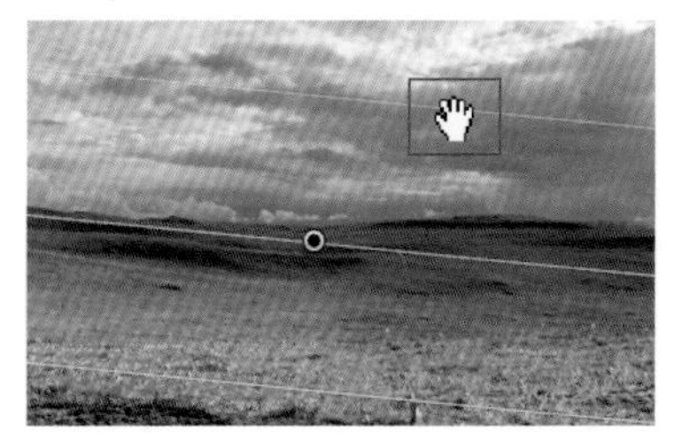

当完成渐变应用区域的编辑后，在右侧的选项中进行设置，并单击“颜色”后面的色块，在打开的悬浮窗口中对应用的颜色进行选择，编辑的过程中可以看到渐变应用的区域随着设置的变化而变化，具体设置和效果如下图所示，可以看到草地变得更加的明亮和翠绿。

Tips “颜色”选项的作用

“渐变滤镜”工具中的“颜色”相当于摄影中在镜头前面加装彩色渐变滤镜的拍摄效果。“颜色”可以将设置的颜色应用到设置的渐变区域中，在处理多云、日出日落等照片时会经常用到。

●创建多个渐变滤镜效果

使用“渐变滤镜”工具可以在同一张照片上创建多个渐变应用效果，用灰色的圆点表示渐变的应用中心，用户只需单击各个灰色圆点，即可进入到相应的渐变区域进行编辑。

当已经在照片中创建了一个渐变区域后，单击“蒙版”后面的“新建”，然后在图像预览窗口中单击并进行拖曳，即可创建新的渐变区域，完成渐变区域范围的编辑后，在图像预览窗口中可以看到照片中有两个圆点，其中黑色的实心圆点为当前编辑的圆点，而灰色的圆点为已经创建和编辑的圆点，如右图所示。

对新创建的渐变区域进行参数调整，在右侧的设置面板中拖曳滑块调整选项的参数，并未在天空区域应用上蓝色的效果，完成设置后可以看到照片显示出完美的色调和影调，更具视觉冲击力。左图所示为具体的设置和编辑后的效果。

6.2.4 “径向滤镜”工具

照片的主要对象周围的背景或元素可能会分散观众的注意力，要将关注点放在焦点上，可以在Lightroom中创建晕影效果。通过使用“径向滤镜”工具，用户能够创建多个偏离中心位置的晕影区域以突出显示照片的特定部分。

●创建径向调整区域

要创建径向滤镜，在需要进行编辑的区域中单击并拖动鼠标，Lightroom会自动创建一个椭圆形状，以确定哪些区域受进行的调整影响，或者在调整中排除哪些区域。

▶ 右图所示为使用“径向滤镜”工具在人物上单击并拖曳后的编辑效果，可以看到画面的周围形成了自然的晕影效果。

在确定了径向滤镜应用的位置后，将鼠标放在圆形区域的白色小方框上，当鼠标呈现出双箭头直线状态时，单击并拖曳鼠标可以对圆形的形状进行放大或者缩小调整。

如果用户需要更改圆形区域的角度，可以将鼠标放在任意白色小方框外侧，当鼠标出现弯曲的双箭头时，单击并拖曳鼠标即可实现调整效果，如左图所示。

●反相蒙版

在使用“径向滤镜”工具进行编辑的过程中，“反相蒙版”选项可以帮助用户确定修改照片的哪个区域，只需勾选或取消勾选“反相蒙版”复选框即可实现操作，该复选框默认处于未选中状态。

当“反相蒙版”复选框未被选中时，更改任何设置都会影响圆形区域以外的图像区域，如下图所示。

当“反相蒙版”复选框被选中时，更改任何设置都会影响选框区域以内的图像区域，如下图所示。

●羽化蒙版边缘

与“渐变滤镜”工具不同的是，在“径向滤镜”工具的设置中还包含了“羽化”选项，该选项用于确认圆形区域与外侧图像的过渡宽度，“羽化”选项的参数越大，则过渡的宽度就越宽，羽化的效果就越明显；反之，“羽化”选项的参数越小，则过渡的宽度就越窄，羽化的效果就越不明显。

◀ 如左图所示，当“羽化”为10时，圆形区域与外侧的图像只有很窄的过渡效果，显得不太自然；当设置“羽化”选项为45时，羽化过渡的宽度增大，圆形区域外侧与内侧的图像过渡自然，显示出渐隐的效果，因此在后期处理中的大部分编辑中，都会适当提高“羽化”选项的参数设置。

6.2.5 “调整画笔”工具

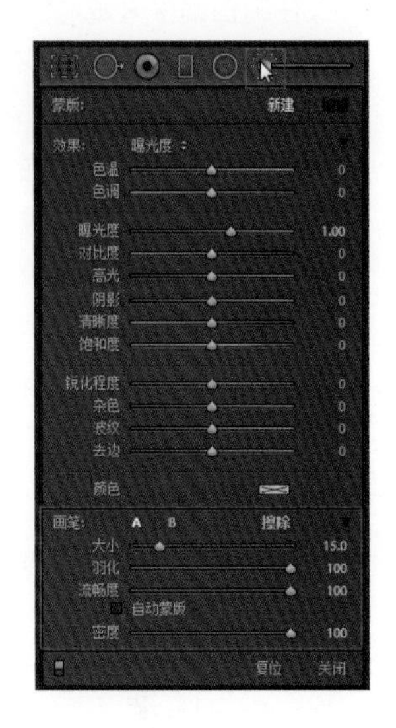

使用“调整画笔”工具可以通过在照片上进行“喷涂”，有选择性地应用“曝光度”、“清晰度”、“亮度”和其他调整。与“渐变滤镜”和“径向滤镜”不同的是，“调整画笔”工具所创建的调整区域可以是任意形状的，其编辑的区域更加自由。

在选择“调整画笔”工具之后，该工具的设置中多了几个用于调整应用区域的选项，如右图所示，具体作用如下。

◆**大小：** 指定画笔笔尖的直径。

◆**羽化：** 在应用了画笔调整的区域与周围像素之间创建柔化边缘过渡效果，使用画笔时，内圆和外圆之间的距离表示羽化量。

◆**流畅度：** 控制应用调整的速率。

◆**自动蒙版：** 将画笔描边限制到颜色相似的区域。

◆**密度：** 控制描边中的透明度程度。

●新建调整的区域

当使用“调整画笔”工具对照片的局部进行修饰时，只需使用该工具在图像预览窗口上的照片上进行涂抹，即在需要调整的图像区域进行涂抹，完成后再对选项进行设置，就能轻松实现调整效果。

打开一张照片，使用“调整画笔”在照片上围巾以外的图像上进行涂抹，可以看到涂抹的区域变亮，那是Lightroom默认的设置。如果勾选“显示选定的蒙版叠加”复选框，可以在图像预览窗口中查看到显示蒙版后的效果；最后将“饱和度”选项的参数设置为-100，取消勾选“显示选定的蒙版叠加”复选框，即可看到蒙版区域中的图像变成了黑白色，如下图所示。

使用“调整画笔”的过程中，每一个调整区域都会以圆点的形式表示开始涂抹的位置，单击即可再次选中该区域进行编辑。如果用户需要在一张照片上创建多个不同的调整区域，可以在“调整画笔”设置中单击“新建”，如左图所示。然后再使用“调整画笔”进行涂抹，即可创建另外一个调整区域，在编辑的过程中，“蒙版”后面的显示将自动调整为“编辑”模式，针对不同的调整区域可以使用不同的参数对其进行编辑。

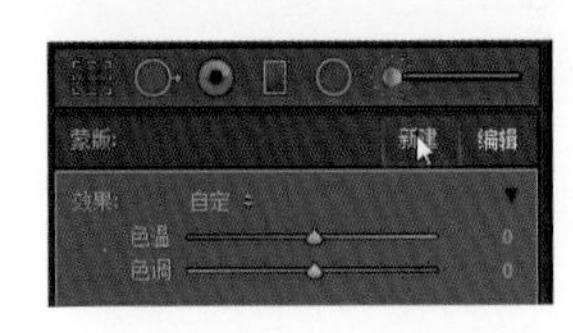

● 清除不需要调整的区域

在编辑调整区域范围的过程中，如果需要取消涂抹区域的选定，可以通过“擦除”功能来讲不需要调整区域进行清除。

在“调整画笔”工具的设置中单击“擦除”，通过“大小”、“羽化”和“流畅度”对擦除的画笔进行设置，接着在图像预览窗口中不需要应用调整效果的图像上涂抹，即可让图像恢复到使用“调整画笔”工具之前的状态。如右图所示，使用“擦除”画笔在草地上涂抹，可以看到草地恢复到了彩色的显示状态。

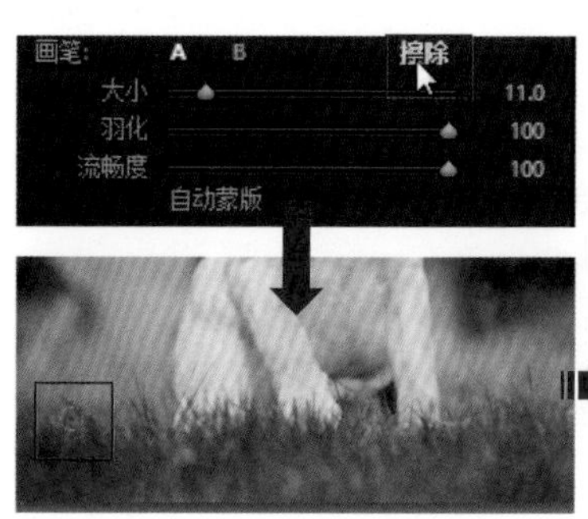

● 添加要调整的区域

如果用户需要添加调整的区域，可以再次使用鼠标在图像预览窗口中进行涂抹，增大调整效果应用的范围。

在Lightroom的“调整画笔”工具中提供了A、B两种不同的预设画笔笔尖形态，如下图所示。其中，A是带有羽化效果的柔边圆画笔，而B是没有羽化效果的硬边圆画笔，此外，用户也可以根据实际的需要对画笔的笔尖进行设置。

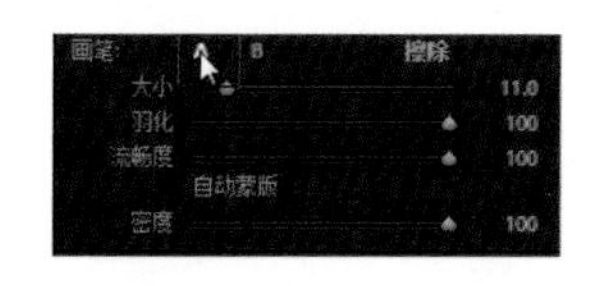

► 如下图所示，当选择A画笔进行操作时，在图像窗口中狗狗的围巾上进行涂抹，可以看到鼠标中的图像显示为+号，涂抹的过程中，涂抹的区域将变成黑白色，即应用“调整画笔”中设置的“饱和度”为-100的效果。

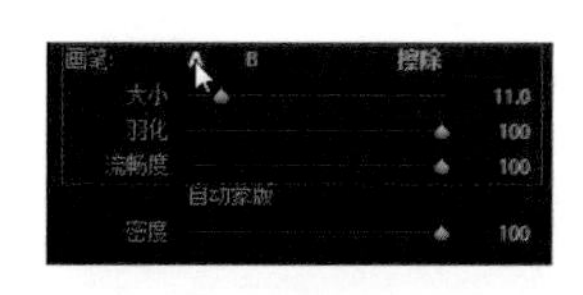

Tips 鼠标指针的显示

选择“擦除”画笔时，鼠标的指针显示为减号，而选择A或B画笔时，鼠标的指针则显示为加号，根据鼠标指针的显示可以判定调整区域的增减操作。

选择“调整画笔”工具之后，画笔中间显示加号，按住Alt键后则变成减号，这时候画笔工具就变成了“擦除”工具，同样可以在调整画笔设置中按住Alt键修改画笔的四个设置。

Example 01

对夜景照片进行锐化和降噪

素　材：随书光盘\素材\06\01.jpg
源文件：随书光盘\源文件\06\对夜景照片进行锐化和降噪.dng

噪点是指CCD（CMOS）将光线作为信号接收并输出的过程中，所产生的图像中的粗糙部分，长时间曝光或者感光元件面积太小都可能产生噪点。噪点的产生会影响画面整体的效果，在Lightroom中可以通过“细节”面板中的设置快速将其去除，获得干净的画面，同时还能对细节进行锐化，获得优质的影像。

STEP 01 运行Lightroom 5应用程序，在“图库”模块中导入本书光盘\素材\06\01.jpg素材文件，在图像预览窗口中可以看到照片的原始图像效果，展开“基本”面板，设置“曝光度”选项为+0.33，“对比度”为+27，提高亮度和对比度。

STEP 02 继续在“基本”面板中进行设置，调整“高光”选项的参数为+7，“阴影”选项的参数为+24，“清晰度”选项的参数为+19，对照片明暗区域的亮度进行调整，提高照片的清晰度，在图像预览窗口中可以看到编辑效果。

STEP 03 展开“HSL/颜色/黑白”面板，在“HSL”的“色相”中对“红色”、“橙色”、“黄色”和“紫色”选项的参数进行调整，改变特定颜色的色相；接着在“饱和度”中提高特定颜色的颜色鲜艳度，设置完成后在图像预览窗口中可以看到照片的颜色变化。

STEP 04 展开“细节”面板，单击“锐化”后面的三角形按钮，将放大显示窗口展示图像；接着在“减少杂色”选项组中设置“明亮度”选项为100，“细节”选项为0，“对比度”选项为43，“颜色”选项为100，“细节”选项为1，对照片进行降噪处理，通过“对比视图”可以看到处理前后的细节显示。

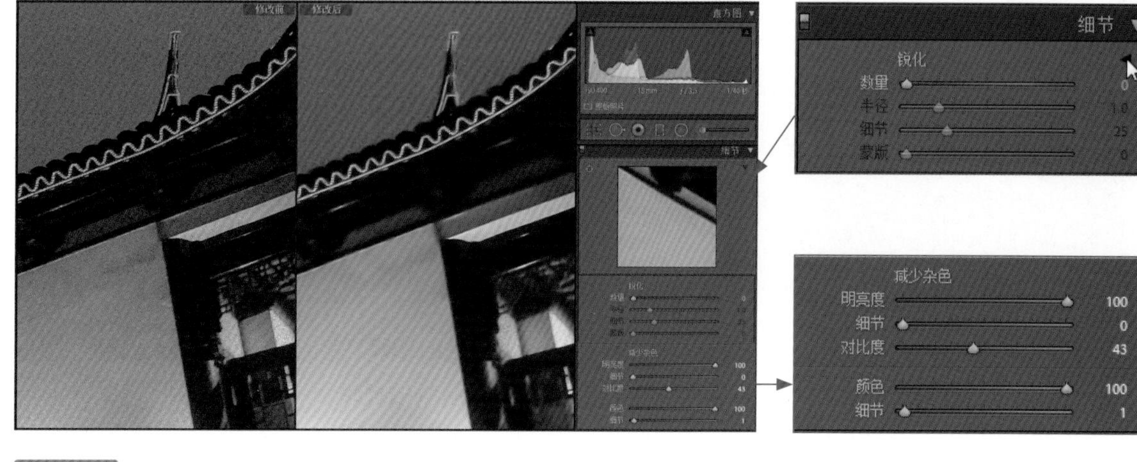

STEP 05 继续在“细节”面板中对照片进行编辑，在“锐化”选项组中设置“数量”选项的参数为150，“半径”选项的参数为3.0，“细节”选项的参数为0，“蒙版”选项的参数为100，对照片进行锐化处理，让照片的细节更加清晰。

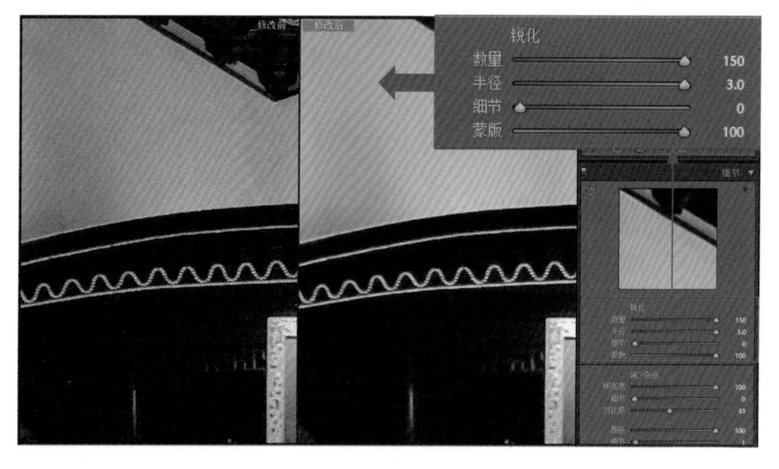

Tips “锐化”选项组中参数设置所需要注意的问题

在对“锐化”选项组中的参数进行设置的过程中，不能将参数设置过大，过大的参数设置有可能会让图像中产生杂点，影响画质，也有可能让图像的边缘出现白色的光晕效果，这些都是由于锐化过渡造成的，因此在锐化图像时最好将照片进行放大显示，观察细节以进行准确的设置。

Example 02 去除风景画中多余的人物

素　材：随书光盘\素材\06\02.jpg
源文件：随书光盘\源文件\06\去除风景画中多余的人物.dng

在拍摄风景照片时，由于构图的需要，有时会不可避免地将多余的人物框选到画面中，因此破坏了画面整体的美感，使照片的表现力大打折扣，此时，需要将风景照片中多余的人物去掉，由此展现出完美的景物。通过使用“污点去除”工具的取样修复功能可以利用人物周围的景物来覆盖风景中多余的人物，打造出完美的风景照片。

STEP 01 运行Lightroom 5应用程序，在“图库”模块中导入本书光盘\素材\06\02.jpg素材文件，在图像预览窗口中可以看到风景照片中有人物图像，影响了照片的整体效果，在工具条中选中“污点去除”工具。

STEP 02 在人物的位置上单击，并调整取样区域的位置，将人物图像覆盖住，同时在“污点去除”工具的设置中调整参数，完成编辑后单击“关闭”，确认“污点去除”工具的编辑效果。

STEP 03 展开“基本”面板，在其中的“色调”选项组中设置“对比度”为-5，“阴影”为+64，“白色色阶”选项为-41，“黑色色阶”选项为-29；接着在“偏好”选项组中设置“清晰度”选项为+16，“鲜艳度”选项为+23，对照片进行基础修饰。

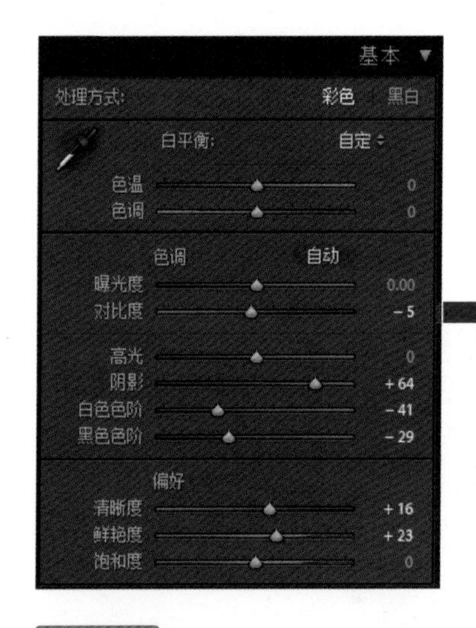

STEP 04 展开“HSL/颜色/黑白”面板，在HSL的“饱和度”中设置“红色”为+50，“橙色”为+59，“黄色”为+45，“蓝色”为+62，对特定颜色的饱和度进行增强，让照片颜色显得更加鲜艳。

STEP 05 展开“细节”面板，在“锐化”选项组中设置“数量”为97，“半径”选项的参数为2.7，“细节”选项参数为38，“蒙版”选项的参数为71，对照片的细节进行锐化处理。

STEP 06 为了让照片的整体效果更加完美，最后在“基本”面板中对照片再进行修饰，展开“基本”面板，在“偏好”选项组中设置“饱和度”选项的参数为+14，提高照片整体图像的颜色鲜艳度，在图像预览窗口中可以看到照片的最终效果。

Example 03

打造迷人的蓝色海景效果

素　材：随书光盘\素材\06\03.jpg
源文件：随书光盘\源文件\06\打造迷人的蓝色海景效果.dng

为了突显出海水皎洁无比的蔚蓝色，利用蓝色来表现大海的蔚蓝和通透最为合适，在Lightroom中可以使用“渐变滤镜”来为照片中的海域添加蓝色的滤镜效果，重塑画面中海景的色彩，并通过色调、影调和细节的修饰，让画面呈现出神清气爽、心旷神怡的感觉。

STEP 01 运行Lightroom 5应用程序，在“图库”模块中导入本书光盘\素材\06\03.jpg素材文件，在图像预览窗口中可以看到照片原始的效果，在Lightroom的工具条中单击选中“渐变滤镜”工具，准备对照片进行局部编辑。

STEP 02 使用“渐变滤镜”工具在图像预览窗口中的照片上单击并拖曳，调整渐变的区域和方向，为照片左上方的图像应用效果；接着在设置中单击“颜色”选项后面的色块，选择合适的颜色对照片进行局部编辑，具体设置如下图所示。

STEP 03 在“渐变滤镜”的设置中调整“色温”为-6，“曝光度”为0.55，“对比度”为54，“高光”为55，“阴影”为68，“清晰度”为27，“饱和度”为80，“锐化程度”为64，“杂色”为-67，“波纹”为60，“去边”为50，完成设置后可以看到应用渐变滤镜效果的图像发生了变化。

STEP 04 展开“HSL/颜色/黑白”面板，在HSL的“饱和度”下设置“红色”为+53，“橙色”为+4，“黄色”为+65，“绿色”为+69，“紫色”为+80，“洋红”为+73，对特定颜色的饱和度进行调整，提高照片的色彩鲜艳度，在图像预览窗口中可以看到编辑的效果。

STEP 05 展开“细节”面板，在“锐化”选项组中设置“数量”为81，“半径”为2.2，“细节”为25，“蒙版”为67；接着在“减少杂色”选项组中设置“明亮度”为62，“细节”为50，“颜色”为31，“细节”为50，对照片进行锐化和降噪处理，优化照片的细节。

STEP 06 为了照片整体的效果更加完美，还需要在“基本”面板中对照片进行修饰，展开“基本”面板，在其中设置“对比度”选项的参数为+24，“清晰度”选项的参数为+19，“鲜艳度”选项的参数为+19，在图像预览窗口中可以看到最终的编辑效果。

Example 04 对人物皮肤进行磨皮处理

素　材：随书光盘\素材\06\04.jpg
源文件：随书光盘\源文件\06\对人物皮肤进行磨皮处理.dng

皮肤的效果会影响照片中人物的整体感觉和气质，利用Lightroom中“调整画笔”工具可以轻松将人物照片中的皮肤部分创建为编辑区域，通过降低编辑区域的“清晰度”和“锐化程度”来对人物进行磨皮处理，并提高“曝光度”来提亮肤色，制作出细腻滑嫩的肌肤效果。

STEP 01 运行Lightroom 5应用程序，在“图库”模块中导入本书光盘\素材\06\04.jpg素材文件，在图像预览窗口中可以看到照片原始的图像效果，在工具条中单击选中“调整画笔”工具，并勾选图像预览窗口下方的“显示选定的蒙版叠加”复选框。

STEP 02 选中A画笔进行蒙版编辑，将照片进行放大显示，在小孩的脸部皮肤上进行涂抹，涂抹后可以看到涂抹的区域显示出红色的蒙版效果；在编辑的过程中还可以使用“擦除”画笔对蒙版的范围进行准确编辑，确保小孩的皮肤都被蒙版覆盖。

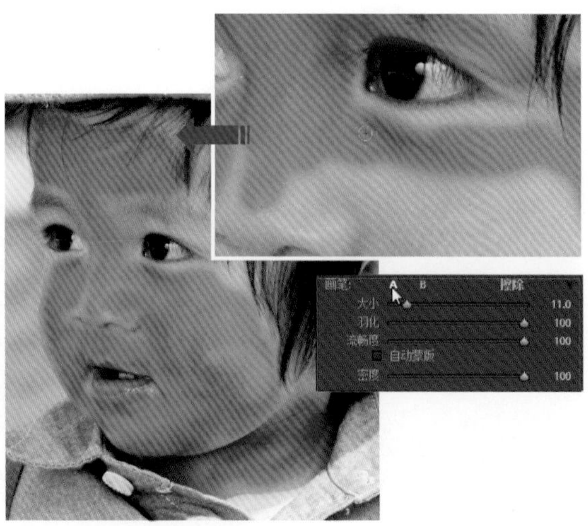

STEP 03 在“调整画笔”工具的设置中调整“曝光度”选项为0.43，“对比度”选项为-90，“高光”选项为2，“清晰度”选项为-100，“锐化程度”选项为-100，设置完成后取消勾选“显示选定的蒙版叠加”复选框，可以看到小孩的皮肤更加光滑。

Tips 处理皮肤的选项设置

调整“曝光度”可以对小孩肤色进行提亮，而降低“清晰度”和“锐化程度”选项的参数可以对图像进行模糊处理，达到磨皮的目的。

STEP 04 展开“分离色调”面板，在其中的“高光”选项组中设置“色相”选项为48，“饱和度”选项为27；在“阴影”选项组中设置“色相”选项为237，“饱和度”选项为32，对照片的颜色进行调整。

STEP 05 展开“细节”面板，在该面板的“锐化”选项组中设置“数量”选项的参数为127，“半径”选项为1.8，“细节”选项为65，“蒙版”选项为63，让照片中的细节更加清晰。

STEP 06 为了照片整体的效果更加的完美，还需要在“基本”面板中对照片进行修饰，展开“基本”面板，在其中设置“曝光度”选项为+0.26，“对比度”选项的参数为+4，“高光”选项的参数为+4，“阴影”选项的参数为+5，“清晰度”选项的参数为+2，“鲜艳度”选项的参数为+17，将照片放大后可以看到人物的脸部显示出平滑的肌肤效果。

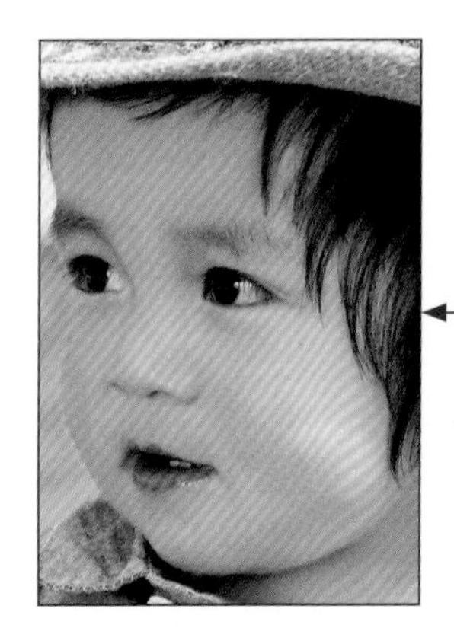

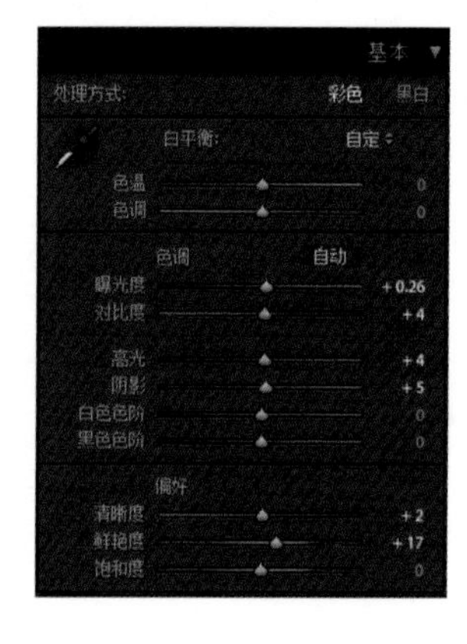

Example 05 改变花卉照片的聚焦效果

素　材：随书光盘\素材\06\05.jpg
源文件：随书光盘\源文件\06\改变花卉照片的聚焦效果.dng

Lightroom中的“径向滤镜”工具可以创建圆形的选区进行编辑，利用该工具的特性，可以对一些聚集效果不理想的照片进行处理，改变或者增强照片的聚焦效果。本例中的花卉照片在“径向滤镜”工具的编辑中分别为花心和花瓣进行单独的处理，将花瓣进行模糊，加强花心的锐利程度，让画面聚焦更具视觉冲击力。

STEP 01 运行Lightroom 5应用程序，在“图库”模块中导入本书光盘\素材\06\05.jpg素材文件，在视图窗口可以看到照片中的花卉整体效果都很清晰。接下来通过使用“径向滤镜”工具来改变照片的聚焦，让主体对象更加突出，选择工具条中的“径向滤镜”工具，在图像预览窗口中单击并进行拖曳，创建圆形的编辑区域。

Tips 默认的径向滤镜处理范围

圆形区域外侧为默认的径向滤镜处理范围，如果要对范围进行反向处理，可以勾选设置中的“反相蒙版”复选框。

STEP 02 完成径向滤镜应用范围的编辑后，在设置宏调整“色调”选项的参数为25，“曝光度”选项的参数为0.89，“清晰度”选项的参数为-100，“饱和度”选项的参数为1，“锐化程度”选项的参数为-100，“杂色”选项的参数为-100，完成参数的设置后，在图像预览窗口中可以看到圆形区域以外的图像显示出朦胧的效果。

STEP 03 为了让花卉的整体效果更完美，还需要对花心位置进行处理，单击“径向滤镜”设置中“蒙版”后面的“新建”；再在花心位置创建圆形的区域，并勾选“反相蒙版”复选框，此时设置选项将影响的图像区域就为圆形区域中的图像。

STEP 04 单击设置中的“颜色”色块，在打开的悬浮窗口中单击选中一种颜色，完成后关机悬浮窗口，在设置后可以看到“颜色”选项后面的颜色为设置的粉红色，具体操作如下图所示。

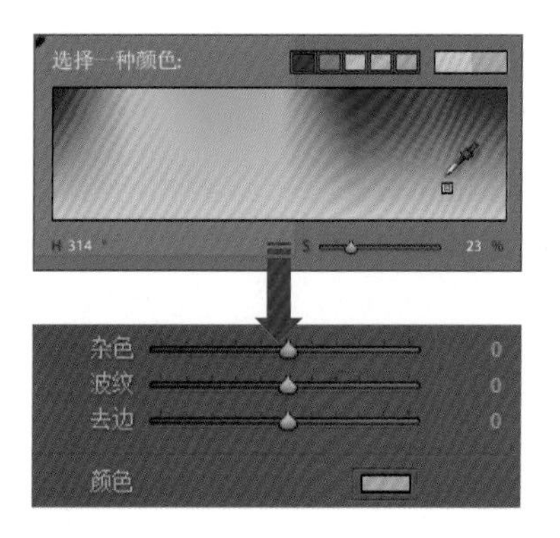

STEP 05 在设置中调整“色温”选项为-4，“色调”选项为19，“高光”选项为47，“阴影”选项为87，“饱和度”选项为44，“锐化程度”选项为100，对花心位置的图像进行处理，让整体画面更加协调。

STEP 06 为了整体的颜色更加均匀，还需要对特定的颜色进行调整，展开“HSL/颜色/黑白”面板，在HSL的“饱和度”标签中设置“橙色”为-15，“黄色”为-22；在“色相”标签中设置“橙色”为+22。

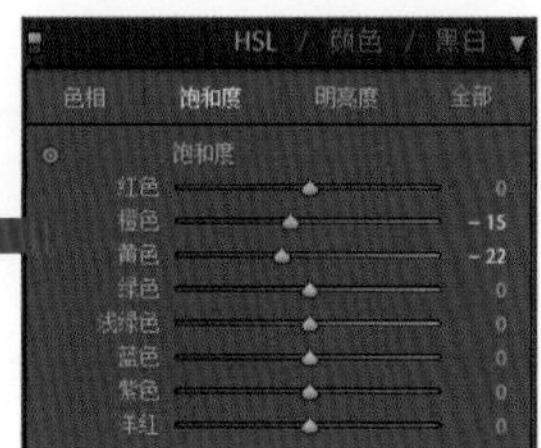

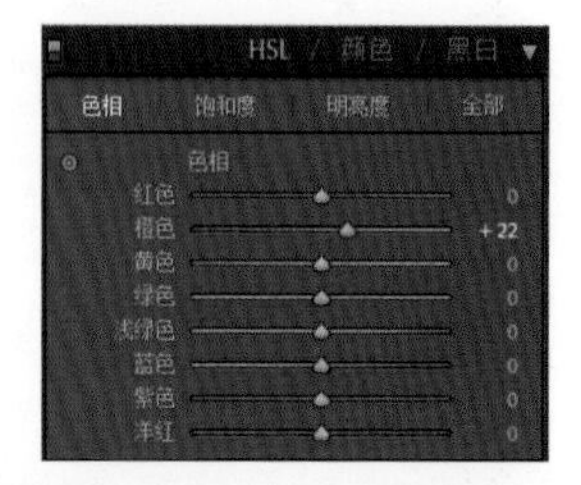

STEP 07 再次使用“径向滤镜”工具在图像预览窗口中创建圆形的选区，设置该区域内的“曝光度”选项为-0.03，“对比度”选项为-100，“阴影”选项的参数为-41，“清晰度”选项的参数为-100，“锐化程度”选项的参数为-100，完成设置后可以看到圆形区域以外的图像显得更加朦胧，加强花心位置的聚集效果。

Tips “径向滤镜”中的圆点

“径向滤镜”工具使用后将以圆点来表示圆形的中心位置，其中灰色的圆点为未选中的编辑点，而黑色的圆点为正在编辑的编辑点。

STEP 08 为了照片整体的效果更加完美，还需要在“基本”面板中对照片进行修饰，展开“基本”面板，在其中设置“高光”选项为-24，“阴影”选项为+16，“清晰度”选项为+30，“鲜艳度”选项为+20，在图像预览窗口中可以看到照片最终的编辑效果。

第7章

展现理想效果——镜头校正与效果

照片拍出来的线条歪歪曲曲，或是四周太暗，这些并不完全是相机或摄影技术的问题，而是镜头影像变形与边角失光的自然物理现象。利用Lightroom中的镜头校正功能，就可以马上自动辨认出镜头型号，进行变形与暗角修正。

此外，还可以使用Lightroom中的“相机校准”面板来调整相机的默认校准设置，或者使用“效果”面板中的选项调整裁剪后的暗角，以及为照片添加颗粒等。

本章梗概

7.1 快速恢复正常视角——基本校正

对于某些焦距、光圈大小和对焦距离以及相机镜头可能出现不同类型的缺陷，使用Lightroom中“修改照片”模块的“镜头校正”面板，可以校正这些显而易见的镜头扭曲。在“镜头校准”面板的“基本”标签中可以对照片进行基础的快速校正，只需经过简单的操作即可获得编辑效果。

7.1.1 基本调整

在Lightroom的“修改照片”模块中展开“镜头校正”面板，在“基本”标签中可以看到三个复选框，如右图所示，分别为“启用配置文件校正”、“删除色差”和“锁定裁剪”，用于对照片的透视、色差和裁剪进行快速调整，具体作用如下。

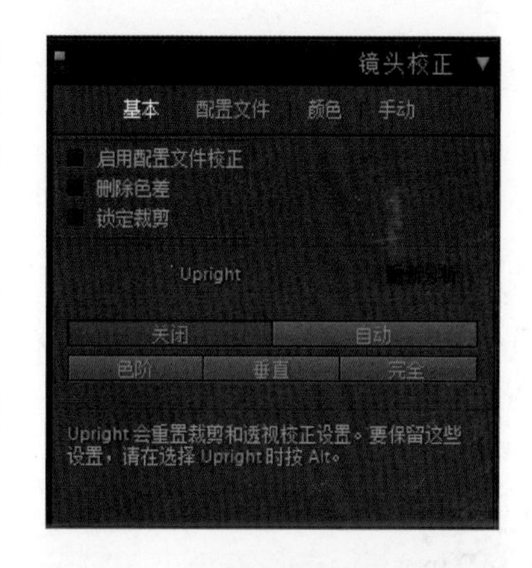

◆**启用配置文件校正：**勾选该复选框，Lightroom会根据照片“元数据”面板中的信息，使用相关的相机配置文件对照片的透视进行自动处理，纠正由于镜头所产生的畸变。

◆**删除色差：**勾选该复选框，Lightroom会自动对照片中存在的横向色差进行清除，即去除照片中的紫边效果。

◆**锁定裁剪：**勾选该复选框，可以锁定对原始图像区域的裁剪。

“基本”标签中的编辑为粗略的调整，一般情况下对照片的影响不会太大，如右图所示分别为勾选“启动配置文件校正”和“删除色差”复选框后的前后编辑效果，可以看到经过配置文件的校正，照片原本的暗角消失，而照片边缘明显的紫边现象也得到了改善。

Tips 色差的理解和产生的原因

色差显示为沿对象边缘的一圈彩色边，产生的原因包括镜头无法将不同颜色对焦到同一点、传感器微镜头的色差以及光晕，分为横向色差和纵向色差。

7.1.2 Upright校正

桶形扭曲会导致照片中的直线向外弯曲，枕形扭曲会导致照片中的直线向内弯曲，这些问题都可以使用Lightroom中的四种Upright方式校正照片中的扭曲和透视错误，没有推荐设置或最佳设置，因为每张照片调整后的最佳设置各不相同，其变形的效果和程度也不同，因此可以先尝试使用这四种Upright模式，观察应用效果后再决定适合照片的最佳Upright模式，最后对下方的参数进行设置，完善校正的效果即可。

在“镜头校正”面板的“基本”标签的Upright校正中可以看到五个不同的按钮，如左图所示，分别为“关闭”、“自动”、“色阶”、“垂直”和“完全”，具体每种校正方式的作用如下。

- ◆关闭：禁用Upright校正中的任何校正效果。
- ◆自动：这种校正方式将启用平衡色阶、长宽比和透视校正。
- ◆色阶：只启用色阶校正。
- ◆垂直：只启用色阶和纵向透视校正。
- ◆完全：这种校正方式将启用色阶、横向和纵向透视校正。

右图所示为应用Upright校正中的“垂直”和“完全”校正后的效果，可以看到当应用“垂直”校正后，Lightroom只对照片中建筑的纵向透视进行了校正，高楼右侧垂直的线条发生了变化，从原来的弯曲变得笔直，而横向的线条基本不受影响。当使用“完全”校正照片时，照片前后的对比效果增强，横向和纵向的透视都进行了调整。

使用Upright校正会重置裁剪和透视校正设置，要保留这些设置，可以在选择Upright校正的过程中按住Alt键，将“镜头校正”面板之外的裁剪和透视校正编辑保留下来。

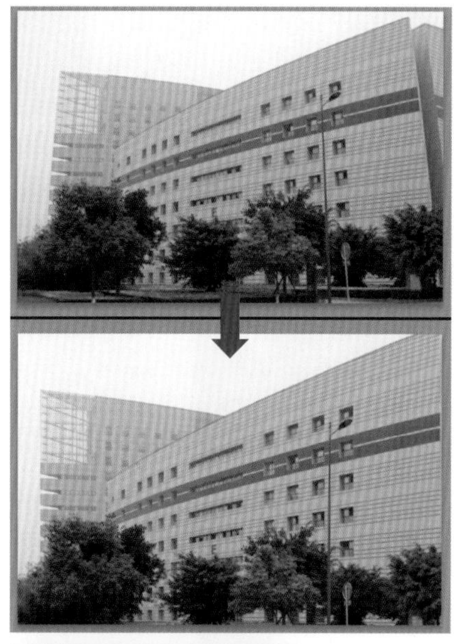

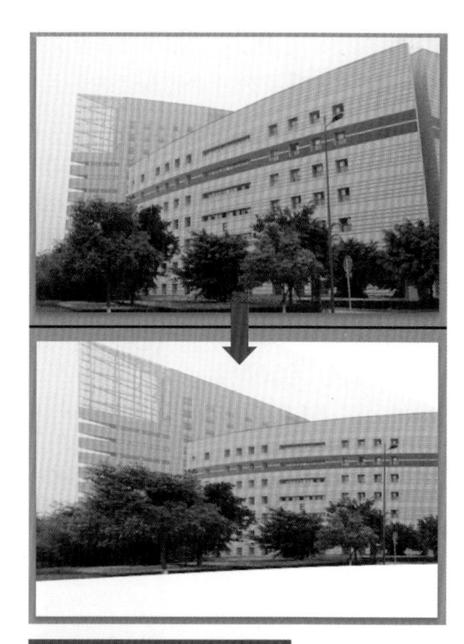

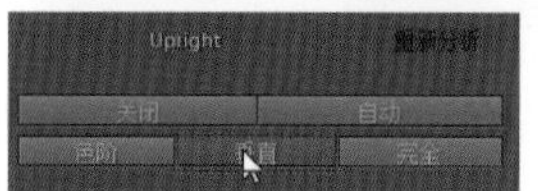

Tips 使用Upright校正的技巧

在使用Upright校正中任意一个预设对照片的畸变进行校正的过程中，可以先对照片的镜头校正配置文件进行匹配，勾选“启用配置文件校正”复选框，应用可供的相机和镜头组合使用的任何镜头校正配置文件可以更好地分析图像，以进行扭曲校正，让校正的效果更准确。

7.2 有目的的校正——使用配置文件

在Lightroom中可以使用配置文件自动校正图像透视和镜头缺陷，通过“修改照片”模块中“镜头校正”面板中的“配置文件”标签，可以校正普通摄像机镜头的扭曲。这些配置文件基于Exif元数据，这些元数据可识别捕获照片的相机和镜头，从而由配置文件进行相应补偿，并将镜头配置文件保存在Adobe的指定目录中。

7.2.1 启用配置文件校正

在“镜头校正”面板的“配置文件”标签中，当初次展开这个标签时，标签中的选项是处于不可用状态的，如下左图所示。如果用户要使用相机的配置文件对照片进行透视校正，可以勾选“启用配置文件校正”复选框，这时“设置”和“镜头配置文件”将处于可用的状态，如下右图所示，用于可以在“设置”选项的下拉列表中选择一种方式进行处理。

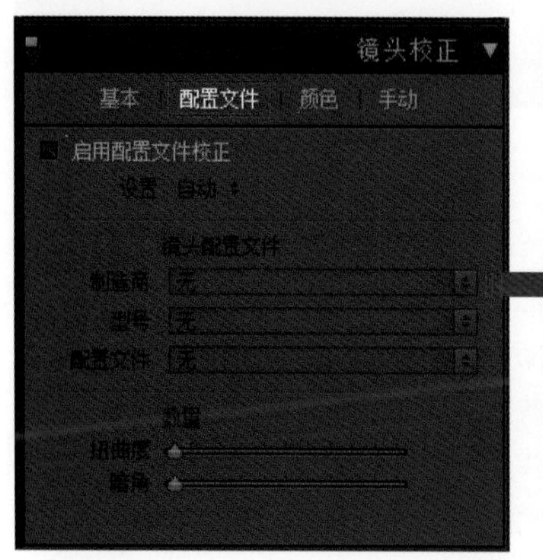

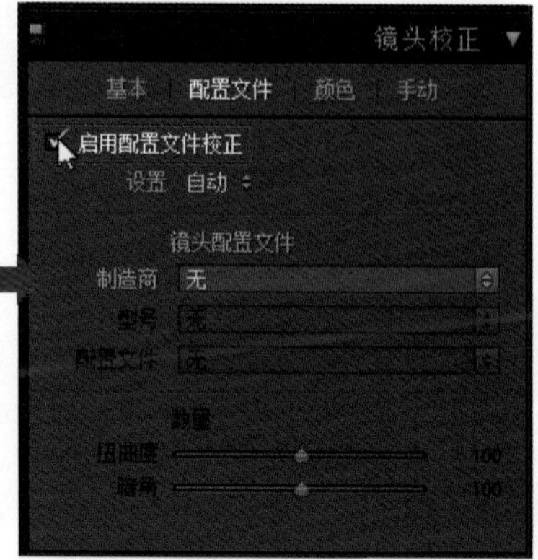

在“配置文件”标签中进行编辑时，勾选“启用配置文件校正”复选框是最首要的操作，如果没有勾选该复选框，该标签中的任何选项都是没有作用的。不过在使用配置文件校正之前，要首先确认该照片的元数据中是否包含了照片的拍摄信息和相机的品牌信息，这样才能更加准确地进行校正。

单击“设置”选项后面的按钮，可以将该选项的下拉列表展开，如下图所示，其中包含了“默认值”、“自动”、“自定”、“存储新镜头配置文件默认值”和“复位镜头配置文件默认值”一共五个选项，用户可以根据需要进行选择，每个选项的作用如下。

◆**默认值：**该选项为默认选项，即照片在未经过任何处理之前的状态。

◆**自动：**选择“自动”选项，Lightroom将对照片进行自动处理，图像中的内容变化不大。

◆**自定：**选择该选项可以开启“数量”选项组的设置，用户可以自定义校正的参数。

◆**存储新镜头配置文件默认值：**选择该选项后，可以将当前编辑的选项参数存储到默认配置文件中，并将更改应用在下次的“自动”选项中。

◆**复位镜头配置文件默认值：**选择该选项后，可以将Lightroom中默认的镜头校正文件恢复到默认值。

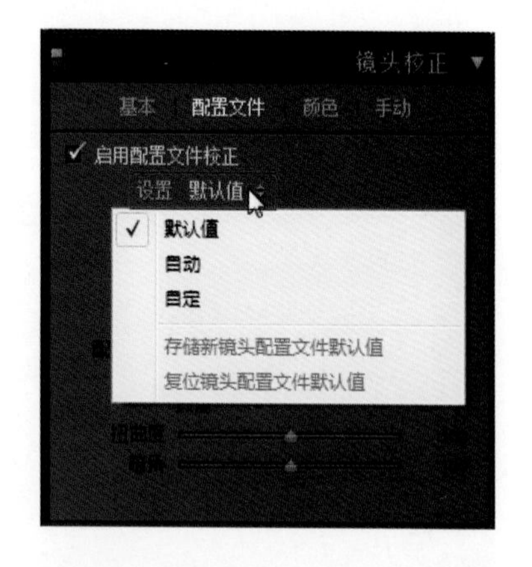

此外，在编辑之前，要确认文件的状态，因为在“镜头校正”面板中可用的镜头配置文件取决于正在调整的是原始文件还是非原始文件，它会对调整的结果产生影响。

7.2.2 镜头配置文件

在“镜头校正”面板的“配置文件”标签中，可以根据照片所拍摄相机的机型和镜头指定校正照片的配置文件。在使用镜头配置文件功能的时候，应该确保照片的元数据保存了完整的相机信息，即相机的型号、镜头的型号等，才能准确地使用配置文件对照片进行校正。

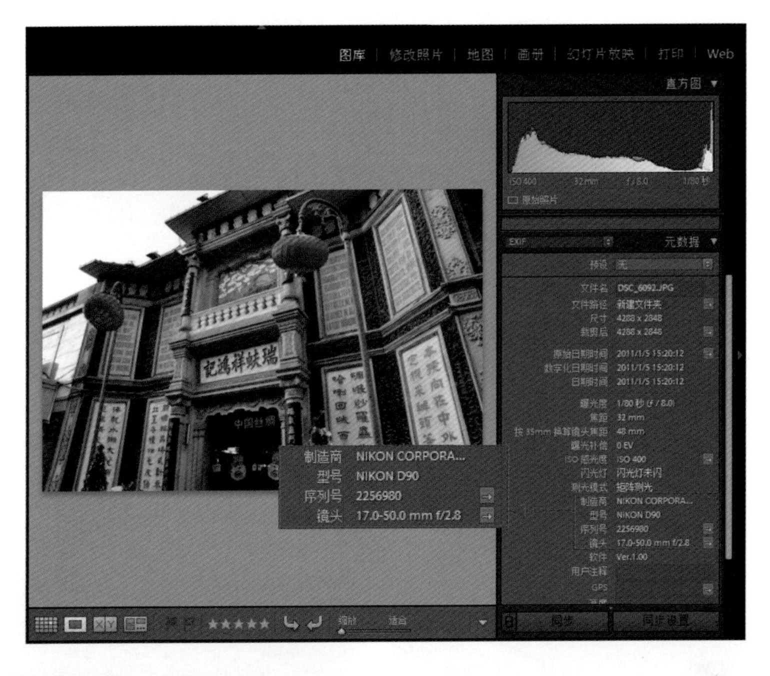

❶ 在Lightroom的“图库”模块中打开一张需要校正的照片，展开“元数据”面板，在其中查看到照片拍摄的相机为NIKON D90，镜头为17.0-50.0mm f/2.8，由此可以判定该照片可以使用配置文件对照片进行校正，如右图所示。

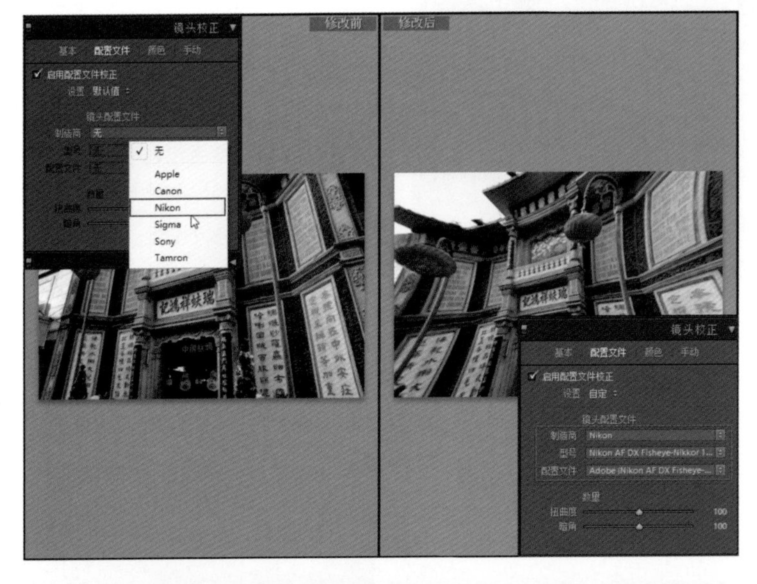

❷ 进入“修改照片”模块，展开“镜头校正”面板，在“配置文件”标签中选择“制造商”下拉列表中的Nikon；接着Lightroom会根据“元数据”面板中的信息选择配置文件，并对照片进行校正，左图所示为“对比视图”下的查看效果。

❸ 为了达到最佳的校正效果，用户可以在“型号”下拉列表中选择使用的镜头型号，如下图所示，当Lightroom中没有包含照片使用的镜头型号时，可以选择最接近的选项进行校正。

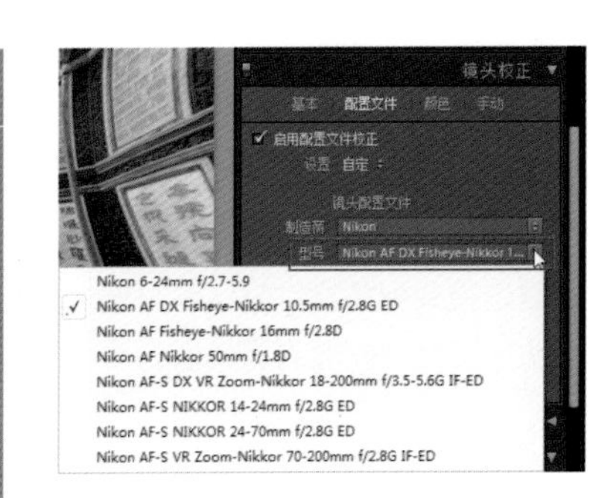

Tips 使用Upright校正的技巧

对于配置文件校正命令，有两个方面的问题值得注意，首先，为了获得最佳效果，最好使用RAW格式的文件。Lightroom对于RAW文件校正的效果是最好的，如果使用JPEG文件，即使完整保留了EXIF信息，也可能无法获得最好的效果。此外使用相同的镜头，在不同文件格式的情况下，所看到的配置文件数量是不同的。

其次，用户所能看到配置文件取决于使用的镜头，Lightroom提供的镜头配置文件尽管不可能囊括所有镜头，但是包括了大多数市场上能够看到的镜头。为了看到尽可能多的镜头配置文件，需要升级软件到最新版本。

在“镜头校正”面板中的“配置文件”标签中，可以矫正镜头的畸变和暗角，用户只需要简单的选中启用配置文件校正，Lightroom就会根据当前文件的EXIF信息找到合适的镜头配置文件自动校正镜头的畸变和暗角，这个过程是完全自动的，如果因为各种原因Lightroom没有为用户选择正确的配置文件，可以打开“制造商”、“型号”和“配置文件”选项的下拉列表进行选择。用户使用Mac系统，镜头配置文件将保存在/Library/Application Support/Adobe/CameraRaw/LensProfiles/1.0/的位置，用Windows Vista或Windows 7系统，镜头配置文件保存在 C:\ProgramData\Adobe\Camera Raw\LensProfiles\1.0\的位置，用户可以对配置文件进行手动更新。

7.2.3 数量调整

当用户使用了指定的配置文件对照片进行校正后，为了得到精确的校正效果，还可以使用“数量”选项组中的设置对校正的程度进行控制。

在“镜头校正”面板的“配置文件”标签的“数量”选项组中包含了两个选项，即“扭曲度”和“暗角”，如下图所示，其中的“扭曲度”用于对照片畸变校正的程度进行控制，而“暗角”对照片四周的明暗程度进行调整。

Tips 对“数量”选项组中的设置进行存储

在“数量”选项组中设置参数时，如果要将更改的设置应用于默认配置文件，可以单击“设置”选项，并选择下拉列表中的“存储新镜头配置文件默认值”命令即可。

“扭曲度”选项的默认值为100，在配置文件中应用扭曲校正的100%，超过100的值对扭曲的校正力度更大，低于 100 的值对扭曲的校正力度较小。如下图所示，分别调整“扭曲度”选项为30和170，可以看到不同的扭曲效果，用户可以根据照片的变形效果对参数进行设置。

“暗角”选项的默认值为100， 在配置文件中应用暗角校正的 100%，超过100的值对暗角的校正力度更大，低于 100 的值对暗角的校正力度较小，如果编辑的照片没有暗角，那么该选项的调整将不会对照片的透视产生任何影响。

7.3 色差及紫边的处理——颜色

色差是由于照相机的镜头没有把不同波长的光线聚焦到同一个焦平面，或者和镜头对不同波长的光线放大的程度不同而形成的。紫边是指数码相机在拍摄取过程中由于被摄物体反差较大，在高光与低光部位交界处出现的色斑的现象即为数码相机的紫色。色差和紫边都可以通过“镜头校正”面板“颜色”标签中的设置来进行清除。

7.3.1 删除色差

横向色差是由于各色光所会聚成像点的位置有前有后，因而影像的大小也就有了区别，这种影像尺寸的差异，如红色影像要比蓝色影像大，又称为“放大色差”。目前在相机中的纠正方法就是用折射系数较小的冕牌玻璃的凸镜，与折射系数较大的火石玻璃的凹镜相合，相互校正，使色差降到最小程度。

在Lightroom中可以通过“镜头校正”面板“颜色”标签下的“删除色差”复选框来快速将其去除。勾选“删除色差”复选框，如下左图所示；将照片在图像预览窗口中进行放大显示，使用“对比视图”模式观察照片处理前后的效果，可以看到照片中图像边缘的颜色发生了变化，具体效果如下右图所示。

“删除色差”复选框主要去处照片中存在的红-绿和蓝-黄颜色变。在“颜色”标签中勾选“删除色差”复选框，Lightroom会动去除照片中的色散，如果用户将照片放大到300%显示，就可以清楚的看到色散的效果。

如上图所示的照片，可以看到原始图像的边缘出现了红色的伪迹，当勾选了“删除色差”复选框后，照片中红色的伪迹基本去除，但是出现了绿色的伪迹，此时就可以判断这些伪迹图像中既包含了红色通道的图像，也包含了绿色通道的图像，想要在Lightroom中全部清除这些伪迹，可以使用“颜色”标签中的“边颜色选取器”工具或者在“去边”选项组中的选项中进行设置，彻底地清除照片中的色差现象。

7.3.2 边颜色选取器

在Lightroom“镜头校正”面板“颜色”标签中包含了一个非常简单的色差清除工具，即“边颜色选取器”工具，该工具只需在色差图像上单击，就能轻松将整个照片中的色差清除掉，其具体的操作方法如下。

❶ 展开“镜头校正”面板，在“颜色”标签中单击选中“边颜色选取器”工具，准备使用该工具对色差进行清除，如下图所示。

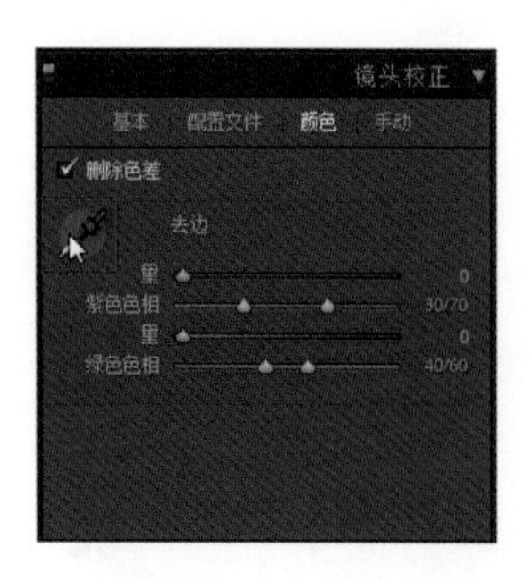

❷ 将照片在图像预览窗口中进行放大显示，将鼠标放在色差上，此时将出现一个悬浮的窗口，显示出当前鼠标位置的颜色值，并用5x5像素的方格放大显示取样像素的内容，如下图所示，用户可以在多个不同色差的位置进行单击。

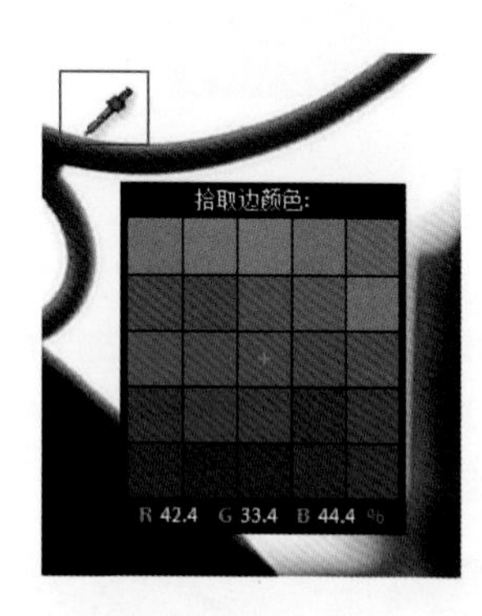

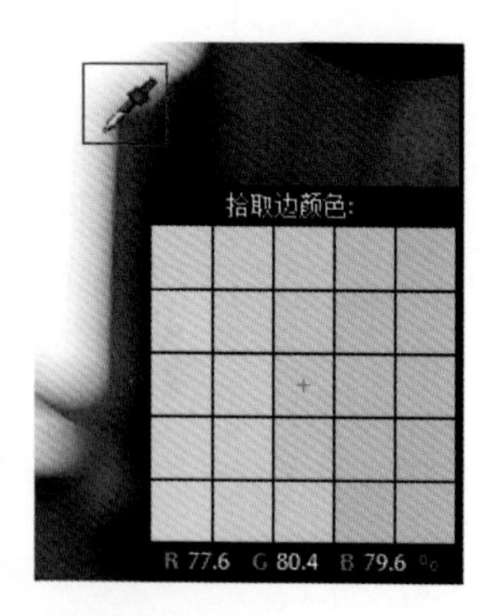

❸ 使用“边颜色选取器”工具在图像预览窗口中的色差上单击后，Lightroom会自动识别提取的色差颜色，并且进行去边，效果非常明显。下图所示为使用“对比视图”模式对照片进行前后编辑效果查看的显示，可以看到照片中的紫色边缘消失了。

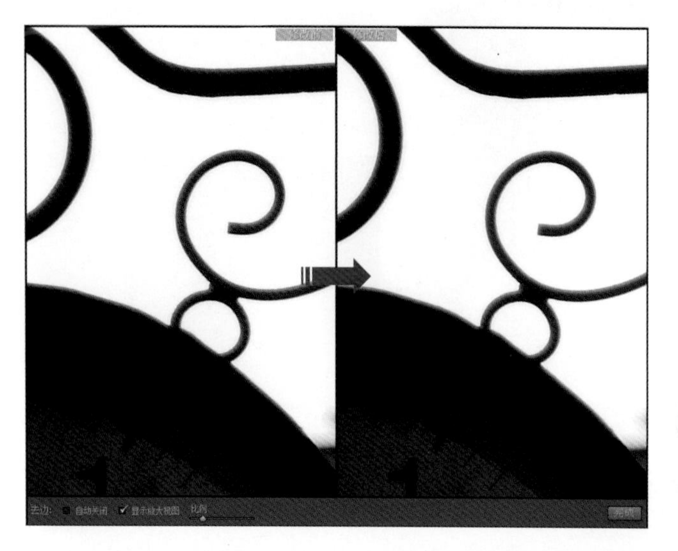

❹ 在使用了“边颜色选取器”工具后，Lightroom中的“去边”选项组中的选项设置也会随之发生变化。下图所示为本操作过程中选项设置的参数显示效果。

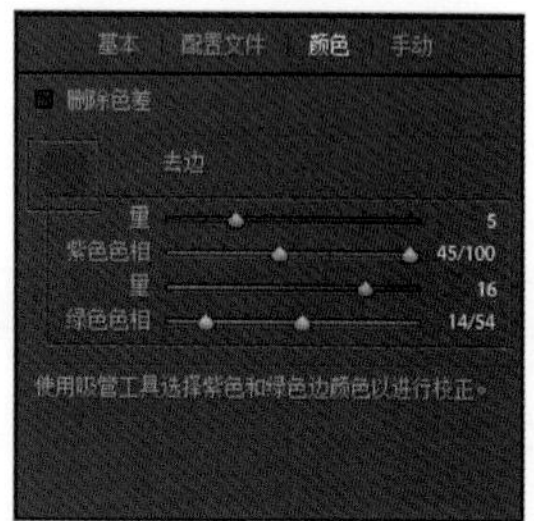

❺ 使用了“边颜色选取器”工具后，如果确认对色差效果的编辑，可以单击鼠标右键，退出“边颜色选取器”工具的使用状态，此时工具将重新显示在“去边”选项前的圆形区域中。

Tips 放大显示图像的重要性的操作方法

由于色差一般都较为细小，因此需要将照片进行放大显示，在Lightroom的编辑中按空格键将照片放大，并且单击并拖曳鼠标将其平移和缩放到彩色边缘的区域，或者将默认缩放比例设置为2:1或 4:1，有助于查看彩色边颜色。

在使用“边颜色选取器”工具的过程中，如果所单击的颜色不在紫色或绿色色相范围内，将显示一条错误消息，如下图所示，提醒用户该单击点无法设置紫色或绿色边颜色，建议重新对代表性边颜色进行取样。

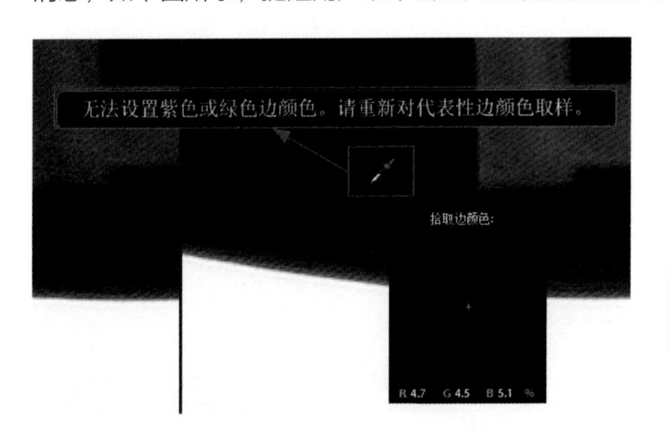

如果“边颜色选取器”工具下方的颜色在紫色或绿色色相范围内，吸管的末端将变更为紫色或绿色。下图所示为吸管颜色为绿色和紫色的显示效果。

7.3.3 手动调整去除紫边

在使用“边颜色选取器”工具对照片的紫边进行清除后，还可以使用“去边”选项组中的设置对去边的颜色范围进行细微的调整，其中包含了两个“量”选项，其设置的参数越大，颜色去边量就越多，但是过大的参数会影响图像中的紫色或绿色对象的调整。

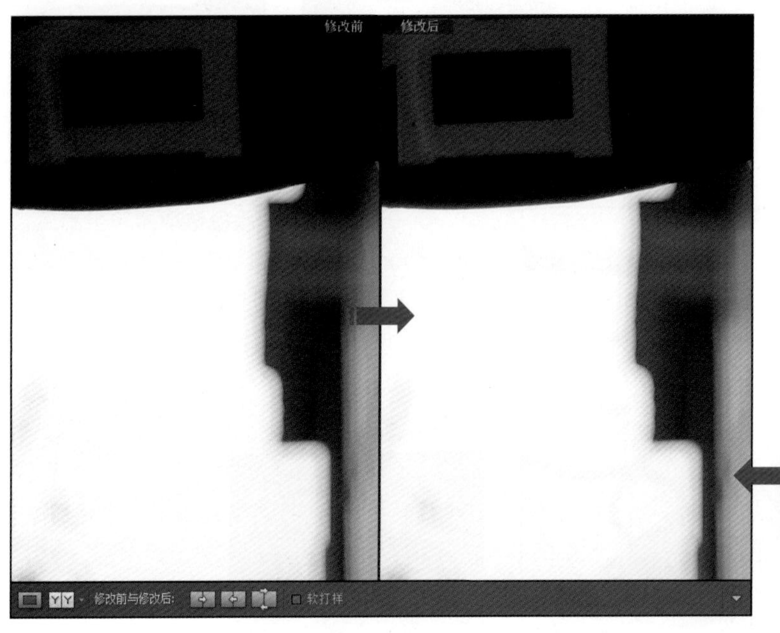

左图所示为使用“去边”选项组设置去除紫边的前后对比效果，可以看到通过拖曳“去边”选项中的滑块，照片中明显的紫色和绿色边缘都得到了清除，具体设置如下图所示。

此外，对于受“量”滑块影响的紫色或绿色色相范围，可以使用“紫色色相”和“绿色色相”滑块进行调整，拖动任一端点滑块就可扩大或减小受影响的颜色范围。

在“紫色色相”和“绿色色相”选项端点滑块之间拖动可移动色相范围，滑块之间的间隔至少为10个单位，绿色滑块的默认间隔比较窄，以便保护绿色、黄色图像颜色，如树叶等。

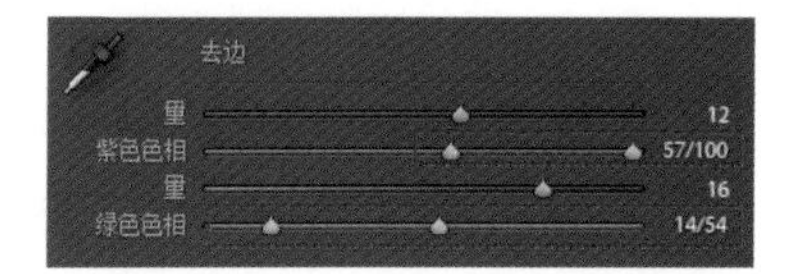

为了更加精确地对紫边的范围进行调整，可以先使用“渐变滤镜”、“调整画笔”或者“径向滤镜”工具创建局部调整区域，然后调整“去边”选项的参数，正值可删除彩色边，负值可保护图像区域，以防受全局应用的去边操作影响，将“去边”设置为“-100”可保护这些区域，使其保持原始颜色。

7.4 自由调整画面视角——手动

当处理的照片没有相机镜头的配置文件时，可以通过“镜头校正”面板中“手动”标签里面的设置来对照片的透视进行校正，并且还能对画面四周的暗角进行有针对性的调整，使得照片的畸变校正不局限于只依赖配置文件进行处理，手动校正图像透视和镜头缺陷可以获得更多的编辑效果。

7.4.1 手动变换画面效果

在“镜头校正”面板的“手动”标签中，“变换”选项组中包含的7个选项用于对照片的透视进行变换和变形处理，如下图所示，在变换的过程中可以同时裁剪成为灰度图像的边缘，制作出正确的透视效果，这些选项的具体作用如下。

◆**扭曲度**：向右拖动可校正桶形扭曲和从中心向外弯曲的直线。向左拖动可校正枕形扭曲和向中心弯曲的直线。
◆**垂直**：校正由于相机向上或向下倾斜导致的透视，使垂直线平行。
◆**水平**：校正由于相机向左或向右倾斜导致的透视，使水平线平行。
◆**旋转**：校正相机倾斜。使用未裁剪的原始照片的中心作为旋转轴。
◆**比例**：向上或向下调整图像缩放，帮助移去由透视校正和扭曲导致的空区域，显示超出裁剪边界的图像区域。
◆**锁定裁剪**：将裁剪锁定到图像区域，以便灰色边框像素不包括在最终照片中。

在设置选项的过程中，只需单击并拖曳滑块，或者直接在数值框中输入参数，即可实现效果调整，如果要将参数恢复到初始状态，可以双击滑块，选项的参数就是自动归零。

在“修改照片”模块中打开一张存在畸变的照片，展开“镜头校正”面板的“手动”标签，在其中对“变换”选项组中的参数进行设置，将枕状变形的照片调整为正常的视角，具体设置如下图所示。

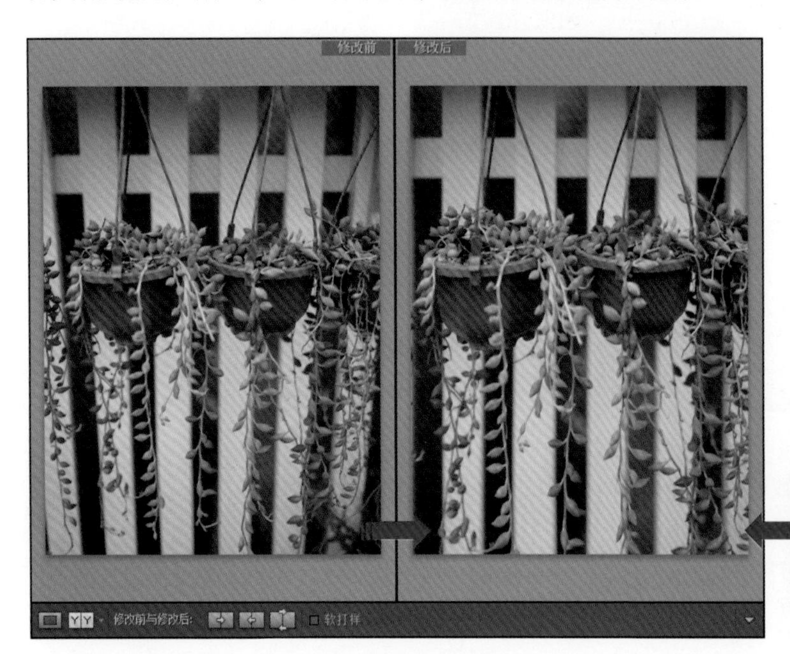

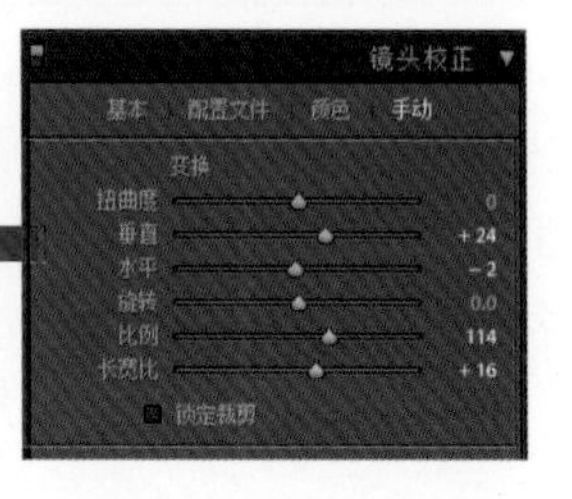

一般而言，镜头的影像变形大致分为桶状变形与枕状变形两种，桶状变形经常出现在镜头的广角端，而枕状变形则出现在望远程，这些影像变形对照片最大的影响，就是出现地平线或线条不直，或是无法完全水平的状况。下图所示分别为桶状变形与枕状变形的网格效果。

在对照片的透视进行校正的过程中，应该判断照片的变形效果为桶状变形，还是枕状变形，进行大致判断后再进行参数的调整，就可以很快得到满意的画面效果。

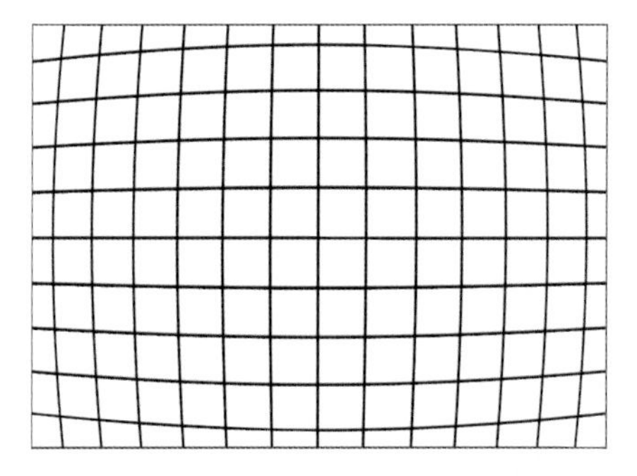

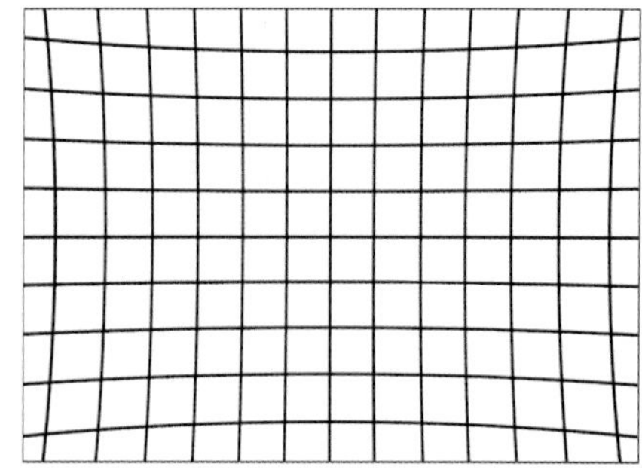

7.4.2 镜头暗角

边角失光现象，多半出现在大光圈镜头或广角镜头，尤其是光圈全开的状况下最为严重，在影像周边形成间层的阴影，也就是俗称的“暗角”，若要减轻边角失光，在相机的操作中只能透过缩光圈来解决这个问题。对于已经拍摄出来的照片，可以在Lightroom中使用“镜头校正”面板中“手动”标签的“镜头暗角”选项组来进行修复。

暗角导致图像边缘，尤其是角部比中心暗，当照片包含的主题应用平滑的阴影或色调时，尤其需要注意这一点。在“镜头暗角”选项组中包含了两个设置选项，即“数量”和“中点”，分别用于调整暗角的明暗程度和应用范围。

◀ 如左图所示，由于照片四周存在暗角的现象，需要将其去除，在“镜头暗角”选项组中对“数量”和“中点”两个选项的参数进行设置，可以看到照片中的四周图像变得明亮，显示出与中心图像相同的影调效果。

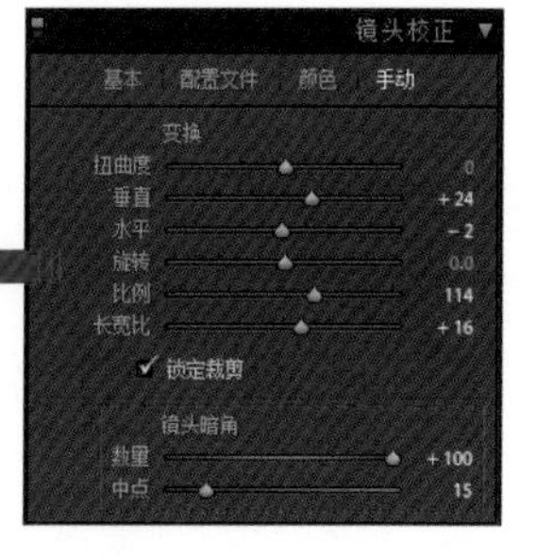

在“镜头暗角”选项组中，将“数量”选项的滑块向右移动，使其为正值，可以使照片角部变亮。将该滑块向左移动，使其为负值，可以使照片角部变暗。

在“中点”选项的调整中，如果将该选项的滑块向左拖动，降低该选项的参数值，可以对远离角部的较大区域应用“数量”调整，将“中点”选项的滑块向右拖动，提高该选项的参数值，可以限制对角部附近区域的调整。

7.5 高级校准功能——相机校准

“相机校准”面板用于调整相机的默认校准设置调整相机的颜色校准，Lightroom为所支持的每一种相机型号使用两个相机配置文件来处理原始图像，可通过在不同的白平衡光照条件下拍摄颜色目标来生成配置文件，设置白平衡后，Lightroom将使用用户相机的配置文件推断颜色信息，让照片的色彩显示更加准确。

7.5.1 选择处理的版本

进程版本是Camera Raw中的技术，Lightroom使用该技术在“修改照片”模块中调整和渲染照片，根据用户使用的进程版本，“修改照片”模块中将会提供不同的选项和设置。

进程版本2012首次是在Lightroom 4中出现的，当前最新版本的Lightroom也使用的是2012版本中的处理方式和选项设置。 2012版本为高对比度图像提供新的色调控件和新的色调映射算法。展开“修改照片”模块中的“相机校准”面板，在其中的“处理版本”下拉列表中可以看到如下图所示的选项，其中包含了三个不同的版本可供用户选择。

Tips 更新版本时需要注意的问题

当2003版本和2010版本更新到2012版本后，照片视效可能发生显著变化，建议每次只更新一张图像，直到熟悉新版本的处理技术为止。

- **2012版本：**可以在“基本”面板中调整“高光”、“阴影”、“白色色阶”、“黑色色阶”、“曝光度”及对比度，也可以对“白平衡”中的“色温”和“色调”进行设置，以及在局部调整中使用“高光”、“阴影”、“杂色”和“波纹”选项。
- **2010版本：**在Lightroom3中编辑的图像时，将默认使用2010版本进行处理，与之前的2003版本相比，2010版本改进了“锐化”和“减少杂色”选项组中的设置。
- **2003版本：**该版本是最早的处理引擎，在Lightroom 1和Lightroom 2中使用。

如果正在编辑的照片使用2010 版本或2003版本时，“直方图”面板的右下角将显示闪电图标，用户可以通过更新进程版本来利用新技术。单击闪电图标，打开“更新进程版本”对话框，在其中可以对新的处理技术应用进行调整。

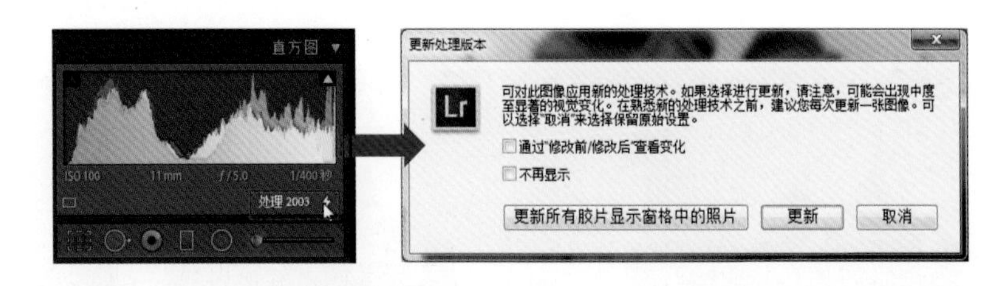

- **通过“修改前/修改后”查看变化：**在“修改前/修改后”视图中打开更新后的照片，以检查更改。
- **更新所有胶片显示窗格中的照片：**更新胶片显示窗格中的所有照片，而不仅仅是选定的那张照片。
- **更新：**更新这一张选定的照片。

7.5.2 手动进行校准

“相机校准”面板中的相机配置文件是为Adobe Camera Raw开发的文件，而不是ICC颜色配置文件。通过使用“相机校准”面板中的设置并将所做更改存储为预设，可以调整Lightroom中自动校准功能解析相机中颜色的方式。用户可能会发现在要校正的光照下拍摄标准颜色目标很有用。

用户在使用“相机校正”面板的过程中，如果“配置文件”选项后面显示为“嵌入”，如右图所示，则表示当前文件中有嵌入的配置文件。

Tips 与“配置文件”相关的问题

“相机校准”面板中的“配置文件”尝试匹配相机制造商所提供的在特定设置下的颜色外观。如果用户偏好相机制造商软件提供的颜色渲染，可以使用Camera Matching配置文件，而Camera Matching配置文件的文件名中含有前缀Camera。

Adobe Standard和Camera Matching配置文件都基于DNG 1.2的规范。如果“配置文件”弹出菜单中未显示这两种配置文件，需要将Lightroom的版本进行更新。

在“相机校准”面板的“配置文件”下面还包含了多个设置选项，如右图所示，用于手动对照片中的颜色进行调整，具体每个选项的作用如下。

◆阴影：该选项用于校正照片阴影区域中所包含的任何绿色或洋红色调的图像。

◆“红原色”中的“色相”和“饱和度”：主要用于调整照片中的红色。

◆“绿原色”中的“色相”和“饱和度”：主要用于调整照片中的绿色。

◆“蓝原色”中的“色相”和“饱和度”：主要用于调整照片中的蓝色。

在调整选项的过程中，通常会先调整“色相”，然后再调整其“饱和度”。将“色相”滑块左移，使其出现负值，与在调色盘上沿逆时针方向移动的效果类似，而将该滑块右移，使其出现正值，与沿顺时针方向移动的效果类似。将“饱和度”滑块左移，使其出现负值，可降低颜色的饱和度，将该滑块右移，使其出现正值，可增加颜色的饱和度。

▼ 下图所示为在“相机校准”面板中的设置和编辑前后的对比效果，可以看到照片在经过“相机校准”面板的设置后，照片中的颜色发生了很明显的变化。

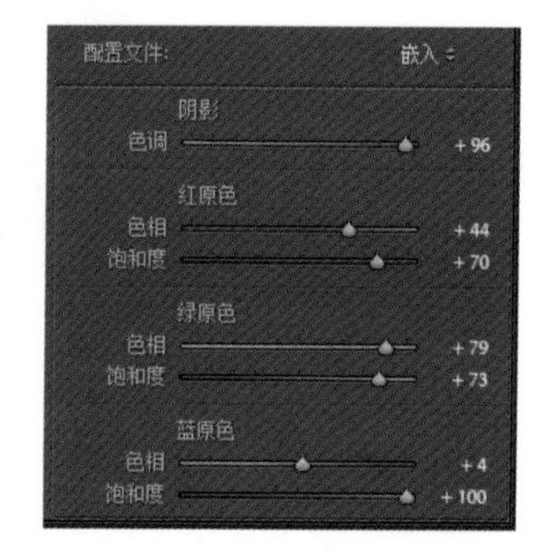

7.6 让画面更丰富——效果

在Lightroom的“效果”面板中可以通过“裁剪后暗角”和“颗粒”选项组的设置来对裁剪后的晕影和颗粒度进行编辑。“裁剪后的暗角”可以为照片应用深色或淡色暗角艺术效果，并适用于多种类型的照片，而“颗粒”可以为照片添加上类似于明度的杂色，使照片模拟出老照片中斑驳的画面效果，让照片表现更加丰富。

7.6.1 设置裁剪后暗角效果

应用“裁剪后暗角”选项组中的设置，可以为照片应用深色或淡色暗角艺术效果。“裁剪后暗角”中的调整既适用于已裁剪的照片，也适用于未裁剪的照片。Lightroom裁剪后暗角样式将对已裁剪图像的曝光度进行相应的调整，以保持原始图像的对比度并创建视觉上更加美观效果。

在Lightroom的“修改照片”模块中展开“效果”面板，可以看到“裁剪后暗角”选项组中包含了六个设置选项，如下图所示，每个选项的应用效果如下。

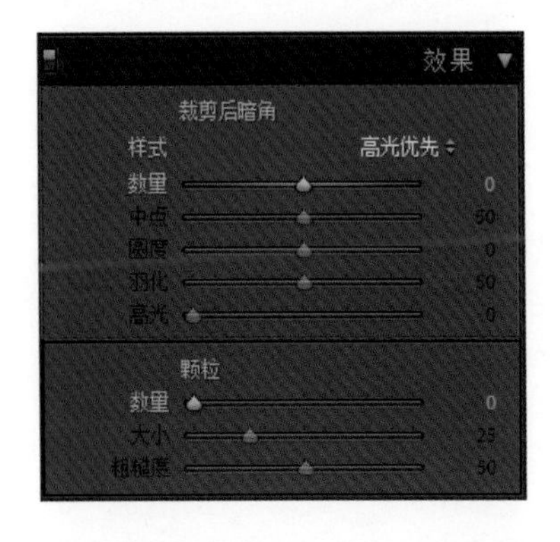

◆**数量：**该选项为负值使照片角部变暗，正值使照片角部变亮。

◆**中点：**使用较低的值，对远离角部的较大区域应用“数量”调整，使用较高的值，将调整限制在靠近角部的区域。

◆**圆度：**使用较低的值，使暗角效果变得更椭圆，使用较高的值，使暗角效果变得更圆。

◆**羽化：**使用较低的值，可减弱暗角与暗角周围像素之间的柔化效果，使用较高的值，可增强暗角与暗角周围像素之间的柔化效果。

◆**高光：**仅限“高光优先”和“颜色优先”控制“数量”为负时保留的高光对比度，适用于带有低高光，如蜡烛和灯的照片。

Tips “数量”选项的作用

使用“效果”面板中的“数量”，与“镜头校正”面板“自动”标签中的“数量”是不同的，“效果”面板中的“数量”可以将照片四周的图像变白，而不是“变亮”，如果将相同的照片分别在“镜头校正”和“效果”面板中设置相同的参数，就可以清晰地观察到两者之间的差距。

在“裁剪后暗角”选项组中的“样式”选项的下拉列表中包含了三种不同的暗角混合模式，分别为“高光优先”、“颜色优先”和“绘画叠加”，如下图所示，具体作用如下。

◆**高光优先：**可以启用高光修正，但会导致照片暗区出现色差，此选项适用于图像区域比较明亮，如已剪切的高光曲线区的照片。

◆**颜色优先：**可以使照片暗区的色差减至最小，但无法执行高光修正。

◆**绘画叠加：**将已裁剪图像值与黑色或白色像素一起调配，可能会导致色彩单调的外观。

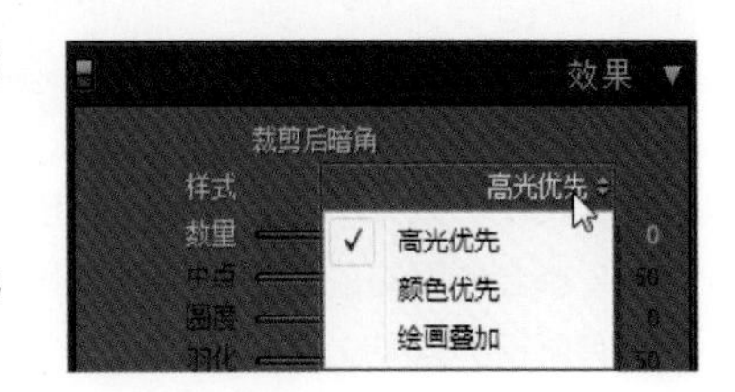

在“修改照片”中打开一张照片，展开“效果”面板，在“裁剪后暗角”选项组中设置“样式”为“高光优先”，并调整“数量”选项的参数为-57，“中点”选项的参数为39，“圆度”选项为+30，“羽化”为57，可以看到如下图所示的对比效果，照片的四周添加上了自然的晕影效果。

7.6.2 添加颗粒

在Lightroom中可以使用“效果”面板中“颗粒”选项组中的选项来模拟胶片颗粒，用于获得老电影胶片的特殊艺术效果，也可以使用“颗粒”效果来掩盖重采样伪影。

“效果”面板的“颗粒”选项组中包含了三个不同的设置选项，即“数量”、“大小”和“粗糙度”，每个选项的具体作用如下。

◆**数量**：该选项用于控制应用于图像的颗粒数量，向右拖动可增加数量，设置为0可禁用颗粒。

◆**大小**：该选项用于控制颗粒大小，当“大小”选项的参数为25或更大时，将添加蓝色的颗粒，以通过减少杂色来改善该效果。

◆**粗糙度**：该选项用于控制颗粒的匀称性，向左拖曳该选项的滑块，可以使颗粒更匀称，向右拖曳该选项的滑块，可以使颗粒更不匀称。

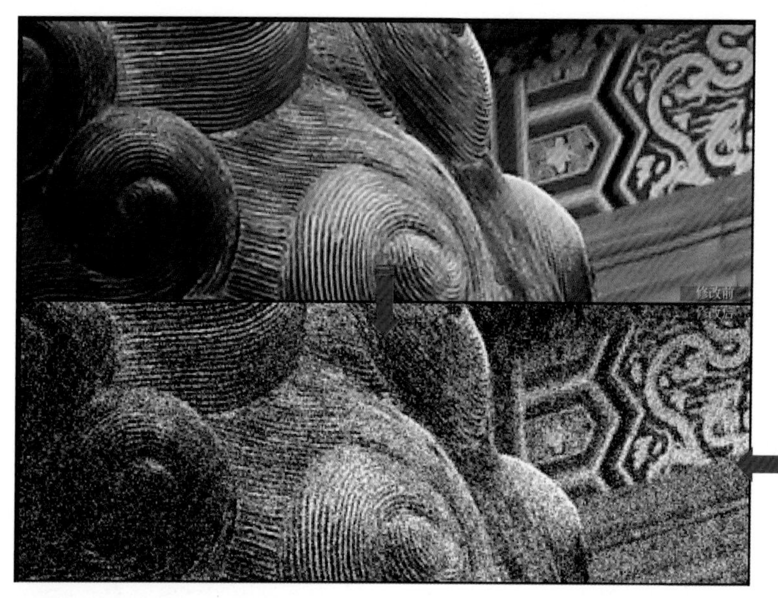

在“修改照片”模块中打开一张照片，将其以“对比视图”的模式进行显示，并打开“效果”面板，在其中的“颗粒”选项组中对参数进行设置，放大照片的显示后可以看到编辑前后的对比效果，照片中出现了很多杂色，具体设置和效果如图所示。

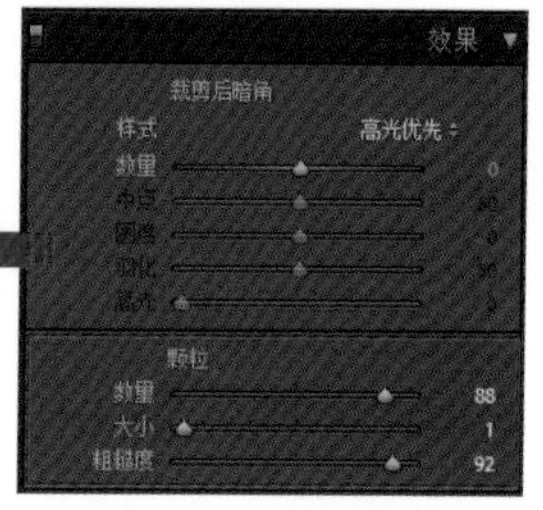

在使用“效果”面板“颗粒”选项组中的设置时，其中的“大小”和“粗糙度”选项可以共同确定颗粒的特性，都会对颗粒的细腻程度产生影响。用户在查看添加的颗粒效果时，可以在不同缩放级别检查颗粒，以确保具有所需的效果。

Example 01

校正照片中畸变的对象

素　材：随书光盘\素材\07\01.jpg
源文件：随书光盘\源文件\07\校正照片中畸变的对象.dng

拍摄建筑物时，使用广角镜头仰摄，可能造成画面中的建筑物向后倾倒，并且产生近大远小的畸变，这在建筑摄影中经常遇见。不过这种畸变完全可以用Lightroom进行后期校正，在后期中使用“镜头校正”面板“自动”标签中的设置来对照片进行变换，使得建筑物外墙与画面边缘保持平行一致，并使用软件中的设置对照片的影调和颜色进行修饰，让建筑照片更显魅力。

STEP 01 运行Lightroom 5应用程序，在“图库”模块中导入本书光盘\素材\07\01.jpg素材文件，在图像预览窗口中可以看到照片原始照片，切换到“修改照片”模块，展开“镜头校正”面板，在“自动”标签中设置“扭曲度”为+10，“垂直”为-20，“水平”为-5，对照片的透视进行调整。

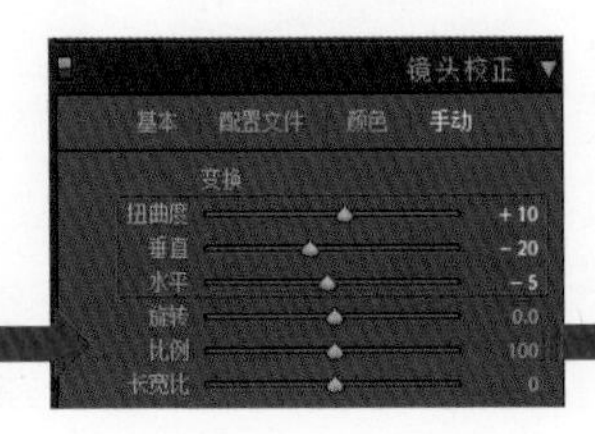

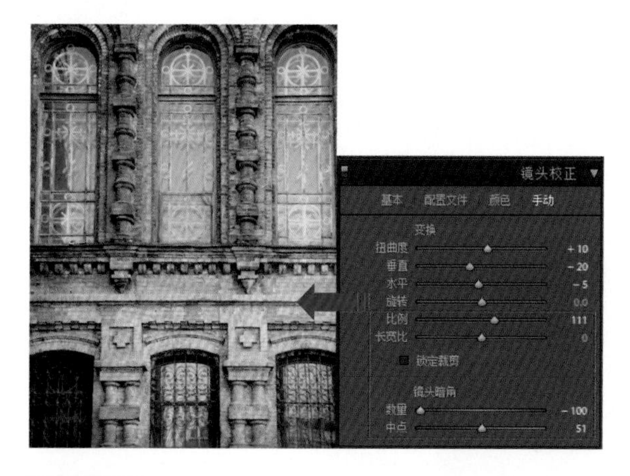

STEP 02 为了对照片的效果进行完善，继续在“自动”标签中进行设置，调整“比例”选项为111，清除照片中的空白图像；接着在“镜头暗角”选项组中设置“数量”选项的参数为-100，“中点”选项的参数为51，为照片添加上晕影效果，使得照片中的层次更加的清晰。

STEP 03 展开“效果”面板，在“裁剪后暗角”选项组中设置“数量”选项的参数为-35，“圆度”选项的参数为+78，“高光”选项的参数为100，其余设置保持不变，使得照片的四角变暗。

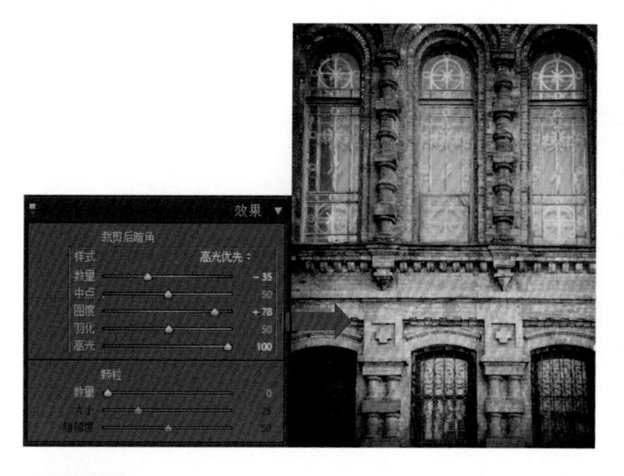

STEP 04 为了让照片的整体效果更加的完美，还需要在“基本”面板中进行设置，调整“色温”为+5，“色调”为+8，“曝光度”为+0.19，“高光”为+10，“阴影”为-21，“黑色色阶”为-7，“饱和度”为+42，增强画面的层次和颜色饱和度。

STEP 05 展开“分别色调”面板，在“高光”选项组中设置“色相”为61，“饱和度”为22；在“阴影”选项组中设置“色相”为278，“饱和度”为17，对照片中的颜色进行修饰。

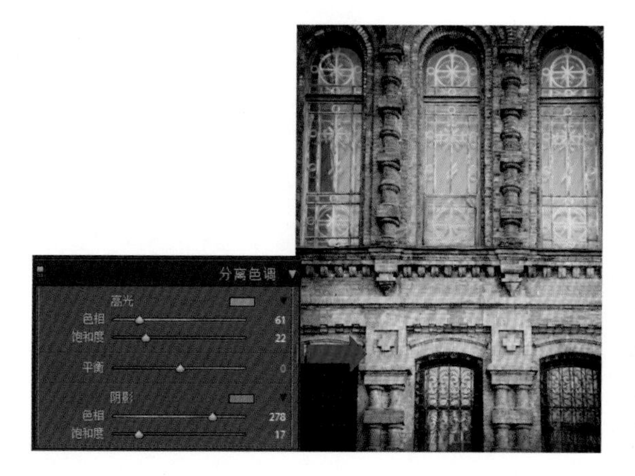

STEP 06 展开“细节”面板，在“锐化”选项组中设置“数量”为106，“半径”为1.8，“细节”为70，“蒙版”为67；在“减少杂色”选项组中调整参数依次为56、44、34、74、50，对照片进行锐化和降噪处理。

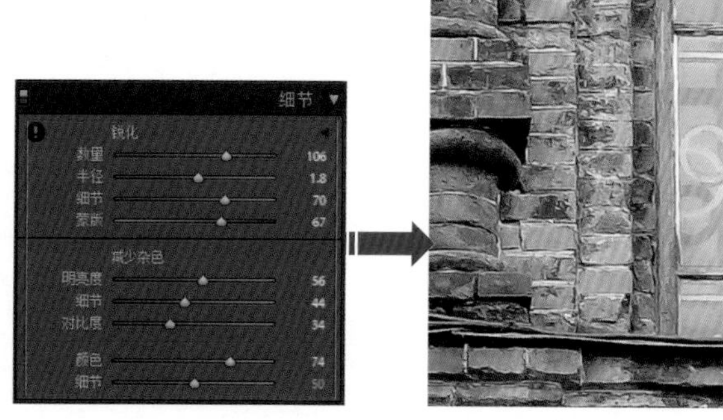

Example 02 为照片添加晕影突出主体

素　材：随书光盘\素材\07\02.jpg
源文件：随书光盘\源文件\07\为照片添加晕影突出主体.dng

为照片中添加适当的暗角能突出中心重点，四周的曝光不足能带来画质上的浓郁，从而使照片看上去更加厚重。有烘托氛围的作用。在Lightroom中可以使用“镜头校正”面板中的设置，以及“效果”面板中“裁剪后暗角”选项来为照片添加上自然的晕影效果，使得照片中的主体对象更加地集中在观赏者的视线中。

STEP 01 运行Lightroom 5应用程序，在“图库”模块中导入本书光盘\素材\07\02.jpg素材文件，在图像预览窗口中可以看到照片的原始效果，展开“基本”面板，在其中设置“曝光度”选项的参数为+0.15，“对比度”选项的参数为+23，“白色色阶”选项的参数为+22，“黑色色阶”选项的参数为-4，“清晰度”选项的参数为+29，“鲜艳度”选项的参数为+84。

Tips 撤销选项的设置

在进行选项的设置中，可以按快捷键Ctrl+Z来对编辑的选项进行撤销，使其恢复到编辑之前的参数，或者直接双击选项滑块，使参数归零。

STEP 02 为了让照片的色调更具魅力，需要在“分离色调”面板中对选项进行编辑，展开该面板后，在“高光”选项组中设置“色相”为62，“饱和度”为32；在“阴影”选项组中设置“色相”为325，“饱和度”为12，让照片的颜色更具艺术感染力。

STEP 03 展开“细节”面板，在“锐化”选项组中设置“数量”选项为107，“半径”选项为1.7，“细节”选项为41，“蒙版”选项为29；在“减少杂色”选项组中调整参数依次为66、63、24、65、50，对照片进行锐化和降噪处理，让照片的细节更加完美。

STEP 04 为了照片的主体对象更加的突出，需要为照片添加上晕影效果，展开“镜头校正”面板，在“手动”标签中的“镜头暗角”选项组中设置“数量”选项的参数为-100，保持“中点”选项的参数不变，可以看到照片中的四周图像变暗。

STEP 05 为了让照片中的暗角效果更明显，还要让四周的图像更加黑暗，展开“效果”面板，在“裁剪后暗角”选项组中选择“样式”下拉列表中的“高光优先”选项，并设置“数量”选项的参数为-54，“中点”选项的参数为68，“圆度”选项的参数为-33，“羽化”选项的参数为95，“高光”选项的参数为35，设置完成后可以看到照片最终的编辑效果。

Tips “镜头校正”和“效果”中暗角的不同点

“镜头校正”面板中的暗角编辑效果没有“效果”面板中暗角的编辑效果强，在“效果”面板中除了可以轻松添加暗角以外，还可以对暗角的形状、锐化程度和影响方式进行设置，让添加的晕影效果更加丰富。

Example 03 通过“相机校准”进行调色

素　材：随书光盘\素材\07\03.jpg
源文件：随书光盘\源文件\07\通过“相机校准”进行调色.dng

Lightroom中的“相机校准”面板除了可以选择软件版本以外，还可以使用其中的调色功能对照片中的颜色进行校对。本例中的荷花原本的颜色暗淡，色彩不够鲜艳，并且存在偏色的效果，在使用“相机校准”中的设置进行调色后，照片中的图像恢复了浓郁的色彩，并且颜色鲜明，让画面充满了生机。

STEP 01 运行Lightroom 5应用程序，在“图库”模块中导入本书光盘\素材\07\03.jpg素材文件，切换到“修改照片”模块，展开其中的“基本”选项卡，在其中对各个选项的参数进行设置，调整照片的饱和度和影调，使其更加层次。

STEP 02 展开“细节”面板，在其中的“锐化”选项组中依次设置参数为127、1.2、56、63，“减少杂色”选项组中的参数依次为80、70、70、79、65；接着展开“相机校准”面板，在其中的“配置文件”选项下设置参数，调整“阴影”下的“色调”为-100，“红原色”下的“色相”为-5，“饱和度”为+23，“绿原色”下的“色相”为+56，“饱和度”为+30，“蓝原色”下的“色相”为+32，“饱和度”为-2，对照片的颜色进行调整。

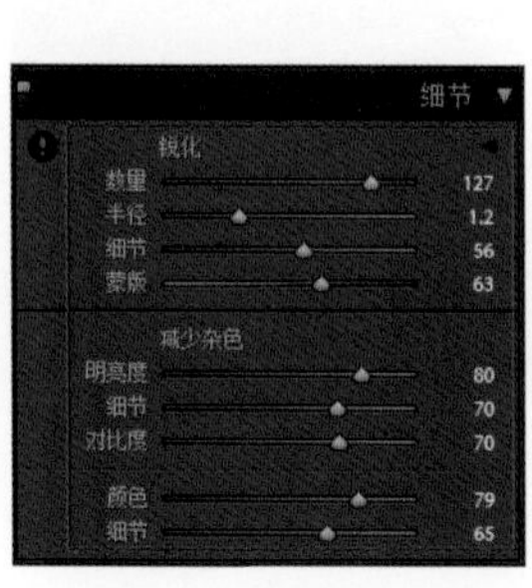

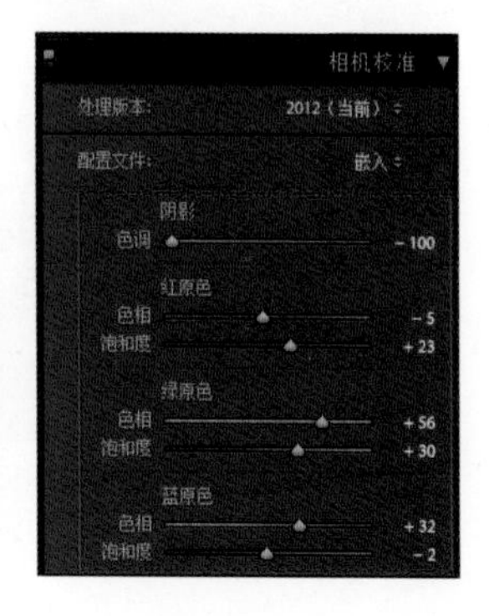

Example 04 添加颗粒制作老照片效果

素　材：随书光盘\素材\07\04.jpg
源文件：随书光盘\源文件\07\添加颗粒制作老照片效果.dng

现在很多数码相机都可以拍出怀旧色彩的照片，不过这样也就是进行了一些简单的颜色处理，所谓的老照片也就是让照片蒙上一层黄色。在后期中可以通过Lightroom来制作出更加逼真和更有质感的怀旧效果，比如加上杂点和局部修饰等处理，经过这样处理后的照片，更有老照片的质感和效果。

STEP 01 运行Lightroom 5应用程序，在“图库”模块中导入本书光盘\素材\07\04.jpg素材文件，在图像预览窗口中可以看到照片的原始效果，切换到“修改照片”模块，在“基本”面板中单击“处理方式”后面的“黑白”。

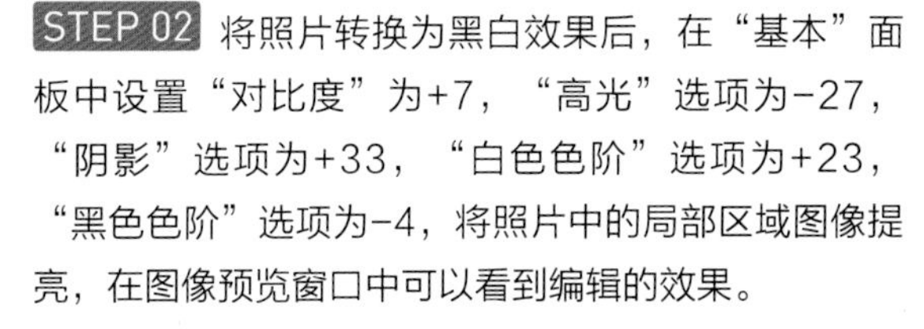

STEP 02 将照片转换为黑白效果后，在“基本”面板中设置“对比度”为+7，“高光”选项为-27，“阴影”选项为+33，“白色色阶”选项为+23，“黑色色阶”选项为-4，将照片中的局部区域图像提亮，在图像预览窗口中可以看到编辑的效果。

STEP 03 为了突显出老照片的颜色，需要在“分离色调”面板中对选项进行编辑，展开该面板后，在“高光”选项组中设置“色相”为57，“饱和度”为54；在“阴影”选项组中设置“色相”为87，“饱和度”为15。

STEP 04 要制作出老照片褪色的感觉，还需要将周围的图像亮度提高，展开“镜头校正”面板，在“手动”标签中的“镜头暗角”选项组中设置“数量”选项为+100，“中点”选项的参数为23，可以看到照片中的四周图像变亮。

STEP 05 为了模拟出老照片中斑驳的影像，还需要为照片中添加上颗粒效果，展开“效果”面板，在“颗粒”选项组中设置“数量”选项的参数为85，“大小”选项的参数为40，“粗糙度”选项的参数为100。

STEP 06 为了让照片的效果与老照片的感觉更加相似，还需要对局部进行处理，选择“调整画笔”工具，在图像窗口中照片的四周位置进行涂抹，接着设置“曝光度”选项的参数为2.45，“清晰度”选项为-100，“锐化程度”为-100，“杂色”选项的参数为-100，在图像预览窗口中可以看到照片的四周显示出自然褪色的效果。

第 8 章

简化工作流程——同步和转入Photoshop

在之前的讲解中，都是使用Lightroom对一张照片进行单独处理的。但是，在实际的操作中，常常需要对多张或者同一类型的照片进行批量处理，这时就需要用到Lightroom中的“同步”功能，让相同的操作和设置，同时应用到一批照片中，简化后期工作的流程，提高照片编辑的效率。

此外，为了让照片处理后的效果更加精致和完美，或者制作出一些特殊的效果，还可以将Lightroom中已经处理过的照片转入到Photoshop中进行修饰，在编辑的过程中可以实现全景图的拼接、HDR效果的合成等操作。

本章梗概

8.1 批量处理多张照片——同步功能

在Lightroom中对照片进行批量处理，可以通过两种不同的方式来实现，一种就是利用Lightroom中的复制粘贴功能，将一张照片中的修改设置粘贴到其他的照片中；另外一种就是使用Lightroom中的“同步”功能，选择一张照片作为样片，在处理样片的过程中，同步功能将对选中的其他照片应用相同的设置。

8.1.1 复制设置并进行粘贴

在Lightroom中可以通过复制并粘贴“修改设置”的方式将一张照片中所应用的设置粘贴到其他的照片中，但是在使用这个功能进行照片的批量处理之前，需要先选中一张样片，对这张样片进行处理之后在进行复制粘贴，具体操作如下。

❶ 在Lightroom中的“修改照片”模块中打开一张照片，然后在“基本”面板中对照片的影调、颜色等进行调整，如左图所示，完成照片的编辑后，就可以通过复制粘贴的方式将这张照片中所应用到的设置应用到其他的照片上。接着单击“修改照片”模块左下角的“复制”按钮，如下图所示，对设置的参数进行复制，为照片的批量处理做好准备。

❷ 单击“复制”按钮后，打开如右图所示的“复制设置”对话框，在其中可以勾选需要复制的修改设置，在勾选的过程中不要漏选，当单击“全选”按钮后，将会把所有的复选框都选中，如果单击“全部不选”按钮，将取消所有复选框的勾选，完成“修改设置”对话框的编辑后单击“复制”按钮。

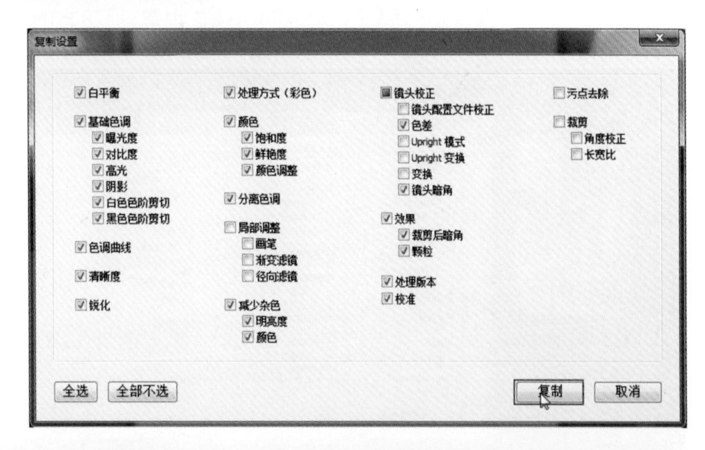

Tips 设置“修改设置”对话框需要注意的问题

在设置“修改设置”对话框的过程中，当勾选“裁剪”和“污点去除”复选框时要慎重，因为每张照片可能都需要进行不同的裁剪和不同位置的污点去除操作，一般情况下不要勾选这两个复选框。

❸ 完成“修改设置”对话框的设置后，在Lightroom的胶片显示窗口中选中一张或者多张需要应用相同修改设置的照片，如果遇到照片不是连续排列的情况，可以在按住Ctrl键的同时单击选中多张不连续的照片，如左图所示，完成照片的选择后单击“粘贴”按钮，如下图所示。

❹ 当按下“粘贴”按钮后，Lightroom会将“修改设置”对话框中勾选的设置选项应用到所选中的照片中，完成操作后将在胶片显示窗口中看到照片的变化，同时照片的右下角将显示出相应的图标，如下图所示，表示该照片在Lightroom中已经进行了修改。

8.1.2 “同步”功能调整多张照片

除了可以使用复制粘贴的方式对照片进行批量处理以外，还可以使用“同步”功能一次调整多张照片。“同步”功能就是在调整一张照片的同时，被选中的其他照片也会做出相应更改，并且即时地观察到其他照片的变化。在使用“同步”功能的时候，也需要首先选中一张照片作为样片。

在Lightroom的“修改照片”模块中选中一张照片，然后在胶片显示窗口中再选中其他需要同时进行处理的照片，完成后单击“修改照片”模块右侧面板下方的“同步”按钮，如下图所示。

在弹出的“同步设置”对话框中对需要进行同时处理的选项进行勾选，完成后单击“同步”按钮，关闭对话框，如左图所示。此时如果对样片进行选项设置，那么所有选中的照片都会应用“同步设置”对话框中勾选的设置进行处理，这样就完成了对多张照片的批量调整。

8.2 登峰造极的选择——转入到

在Lightroom中可以对照片进行专业的后期处理，它是一款用于数码暗房操作的软件，但是在对照片进行合成和修饰的方面还比较弱，此时就需要借助具有强大图像处理功能的Photoshop来进行更深层次的处理。通过将Lightroom中修饰完成的照片在Photoshop中进行处理，可以完成将照片拼接为全景图、制作成HDR效果和精确的局部修饰等操作。

8.2.1 外部编辑的设置

在将Lightroom中的照片转入到Photoshop或者其他外部的编辑程序之前，为了便于文件的属性与操作需求相一致，需要在处理之前对“首选项”中的“外部编辑”进行设置，通过“外部编辑”中的设置，可以控制文件处理的格式、色彩空间、位深度和分辨率等属性。

●在Photoshop CC中编辑的设置

使用“外部编辑”首选项可以指定文件格式，以及用于在Photoshop中编辑Camera Raw和DNG文件的其他选项。当用户在Photoshop中存储来自Lightroom的Camera Raw和DNG文件时，Photoshop也将使用在Lightroom的“外部编辑”首选项中指定的选项。

执行“编辑>首选项”菜单命令，打开“首选项”对话框，在其中单击“外部编辑”标签，该标签中包含了“在Adobe Photoshop CC中编辑”和“其他外部编辑器”选项组，“在Photoshop CC中编辑”选项组如左图所示。

◆**文件格式：**以TIFF或PSD格式存储Camera Raw图像。

◆**色彩空间：**在该选项中可以设置将照片转换为sRGB、Adobe RGB或ProPhoto RGB色彩空间，并用颜色配置文件进行标记。

◆**位深度：**以每颜色通道8位或16位的位深度存储照片，其中8位/分量文件较小，与各种应用程序的兼容性更好，但不能保留16位文件中细微的色调细节。

◆**分辨率：**在该选项的数值框中输入数字，可以对照片的像素分辨率进行设置。

◆**压缩：**该选项仅限TIFF文件格式使用，对照片应用ZIP压缩或不应用压缩，ZIP是无损压缩方法，对于包含较大单色区域的图像。

Tips 设置“在Adobe Photoshop CC中编辑”选项组需要注意的问题

为最大程度地保留Lightroom发送的照片中的色彩细节，建议使用16 位深度的ProPhoto RGB。如果直接在Photoshop中打开并存储来自Lightroom的Camera RAW文件，Photoshop将对它存储的这些文件使用在Lightroom“外部编辑”首选项中指定的设置。

●在其他程序中进行编辑的设置

在“首选项”对话框的“外部编辑”标签中还包含了“其他外部编辑器”选项组，该选项组中可以指定除了Photoshop以外其他图像编辑程序，也能够对文件的格式、色彩空间、位深度和分辨率等进行设置。

打开“首选项”对话框，在其中单击“外部编辑”标签中可以看到如右图所示的“其他外部编辑器”选项组，在其中可以指定其他的图像编辑程序。

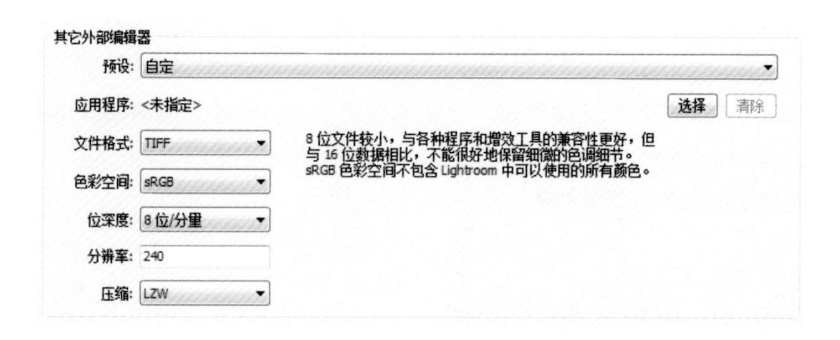

在“外部编辑”首选项对话框中，可指定某个应用程序作为外部编辑器。在选择某个应用程序之后，始终可以使用“首选项”更改为另一个应用程序。

单击“其他外部编辑器”选项组中的“选择”按钮，在打开的对话框中导航到并选择要使用的应用程序，然后单击“打开”按钮；在“其他外部编辑器”对话框中可以看到选中的程序将显示在“应用程序”后面，具体操作如下图所示。

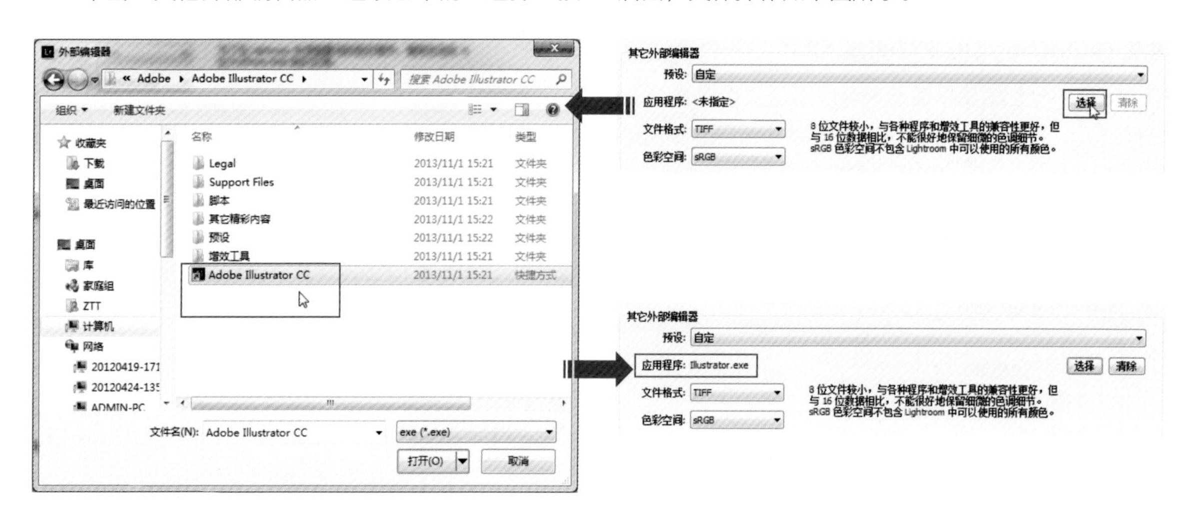

当对“其他外部编辑器”选项组中的应用程序进行指定后，执行“照片 > 在应用程序中编辑 > 在其他应用程序中编辑”菜单命令，Lightroom会根据“首选项”对话框中“外部编辑”标签内设置的外部编辑器进行处理。

在Lightroom中，可在“外部编辑”首选项对话框的“其他外部编辑器”中为外部编辑器创建预设，外部编辑器预设允许将多个应用程序指定为外部编辑器，然后创建不同的照片处理选项以便与一个或多个外部编辑器搭配用于多种应用。

单击“预设”选项后面的三角形按钮，可以展开如左图所示的下拉列表，在其中选择“将当前设置存储为新预设”命令，打开“新建预设”对话框，在该对话框的“预设名称”文本框中输入名称，可以将当前的设置进行保存，使其成为预设效果进行使用。

8.2.2 在Photoshop中以智能对象形式进行编辑

在Lightroom中可以将处理过的照片以智能对象的形式在Photoshop中进行编辑，当在Photoshop中以智能对象形式对照片进行编辑时，可以保留在Lightroom中的操作，这些数据都将存储在Camera Raw的设置中，即使反复地在其中进行修改也不会破坏相机的原始数据文件，其具体的操作如下。

❶ 在“修改照片”模块中对照片进行处理，接着在图像预览窗口中右键单击鼠标，在弹出的快捷菜单中执行“在应用程序中编辑＞在Photoshop中作为智能对象打开”命令，如右图所示。

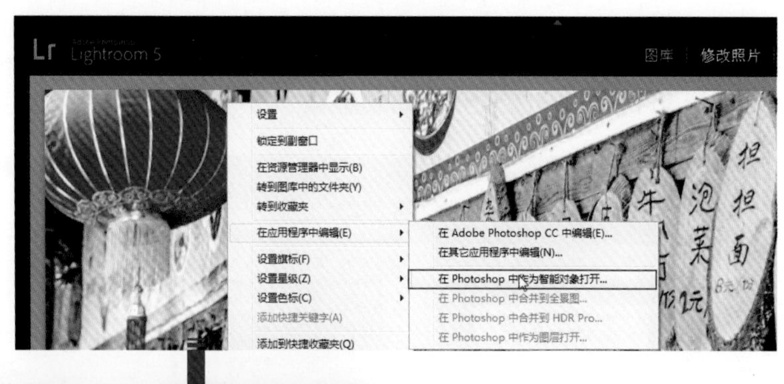

❷ 执行命令后将启动Photoshop CC应用程序，同时在图像窗口中打开，该文件的名称显示为照片的名称，并且显示为智能对象，同时在右侧的“图层”面板中可以看到只包含了一个图层，该图层的名称也为照片的名称，并显示出了智能对象的图标，如左图所示。

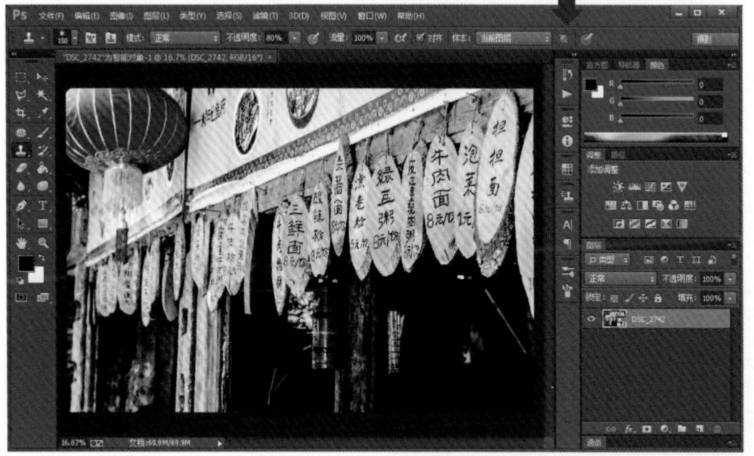

❸ 双击“图层”面板中的“智能对象缩览图”的图标，可以开启Camera Raw窗口，在其中可以看到选项的参数设置与Lightroom中设置的参数相同，如右图所示，用户还能在其中进行更改，完成后单击“确定”按钮即可。

如果在Lightroom中对照片使用了“污点去除”或者“裁剪叠加”等工具，当在Photoshop中以智能对象打开时，这些操作也可以在Camera Raw中进行查看和更改。

8.2.3 在Photoshop中拼接全景图

在Lightroom中不能将多找照片拼接成一张全景图，但是这项操作可以通过Photoshop来完成，当在Lightroom中完成对照片的处理后，通过“在Photoshop中拼接全景图”命令可以对其进行操作，具体如下。

❶ 在“图库”模块中选中用于拼接全景图的多张照片，接着在其中一张照片上中右键单击鼠标，在弹出的快捷菜单中执行“在应用程序中编辑 > 在Photoshop中拼接全景图”命令，如下图所示。

❷ 将自动启动Photoshop CC应用程序，并自动打开Photoshop的Photomerge对话框，在其中会显示出Lightroom中选中的照片名称，还能对拼接全景图的相关选项进行设置，如下图所示。

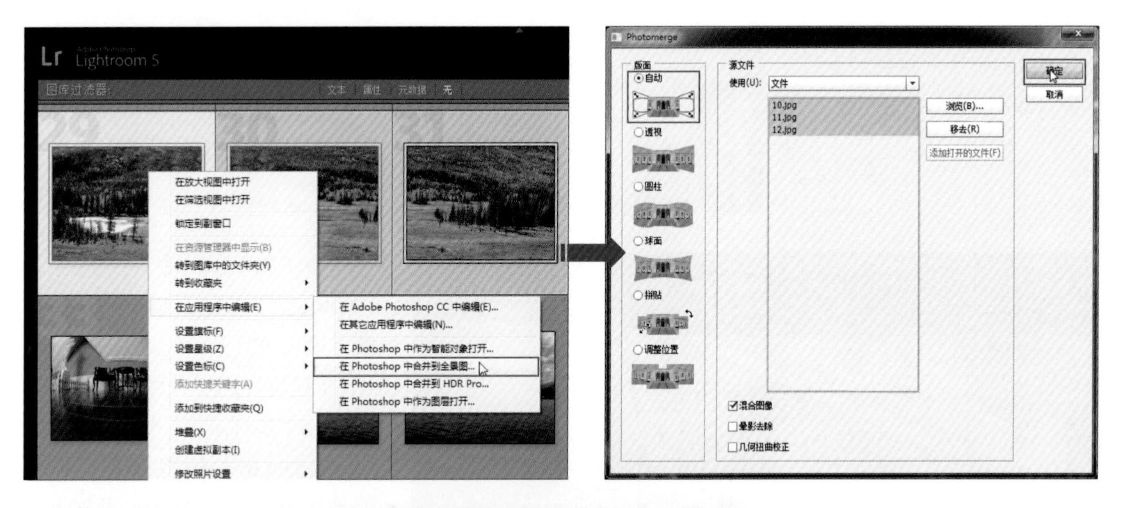

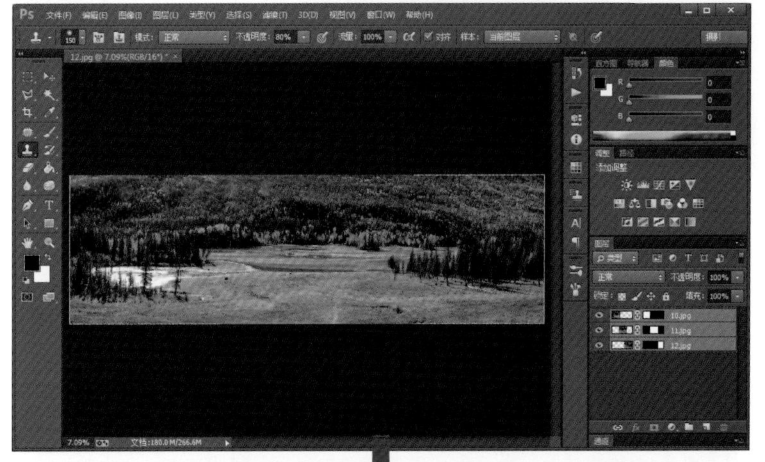

❸ 单击“确定”按钮后，Photoshop将自动对照片进行拼接处理，此时需要耐心等待软件的处理，完成拼接后将创建一个带图层蒙版的分图层图像文件，在“图层”面板中显示出相关的图层信息和蒙版效果，在图像预览窗口中可以看到合成的全景图，此时图像的周围会出现些许透明的像素，如左图所示。

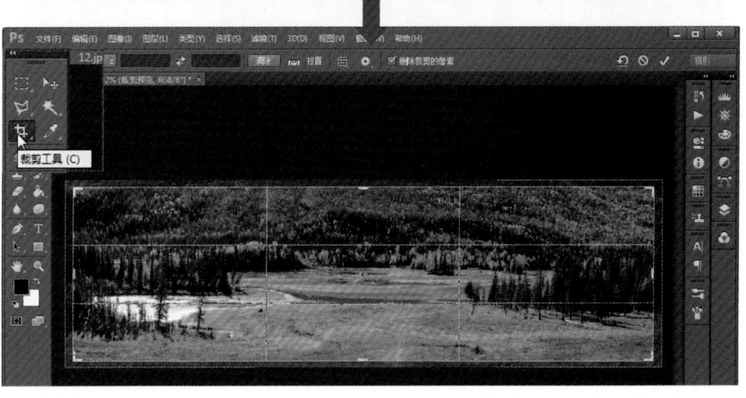

❹ 为了让拼接的效果更完美，需要在Photoshop中对拼接后的图像进行裁剪，选择工具箱中的“裁剪工具”，在图像窗口中单击并拖曳鼠标，创建裁剪框，调整裁剪框的大小，将包含透明像素的图像归到裁剪框以外，具体如左图所示。

❺ 完成裁剪操作后，单击工具箱中的“选择工具”，在弹出的对话框中单击“裁剪”按钮，确认裁剪框的编辑，接着在“图层”面板中同时选中所有的图层，右键单击鼠标，在弹出的快捷菜单中选择“拼合图像”命令，将图层合并成一个图层，如右图所示。

❻ 在Photoshop中按下Ctrl+S对编辑完成的文件进行保存，系统将自动把修改后的照片作为副本添加到Lightroom的“图库”中，当切换到Lightroom中时，在胶片显示窗口中可以看到原始照片没有受到任何影响，如右图所示。

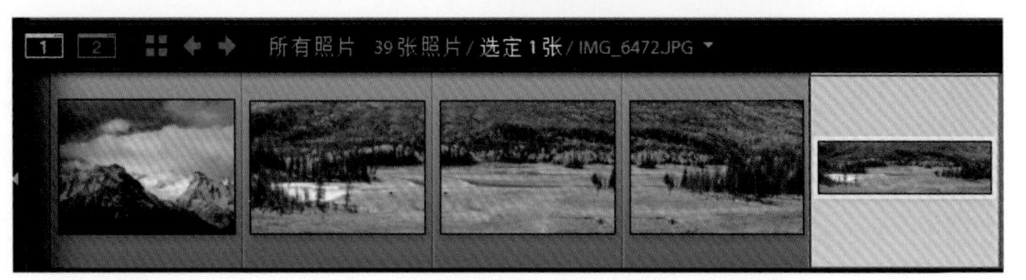

8.2.4 在Photoshop中合并到HDR Pro

HDR是指高动态的影像，其暗部和亮部的细节都非常明显，在Photoshop中创建HDR的效果有很多种，但是在Lightroom中却无法创建HDR效果。如果要将Lightroom中的照片转换到Photoshop中进行HDR效果的创建，那么在拍摄的过程中需要至少拍3张以上不同曝光度的照片。为了获得完全一致的画面内容，还需使用三脚架进行固定拍摄，保证照片在同一位置上进行取景。

将Lightroom中的照片合成HDR效果，其具体的操作如下。

❶ 在“图库”模块中选中用于合成HDR效果的的多张照片，接着在其中一张照片上中右键单击鼠标，在弹出的快捷菜单中执行“在应用程序中编辑 > 在Photoshop中合并到HDR Pro”命令，如下图所示。

❷ 将自动启动Photoshop CC应用程序，并自动打开Photoshop的“手动设置曝光值”对话框，在其中可以对照片的曝光时间、光圈大小、感光度进行设置，单击照片缩览图下方的箭头按钮，可以在照片之间进行切换，如下图所示，完成设置后单击“确定”按钮，对照片进行合成。

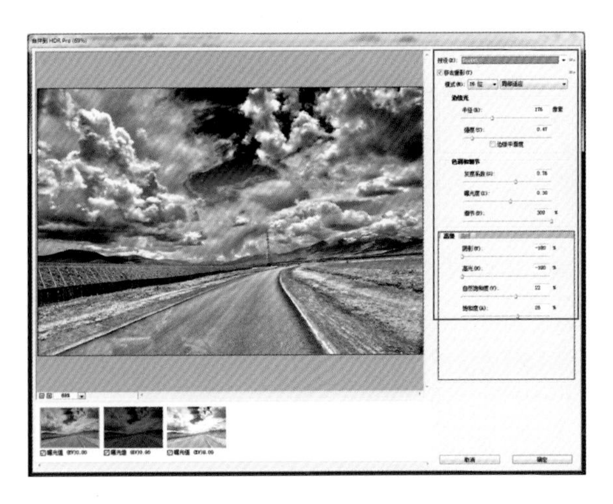

❸ 完成“手动设置曝光值”对话框的设置后将打开“合并到HDR Pro”对话框，在其中可以对合成后的效果进行设置，包括了照片的边缘光、色调、高光、阴影和自然饱和度等选项，同时在该对话框的下方将显示出合并HDR效果的照片缩览图，完成参数的设置后，单击对话框中的“确定”按钮，如左图所示，对照片进行合成。

❹ 完成“合并到HDR Pro”对话框的设置后，在Photoshop中还可以对照片进行进一步的调整。下图所示为使用“减少杂色”滤镜进行降噪处理和“自然饱和度”增强颜色浓度的设置，通过编辑后可以看到照片的效果更加完美。

8.2.5 在Photoshop中作为图层打开

要想在Lightroom中使用“在Photoshop中作为图层打开”命令，必须安装Photoshop CS3或更高版本。在“图库”或“修改照片”模块中选择要编辑的两张或更多照片，在右键菜单中执行“在应用程序中编辑>在Photoshop 中作为图层打开”命令，Photoshop将以图层文件的形式打开照片；在 Photoshop中编辑图像并进行存储后，新存储的照片将作为TIFF文件自动添加到Lightroom目录。

Example 01

批量更改照片的影调和色调

素　材：随书光盘\素材\08\01、02、03、04.jpg
源文件：随书光盘\源文件\08\批量更改照片的影调和色调

为了对同一场景所拍摄的多张照片进行快速而高效的处理，可以通过使用Lightroom中的同步功能来实现。本例中先将需要批量处理的照片导入到Lightroom中，接着选择一张样片进行处理，通过“同步”功能将设置的参数应用到其他的照片中，最后将编辑的照片导出为DNG文件，大大提高了后期处理的工作效率。

STEP 01 运行Lightroom 5应用程序，将本书光盘\素材\08\01、02、03、04.jpg素材文件导入到“图库”模块中，在胶片显示窗口中可以看到照片原始的图像效果，通过将照片进行“网格视图”显示可以看到照片中的画面偏灰，没有层次，且画面中雪山的色彩不够生动，由于这些照片都是同一景区拍摄的，因此可以在Lightroom中进行批量处理。

Tips 在Lightroom中进行批量处理的条件

在Lightroom中对多张照片进行批量处理时，为了让批量处理的每一张照片都能达到预期的效果，在选择照片的过程中需要将相同场景的照片归纳到一起，如果批量处理中的照片为不同场景和不同相机设置下拍摄的照片，那么在进行批量处理后的效果可能会与预期不一样，不能达到完美的效果。

STEP 02 选中批量处理照片中的任意一张，在“修改照片”模块中展开“基本”面板，在其中对照片的色温、对比度、高光、鲜艳度和清晰度选项等进行调整，设置完成后在图像预览窗口中可以看到编辑后的效果。

STEP 03 在“修改照片”模块中展开“HSL/颜色/黑白”面板，在HSL中选择“饱和度”标签，设置“蓝色”选项的参数为+25，“紫色”选项的参数为+52，对特定颜色的饱和度进行调整，在图像预览窗口中可以看到照片的颜色变得鲜艳。

STEP 04 展开“细节”面板，在其中设置“锐化”选项组下的“数量”为59，“半径”为1.3，“细节”为14，“蒙版”为67；“减少杂色”选项组中的“明亮度”为48，“对比度”为25，“颜色”为60，将照片放大之后，可以看到照片中的细节非常清晰且没有杂色点。

STEP 05 完成“细节”面板的设置后，此时就完成了照片的全部修饰操作，将胶片显示窗口打开，在其中将需要进行批量处理的照片全部选中，即导入的本书光盘\素材\08\01、02、03、04.jpg素材文件；接着单击“修改照片”模块右下角的“同步”按钮，对照片的设置进行同步设置。

STEP 06 单击“同步”按钮后，将打开“同步设置”对话框，在其中对将同时进行调整的选项进行勾选，完成后单击“同步”按钮，关闭“同步设置”对话框，完成对批量照片进行同步设置的操作。

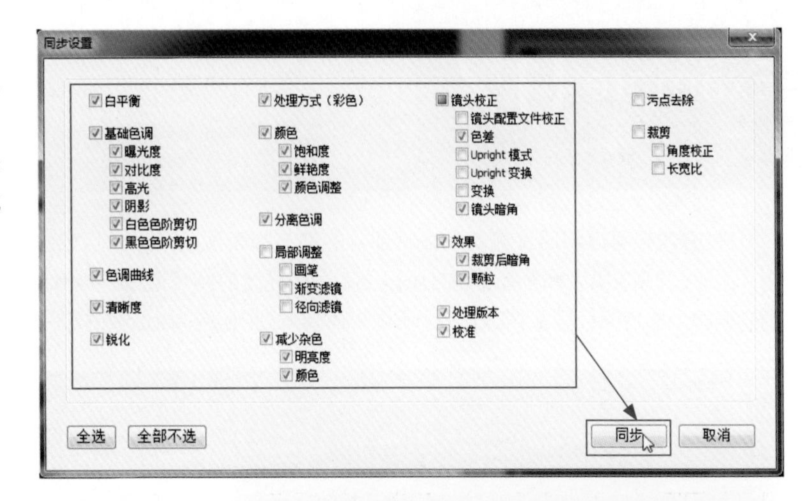

STEP 07 在Lightroom的胶片显示窗口中会看到照片的变化，由于进行了批量处理，对参与批量处理的照片进行了参数设置，因此在照片的右下角会显示出编辑图标，切换到“图库”模块中以“网格视图”进行放大显示后可以看到照片的效果。

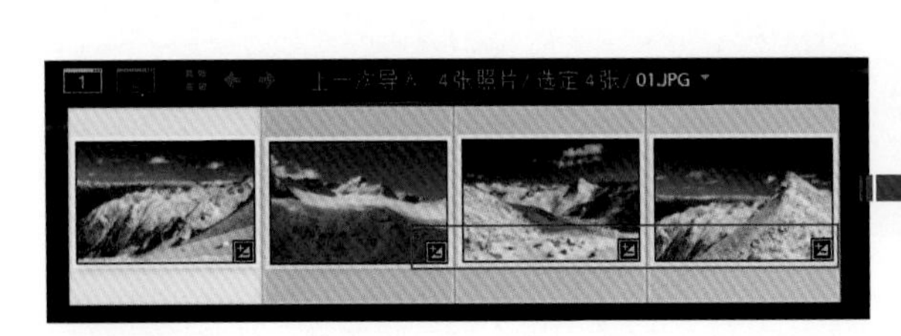

STEP 08 为了对编辑后的效果进行保存，还需要将批量处理后的照片导出到指定的位置，在胶片显示窗口中选中参与批量处理的文件，右键单击鼠标，在弹出的快捷菜单中执行“导出>导出为DNG”命令，并在打开的对话框中选择路径。

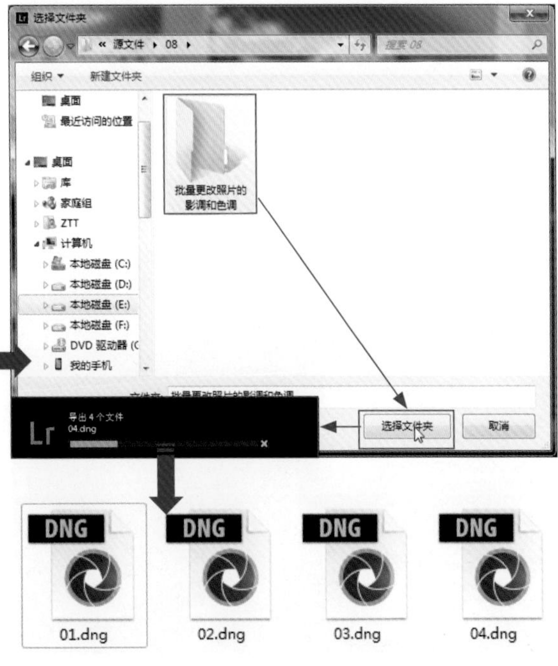

STEP 09 完成“选择文件夹”对话框的设置后单击“选择文件夹”按钮，Lightroom将对文件进行自动导出，并存储在指定的位置，打开计算机中存储文件的文件夹，可以看到导出的DNG文件。

Example 02 结合PS制作HDR效果

素　材：随书光盘\素材\08\05、06、07.jpg
源文件：随书光盘\源文件\08\结合PS制作HDR效果.psd

HDR效果可以将照片最亮和最暗部分的细节都表现出来，并且最亮的位置会非常亮，最暗的部分会非常暗，由于HDR效果大部分都是将三张以上不同曝光度的照片通过Photoshop的合成功能制作出来的，因此在本例的编辑中先将照片导入到Lightroom中，再转入到Photoshop中进行HDR效果的制作和修饰的。

STEP 01 运行Lightroom 5应用程序，将本书光盘\素材\08\05、06、07.jpg素材文件导入到“图库”模块中，在胶片显示窗口中可以看到照片原始的图像效果，这三张照片的曝光度各不相同。

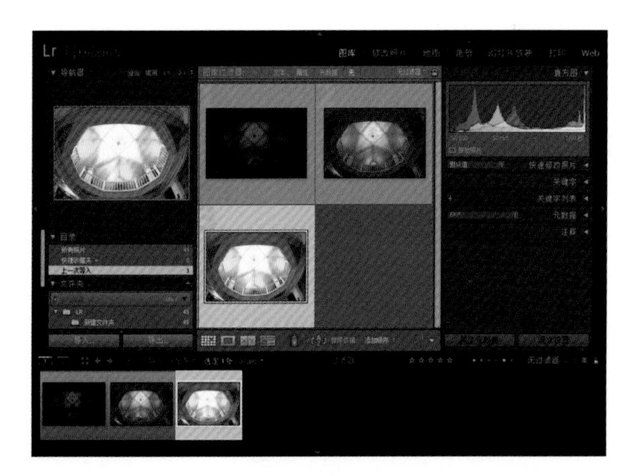

STEP 02 同时选中导入的三张照片，在其中任意一张照片上单击鼠标的右键，在弹出的快捷菜单中选择“在应用程序中编辑”菜单下的“在Photoshop中合并到HDR Pro”命令。

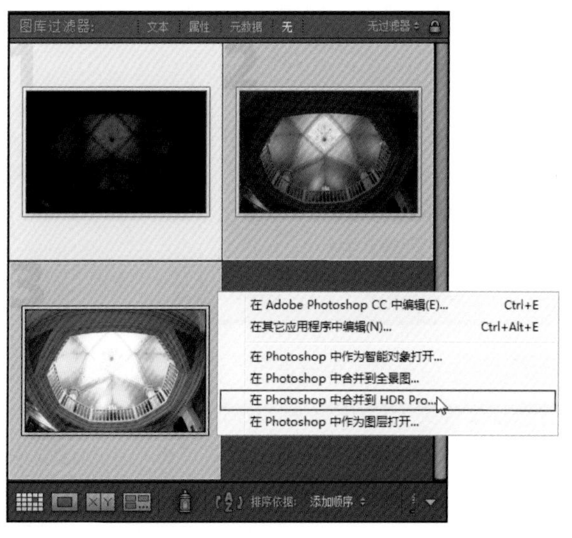

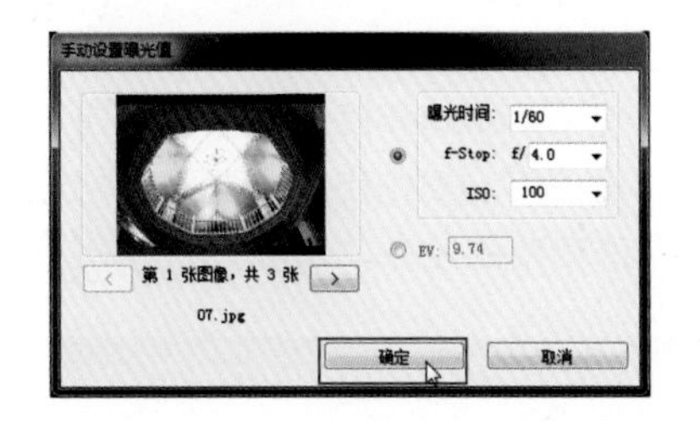

STEP 03 执行“在Photoshop中合并到HDR Pro”命令后，将自动运行Photoshop CC应用程序；接着打开“手动设置曝光值”对话框，在其中可以预览到每张照片的缩览图效果，直接单击“确定”按钮关闭对话框。

STEP 04 打开“合并到HDR Pro”对话框，在其中设置“半径”选项为415像素，“强度”为0.47，“灰度系数”为0.61，“曝光度”为0.45，“细节”选项为300%；在“高级”标签中设置各个选项的参数依次为-100、-100、47、26；接着切换到“曲线”标签，在其中通过添加控制点的方式对曲线的形态进行设置，编辑的同时可以在预览窗口中看到照片的编辑效果。

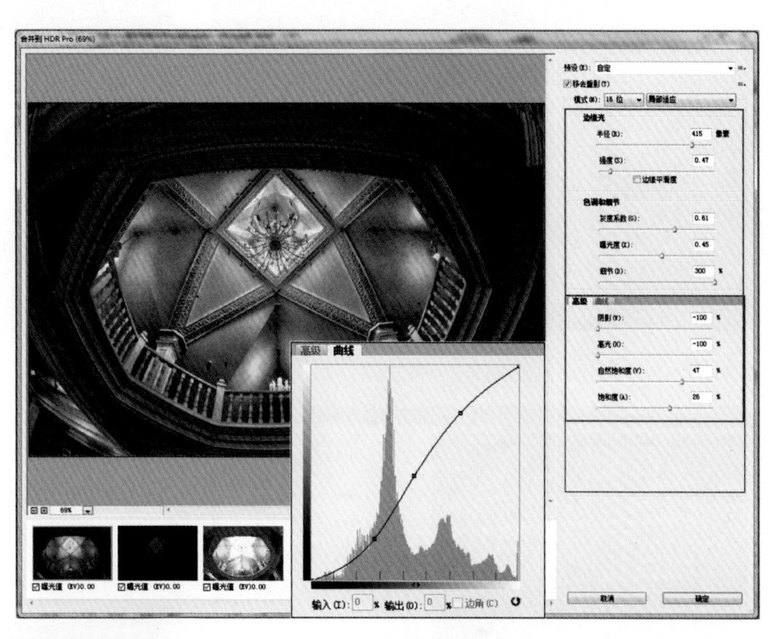

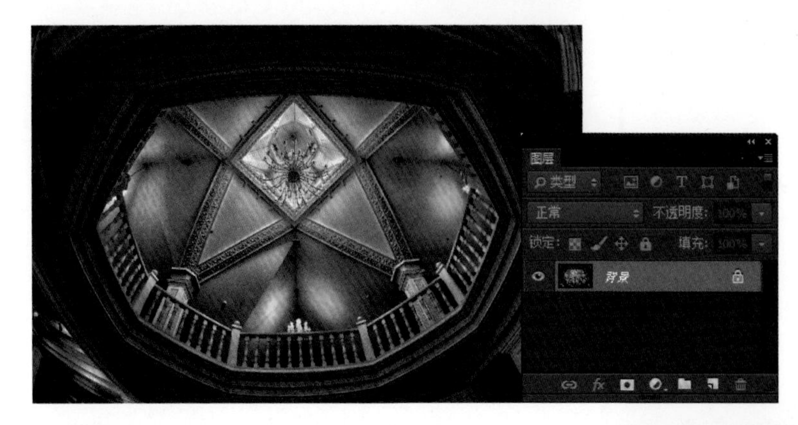

STEP 05 完成“合并到HDR Pro”对话框的设置后单击“确定”按钮，Photoshop将自动把三张不同曝光度的照片合并成为了一张，在Photoshop中会在“图层”面板中以“背景”图层的形式显示出合并后的HDR效果。

STEP 06 单击“调整”面板中的“色阶”按钮，创建色阶调整图层，在打开的“属性”面板中依次拖曳RGB选项下的色阶滑块到7、0.91、239的位置，在图像窗口中可以看到照片的影调发生了改变。

STEP 07 创建照片滤镜调整图层，在打开的“属性”面板中选择“滤镜”下拉列表中的“加温滤镜（LBA）”选项，并拖曳“浓度”选项下的滑块到60%的位置，对照片的颜色进行调整。

STEP 08 为了让照片的颜色更具魅力，还需要提高照片的色彩鲜艳度，创建自然饱和度调整图层，在打开的“属性”面板中设置“自然饱和度”选项的参数为+76，“饱和度”选项为+8。

STEP 09 盖印可见图层，得到“图层1”，执行“滤镜＞杂色＞减少杂色”菜单命令，在打开的对话框中设置“强度”选项为6，“保留细节”选项为40%，“减少杂色”选项为45%，“锐化细节”选项为56%，完成设置后单击“确定”按钮，对照片进行降噪处理。

STEP 10 选中“图层1”，执行“滤镜＞锐化＞USM锐化”菜单命令，在打开的对话框中设置“数量”为150%，“半径”为2像素，“阈值”为5色阶，对照片细节进行对话处理。

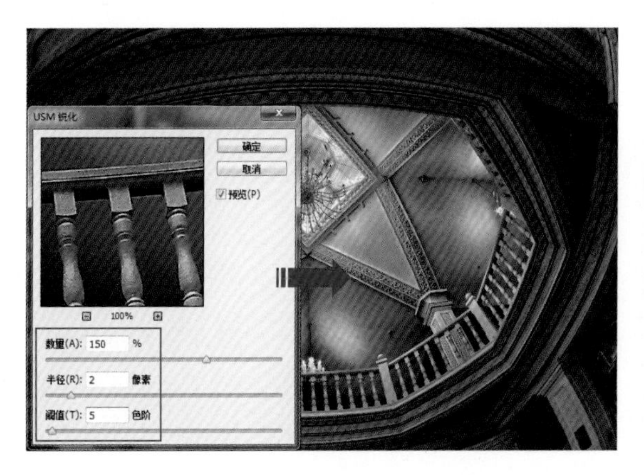

STEP 11 创建曝光度调整图层，在打开的“属性”面板中设置“曝光度”选项的参数为+0.31，“灰度系数校正”选项的参数为0.87，对照片的曝光进行调整，在图像窗口中可以看到本例的最终编辑效果。

Example 03 打造宽阔壮丽的全景图

素　材：随书光盘\素材\08\08、09、10.jpg

源文件：随书光盘\源文件\08\打造宽阔壮丽的全景图.psd

要将拍摄的照片拼接为全景图，可以先在Lightroom中对拼接全景图的多张照片进行批量处理，由于Lightroom中不具备合成功能，接着需要转入到Photoshop中进行合成拼接，最后对照片进行裁剪和修饰，打造出宽阔壮丽的全景图效果。

STEP 01 运行Lightroom 5应用程序，将本书光盘\素材\08\08、09、10.jpg素材文件导入到软件中，在胶片显示窗口中可以看到照片原始的图像效果，选中这三张照片，单击“修改照片”模块右下方的“同步”按钮，打开“同步设置”对话框，在其中对需要进行同步处理的选项进行勾选，完成后单击“同步”按钮，对照片进行批量处理。

STEP 02 展开“基本”面板，在其中设置“色温”选项为-10，“对比度”选项为+19，“高光”选项为-63，“阴影”选项为+17，“白色色阶”为-7，“黑色色阶”为-41，“清晰度”选项为+24，“鲜艳度”选项为+29，“饱和度”选项为+7，对照片的影调和颜色进行调整，在编辑的过程中，可以看到胶片显示窗口中的照片也发生了变化。

STEP 03 展开“细节”面板，在其中设置“锐化”选项组下的“数量”为110，“半径”为1.2，“细节”为39，“蒙版”为50；“减少杂色”选项组中的“明亮度”为30，“对比度”为26，“颜色”为21，对照片进行降噪和锐化处理，将照片放大之后，可以看到照片中的细节非常清晰且没有杂色点。

STEP 04 同时在胶片显示窗口中选中三种照片，单击鼠标右键，在弹出的快捷菜单中选择“在应用程序中编辑”子菜单下面的“在Photoshop中合并到全景图”命令，将自动运行Photoshop CC应用程序，在其中会开启Photomerge对话框，对对话框中的选项进行设置，完成后单击“确定”按钮。

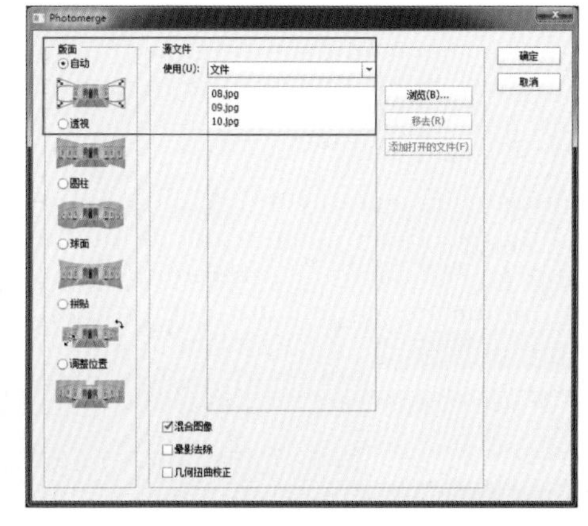

STEP 05 Photoshop会根据照片的内容自动对照片进行合成，在图像预览窗口中可以看到合成后的全景图效果，“图层”面板中会显示出以照片名称为图层名称的带蒙版图层，并且在Photoshop中生成一个独立的文件。

STEP 06 为了避免照片中有透明的像素，需要对照片进行裁剪，选择工具箱中的“裁剪工具”，在图像窗口中单击并进行拖曳，创建裁剪框，对裁剪框的大小进行调整，将透明的像素放在裁剪框的外面，完成裁剪框的编辑后按下Enter键，确认裁剪操作。

STEP 07 按下Ctrl+Shift+Alt+E快捷键，盖印可见图层，得到“图层1”图层，单击“调整”面板中的“色相/饱和度”按钮，创建色相/饱和度调整图层，在打开的“属性”面板中选择“黄色”选项，在该选项下设置“色相”为+1，“饱和度”为+44，改变画面中的局部颜色。

STEP 08 为了让照片的影调更加完美，还需要对照片的明暗层次进行修饰，通过“调整”面板创建色阶调整图层，在打开的“属性”面板中依次拖曳RGB选项下的色阶滑块到7、1.09、232的位置，在图像窗口中可以看到最终的编辑效果。

第9章

展示劳动成果——导出与打印

在Lightroom中完成照片的修饰后，可以对编辑完成的照片进行导出或打印，Lightroom中提供了多个用于控制文件导出的设置选项，可以对导出文件的位置、名称、格式和大小等进行调整。此外，还能对照片进行发布和分享，将照片上传到指定的网站。

Lightroom中的打印功能非常强大，该软件中将打印操作单独放置在“打印”模块中，通过多个面板选项对打印的布局、页面设置和色彩空间等进行设置。通过本章的学习，相信读者可以轻松地在Lightroom中打印出具体专业水平的漂亮照片。

本章梗概

- 输出编辑完成的作品——导出照片
- 对照片进行“克隆”——打印照片

9.1 输出编辑完成的作品——导出照片

在Lightroom中有专门为导出文件所设置的“导出一个文件”对话框，在其中不但可以设置导出文件的名称、文件格式和图像大小等，还可以为文件添加版权，此外通过使用Lightroom中的“发布服务”功能，还可以将文件导出到除了磁盘、光盘以外的专业图片服务的个人网站相册中，轻松将已经编辑完成的作品进行分享。

9.1.1 导出的相关设置

在Lightroom中选择要导出的照片或视频，执行“文件>导出”菜单命令，打开如下图所示的“导出一个文件”对话框。默认情况下，Lightroom会将照片或视频导出到硬盘，正如在对话框顶部的“导出到”弹出菜单所示，在“导出一个文件”对话框中可以指定以“导出位置”、“文件命名”、“视频”、“文件设置”、“调整图像大小”、“输出锐化”、“元数据”、“添加水印”和“后期处理”，在这些选项组中能够对导出的文件进行精确设置。

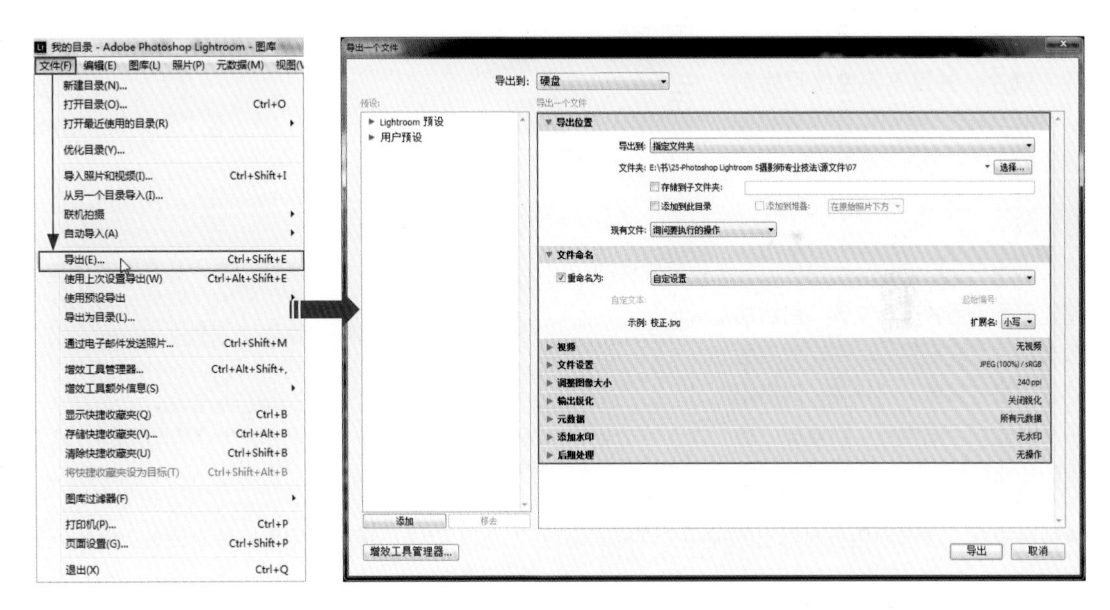

●导出设置

在“导出一个文件”对话框中的“导出设置”选项组中可以对导出后文件的存放位置进行设置，具体每个选项的功能如下。

▼ 导出位置
导出到: 指定文件夹
文件夹: E:\书\25-Photoshop Lightroom 5摄影师专业技法\源文件\07 选择...
存储到子文件夹:
添加到此目录
添加到堆叠: 在原始照片下方
现有文件: 询问要执行的操作

◆**导出到：**在该选项的弹出菜单中可以选择一个目标存储位置。

◆**存储到子文件夹：**如果用户要将照片导出到目标文件夹中的子文件夹，可以勾选该复选框，然后输入子文件夹的名称。

◆**添加到此目录：**勾选该复选框，可以将导出的照片自动添加到当前Lightroom目录，如果导出的照片为图像堆叠的一部分，并且要导出到原始照片所在的文件夹中，需要勾选“添加至堆叠”复选框，在原始堆叠中包含重新导入的照片。

当用户指定的目标位置存在同名文件时，可以通过“现有文件”选项下拉列表中的设置对其进行调整，展开该选项的下拉列表，如右图所示，可以看到该下拉列表中包含了“询问要执行的操作”、“为导出的文件选择一个新名称”、“无提示覆盖”和“跳过”四个选项，各个选项的功能如下。

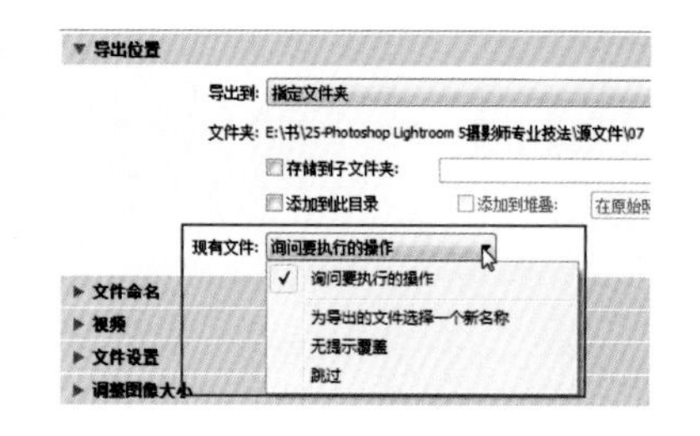

◆**询问要执行的操作：**选择该选项，将会显示一条警告对话框，允许用户通过设置新名称，覆盖现有文件或取消导出文件来解决命名冲突问题。

◆**为导出的文件选择一个新名称：**通过添加连字符和数字后缀，为导出的文件指定其他名称。

◆**无提示覆盖：**使用正在导出的文件替换现有文件，并且不显示冲突警告对话框。

◆**跳过：**不导出照片，取消导出文件的操作。

●文件命名

“文件命名”选项组中的设置用于对导出的文件进行重新命名，该选项组中的设置如下图所示，可以看到当勾选“重命名为”复选框后，就可以在该选项的下拉列表中选择一个选项。如果用户选择使用自定文本的选项，可以在“自定文本”文本框中输入自定名称。如果用户使用数字顺序，并且不希望编号序列从“1”开始，还可以在“起始编号”文本框中输入其他数值。

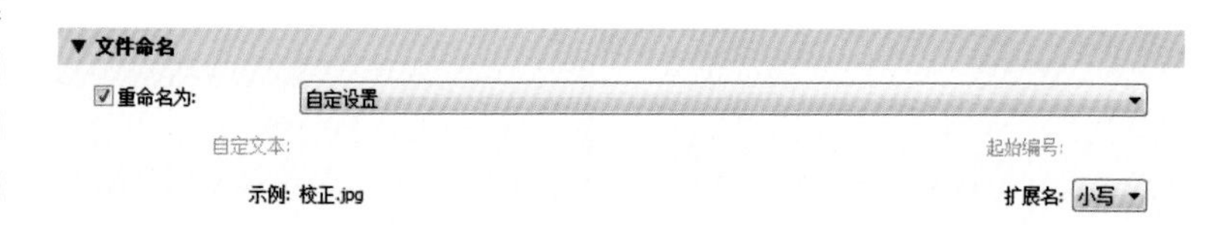

●视频

当用户从Lightroom中导出一个视频文件的时候，“导出一个文件”对话框中的“视频”选项组中的选项将显示为可用状态，勾选“包含视频文件”复选框后，就可以对下面的选项进行设置，“视频”选项组中的设置如下图所示，具体每个选项的功能如下。

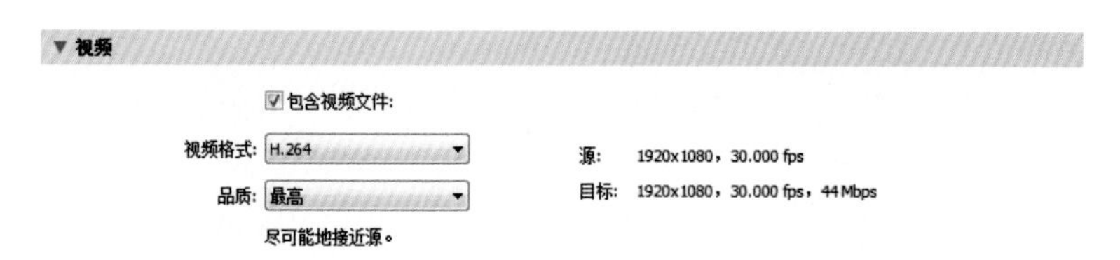

◆**视频格式：**该选项用于对导出的视频文件格式进行指定。

◆**源：**使用“源”信息可以显示Lightroom中的视频文件的分辨率和帧速率。如果用户选择了多个视频，会针对选定次数最多的文件显示“源”信息。

◆**品质：**用于对视频文件的画质清晰度进行设置。

◆**目标：**使用“目标”信息可查看以所选“视频格式”和“品质”导出的视频的分辨率、帧速率和估计文件大小。

在“视频”选项组中进行设置，“视频格式”的设置对视频文件的质量影响较大，在Lightroom的“导出一个文件”对话框中的“视频格式”选项下拉列表中包含了三个不同的设置选项，如下图所示，具体每个选项的功能如下。

◆**H.264：**是通常用于在移动设备上播放的高压缩视频格式。

◆**DPX：**DPX就是数字图像交换，是源于Kodak Cineon格式的标准，通常用于视觉效果作品，DPX文件以 1920-x-1080导出，但是用户可以指定24p、25p 或 30p 的“品质”设置。

◆**原始，未编辑的文件：**原始的文件格式，使用与原始剪辑相同的格式及相同的速度导出视频。

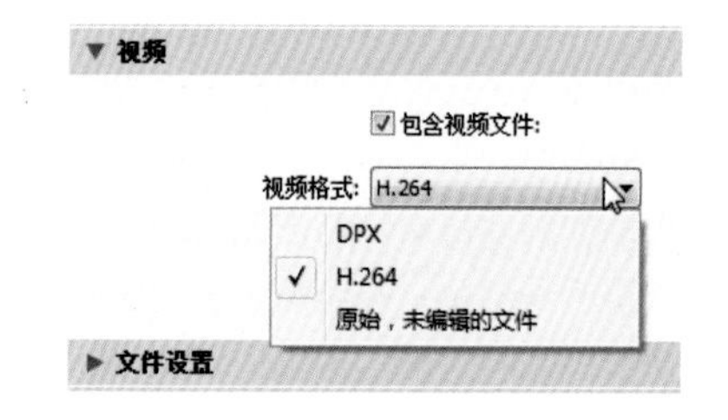

●文件设置

在“文件设置”选项组中进行设置，首选需要在“图像格式”选项下拉列表中选择图像的导出格式，其中包含了JPEG、PSD、TIFF、DNG或“原始格式”；接着为该格式指定相应的选项即可，选择不同的图像格式，Lightroom将显示出不同的设置选项。

当用户选择DNG图像格式时，“文件设置”选项组中将显示出如下图所示的设置，数字负片DNG文件格式可将Camera RAW文件存储为存档格式。

◆**兼容：**指定读取该文件的版本。

◆**JPEG预览：**确定导出的JPEG预览尺寸。

◆**嵌入快速载入数据：**允许图像在修改照片模块中更快地载入，但这将略微增大文件大小。

◆**使用有损压缩：**显著减少文件大小，但会导致图像质量下降。

◆**嵌入原始RAW文件：**将原始Camera Raw数据存储在DNG文件中。

如果用户选择JPEG图像格式，则可以在“文件设置”选项组中对JPEG文件的配置、色彩空间和文件大小等进行设置，具体每个选项的功能如下。

◆**品质：**指定压缩量，JPEG采用有损压缩，即放弃部分数据，减少文件大小，拖动“品质”选项滑块，或者在其右侧框中输入一个介于0和100之间的值，即可对其进行控制。

◆**色彩空间：**将照片转换为sRGB、AdobeRGB或ProPhoto RGB色彩空间，并用颜色配置文件标记照片。

◆**文件大小限制为：**指定导出的文件的最大文件大小。

如果用户选择使用PSD文件格式对文件进行导出，那么只能在“文件设置”中对文件的色彩控制和位深度进行设置，具体选项如下左图所示。如果用户使用TIFF格式对文件进行导出，还能对文件的压缩方式进行控制，可以指定是进行 ZIP 压缩、LZW 压缩，或者不进行压缩。TIFF图像格式的设置如下右图所示。

Tips “文件设置”选项组中设置选项时需要注意的问题

如果选择“原始格式”，Lightroom将会使用与捕获原始格式时相同的格式导出图像数据，但是没有“文件设置”选项可用，导出原始RAW文件时，对元数据的更改会导出到附带的附属文件中。

●调整图像大小

如果用户选择JPEG、PSD或TIFF作为导出的文件格式，就可以通过“调整图像大小”选项组中的设置来指定图像尺寸，“调整图像大小”选项组中的设置如下图所示。

在“调整图像大小”的设置中包含了多个设置选项，具体每个选项的功能如下。

◆**调整大小以适合：**设置照片的最大宽度或高度，确定照片将包含多少像素，并指定导出图像中细节的细微程度。

◆**不扩大：**勾选该复选框，Lightroom会放弃将扩大照片的宽度或高度设置。

◆**分辨率：**为用于打印输出的文件指定分辨率，对于喷墨打印，180像素/英寸~480像素/英寸比较合适。

展开“调整大小以适合”复选框后面的下拉列表，可以看到如下图所示的选项，在其中选择不同的选项，将会对图像的大小产生直接影响。

Tips 导出文件的最大像素

如果用户使用“长边”选项进行导出，那么导出照片的最长边不能超过65000像素。

◆**宽度和高度：**调整照片的大小，使其适合指定的宽度和高度，并保留原始的长宽比。

◆**尺寸：**无论照片的原始长宽比是多少，都对照片的长边应用较高的值，而对短边应用较低的值。

◆**长边/短边：**对照片的长边或短边应用值，然后使用照片的原始长宽比计算另一个边的值。

◆**百万像素：**设置导出照片的百万像素数和分辨率，以dpi为单位。

●输出锐化

在“输出锐化”选项组中，可以对JPEG、PSD、TIFF照片应用自适应输出锐化算法。Lightroom 应用的锐化量基于用户指定的输出媒体和分辨率，系统会独立于在“修改照片”模块中应用的锐化设置，另外对导出的文件执行输出锐化。

在“导出一个文件”对话框的“输出锐化”选项组中勾选“锐化对象”复选框，可以指定要针对“屏幕”、“亚光纸”还是“高光纸”输出进行导出，将“锐化量”选项中更改为“低”或“高”，以减小或增大应用的锐化量，大多数情况下，可以将“锐化量”设置保持为默认选项“标准”。

●元数据

“元数据”选项组中的设置用于指定Lightroom如何处理与导出照片关联的元数据和关键字。“元数据”选项组中的设置如下图所示，具体每个选项的功能如下。

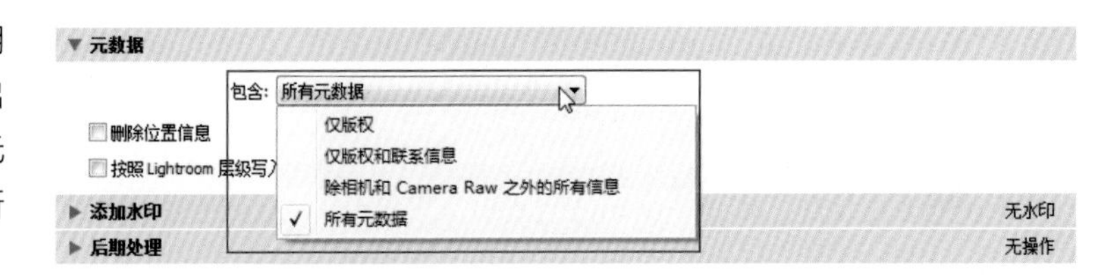

◆**仅版权：**仅在导出的照片中包含IPTC版权元数据。

◆**仅版权和联系信息：**仅在导出的照片中包含IPTC联系信息和版权元数据。

◆**除相机和Camera Raw之外的所有信息：**在导出的照片中包括除“曝光度”、“焦距”和“日期时间”元数据等EXIF相机元数据以外的所有元数据。

◆**所有元数据：**在导出的照片中包含所有元数据。

◆**删除位置信息：**勾选该复选框，即使从弹出菜单中选择了“除相机和 Camera Raw 之外的所有信息”或“所有元数据”选项，也会从照片中删除GPS元数据。

◆**按照Lightroom层级写入关键字：**勾选该复选框，将在元数据字段中使用管道符号表示父/子关系。

●添加水印

对于JPEG、PSD或TIFF文件，当用户勾选“水印”复选框，即可在导出的照片上包含版权水印，“添加水印”选项组中的设置如下图所示，具体每个选项的设置如下。

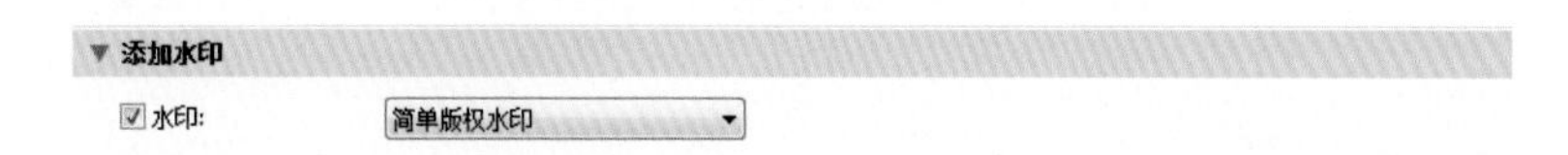

◆**简单版权水印：**包含“版权”元数据字段的内容作为导出照片上的水印。如果“版权”字段为空，则不应用水印。

◆**自定：**选择其名称显示在“水印”弹出菜单上的自定水印。要创建自定水印，可以选择“编辑水印”。并打开“水印编辑器”对话框进行设置，如下图所示。

Lightroom中的“水印编辑器”对话框如左图所示，在其中的“文本水印”选项组中，可以在左侧的预览区域下方输入文本，并指定“文本选项”、“字体”、“样式”、“对齐”、“颜色”和“投影”。在“图形水印”选项组中可以单击“选择”按钮，然后导航到并选择用户需要使用的 PNG或JPEG格式的水印图片。

Tips 在编辑水印的过程中遇到的问题

如果用户遇到水印未应用到导出的照片的问题，需要确保当前使用的是最新版本的Lightroom，如果要对Lightroom进行更新，可以执行“帮助>检查更新”菜单命令，对当前的Lightroom进行更新。

●后期处理

在通用导出选项的设置后，用户还可以为导出的照片选择后期处理的操作，在“后期处理”选项组中可以看到如下图所示的设置，具体每个设置选项的功能如下。

◆**无操作：**导出照片之后不执行任何其他操作。

◆**在资源管理器中显示：**选择该选项，可以在“资源管理器”窗口中，显示导出的文件。

◆**在Adobe Photoshop CC中打开：**选择该选项，可以在Photoshop中打开文件，使用该选项时，必须在计算机上安装Photoshop应用程序。

◆**在其他应用程序中打开：**选择该选项，可以在Lightroom的“首选项”对话框中指定为其他外部编辑器的应用程序中打开导出的照片。

◆**现在转到Export Actions文件夹：**选择该选项，可以打开Export Actions文件夹，可在其中放置任何可执行文件或应用程序的快捷方式或别名。

◆**应用程序：**在该选项的下拉列表中可以指定的应用程序中打开导出的照片。

9.1.2 用预设导出照片

在Lightroom中还可以使用预设导出照片，借助导出预设，可以加快导出供常规用途使用的照片的速度，可以使用Lightroom预设导出适用于以电子邮件形式发送给客户或好友的JPEG文件，让导出文件的操作更加的简便。

●预设导出照片

选择要导出的照片，执行“文件>使用预设导出”菜单命令，或者在“导出”命令的“导出一个文件”对话框中展开右侧的“Lightroom预设”选项组，即可看到相关的预设选项，如下图所示。

完成后，Lightroom会在“资源管理器”中显示照片，在单击“导出”按钮之后，选择目标文件夹即可。

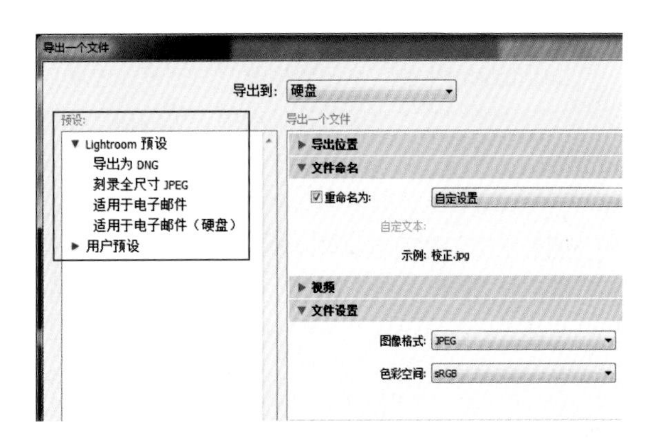

◆**导出为DNG：**以DNG文件格式导出照片，默认情况下，该预设没有指定任何后期处理动作，因此可以在单击“导出”按钮之后选择目标文件夹。

◆**刻录全尺寸JPEG：**将照片导出为被转换且标记为sRGB的JPEG文件，具有最高品质、无缩放，且分辨率为每英寸240像素。默认情况下，该预设将导出的文件存储到在“导出一个文件”对话框顶部指定的“CD/DVD 上的文件”目标位置。

◆**适用于电子邮件：**打开一封邮件，以便用户使用电子邮件将照片发送给他人。

◆**适用于电子邮件（硬盘）：**将照片作为sRGB JPEG文件导出到硬盘，所导出照片的最大尺寸为640像素，中等品质，分辨率为每英寸72像素。

●将导出的设置存储为预设

在Lightroom的导出操作中，还可以将用户自定义的导出设置存储为预设，并显示在“用户预设”选项下，便于用户再次使用相同的设置对文件进行导出，避免反复设置参数的繁琐操作。

在“导出一个文件”对话框中，指定要存储的导出设置，对话框左侧的“预设”区域的底部单击“添加”按钮；打开“新建预设”对话框，在其中的“预设名称”文本框中输入名称，然后单击“创建”按钮，即可将当前设定的导出参数存储为预设的导出，具体操作如下图所示。

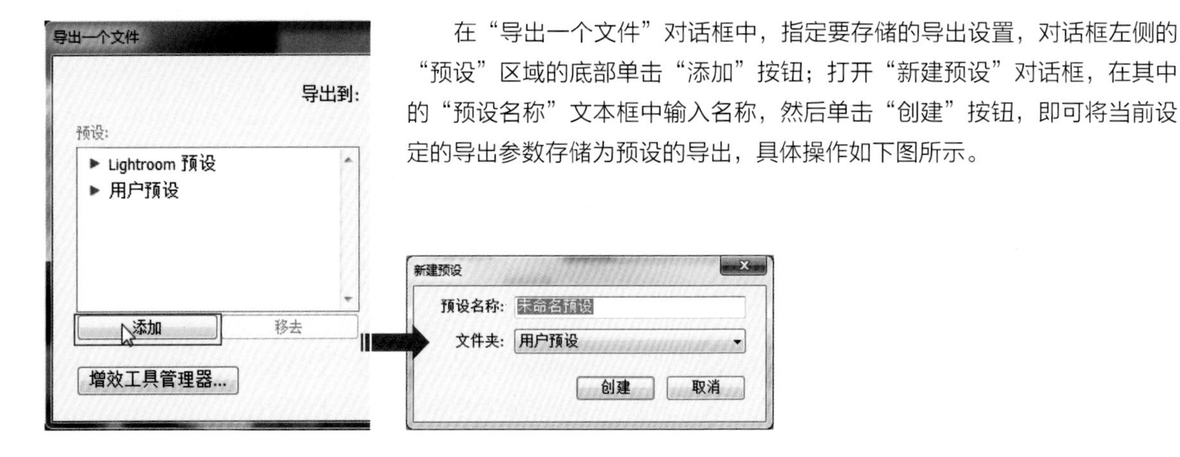

●使用上次的设置导出照片

使用上次设置导出照片，可使用手动设置的最近一个“导出一个文件”对话框中的设置来导出照片，包括修改的预设，如果是安装软件后第一次导出文件，将不能使用“使用上次设置导出”命令处理导出预设。

选择要导出的照片，执行“文件>使用上次设置导出”菜单命令，即可用最近一次设置导出文件。

9.1.3 使用“发布服务”导出照片

“图库”模块中的“发布服务”面板允许用户将一组照片导出到硬盘，发布到硬盘是准备将照片上传到移动电话或平板设备的变通方法。

“发布服务”连接允许用户定义导出操作的选项，在“图库”模块左侧的“发布服务”面板中，单击任意服务网站图标后面的“设置”按钮，将打开“Lightroom发布管理器”对话框。如下图所示，在其中可以输入“发布服务说明”，指定其他导出选项，设置有关导出位置、文件命名、文件设置、调整图像大小和其他导出选项的信息。

在“发布服务”面板中包含了显示出了几种比较专业的图片服务网站，在“发布服务”面板的右侧单击加号按钮+，可以展开该面板的菜单，在菜单中可以看到与网站名称相关的设置命令，用户可以根据需要进行选择，如右图所示。

Flickr雅虎旗下图片分享网站，为一家提供免费及付费数位照片储存、分享方案的线上服务，也是提供网络社群服务的平台。下左图所示为该网站的首页显示效果。

Behance是多元化的艺术作品分享站点，帮助有创造力的专业人员找到属于他们自己的展示平台。下右图所示为该网站的首页效果。

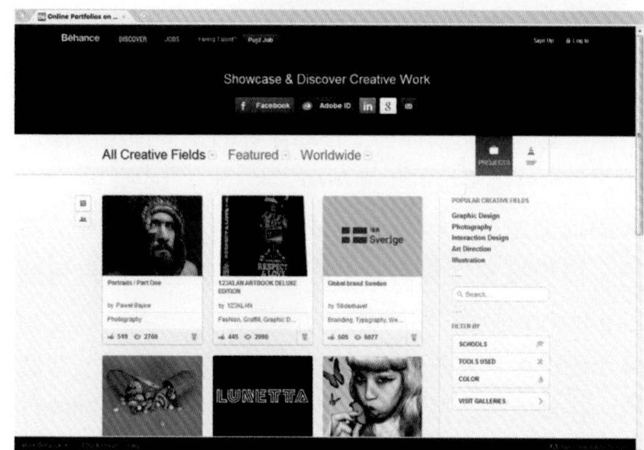

9.2 对照片进行“克隆”——打印照片

在Lightroom中完成对照片的修饰和美化以后，就可以将图像输出到打印机了。在Lightroom中的“打印”模块中包含了与打印相关的多项设置，并且集成了许多专业且简易的打印模块。在本小节中将重点讲解快速打印、版面布局、参考线和页面设置等相关的操作方法，让读者轻松打印出具有专业水平的照片效果。

9.2.1 认识“打印”模块

Lightroom的“打印”模块是一个设计非常出色的模块，具有操作简单、功能强大的特点。切换到“打印”模块，如下图所示，可以看到该模块的左侧显示除了多种用于打印的页面布局模板，右侧选项卡中提供了多种用于版面调整、打印输出和色彩管理的专业设置，这些功能都使得Lightroom中的打印操作变得轻松而简单。

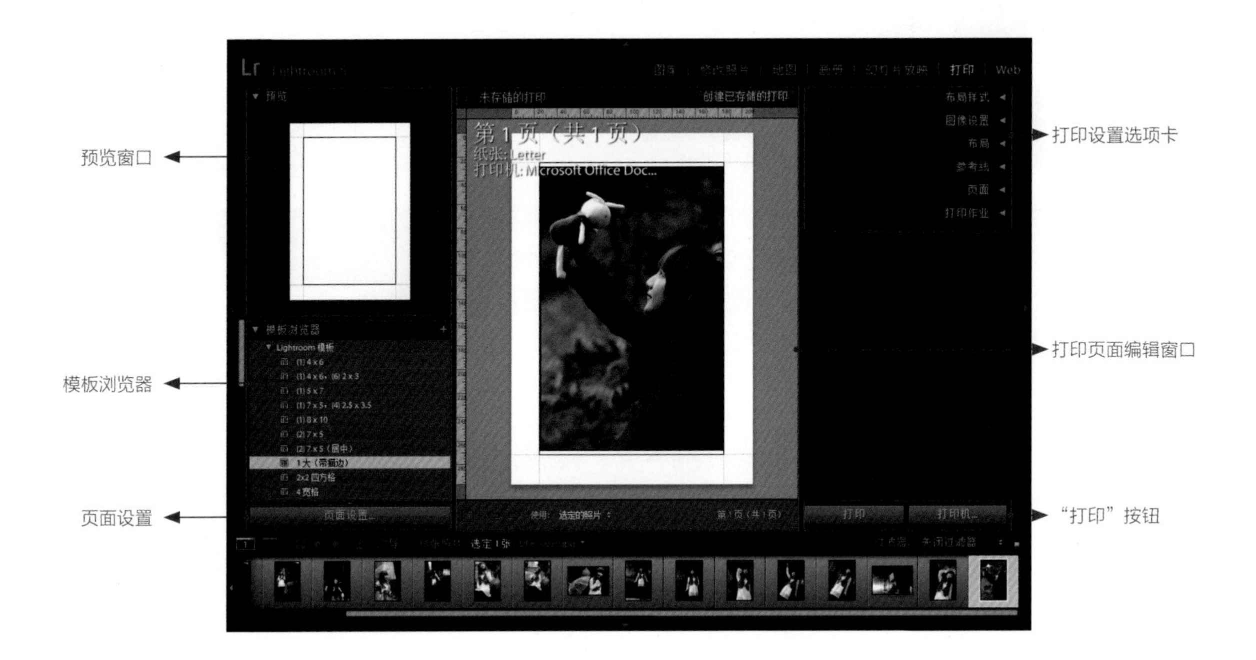

◆**预览窗口：**该窗口中用于显示模板的布局，在“模板浏览器”中的模板名上移动鼠标时，“预览”窗口中将显示处该模板的页面布局。

◆**模板浏览器：**用于选择或预览用于打印照片的布局，模板按文件夹形式进行组织，这些文件夹包括Lightroom预设和用户定义的模板。

◆**页面设置：**单击该按钮可以打开“打印设置”对话框，在其中可以设置页面的打印属性，使用不同的打印机，“打印设置”对话框中的显示会有所区别。

◆**打印设置选项卡：**单击各个选项卡名称后面的三角形按钮，即可展开相应的选项卡，能够设置打印的版面布局、分辨率及打印色彩管理等。

◆**打印页面编辑窗口：**该窗口用于显示打印页面的内容，以及可以在窗口中编辑当前打印照片的尺寸、位置和版面布局等。

◆**打印：**单击按钮可以打印输出当前照片。

9.2.2 模板浏览器实现快速打印

在Lightroom“打印”模块的左侧，有一个“模块浏览器”面板，在其中包含了多种Lightroom中预设的打印模板，单击其中任意一个选项，即可使用该选项中的预设效果来对照片进行打印，当用户将鼠标停放在模板的名称上时，“预览”面板中将显示出该模板的版面布局效果，如下图所示。

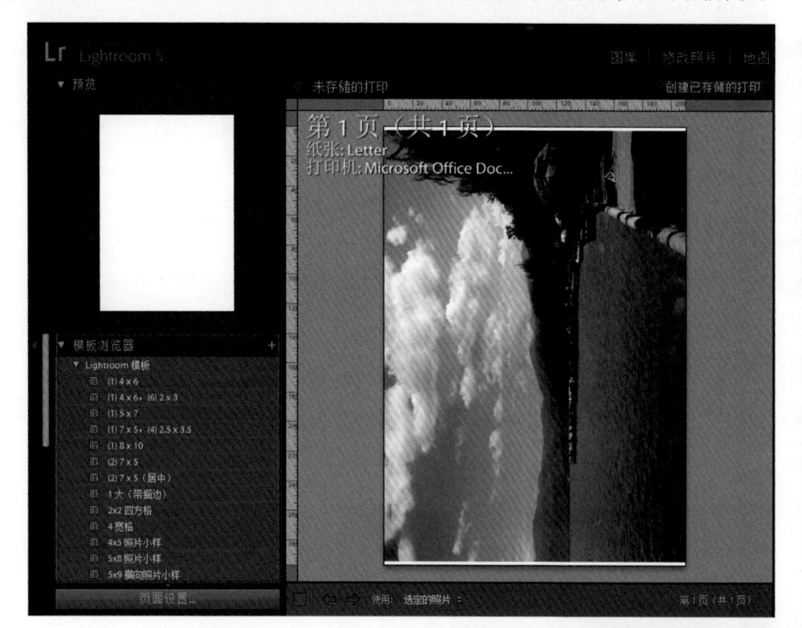

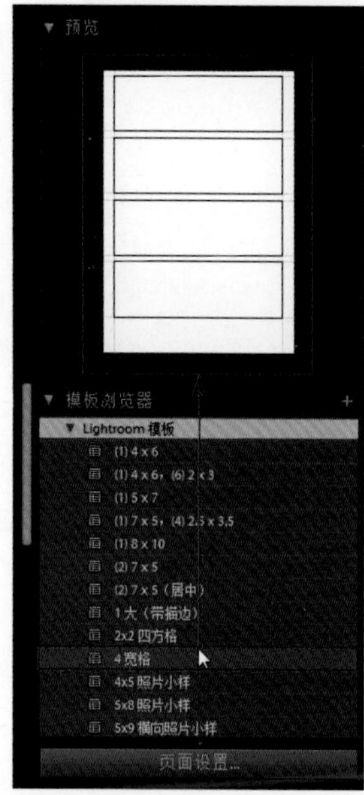

为了让打印的操作更加快捷，避免重复设置所带来的繁琐操作，还可以将用户设置的打印参数存储为预设的打印模块，然后单击“模块浏览器”面板右上角的按钮，在弹出的“新建模板”对话框中对模板的名称进行设置即可，如下图所示。

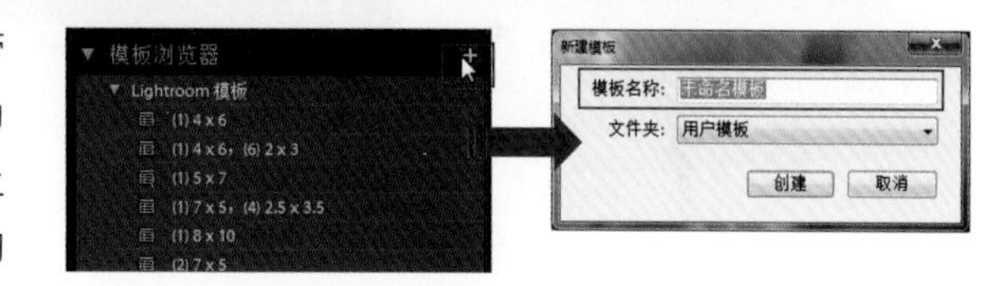

除了使用预设的模板对打印照片进行快速操作之外，还可以通过“模板浏览器”面板下方的“页面设置”功能对照片打印的反向、纸张，以及打印机的型号进行控制。

单击“模板浏览器”面板下方的“页面设置”按钮，可以打开如左图所示的“打印设置”对话框，在其中可以通过设置选项来控制打印的最终效果。

9.2.3 调整版面布局

在Lightroom中使用预设的模板基本可以满足用户的需求，但是某些较为特殊的打印项目，就需要使用自定义的布局效果来对打印的版面进行控制。

● “布局”面板

在Lightroom中控制打印的版面，可以通过使用“打印”模块中的“布局”面板来进行调整，“布局”面板如下图所示，具体每个选项的功能如下。

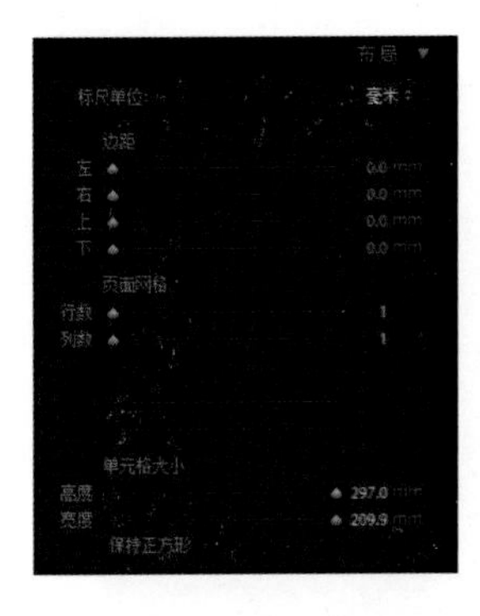

◆**标尺单位：**设置工作区中所用的标尺度量单位。

◆**边距：**该选项组中的设置用于设置页面边距，所有单元格在边距范围内，移动滑块或者输入边距值，或在工作区中拖动边距指示符。

◆**页面网格：**该选项组中的设置用于定义页面上图像单元格的行数和列数，在选项中拖曳滑块即可调整。

◆**单元格间隔：**该选项组中的设置用于定义单元格行和列之间的间距，通过输入参数或拖曳滑块进行调整。

◆**保持正方形：**该选项组中的设置用于定义图像单元格的大小。

在“布局”面板中进行设置时，打印预览窗口中的显示会根据设置的参数进行相关的调整，具体每个间距所包含的含义如下图所示。

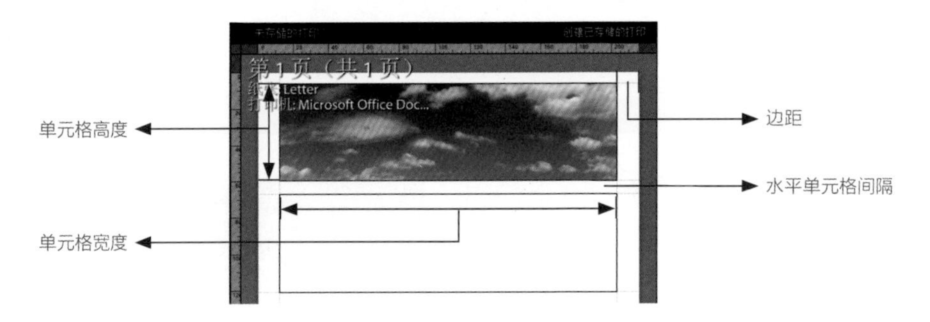

● “布局样式”面板

除了“模板浏览器”面板中显示出来的预设模板之外，在”布局样式“面板中还能对打印的布局进行定义。

Lightroom中提供三种类型的布局模板，即“单个图像/照片小样”、“图片包”和“自定图片包”，如右图所示在展开“布局样式”面板后的显示效果。

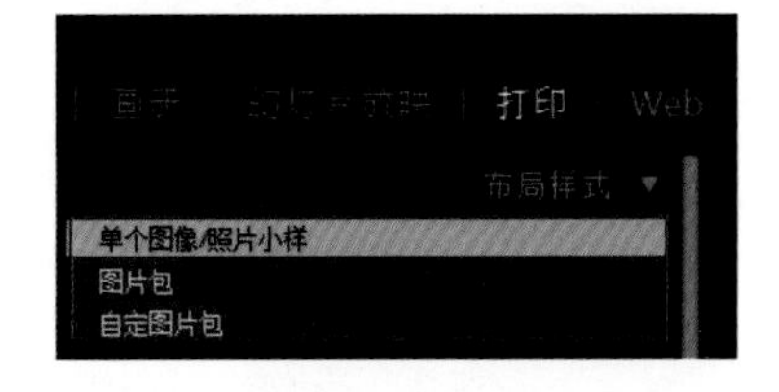

◆ **“单个图像/照片小样”模板：**允许用户以不同配置打印尺寸相同的一张或多张照片。

◆ **“图片包”模板：**允许用户以多种尺寸打印一张照片。

◆ **“自定图片包”模板：**允许用户以任何配置打印各种尺寸的多张照片，将一张或多张照片从胶片显示窗口中拖动到页面上进行打印预览。

所有模板都带有包含照片和边距信息的图像单元格，如果指定叠加选项，模板也可以包含文本区域。模板中的图像单元格和边距可根据所指定的纸张尺寸进行调整，包括纸张尺寸和打印机在内的打印作业设置也存储在打印模板中。用户可以通过修改现有模板的设置来创建新模板。

当用户在“布局样式”面板中选择不同的布局样式进行打印设置时，在“打印”模块的右侧将显示出不同的设置面板，以满足用户对于当前布局样式的设置需求。

9.2.4 编辑参考线

如果用户对单个图像或者照片小样进行布局，在如下左图所示的“打印”模块的“参考线”面板中，可以选择或取消选择“显示参考线”，指定是显示还是隐藏标尺、页面出血参考线、边距与装订线以及图像单元格。

如果用户对图片包进行布局，那么在如下右图所示的“标尺、网格和参考线”面板中，可以选择是否要查看页面标尺、布局网格或页面出血参考线，指定标尺的度量单位、网格的对齐行为，以及是否使用出血布局显示图像尺寸。

Tips “参考线”面板的显示

由于打印的设置不同，Lightroom“打印”模块中的“参考线”面板会随着设置的不同而出现不同的显示效果，即显示为“参考线”面板或“标尺、网格和参考线”面板。

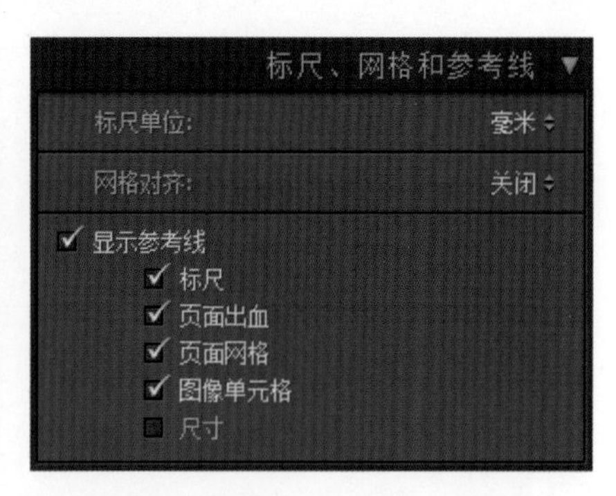

在“打印”模块中对参考线进行显示，可以更加准确地标识出当前打印设置的精确性，用户可以根据参考线的显示来确定打印图像的边缘是否超出页面，参考线还能清晰地反应出自定义布局效果是否排列整齐。

9.2.5 指定照片填充图像单元格的方式

在“图像设置”面板中可以指定照片填充图像单元格的方式，可以指定缩放和旋转照片，使其整个图像在图像单元格内，照片与图像单元格长宽比不匹配的区域由空白填充，用户也可以设置选项，使照片完全填充图像单元格内的空间。展开“图像设置”面板，可以看到如左图所示的选项，在“打印”模块的“图像设置”面板中，用户根据所使用的布局进行选项设置。

◆**缩放以填充：**在“单个图像/照片小样”和“图片包”布局中显示，勾选该复选框，会使用照片填充整个图像单元格，必要时裁剪图像的边缘。

◆**旋转以适合：**在“单个图像/照片小样”和“图片包”布局中显示，勾选该复选框，会在必要时旋转图像，以生成适合每个图像单元格的最大图像。

◆**每页重复一张照片：**在“单个图像/照片小样”布局中显示，在布局页面上的每个图像单元格中重复选定照片。

◆**绘制边框：**在“图片包”和“自定图片包”布局中显示，将指定宽度的边框添加到每个图像单元格的照片上。

◆**宽度：**该选项可以在所有布局中使用，将指定宽度和颜色的内侧描边添加到每个图像单元格中的照片。

Tips 对不需要打印的区域进行设置

如果图像单元格没有显示用户想要的照片部分，可以拖动单元格中的照片将其重新定位。在“图片包”布局中，可以按住Ctrl键进行拖动。

9.2.6页面设置

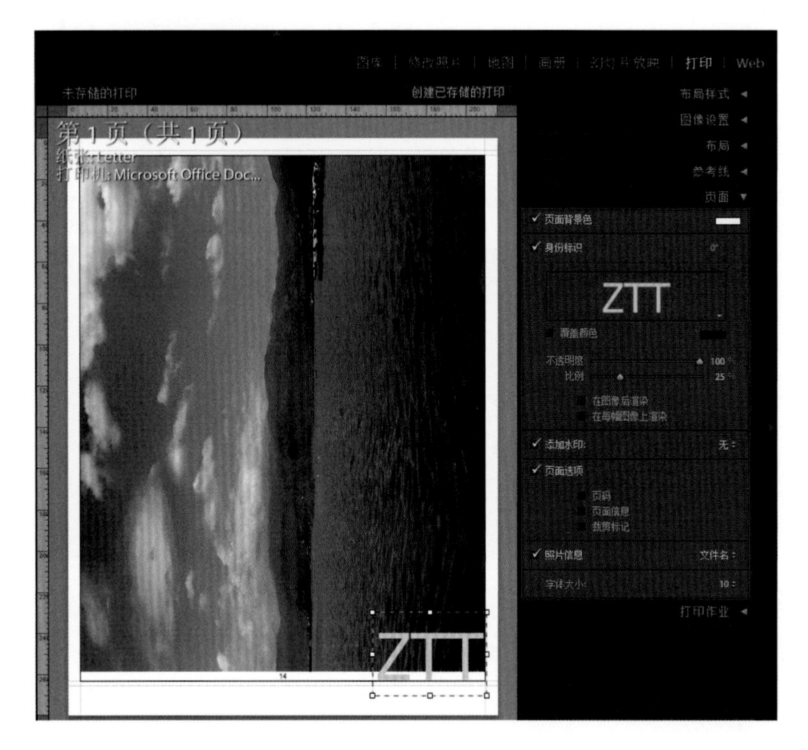

在“打印”模块的“页面”面板中可以为打印的页面添加上背景颜色、身份标识、水印和照片信息，让照片的打印内容更加丰富，当展开“页面”面板，可以看到如左图所示的选项。

Tips “页面”面板设置中需要注意的问题

在“页面”面板中的选项也会根据“布局样式”面板中的选择略有不同，因此在设置“页面”面板的过程中，需要先确定“布局样式”面板中的设置，然后再对“页面”面板进行选项调整。

◆**页面背景颜色：**勾选该复选框，可以在后面的色块中定义打印页面的背景颜色。

◆**身份标识：**勾选该复选框，可以为打印的页面添加上作者的标识Logo，并通过该选项下面的设置对标识的显示进行调整。

◆**添加水印：**选择“添加水印”下拉列表中的选项，可以打印文件名、题注和其他信息，也可以在“单个图像/照片小样”照片布局上打印照片的相关信息，信息取自您在图库模块中输入的元数据。

◆**页面选项：**在该选项组下可以对打印页码、打印信息和裁剪标记进行控制。

◆**字体大小：**用于对页码的文字大小进行调整。

9.2.7 指定“打印作业”面板中的选项

在“打印”模块的“打印作业”面板中，还可以对打印中的模式、打印的分辨率和纸张等进行设置，让打印操作更精细。

● 以草稿模式打印

在Lightroom中可以以草稿模式打印，用户可以使用“草稿模式打印”来打印照片小样和照片的快速草稿。在此模式下，Lightroom在打印时将使用缓存的照片预览。如果用户选择未完全缓存的照片并使用“草稿模式打印”进行打印，Lightroom会将这些照片的缩略图数据发送到打印机，这些照片的打印质量可能不是预期的质量。

使用“草稿模式打印”时，锐化和色彩管理选项都不可用。右图所示为勾选“草稿模式打印”复选框后的“打印作业”面板显示效果。

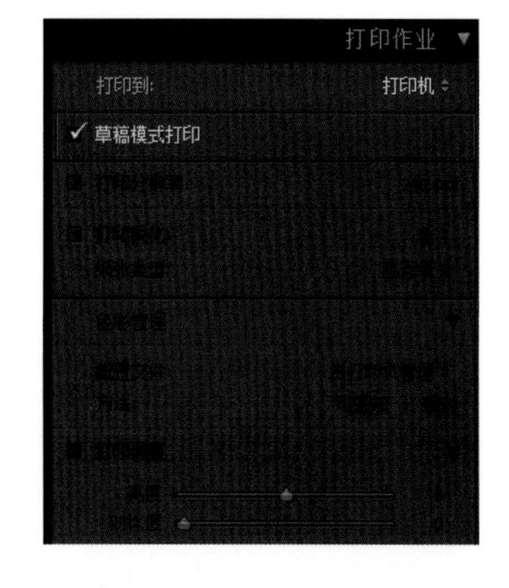

●以草稿模式打印

在“打印”模块中，用户可以将照片另存为JPEG文件，以便与打印服务提供商共享。打印为JPEG格式时，Lightroom允许用户选择分辨率，应用打印锐化，并设置压缩品质，也可以指定文件的尺寸，并应用RGB颜色模式、ICC配置文件和渲染方法。

在“打印”模块的“打印作业”面板中，选择“打印到”下拉列表中的“JPEG文件”选项，如左图所示，“打印作业”面板中的设置将发生变化。

◆**文件分辨率：**在“文件分辨率”数值中，可以指定72 ppi~600 ppi之间的分辨率。

◆**打印锐化：**指定所需的“打印锐化”值，该选项中包含了低、中或高。

◆**JPEG品质：**使用“JPEG品质”滑块指定压缩量，JPEG采用有损压缩，即放弃部分数据，减少文件大小，拖动滑块或输入介于0~100之间的值。

◆**自定文件尺寸：**勾选“自定文件尺寸”复选框，并在“宽度”和“高度”字段中输入值，以指定自定文件尺寸。

●设置打印分辨率

在打印模块中，“打印分辨率”选项用于指定打印机的照片每英寸像素，如下图所示。如果用户需要，Lightroom将根据打印分辨率和打印尺寸对图像数据重新取样。240 ppi 的默认值适用于大多数打印作业，其中包括高端喷墨打印。

在“打印”模块的“打印作业”面板中，要控制打印分辨率，可以勾选“打印分辨率”复选框，并在必要时指定不同的值。如果用户要使用照片的本机分辨率，可以取消勾选“打印分辨率”复选框。

●锐化照片为打印做准备

Lightroom中的“打印锐化”功能允许用户在将图像发送到打印机之前对其进行锐化处理。除了在“修改照片”模块中应用锐化处理外，还将执行打印锐化处理。自动应用的打印锐化量基于文件的输出分辨率和输出媒体。启用“草稿模式打印”时，将禁用“打印锐化”，在大多数情况下，可以将“打印锐化”设置为其默认选项“低”。

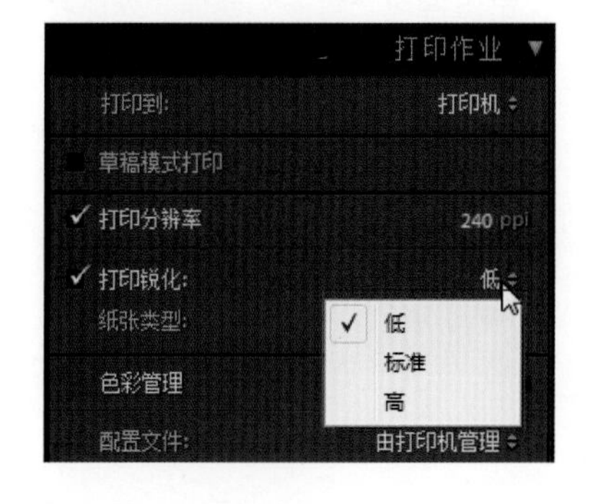

在“打印”模块的“打印作业”面板中，勾选“打印锐化”复选框，并使用右侧的弹出菜单指定“低”、“标准”或“高”锐化，可以对打印锐化的程度进行控制，然后通过不同的纸张对锐化的效果进行调整，“纸张类型”中的选项功能如下。

◆**亚光纸：**包括水彩、画布和其他非光泽类型的纸张。

◆**高光纸：**包括光泽、半光泽、光泽照片以及其他光泽类型的纸张。

> **Tips “打印锐化”操作中需要注意的问题**
>
> 在“打印作业”面板中指定的纸张类型用于计算打印锐化。一些打印机驱动程序也可能在“打印”对话框中包括纸张类型选项，这些选项必须单独指定。如果不希望在“打印”模块中应用任何锐化，可以取消“打印锐化”复选框的勾选。在“修改照片”模块中已应用的锐化产生所需效果时，该选项非常有用。

9.2.8 打印色彩管理

在“打印作业”面板中还可指定Lightroom或打印机驱动程序在打印期间是否处理色彩管理。如果要使用为特定打印机和纸张组合创建的自定打印机颜色配置文件，Lightroom将处理色彩管理。否则，将由打印机进行管理，如果启用“草稿模式打印”，则打印机自动处理色彩管理。

在“打印作业”面板的“色彩管理”选项组中，从“配置文件”选项的下拉列表中选择“其它”选项，将打开“选择配置文件”对话框，在其中勾选“包含显示器配置文件”复选框，会在对话框中显示出计算机中所有的配置文件，如右图所示。

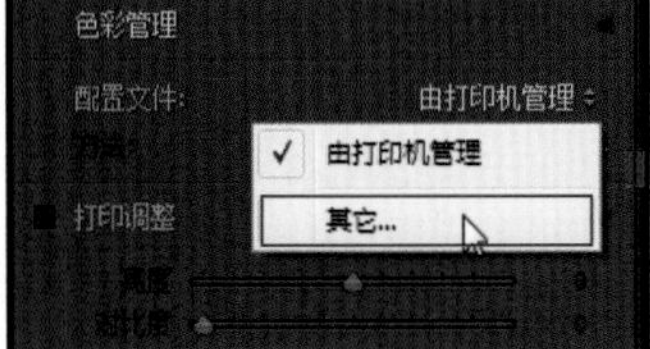

> **Tips “色彩管理”中的问题**
>
> 自定打印机颜色配置文件通常使用生成配置文件的特殊设备和软件创建。如果计算机上未安装打印机颜色配置文件，或者Lightroom无法找到这些文件时，则可用选项只有“由打印机管理”和“其他”选项。
>
> 如果在Lightroom中选择自定打印机颜色配置文件，要确保在打印机驱动程序软件中关闭色彩管理功能。否则，照片将进行两次颜色转换，颜色可能不会按预期进行打印。

要在不首先根据配置文件转换图像的情况下，将图像数据发送到打印机驱动程序，可以选择“由打印机管理”选项，要选择在“配置文件”选项下拉列表中显示的打印机配置文件，可以选择“其他”选项，然后在“选择配置文件”对话框中选择颜色配置文件。

如果用户使用指定的配置文件，可以选择一种渲染方法以指定颜色从图像色彩空间转换为打印机色彩空间的方式，如右图所示。其中“可感知”渲染将尝试保持颜色之间的视觉关系，溢色颜色转换为可重现颜色时，色域内的颜色可能会发生改变；“相对”渲染将保留所有色域内颜色并将溢色颜色转换为最接近的可重现颜色，当拥有较少的溢色颜色时，此选项是好的选择。

Example 01 对编辑的照片进行导出操作

素　材：随书光盘\素材\09\01.jpg
源文件：随书光盘\源文件\09\对编辑的照片进行导出操作.dng

在Lightroom中对照片进行编辑以后，接下来的操作就是对编辑完成的照片进行导出操作，导出照片可以让编辑后的效果以多种不同的形式呈现，满足用户的编辑需要。本例中先在Lightroom中的“修改照片”模块中对照片进行编辑，然后使用“导出”命令将其导出为DNG文件，把编辑的数据存储起来，便于日后修改及参考。

STEP 01 运行Lightroom 5应用程序，在“图库”模块中导入本书光盘\素材\09\01.jpg素材文件，在图像预览窗口中可以看到照片的原始效果，通过“放大视图”显示模式可以看到照片中的影调和色调都不够理想，为了获得完美的画面效果，需要对其进行后期处理。

STEP 02 切换到“修改照片”模块，在其中展开“基本”面板，设置“曝光度”为-0.04，“对比度”为+16，“白色色阶”为+66，“黑色色阶”为-53，“清晰度”为+19，对照片中的影调进行调整，可以看到照片更具层次。

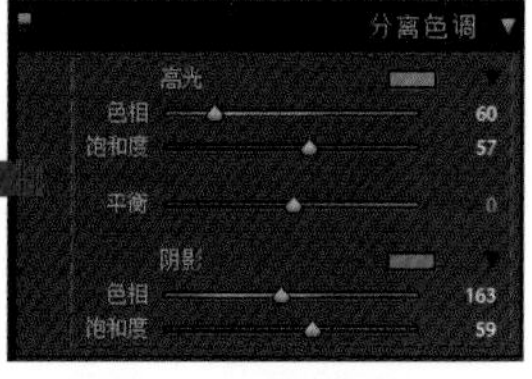

STEP 03 展开“分离色调”面板，在其中的“高光”选项组中设置“色相”选项的参数为60，“饱和度”选项的参数为57，在“阴影”选项组中设置“色相”选项的参数为163，“饱和度”为59，在图像预览窗口中可以看到照片的颜色发生了改变。

STEP 04 为了使照片的色调更加完美，还需要对颜色做进一步调整，展开“HSL/颜色/黑白”面板，在HSL的“色相”标签中设置“红色”为-74，“橙色”为-65，“绿色”为-49，“紫色”为+93，“洋红”为+59；在“饱和度”标签中设置“红色”为+52，“绿色”为-70，“淡绿色”为-53，“紫色”为+83，“洋红”为+30，在图像预览窗口中可以看到编辑的效果。

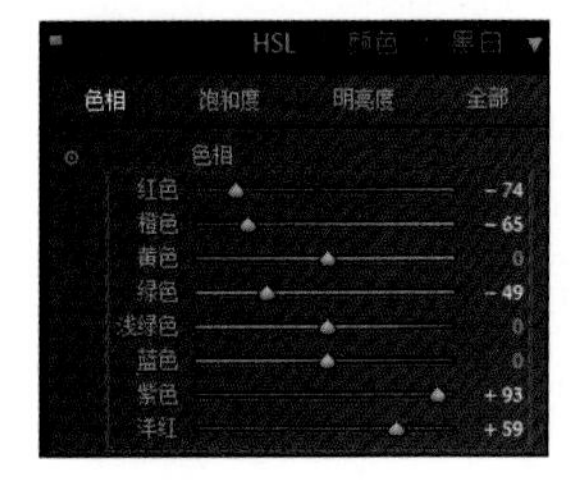

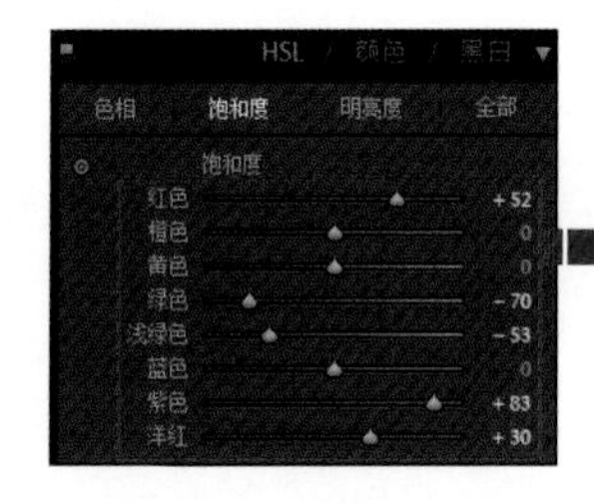

STEP 05 展开“细节”面板，在其中的“锐化”选项组中设置“数量”为68，“半径”为1.7，“细节”为53，“蒙版”为39，对照片进行锐化处理，放大显示后可以看到照片细节更清晰。

STEP 06 完成照片的编辑后执行“文件>导出”菜单命令，在打开的“导出一个文件”对话框中最顶端“导出到”选项下拉列表中选择“硬盘”选项，将照片导出在计算机上。

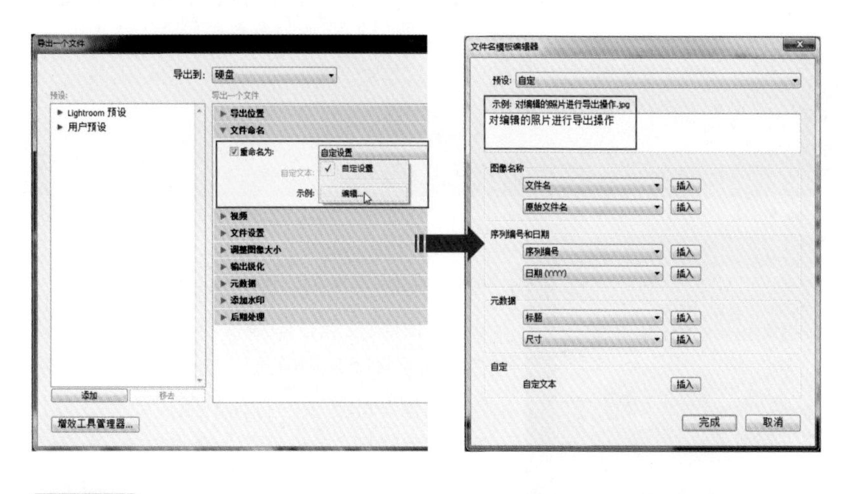

STEP 07 展开“文件命名”选项组，在其中勾选“重命名为”复选框，并在后面的下拉列表中选择“编辑”选项；打开“文件名模板编辑器”对话框，在其中输入文件的名称，完成后单击“完成”按钮，对照片的命名进行重新定义。

STEP 08 展开“文件设置”选项组，在“图像格式”选项的下拉列表中选中DNG，将照片导出为DNG文件格式，并设置“兼容”为“Camera Raw 7.1及以上”，“JPEG预览”为“中等尺寸”，勾选“嵌入快速载入数据”复选框。

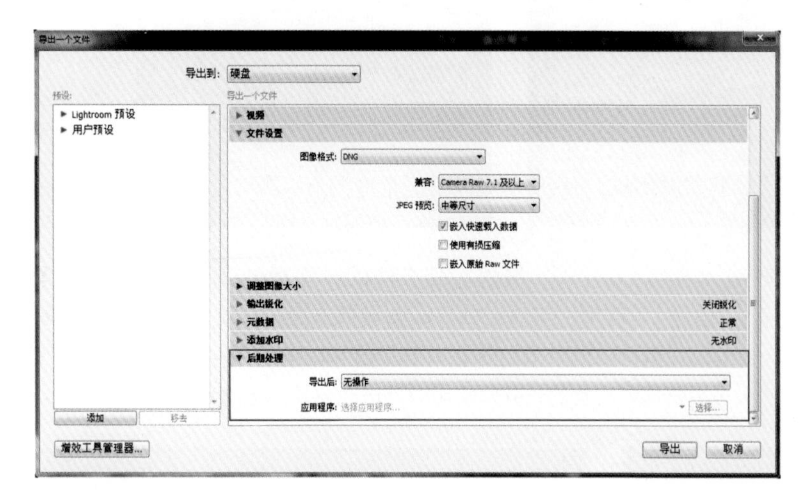

STEP 09 完成“文件设置”选项组的设置后，展开“后期处理”选项组，在其中的“导出后”选项的下拉列表中选择“无操作”选项，完成设置后单击“导出”按钮，Lightroom会根据“导出一个文件”对话框中的设置对文件进行导出操作。

STEP 10 在Lightroom中完成对文件的导出操作后，在计算机上打开“导出一个文件”对话框中设置的文件位置，可以看到导出的DNG文件以指定的名称存放在指定的文件夹中，完成文件的导出编辑。

Tips “导出后”选项的设置

如果用户在“导出后”选项中选择使用Photoshop或者其他外部的应用程序对文件进行后期处理时，当文件完成导出的操作后，会自动运行Photoshop或其他应用程序，并且将文件在指定的程序中打开。

Example 02 对照片进行打印设置

素　材：随书光盘\素材\09\02.jpg
源文件：随书光盘\源文件\09\对照片进行打印设置. lrtemplate

在Lightroom的“打印”模块中可以自由设置打印的布局，完成基础的打印板式设计。本例中用预设的打印模板作为基础，将需要打印的照片添加到单元格中，并利用“图像设置”面板中的选项为打印的照片周围添加上边框，同时用“身份标识”添加文字；最后将打印的设置存储为自定义的预设，以便于重复使用，提高打印编辑的效率。

STEP 01 运行Lightroom 5应用程序，切换到“打印”模块，在右侧的“模板浏览器”面板中选择“Lightroom预设”选项组下面的“通过2自定1”选项，可以看到打印的模板效果；接着导入本书光盘\素材\09\02.jpg素材文件，展开胶片显示窗口，在其中将照片素材单击并拖曳到预设的布局中，拖曳素材后，Lightroom会根据单元格的大小对照片的大小进行调整和裁剪，并且使用照片自动将单元格填满。

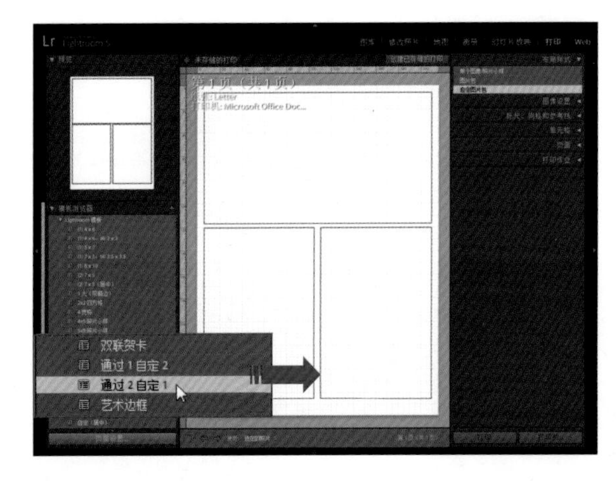

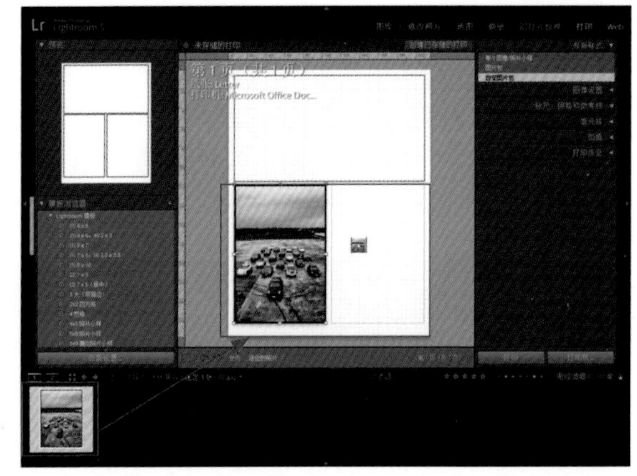

STEP 02 将素材照片依次拖曳到三个单元格中，可以看到每个单元格中都填满的照片，并且以黑色的边框显示单元格的边界。

STEP 03 展开“打印”模块右侧的“页面”面板，在其中勾选“页面背景色”，将背景色设置为黑色；接着勾选“身份标识”复选框，在“身份标识编辑器”中对文件的内容和字体等进行设置，完成后再对身份标识文字的位置进行调整。

STEP 04 为了让打印出来的效果更完美，还需要对打印的选项进行设置，展开“图像设置”面板，在其中设置选项对单元格的描边进行调整，接着展开“打印作业”面板，在面板中设置选项。

STEP 05 完成打印的设置后，在“模板浏览器”面板中单击右上角的加号，打开“新建模板”对话框，在其中设置“模板名称”为“我的模板”。

STEP 06 完成自定义预设模板的存储后，在“用户模板”中右键单击“我的模板”，选择“导出”命令，在打开的对话框中设置导出模板的名称，完成自定义模板的导出后，可以得到一个名称为“对照片进行打印设置. Lrtemplate”的文件。

第 10 章

独具特色的呈现——幻灯片、画册与Web画廊

Lightroom除了具有强大的、专业的照片管理和修饰功能以外，还可以通过Lightroom对展品进行有目的的展示；通过将照片以幻灯片、画册的方式表现出来，可以给人耳目一新的感觉，同时有利于摄影作品的宣传和欣赏。

除此之外，通过Lightroom中的“Web画廊”模块，还可以将修饰完美的作品直接上传到网络，以Web画廊的形式存储起来，这些看起来很复杂的过程，都可以通过“Web画廊”模块来轻松实现。

本章梗概

- 让照片更具魅力——幻灯片放映
- 设计照片画册——“画册”模块
- 打造属于自己的天地——Web画廊

10.1 让照片更具魅力——幻灯片放映

通常我们会使用PowerPoint来制作幻灯片，但是为了更利于摄影作品的展示，Lightroom中的“幻灯片放映”功能会显得更为专业，它不仅可以在幻灯片中为照片添加多个元数据文本，还能为幻灯片添加多种效果，并且能够将制作完成的幻灯片导出为动态播放的PDF文件、MP4视频等。因此，本小节将带领读者认识Lightroom的另外一面。

10.1.1 认识“幻灯片放映”模块

在“幻灯片放映”模块中，可以根据用户的需要指定演示幻灯片的照片和文本布局，并且通过多个面板中的设置为幻灯片添加多种效果。在Lightroom中切换到“幻灯片放映”模块，可以看到如下图所示的页面效果。

◆“预览”窗口：显示带缩览图预览的模板的布局。

◆“模板浏览器”面板：用于选择或预览照片的幻灯片布局，在模板名上移动指针，会在“预览”面板中显示其页面布局。

◆“收藏夹”面板：用于显示目录中的收藏夹。

◆编辑预览窗口：在其中会显示出当前幻灯片的编辑效果。

◆“选项”面板：用于确定照片如何显示在幻灯片布局中，以及是否有边框或投影。

◆“布局”面板：用于通过指定幻灯片模板中图像单元格的大小来自定页面布局。

◆“叠加”面板：用于指定在幻灯片中与照片一起显示的文本和其他对象。

◆“背景”面板：用于指定每个幻灯片上照片后的颜色或图像。

◆“标题”面板：用于为放映指定引言幻灯片和结束幻灯片。

◆“回放”面板：用于指定每个幻灯片在演示中的显示时间，幻灯片之间换片的持续时间，是否随幻灯片放映播放音乐，以及是否随机展示照片。

10.1.2 幻灯片的版面调整

在制作幻灯片之前，首先需要在“胶片显示窗口”中选择需要制作成幻灯片的照片，接着就可以在“幻灯片放映”模块中对选中的照片进行幻灯片的制作了。在制作幻灯片的时候，首先需要对幻灯片的版面进行设定，可以通过使用模板、指定图像单元格和调整幻灯片边距来实现。

●使用幻灯片放映模板

使用幻灯片放映模板可以快速定义演示的外观和行为，模板指定了幻灯片是否具有边框、投影、文本、徽标以及每张照片后的颜色或图像。Lightroom 的“模板浏览器”面板中包含了多个模板，用户可以从中进行选择，将指针移至“幻灯片放映”模块的“模板浏览器”面板中的模板名称上会在左侧面板的顶部显示模板预览，如右图所示。

当用户在“模板浏览器”中选中一个预设的模板进行使用时，可以通过“幻灯片放映”模块右侧的各个功能面板对幻灯片中的对象进行编辑，也可以将修改存储为自义模板，该模板会显示在“模板浏览器”面板的“用户模板”列表中。

在Lightroom中包含了五种不同类型的模板效果，具体每种效果的显示如下。

◆**Exif元数据：**使照片居中在黑色背景上，同时显示出照片的星级、Exif信息和用户的身份标识。

◆**裁剪以填充：**全屏显示照片，可能裁剪部分图像以适应屏幕的长宽比。

◆**宽屏：**显示每张照片的完整画面，增加黑条来适应屏幕的长宽比。

◆**默认值：**使照片居中在灰色背景上，显示星级、文件名和您的身份标识。

◆**题注和星级：**使照片居中在灰色背景上，显示星级和题注元数据。

在“幻灯片放映”模块的“模板浏览器”面板中还可以根据用户的需要自定义预设的模板，操作也很简单，只需将模板设置好后，单击“模板浏览器”面板右上角的加号按钮，在打开的“新建预设”对话框中对预设的名称和文件夹进行设定，即可在“模板浏览器”中显示出自定义的预设模板名称。

●指定图像单元格

在“幻灯片放映”模块的“选项”面板中可以指定照片如何填充幻灯片的图像单元格。默认情况下，幻灯片放映模板中除“裁剪以填充”以外的预设模板都对照片进行缩放，以便整个图像填满幻灯片图像单元格，照片与图像单元格的长宽比不匹配的空间会显示幻灯片背景。

为了获得理想的幻灯片布局效果，用户可以在“选项”面板中设置选项，以便所有照片完全填满图像单元格的空间。

在“选项”面板中的“缩放以填充整个框”复选框勾选时，可能裁剪部分图像，特别是垂直的图像，由此以满足图像单元格的长宽比。左图所示为未勾选和勾选时的效果。

●设置幻灯片边距

“幻灯片放映”模块的“布局”面板中的选项设置可以定义幻灯片模板中的图像单元格的边距宽度。

❶ 在“模板浏览器”中选择除“裁剪以填充”以外的任何幻灯片放映模板，并在“布局”面板中勾选“链接全部”复选框；当拖曳“左”、“右”、“上”和“下”任意一个选项的滑块时，可以对所有边距的宽度进行统一调整，并保持其相关比例，如右图所示。

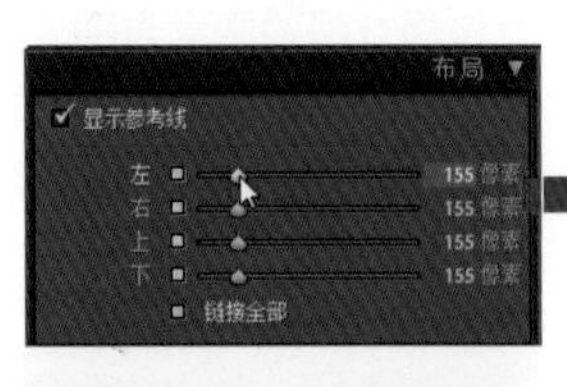

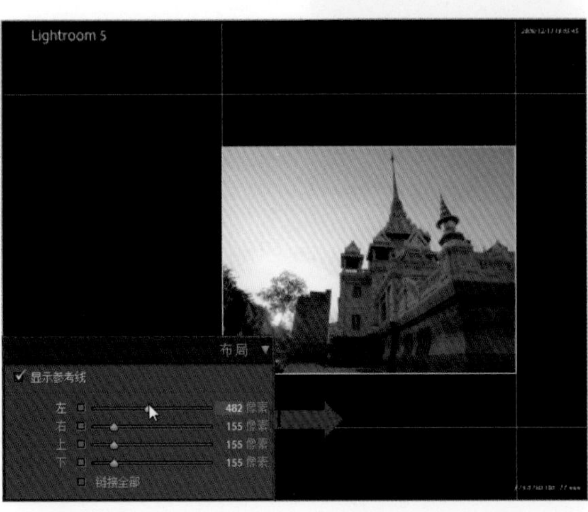

❷ 要独立于其他边距更改幻灯片中边距的大小，需要取消勾选“链接全部”复选框；接着拖曳“左”、“右”、“上”和“下”任意一个选项的滑块时，可以对幻灯片各个方向上的边距进行单独的调整，如左图所示。

Tips “显示参考线”的作用

勾选“显示参考线”复选框，可以显示边距边框，在“布局”面板中移动一个或多个滑块，或在边距鱼辣窗口中拖动参考线，都可以对幻灯片的编辑进行调整。

10.1.3 为幻灯片添加效果

为了让幻灯片的效果更加绚丽，还可以在Lightroom的“幻灯片放映”模块中为幻灯片添加上多种效果。例如，为照片添加边框和投影、设置幻灯片的背景、添加文本和元数据和添加音乐等。

●为照片添加边框或投影

要使幻灯片放映的照片与背景有鲜明对比，可以为每张照片添加边框或投影；在编辑的过程中，会在编辑预览窗口中即时的预览到编辑的效果。

在“幻灯片放映”模块的“模板浏览器”中，选择除“裁剪以填充”以外的任何幻灯片放映模板，要添加边框，需要在“选项”面板中勾选“绘制边框”复选框，单击右侧的颜色块，可打开“颜色”弹出窗口指定边框颜色，并使用“宽度”选项调整边框的宽度，具体设置和编辑效果如右图所示。

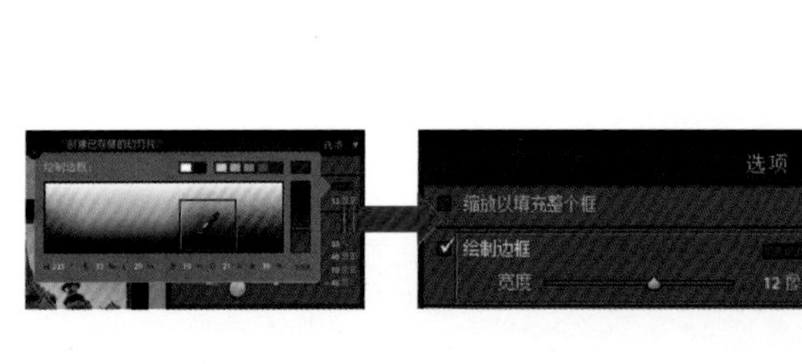

要为幻灯片中的照片添加上投影效果，需要在“选项”面板中勾选“投影”复选框，并使用“投影”选项组下方的选项对阴影的效果进行调整，如下图所示。

“投影”选项组中各个选项的作用如下。

- ◆**不透明度**：设置阴影不透明程度。
- ◆**位移**：设置阴影与图像的距离。
- ◆**半径**：设置阴影边缘的硬度或柔软度。
- ◆**角度**：设置投影方向，单击鼠标转动旋钮或移动滑块调整阴影的角度。

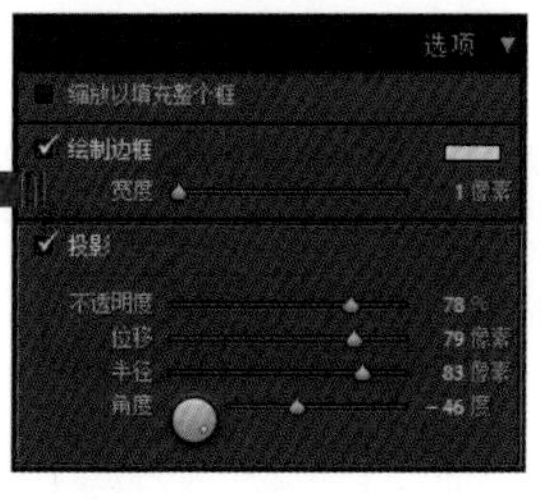

●设置幻灯片的背景

用户可以在“背景”面板中设置幻灯片背景色，或在整个幻灯片放映中使用背景图像。如果取消选取所有“背景”面板中的复选框，则幻灯片背景是黑色的。

在“背景”面板中包含了三个选项组组，即“渐变色”、“背景图像”和“背景色”，分别可以为幻灯片的背景填充上渐变的颜色、添加背景图像和修改幻灯片的背景颜色，通过分别使用这三个选项组中的设置，可以让幻灯片的背景变得更加美观。

❶ 在“模板浏览器”面板中，选择除“裁剪以填充”以外的任何幻灯片放映模板；勾选“渐变色”复选框，在背景色和背景图像之上应用渐变色，从背景色渐变过渡到颜色框中设置的颜色，从“颜色”弹出窗口中选择一种颜色，具体效果和设置如左图所示。

❷ 在“模板浏览器”面板中，选择除“裁剪以填充”以外的任何幻灯片放映模板；在“背景”面板中勾选“背景图像”复选框，从胶片显示窗口拖动任意一张照片到“背景”面板“背景图像”选项组中指定区域，作为幻灯片背景的图像，使用“不透明度”滑块来调整图像的透明度，部分显示背景色，具体设置和效果如下图所示。

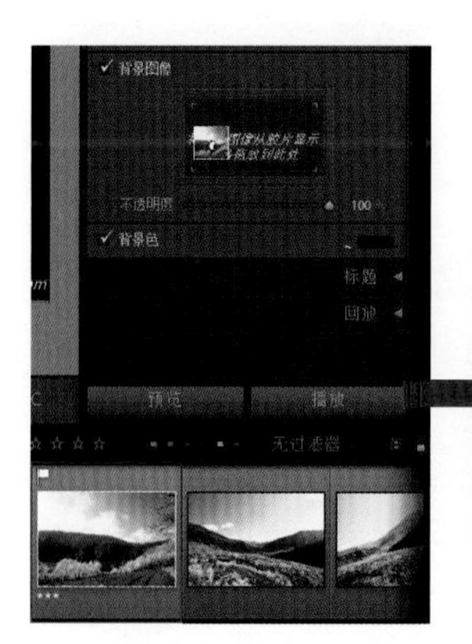

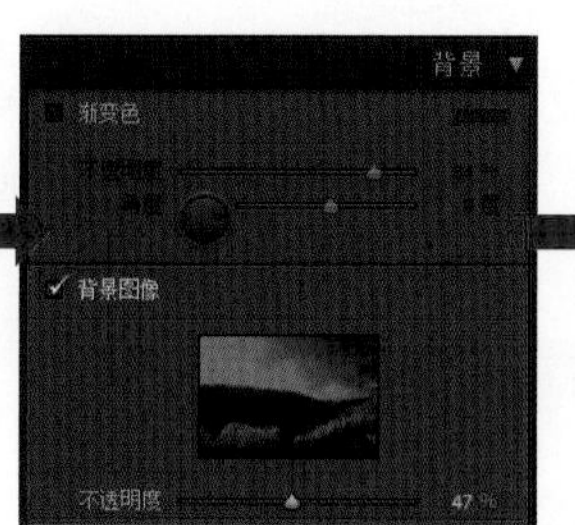

❸ 在“模板浏览器”面板中，选择除“裁剪以填充”以外的任何幻灯片放映模板；在“背景”面板中勾选“背景色”复选框，使用指定的颜色作为幻灯片的背景颜色，单击右侧的颜色框，从“颜色”弹出窗口中使用“吸管工具”选择一种颜色，具体效果和设置如右图所示。

●向幻灯片添加文本和元数据

在Lightroom的“幻灯片放映”模块中，可以为幻灯片添加显示在所有幻灯片上的文本，也可以添加在各幻灯片上唯一的题注。例如，用户可以显示应用到图像的星级、身份标识，或者图像元数据中记录的题注。

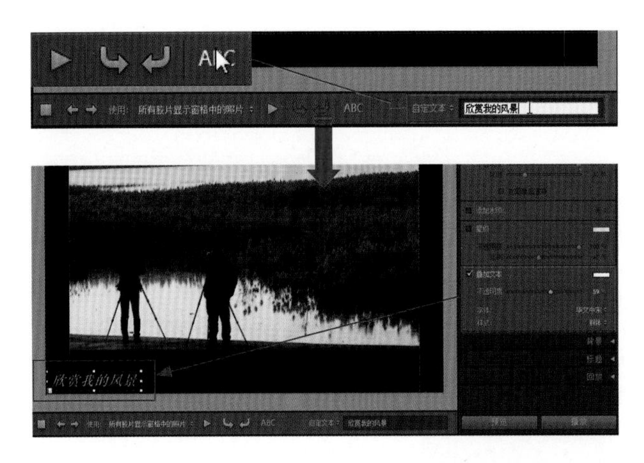

❶ 在“幻灯片放映”模块的编辑预览窗口下方单击ABC图标，此时会在ABC后面显示出“自定文本”输入框，在“自定文本”文本框中输入所需的文本，在编辑预览窗口中将即时显示出输入的文本，接着在“叠加”面板的“叠加文本”选项组中对文字的“不透明度”、“字体”和“样式”进行设置，即可为幻灯片中添加上文本，具体操作和效果如左图所示。

“叠加文本”选项组中各个选项可以对添加的文本进行样式设定，具体每个选项的作用如下。

◆**色块：**改变文本的颜色，单击“叠加文本”右侧的颜色框，并从弹出窗口中选择一个文本颜色。

◆**不透明度：**调整文本不透明度，拖动“不透明度”滑块或输入百分比值即可。

◆**字体：**设置文本的字体，单击字体名称旁边的三角形，并从弹出式菜单进行选择。

◆**样式：**设置文本的字体样式，单击样式名称旁边的三角形，并从弹出菜单中进行选择，其中包含了“常规”、“粗体”、“斜体”和“粗斜体”四个选项。

❷ 要为每个幻灯片显示各自特有的题注，可以单击“自定文本”弹出菜单，然后选择一个元数据选项。要使用“文本模板编辑器”来指定显示在每个幻灯片下方的文本，需要单击“自定文本”弹出菜单，并选择“编辑”选项，此时会打开如右图所示的“文本模板编辑器”对话框，创建自定文本字符串，“叠加”面板中会自动选中“叠加文本”复选框，文本和边界框会显示在编辑预览窗口中。

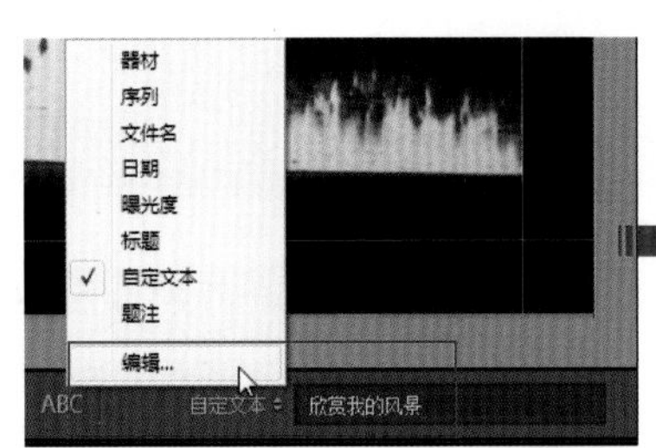

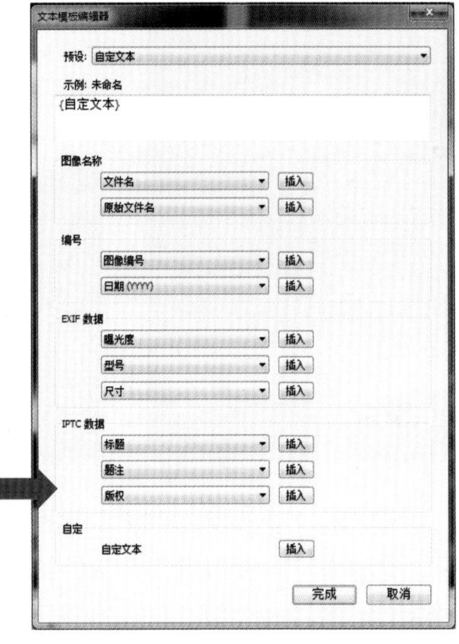

在“幻灯片放映”模块的编辑预览窗口中可以对添加的文本进行位置的调整和缩放操作，要调整文本的大小，拖动边界框手柄之一即可，如下图所示；要将文本移至特定位置，在框内部拖动文本框，当移动文本时，边界框将其自身与图像边框上的点相接合，Lightroom允许文本在图像的旁边或图像中以与边框的固定距离浮动，与图像的大小或方向无关。

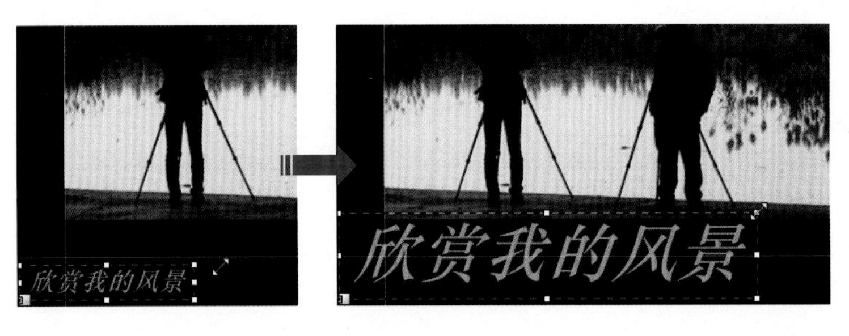

●添加身份标识

在Lightroom的“幻灯片放映”模块中还可以向幻灯片放映添加用户的身份标识。在“幻灯片放映”模块的“叠加”面板中，勾选“身份标识”复选框，要使用不同的身份标识；单击“身份标识”预览，并从弹出菜单中选择“编辑”，在打开的对话框中对身份标识进行更改。

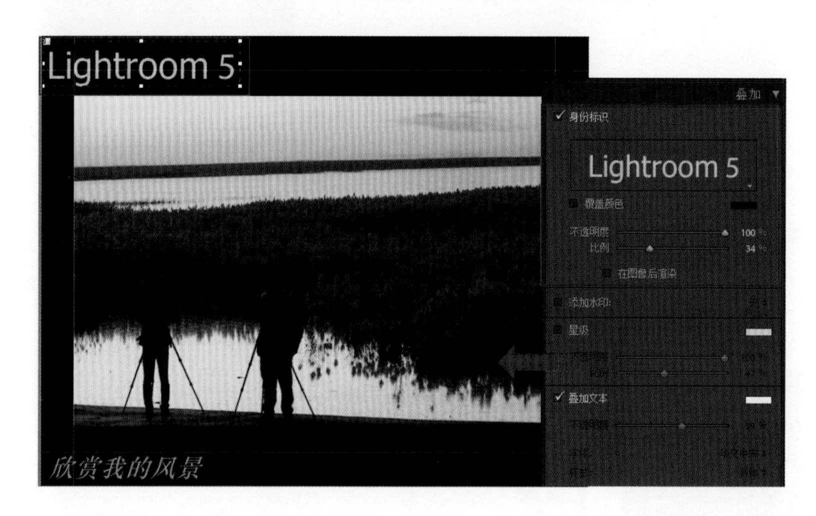

要调整身份标识的不透明度或比例，移动滑块或输入百分比值即可。用户还可以通过在编辑预览窗口中单击身份标识文本，并拖动边界框手柄来缩放身份标识。要移动身份标识，可以单击选中编辑预览窗口中的身份标识文本，并在边界框内拖动，添加身份标识的效果如左图所示。

◆**覆盖颜色：**要更改身份标识的原始颜色，勾选“覆盖颜色”复选框，然后通过单击右侧的色板来选择新颜色。

◆**比例：**用于更改身份标识的文本显示大小。

◆**在图像后渲染：**要将身份标识移动到照片后，勾选“在图像后渲染”复选框即可。

●添加开始/结束时的纯色幻灯片

Lightroom中还可以在幻灯片放映的开始和结束添加纯色的幻灯片，从而在演示中实现渐变过渡，用户可以在幻灯片上显示身份标识、幻灯片说明等信息。

在“幻灯片放映”模块的“标题”面板中，勾选“介绍屏幕”和“结束屏幕”复选框，对于每种类型的幻灯片，指定以下选项，可以通过下方的选项来对幻灯片中的背景颜色、文字等进行设置，如右图所示为添加开始幻灯片的效果和相关设置。

“标题”面板中各个选项可以控制开始和结束幻灯片的效果，具体如下。

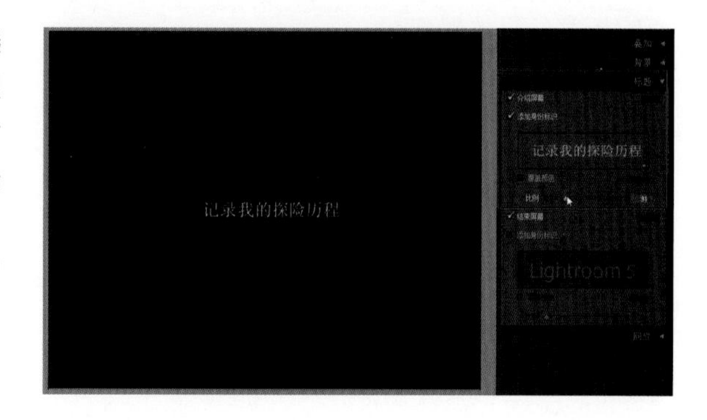

◆**色块：**单击颜色框以从弹出窗口指定幻灯片背景颜色。

◆**添加身份标识：**勾选该选项的复选框，可以在幻灯片上显示用户的身份标识，默认情况下，身份标识是白色的。

◆**覆盖颜色：**要更改身份标识的颜色，需要勾选该复选框，然后单击后面的颜色框，从弹出窗口中选择新的颜色。

◆**比例：**要调整身份标识的大小，需要拖动“比例”滑块或键入一个值，就能够对文本的大小进行调整。

●设置幻灯片持续时间

为了控制幻灯片播放的速度，在Lightroom中还可以设置幻灯片和换片持续时间。“回放”面板可以设置不应用于导出的PDF幻灯片放映。在PDF幻灯片放映中幻灯片持续时间和渐隐过渡是固定的。

在“幻灯片放映”模块的“回放”面板中，可以看到右下图所示的设置，其中的“幻灯片”和“渐隐”就是用于控制幻灯片播放时间的，具体功能如下。

◆**幻灯片：**设置显示每张照片的时间，以秒为单位。

◆**渐隐：**设置幻灯片之间的渐隐过渡的时间，以秒为单位。

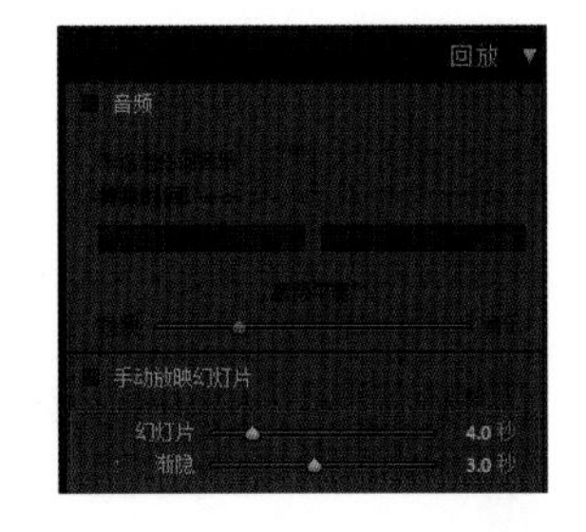

●设置幻灯片播放的音乐

Lightroom可以播放任何.mp3、.m4a 或 .m4b音乐文件作为幻灯片放映的音轨。在Lightroom中观看幻灯片放映或作为视频导出幻灯片放映时播放音乐，在导出的 PDF 幻灯片放映中不播放音乐。

在“幻灯片放映”模块的“回放”面板中，勾选“音频”复选框，单击“选择音乐”按钮，然后导航到要使用的音乐文件；单击“打开”对选中的音频文件进行确认，在“回放”面板中可以看到添加的音频文件名称，通过调整“按音乐调整”按钮以将幻灯片放映的持续时间调整为音频轨道的长度，具体操作如下图所示。

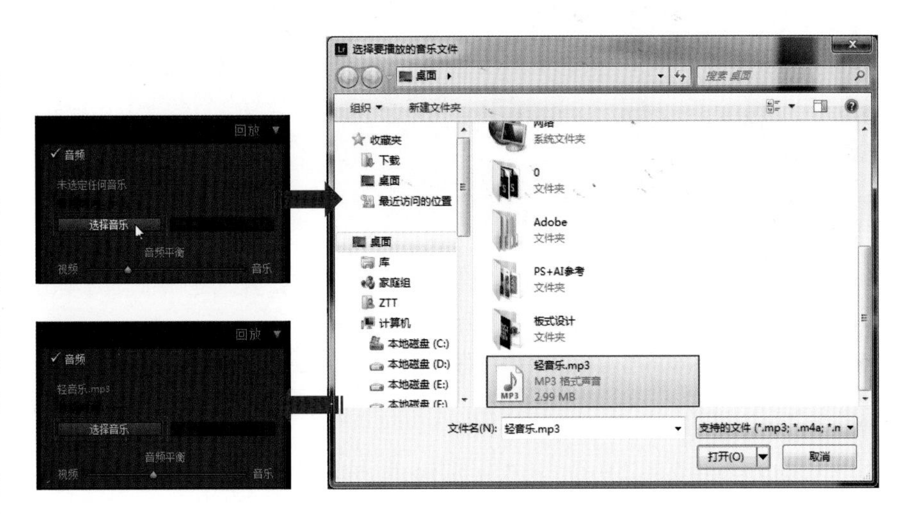

10.1.4 对幻灯片进行播放

在Lightroom中完成对幻灯片的效果添加之后，就可以对制作的幻灯片进行播放了，在“幻灯片放映”模块中可以随机播放幻灯片、也可以对幻灯片进行预览，本小节将对幻灯片的播放进行详细的讲解。

●随机播放幻灯片

在Lightroom中播放幻灯片放映或导出到视频时，在“回放”面板中勾选“随机顺序”复选框，会以随机的顺序播放幻灯片。取消勾选“随机顺序”复选框，会将幻灯片恢复为用户最初设置的顺序，如右图所示在在“回放”面板中勾选“随机顺序”复选框的操作。

●预览幻灯片

在编辑预览窗口中进行幻灯片编辑后，可以对其进行预览，使用编辑预览窗口下方的操作按钮，对幻灯片放映执行停止、显示上一张幻灯片、显示下一张幻灯片或播放/暂停操作，如下图所示。

●播放幻灯片

除了对幻灯片进行随机顺序播放和预览之外，还可以对幻灯片进行播放，通过在Lightroom中播放幻灯片放映，演示会充满计算机屏幕，只需单击“幻灯片放映”模板右下方的“播放”按钮，即可完成幻灯片的播放操作，如右图所示。

10.1.5　导出幻灯片

在Lightroom中制作幻灯片，完成幻灯片的编辑后可以将其导出为三种不同格式的文件，即PDF文件、JPEG文件和视频文件，用户可以根据需要对导出的设置进行调整，很好地解决了跨平台、跨软件不能播放原始幻灯片的问题。

●将幻灯片放映导出为PDF

在Lightroom中可以将幻灯片放映导出PDF文件，以便在其他计算机上查看。使用Adobe Acrobat或Adobe Reader查看时，导出的PDF幻灯片放映不包括用户在Lightroom中指定的音乐、随机形成的图像或持续时间设置。

在Lightroom中将幻灯片导出为PDF格式的文件，可以通过如下的方式来进行操作。

❶ 在“幻灯片放映”模块中，对编辑完成的幻灯片执行“幻灯片放映 > 导出为PDF幻灯片放映”菜单命令，如下图所示。

❷ 打开“将幻灯片放映导出为PDF格式”对话框中，在“文件名”选项后面的文本框中输入幻灯片放映的名称，并选中幻灯片所存放的位置，再对“将幻灯片放映导出为PDF格式”对话框下方的选项进行设置，如右图所示。

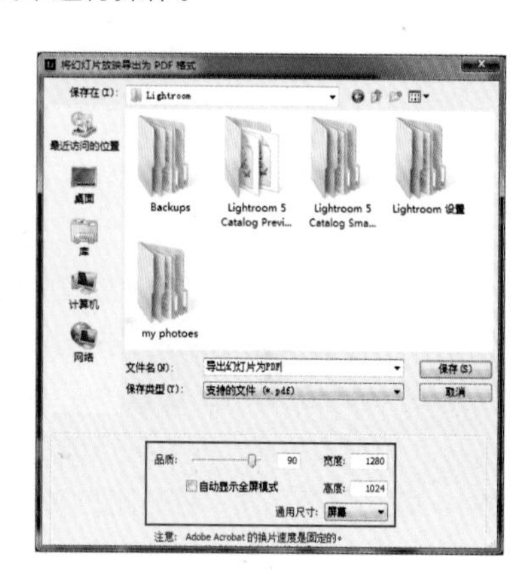

◆品质：品质低的幻灯片会产生更小的幻灯片放映文件大小，100表示最高品质，0表示最低品质。

◆宽度/高度：指定幻灯片放映的像素尺寸，Lightroom会调整幻灯片的大小以适合尺寸，但不会裁剪或更改幻灯片的长宽比，但是用户计算机显示的像素尺寸是默认大小。

◆通用尺寸：指定幻灯片放映的通用尺寸，并在“宽度”和“高度”数值框中输入这些值。

◆自动显示全屏模式：用于显示幻灯片放映的屏幕的全屏尺寸显示幻灯片，通过Adobe Reader或Adobe Acrobat播放幻灯片放映时，会使用全屏的方式对幻灯片进行显示。

❸ 完成“将幻灯片放映导出为PDF格式”对话框的设置后单击“保存”按钮，Lightroom会自动对文件进行导出草地，完成导出后在保存PDF文件的位置可以看到相关的文件，如右图所示。

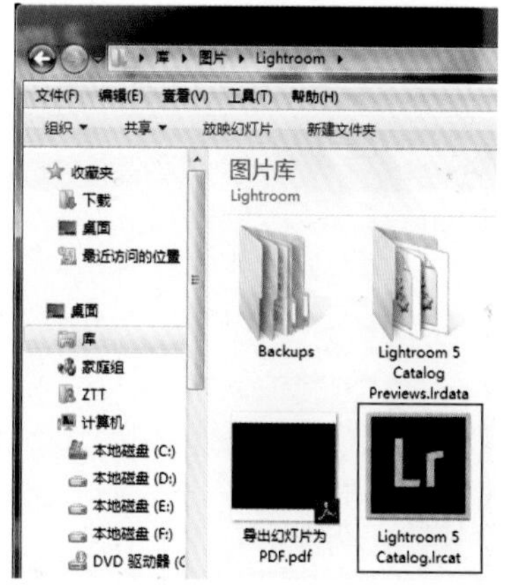

Tips　导出为PDF幻灯片中使用的颜色配置文件

在使用PDF格式将幻灯片进行导出的操作中，Lightroom会使用sRGB的颜色配置文件嵌入到PDF中。

● 将幻灯片放映导出为JPEG

Lightroom可以将编辑的幻灯片导出为可以与其他人分享的一系列JPEG文件，每个JPEG文件都包括幻灯片的布局、背景和单元格选项，单击不会导出换片或回放选项。

❶ 在“幻灯片放映”模块中，对编辑完成的幻灯片执行“幻灯片放映＞导出为JPEG幻灯片放映”菜单命令，如下图所示。

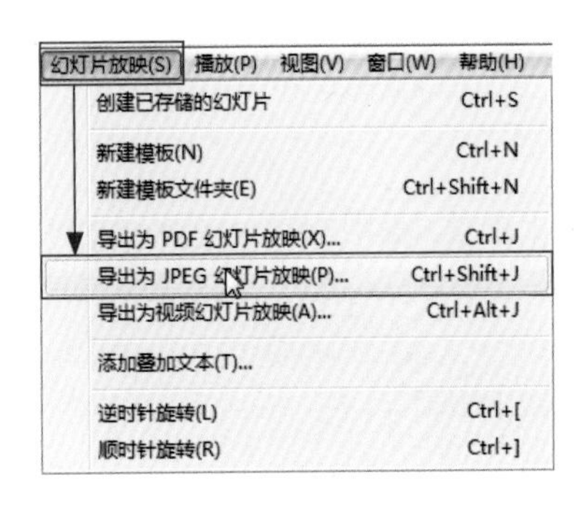

❷ 在打开的“将幻灯片放映导出为 JPEG”对话框中，在“文件名”文本框中输入幻灯片放映的名称，此名称用于包含JPEG图像的文件夹，JPEG图像使用用户指定的文件名，以及序列号和 .jpeg文件扩展名。接着在对话框中存储的位置进行设置，以存储包含JPEG图像的文件夹。

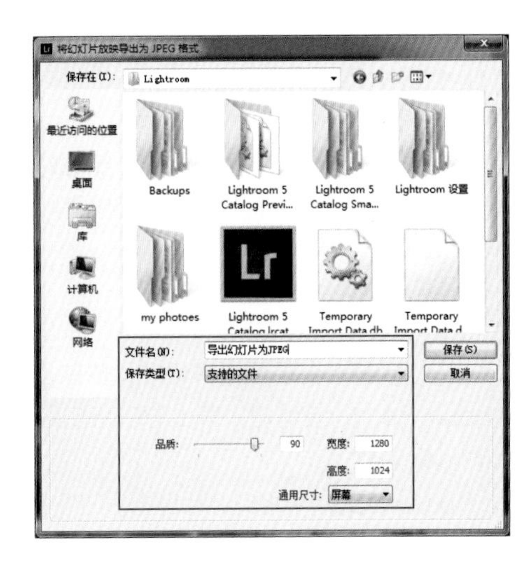

在“将幻灯片放映导出为 JPEG”对话框中，包含了三个选项，用于对导出后的JPEG文件的大小和品质进行设置，具体每个选项的功能如下。

◆**品质：**该选项用于指定设置渲染每个JPEG文件的品质，较低品质图像会产生较小的文件大小，拖动“品质”选项的滑块，或直接在该选项的数值框中输入从0~100的数值，即可进行选项设置，其中左右侧的100表示最高品质，最左侧的0表示最低品质。

◆**宽度/高度：**这两个选项用于指定导出的JPEG文件的像素尺寸，Lightroom 会调整幻灯片的大小以适合尺寸，不裁剪或更改幻灯片的长宽比，但是会根据用户计算机显示的像素尺寸是默认大小。

◆**通用尺寸：**指定文件的通用尺寸，并且在“宽度”和“高度”数值框中输入数值。

❸ 完成后单击“保存”按钮，在导出的过程中如果出现幻灯片中的图像有丢失的情况，那么会打开“导出结果”对话框，如下左图所示，在其中会列举出有问题的照片，询问用户对这些文件进行怎样处理，完成后单击“确定”按钮。

❹ 当完成导出JPEG的操作后，在指定的计算机位置上可以看到图片以指定的文件名进行命名，并且为每张图片添加上了“幻灯片放映”模块中所添加的边框和文字，当以“缩览图”的方式查看文件的内容，可以清晰地看到每张JPEG文件的内容，如下右图所示。

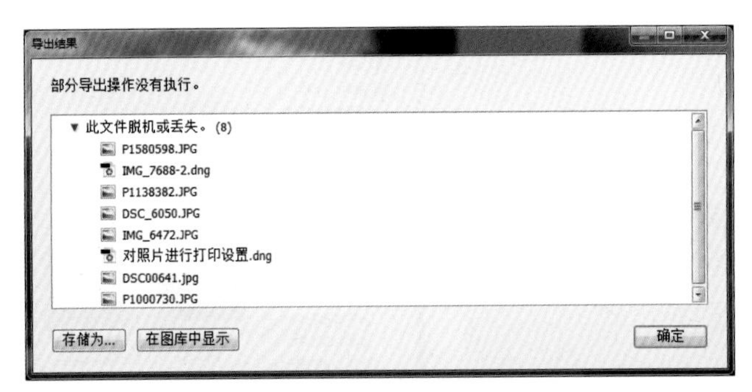

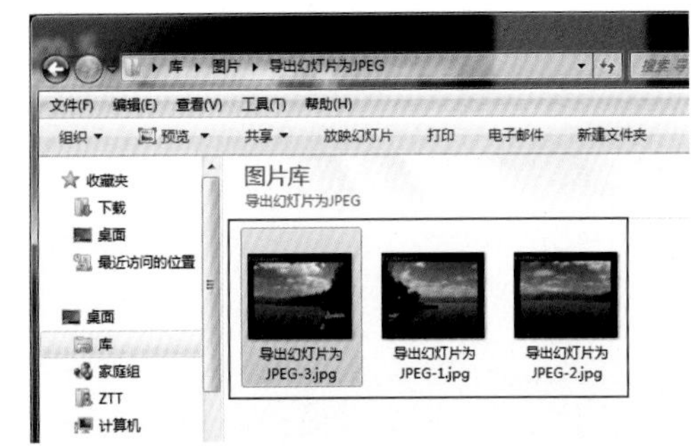

●将幻灯片放映导出为视频

在Lightroom中还可以将编辑的幻灯片导出为可在其他计算机上观看的视频文件，完成幻灯片布局、音轨和其他回放选项时，Lightroom将视频幻灯片放映存储为H.264 MPEG-4文件。

❶ 在“幻灯片放映”模块中，对编辑完成的幻灯片执行“幻灯片放映 > 导出为视频幻灯片放映”菜单命令，如下图所示。

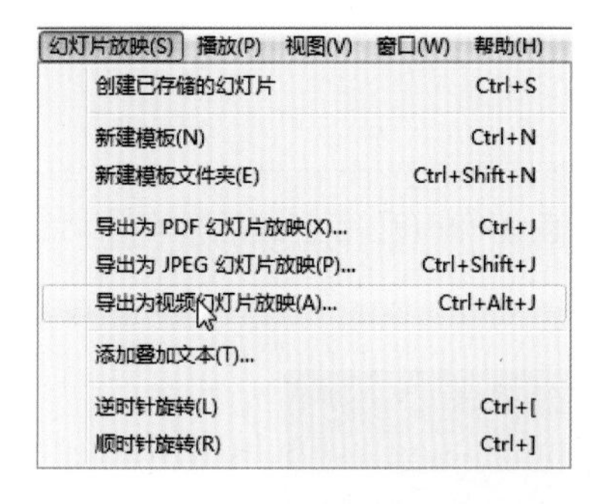

❷ 在打开的“将幻灯片放映导出为视频”对话框中，在“文件名”文本框中输入幻灯片放映的名称，并对视频文件的尺寸和存储位置进行设置，具体如右图所示，使用“视频预设”下拉列表中的选项来确定像素大小和帧速率。

❸ 完成“将幻灯片放映导出为视频”对话框的设置后单击“保存”按钮，Lightroom会自动对幻灯片进行导出，在指定的位置可以看到导出的文件，如左图所示。

> **Tips MP4视频文件格式**
>
> MP4的全称为MPEG-4 Part 14，是一种使用MPEG-4的多媒体电脑档案格式，后缀名为.mp4，以储存数码音讯及数码视讯为主，还可以在MP4或手机上进行播放的一种视频格式。

❹ 双击导出的MP4格式的视频文件，可以使用计算机中默认的播放器对视频文件进行播放。下图所示为播放的效果，可以看到视频中包含了“幻灯片放映”模块中所应用的一切设置和效果。

10.2 设计照片画册——“画册”模块

在Lightroom中的“画册”模板可以将后期处理后的照片设计成照片相册，以左右翻页的形式进行显示，在该模板中可以对画册的板式布局、页面背景和文字信息等进行编辑，并能将制作完成的画册导出为PDF、JPEG文件，或者直接将画册上传到网络上，让照片的展示独具一格，充分表现出照片的内在美。

10.2.1 认识“画册”模块

通过使用“画册”模块，用户可以设计照片画册，然后将其上传到按需打印网站Blurb.com中。此外，还可以将画册存储为Adobe PDF或单个JPEG文件，在Lightroom中切换到“画册”模块，可以看到如下图所示的页面。

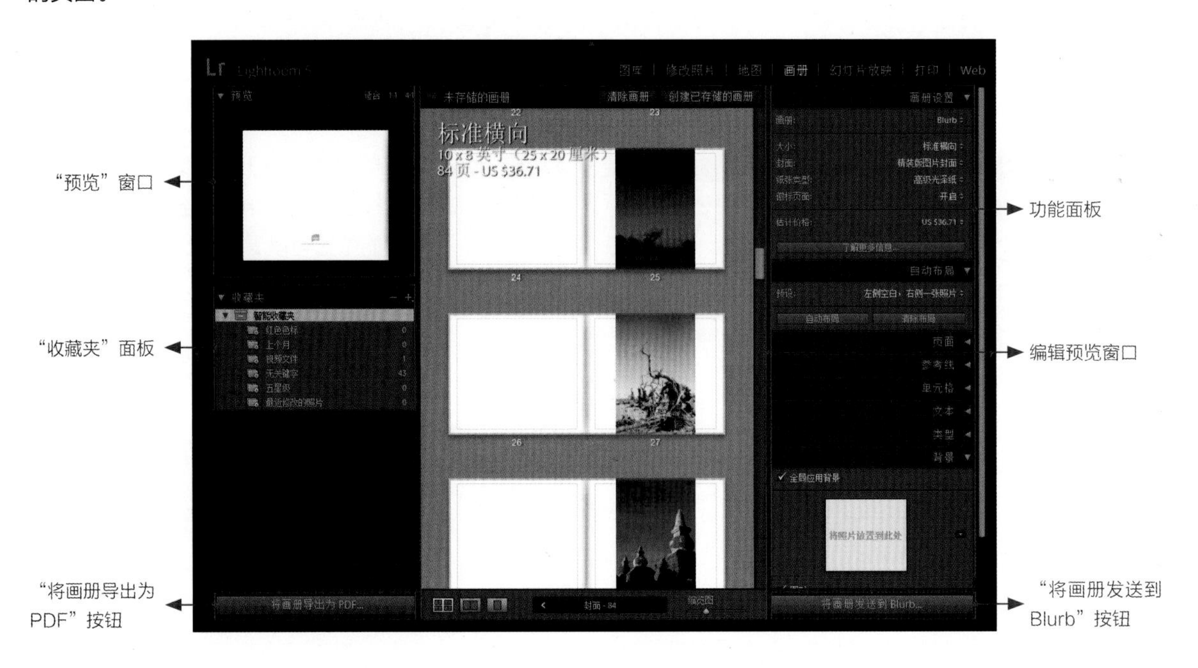

◆ **“预览”窗口：**在该面板中可以对画册单个页面中的照片进行预览。

◆ **“收藏夹”面板：**用于显示和管理当前编辑的照片，便于对照片进行归类管理。

◆ **“将画册导出为PDF”按钮：**单击该按钮可以将当前编辑的画册导出为PDF文件。

◆ **编辑预览窗口：**该窗口会对编辑的画册进行实时的预览，并能在其中对画册中的照片位置进行调整。

◆ **“将画册发送到Blurb”按钮：**单击该按钮可以将画册上传到网络上。

◆ **“画册设置”面板：**指定画册大小和封面类型，是精装或平装版。

◆ **“自动布局”面板：**自动设置画册的页面布局。

◆ **“页面”面板：**用于为画册添加页码和空白页。

◆ **“参考线”面板：**用于在图像预览区域中启用或禁用参考线。

◆ **“单元格”面板：**用于对画册中单元格的边距进行调整。

◆ **“文本”面板：**用于为各个照片或整个页面添加文本字段。

◆ **“类型”面板：**用于选择字体、样式、颜色、磅值和不透明度。
◆ **“背景”面板：**在该面板中可以将照片、图形或纯色作为画册页面的背景进行设置。

10.2.2 不同视图模式的预览

为了更快捷、更准确地对画册进行编辑和制作，在Lightroom的“画册”面板中提供了三种不同的视图模式，即“多页视图”、“跨页视图”和“单页视图”。通过这三种不同的显示模式，可以有针对性地对画册的内页进行预览。

当分别单击编辑预览窗口下方的“多页视图”、“跨页视图”和“单页视图”按钮后，可以看到如下图所示的显示效果。通常情况下为了计算机更加快速的进行运行，会使用“跨页视图”或“单页视图”进行显示。

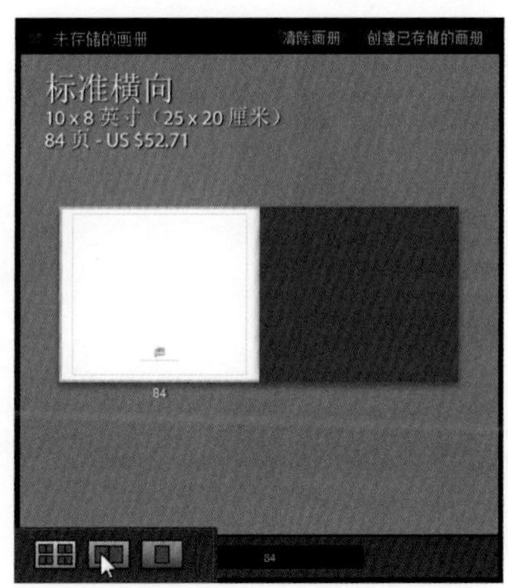

10.2.3 画册首选项设置

通过“画册”模块中的画册首选项设置可以指定默认画册布局操作。在“画册”模块中，执行“画册>画册首选项”菜单命令，可以打开如右图所示的“画册首选项”对话框，具体每个选项的功能和作用如下。

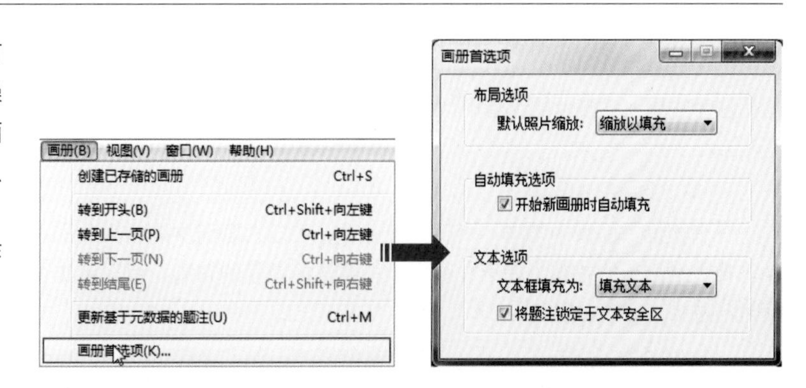

◆**默认照片缩放：**在单元格中添加照片时，将自动缩放照片以填充或缩放到合适大小。
◆**开始新画册时自动填充：**在开始创建画册时，将使用当前“自动布局”预设和胶片显示窗格中的照片自动添加页面。
◆**文本框填充为：**可以使用照片的标题、题注或文件名元数据自动填充包含文本框的布局。“填充文本”选项在字段中显示占位符文本以帮助查看是否缺少标题、题注或文件名元数据。
◆**将题注锁定于文本安全区：**将照片和页面的题注字段锁定于页面的可打印区域。

10.2.4 画册基础设置

在编辑画册之前，需要先在“图库”模块中选择要包括在画册中的照片，可以在“图库”模块的“网格视图”和“胶片显示窗口”中选择照片，还可以在“画册”模块中可以选择“收藏夹”面板和“胶片显示窗口”中的照片。

完成照片的选择后首先在“画册”模块中，使用窗口右侧的“画册设置”面板指定选项，选择是要输出为PDF、JPEG，还是 Blurb，并指定画册大小和封面类型。如果打印到Blurb，在编辑的过程时，将根据画册的纸张类型和页数来更新估计价格，“画册”模块中的“画册设置”面板如右图所示。

10.2.5 自动布局与页面的调整

在Lightroom中对画册中的照片进行选择和对画册进行基础设置后，就可以开始对画册的布局进行修改了，通过“自动布局”面板可以轻松使用预设的布局对画册进行板式更改，同时还可以使用“页面”面板中的设置对页码、页码样式等进行设定，具体如下。

●自动布局

“自动布局”面板用于自动设置画册的页面布局，该面板中的设置如左图所示。选择一个预设布局，如右图所示，然后单击“自动布局”按钮即可对画册进行自动布局操作。要重新开始，只需单击“清除布局”按钮即可。

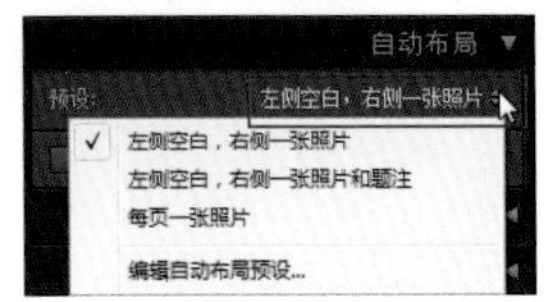

如果要发布到Blurb，则只能为不超过240页的画册应用自动布局。如果要发布到PDF，则没有页数限制。值得注意的是，“胶片显示窗扣”中的缩略图上显示的数字表示该照片在画册中出现的次数。

● “页面”面板的设置

在“页面”面板中勾选“页码”复选框，可以为画册中的内页添加上页码，并且在该选项后面的下拉列表中选择一种显示的位置，如下左图所示；要选择页面的布局，可以单击页面右侧的三角形按钮，在弹出的菜单中进行选择，如下右图所示。

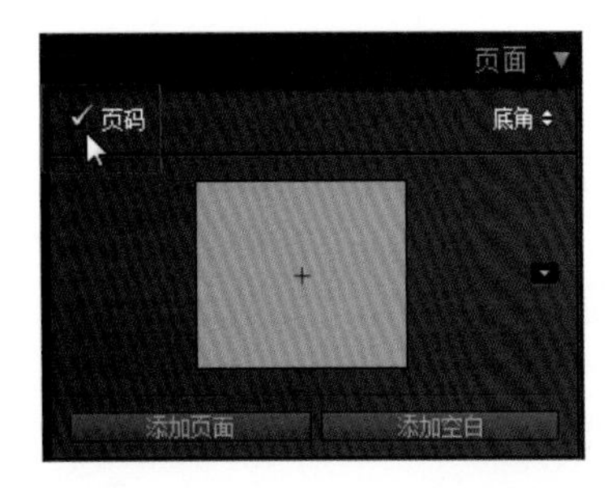

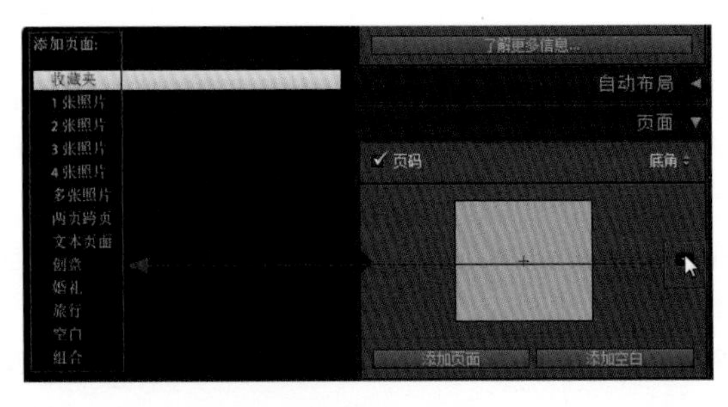

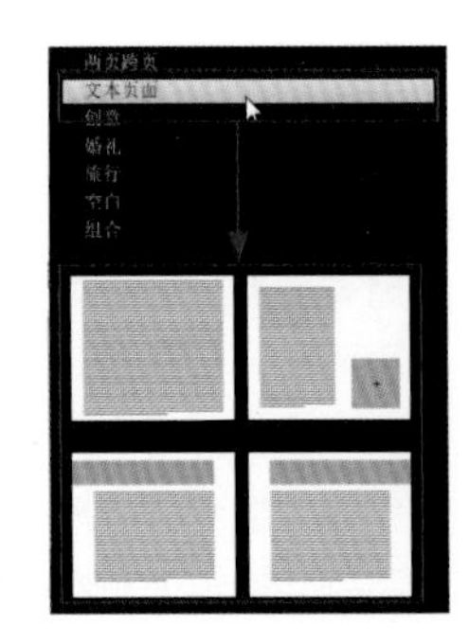

在“页面”面板中单击“添加页面”可在当前选定的页面旁边添加一个页面，新页面将使用选定页面或模板的格式。单击“添加空白”按钮，可在当前选定的页面旁边添加一个空白页，如果未选择任何页面，Lightroom会将空白页添加到画册最后。

10.2.6 参考线与单元格的设定

为了便于对画册中的照片进行有序排列，可以使用“画册”模块“参考线”面板中的设置来对照片的排列进行参考和约束，此外还可以使用“单元格”面板中的设置来控制照片的边距，具体如下。

● “页面”面板的设置

通过“参考线”面板中的设置，可以在图像预览区域中启用或禁用参考线。参考线不会被打印，而是仅用于帮助您在页面上放置照片和文本。下图所示为显示参考线和未显示参考线的显示效果。

◆**页面出血：**“页面出血”参考线显示为页面边缘周围的灰色粗边框，页面出血表示照片超出页面边界的部分，完全出血的照片将到达页面的最边缘。

◆**文本安全区：**“文本安全区”参考线显示为页面周边内的灰色细线，此区域以外的文本将不会在页面中显示。

◆**照片单元格：**照片单元格参考线显示为中间带有十字的灰色框，这些参考线表示未填充的照片单元格。

◆**填充文本：**占位符文本显示在空页面和照片题注字段中。

Tips 填充文本的显示

必须在“画册首选项”对话框中，选择“文本框填充为”选项下拉列表中的“填充文本”选项才能显示填充文本。

● “单元格”面板

在“单元格”面板中拖动“边距”选项的滑块可在单元格中的图像或文本周围添加空间，以“磅”为单位，如下左图所示。使用“边距”可以有效地自定图像在其单元格中的外观，以及自定各个页面模板。

默认情况下，边距会统一应用到所有边，单击“边距”标题右侧的三角形可为单元格的每个边应用不同的边距量，如右图所示。用户可以在预览区域中选择多个单元格，并同时对所有选定单元格应用边距。

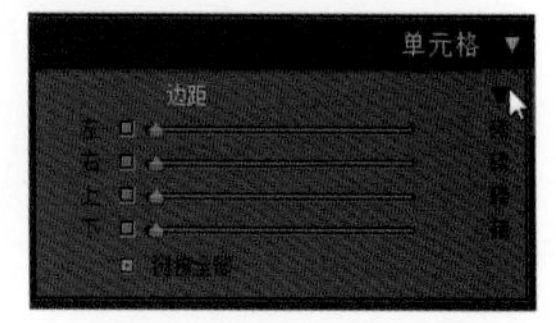

10.2.7 文本、类型和背景

在完成画册的布局和单元格等一系列的设置之后，为了画册更加美观和丰富，还可以使用“文本”、“类型”和“背景”面板中的设置对画册中的文字属性和背景颜色进行调整。

● “文本”面板

“文本”面板用于为各个照片或整个页面添加文本字段。在单击照片时，将显示“添加照片文本”透明按钮，单击此按钮可立即开始添加文本，如右图所示，此提示适用于照片和页面。

在画册的内页中添加文本后，可以在编辑预览窗口中选中文本，并展开“文本”面板，在其中对文本进行设置，“文本”面板如下图所示，具体每个选项的功能如下。

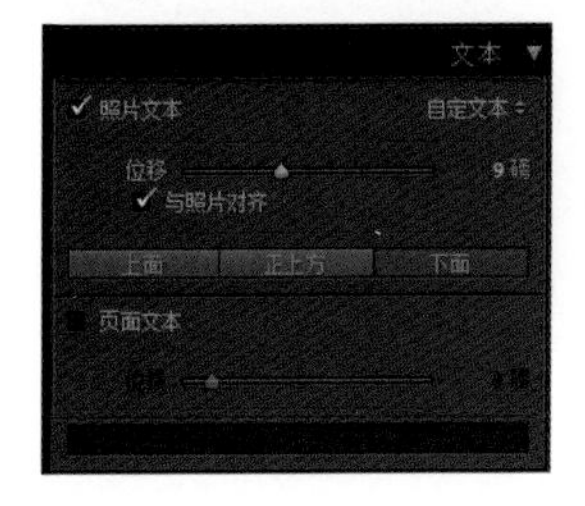

◆**照片文本：**可以将照片的题注放在选定图像单元格的上方、下方或单元格中，可以使用照片元数据中的标题或文本，或者直接在文本字段中输入自定义题注。

◆**位移：**将相对于定位位置将文本移到照片上方、下方或照片中。

◆**上面：**将题注文本放在照片上边缘和页面上边缘之间。

◆**下面：**将题注文本放在照片下边缘和页面下边缘之间。

◆**正上方：**默认情况下，题注位于照片中的下边缘，增加该值可将题注位置朝照片上边缘移动。

◆**与照片对齐：**在对照片应用缩放或边距时，使题注的左边与照片的左边对齐。

◆**页面文本：**可以将页面的题注放在页面的顶部或底部，在编辑预览窗口的页面文本字段中输入题注。

◆**位移：**调整偏移量可将题注在页面上相对于定位位置上移或下移，增加位于页面顶部的页面题注的位移量将使题注在页面上下移，增加位于照片下方的照片题注的位移量，将使题注远离照片，向页面下方移动。

● “类型”面板

在“类型”面板中，可以对当前编辑的文字进行设置，包括选择字体、样式、颜色、磅值和不透明度。单击黑色的三角形可指定其他印刷选项，如字距调整、基线偏移、行距、字距、列数以及装订线，还可以指定水平和垂直对齐方式，具体选项如右图所示。

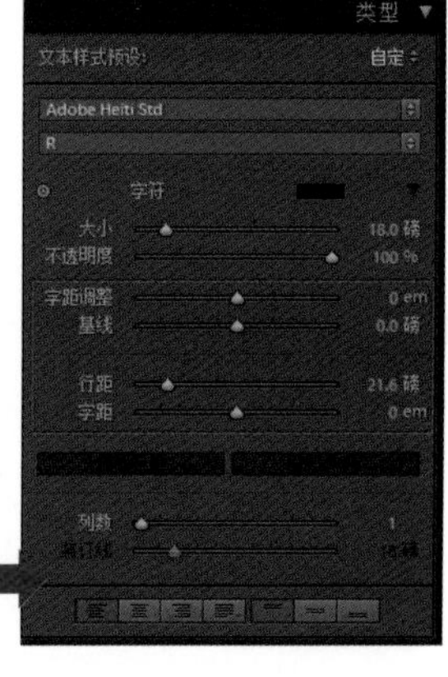

● “背景”面板

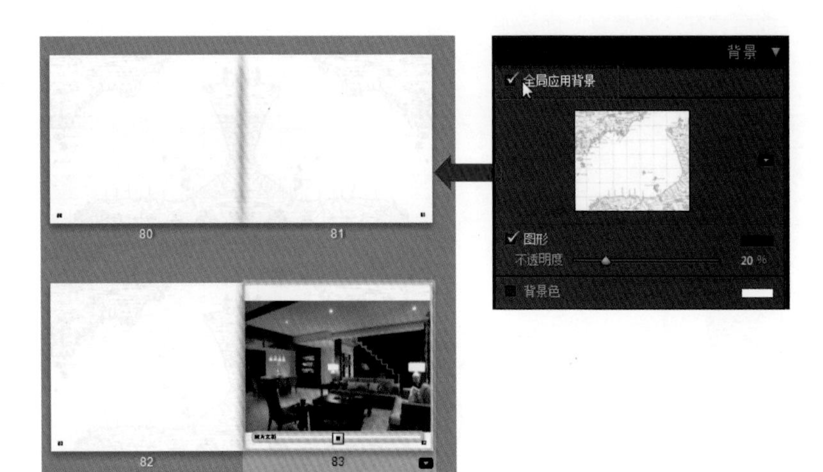

在“背景”面板中可以将照片、图形或纯色作为画册页面的背景。

要添加背景，需要在“画册”模块的编辑预览窗口中选择一个或多个页面，当勾选“全局应用背景”复选框时，可以将背景应用于画册中除封面之外的所有页面，即使未选择这些页面，如左图所示。

将照片从“胶片显示窗口”中拖到“背景”面板中的“将照片放置到此处”占位符上，拖动“不透明度”滑块以调整透明度，如下左图所示。

在“背景”面板中，单击箭头并选择一个图形背景，单击颜色色板以更改图形的颜色，并拖动“不透明度”滑块以调整透明度；如下右图所示，可以对背景中的颜色进行设置。

除了为画册中的内页添加上图像背景和图形背景以外，还可以通过“背景色”中的设置对画册内容的背景颜色进行调整，利用“背景色”选项后面的色块来对背景的颜色进行设置，具体操作如下图所示。

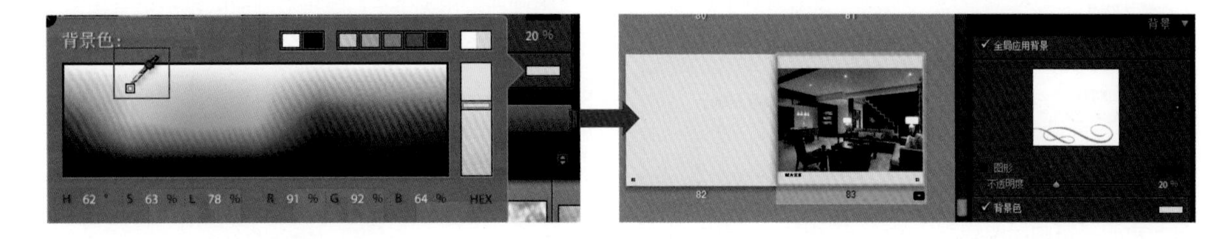

10.2.8 存储和导出画册

在Lightroom中完成对画册的编辑后，可以通过存储和导出画册的方式对编组完成的画册进行存储，如果用户对画册进行存储，那么还可以在再次开启Lightroom应用程序时继续对画册进行编辑；如果用户对画册进行导出操作，那么用户可以在其他的计算机中对导出的画册内容进行分享，存储和导出画册的具体操作如下。

●存储画册

要存储画册以便在退出“画册”模块后返回并继续处理画册，可以单击“画册”模块编辑预览窗口中的

“创建已存储的画册”按钮，在“创建画册”对话框中，命名该画册，指示是否要将画册存储到收藏夹集中并选择其他选项，单击“创建”按钮，完成后将在“收藏夹”面板中显示存储的画册以及画册图标，具体操作如下图所示。

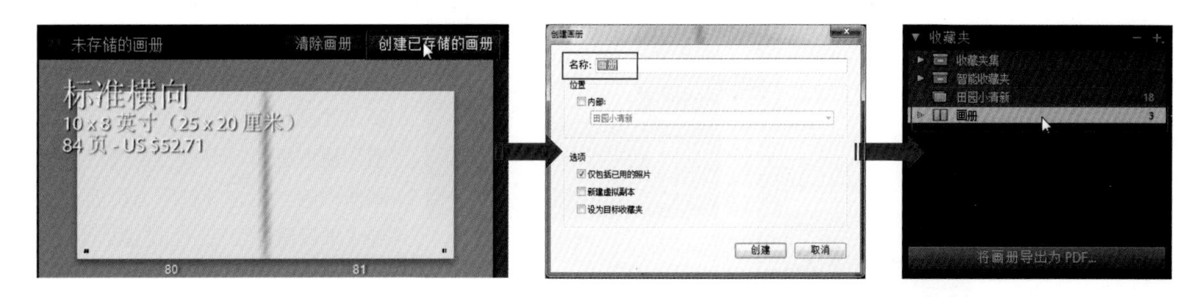

●导出画册

在Lightroom的“画册”模块中可以将编辑完成的画册导出为PDF、JPEG和发送到Blurb，每种导出方式的操作如下。

将画册导出为PDF，就是渲染画册的分页为PDF文件，并将其存储到指定的位置，可以将PDF 用作打样并与客户分享，或者将PDF上传到服务提供商或打印网站；单击“画册”模块左下角的“将画册导出为PDF”按钮，即可对画册进行导出，在打开的对话框中对PDF画册的位置和名称进行设置即可，如右图所示。

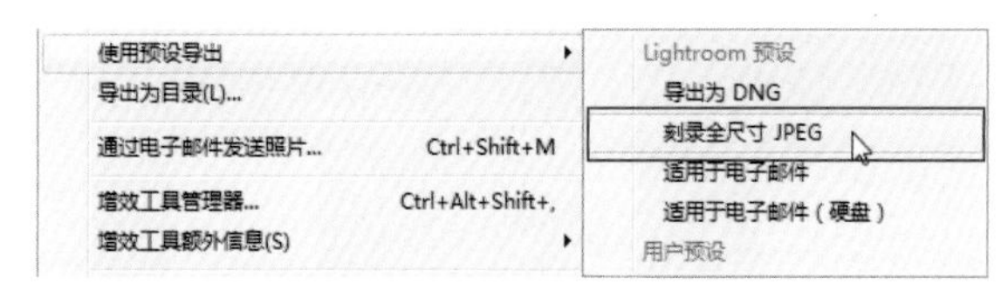

将画册导出为JPEG就是将画册的每一页分别渲染为一个JPEG文件。在“画册”模块中执行“文件>使用预设导出>刻录全尺寸JPEG”菜单命令，即可将画册导出为JPEG文件，如左图所示。

将画册发送到Blurb就是将画册连接到Blurb，当单击“画册”模块右下角的“将画册发送到Blurb”按钮后，将提示用户注册或登录，如右图所示。然后，将画册上载到用户指定的Blurb账户以进行预览和打印。

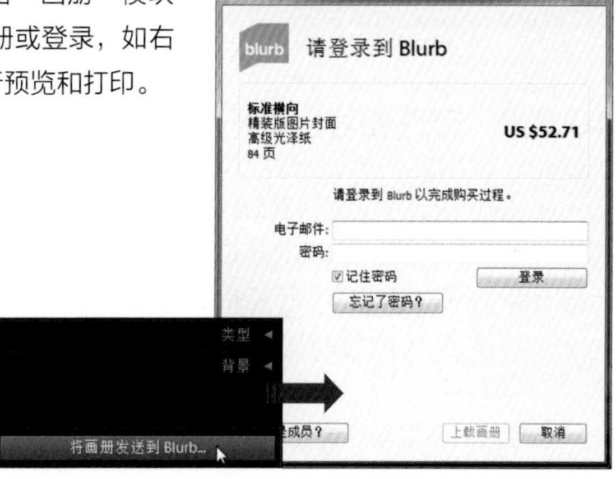

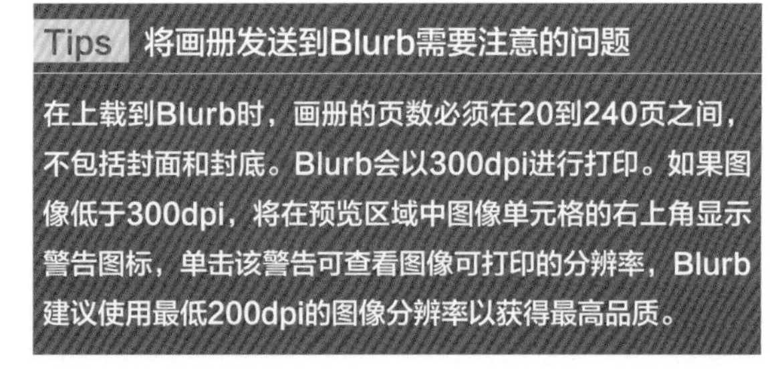

Tips 将画册发送到Blurb需要注意的问题

在上载到Blurb时，画册的页数必须在20到240页之间，不包括封面和封底。Blurb会以300dpi进行打印。如果图像低于300dpi，将在预览区域中图像单元格的右上角显示警告图标，单击该警告可查看图像可打印的分辨率，Blurb建议使用最低200dpi的图像分辨率以获得最高品质。

10.3 打造属于自己的天地——Web画

Web画廊实际上就是将处理后的照片进行编排，使用一定的网络版式对照片的显示进行调整，实际上就是制作一个展开照片的网页。在Lightroom中的“Web画廊”模块中包含了多种预设的模板可以直接使用，当然，用户也可以根据需要在各个面板中对Web画廊的布局、颜色等进行设定，制作出有个性的展示效果。

10.3.1 认识Web模块

通过Web模块可以指定网站的布局，启动Lightroom应用程序后，切换到Web模块，可以看到如下图所示的显示效果。在编辑预览窗口中可以看到应用预设模板后的照片展示效果，用户可以通过“使用”选项中的“所有照片”、“选定的照片”或“留用的照片”选项来过滤在Web模块中选定的照片。

◆ **“预览”面板：** 显示模板的布局。

◆ **“模板浏览器”面板：** 显示Web照片画廊模板的列表，在模板名上移动指针会在“预览”中显示其页面布局。

◆ **“收藏夹”面板：** 显示目录中的收藏夹。

◆ **“布局样式”面板：** 用于选择默认的“Lightroom Flash 画廊”模板或“Lightroom HTML 画廊”模板，或者三个Airtight Interactive画廊布局之一。

◆ **“网站信息”面板：** 指定Web照片画廊的标题、收藏夹标题和说明、联系信息以及Web或Email链接。

◆ **“调色板”面板：** 为文本、网页背景、单元格、翻转、网格线以及索引编号指定颜色。

◆ **“外观”面板：** 指定图像单元格布局或页面布局，此外，还指定网页上是否显示身份标识。

◆ **“图像信息”面板：** 指定随图像预览显示的文本。

◆ **“输出设置”面板：** 指定照片的最大像素尺寸和JPEG品质，以及是否添加版权水印。

◆ **“上载设置”面板：** 指定将您的 Web 画廊发送到服务器使用的上传设置。

10.3.2 创建Web画廊的基本流程

在认识了Lightroom中的Web模块之后，就可以使用该模块中的功能创建属于自己的照片展示天地了。在使用Web模块之前，让我们先对Web模块的操作流程进行梳理，按照网页创建的先后顺序对Web模块中的操作进行大致的讲解，让读者更轻松制作出自己的Web画廊。

●从“图库”模块中选择编辑的照片

在创作网页之前，先需要将上传的照片筛选出来，避免不必要的照片对编辑的效果产生影响，具体操作如下。

❶ 在“图库”模块中将需要使用的照片导入到Lightroom应用程序中。

❷ 通过“网格视图”模式显示照片，并从中选择需要编辑的照片，可以看到选中的照片以较亮的方式显示出来，如右图所示。

●创建收藏夹

为了对选中的照片进行归类整理，方便Web模块的编辑更加的顺畅，还需要为“图库”模块中选中的照片创建收藏夹，具体如下。

❶ 在“图库”模块的“收藏夹”面板中单击右上角的加号按钮，在弹出的会计菜单中选择“创建收藏夹”命令，如下左图所示。

❷ 打开如下右图所示的“创建收藏夹”对话框，在其中对收藏夹的名称进行设置，并勾选“包括选定的照片”复选框。

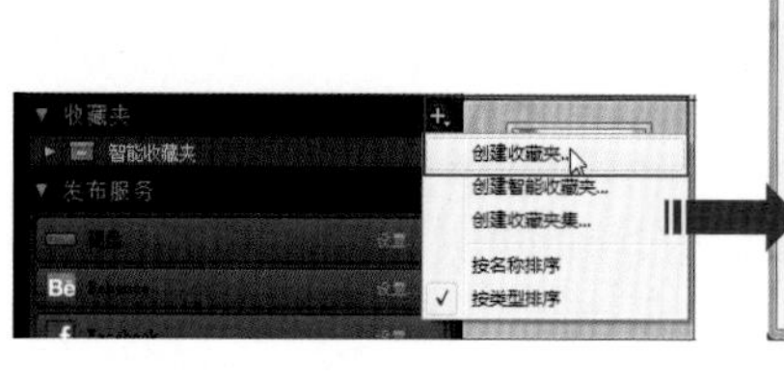

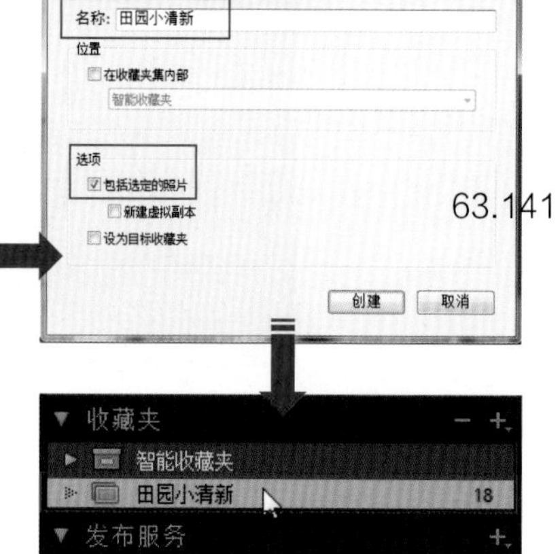

❸ 完成设置后单击“创建”按钮关闭对话框，在“收藏夹”面板中可以看到创建的“田园小清新”收藏夹，显示出照片数量为18，如右图所示。

●调整照片的顺序

切换到Web模块，在其中展开“胶片显示窗口”，通过单击并拖曳照片的方式对照片的顺序进行调整，以便在网页中以指定的照片顺序对图片进行显示，操作如下图所示。

●选择预设的模板

在初次使用Web模块的过程中，用户可以通过使用Lightroom中预设的模板来对网页的布局进行设定，这样可以提高编辑的效果，同时大量的模板也基本可以满足创作的需要。

❶ 展开Web模块中的“模板浏览器”面板，单击“Lightroom模板”前面的三角形按钮，展开该选项组，在其中单击选中Lightroom UI选项，使用这种模板进行编辑，如右图所示。

❷ 展开Web模块右侧的“布局样式”面板，在其中单击选中“Lightroom Flash画廊”选项，如上图所示。

❸ 当完成上述的两个操作后，在Web模块的编辑预览窗口中可以看到“田园小清新”收藏夹中的照片以指定的布局进行显示，大致表现出了网页中图片的显示效果，如上图所示。

●编辑网络信息

为了让网页中的文字信息与照片的内容相互一致，在接下来的操作中将会对网页中的信息文字进行调整，通过Web模块中的“网站信息”面板可以轻松地完成网站标题、照片说明等文本的添加，具体操作和编辑效果如下。

❶ 展开Web模块中的“网络信息”面板，在“网站标题”选项下的文本框中输入“我的青春记忆”，在“收藏夹标题”文本框中输入“田园小清新”，在“收藏夹说明”中输入“阳光明媚的午后，独享一份清新靓丽”，如下图所示。

❷ 完成“网站信息”面板的编辑后，在Web模块的编辑预览窗口中可以看到网页中显示的文字发生了变化，如左图所示。

●设置输出参数

为了让网页最终的呈现出来的效果与预期的一致，还需要在“输出设置”面板中对网页输出的品质进行设定。

展开“输出设置”面板，在其中调整“品质”选项的参数为70，并勾选“添加水印”和“锐化”复选框，具体如右图所示。

●预览Web画廊

在完成对网页的编辑后，就可以对编辑的结果进行预览了。在Lightroom的Web模块中单击左下方的“在浏览器中预览”按钮，此时Lightroom会自动运行计算机中默认的浏览器，并且将创建的Web画廊在其中进行预览，具体如下图所示。如果用户在预览的页面中发现文字错误，或者照片顺序不正确等情况，可以及时在Lightroom中进行更改。

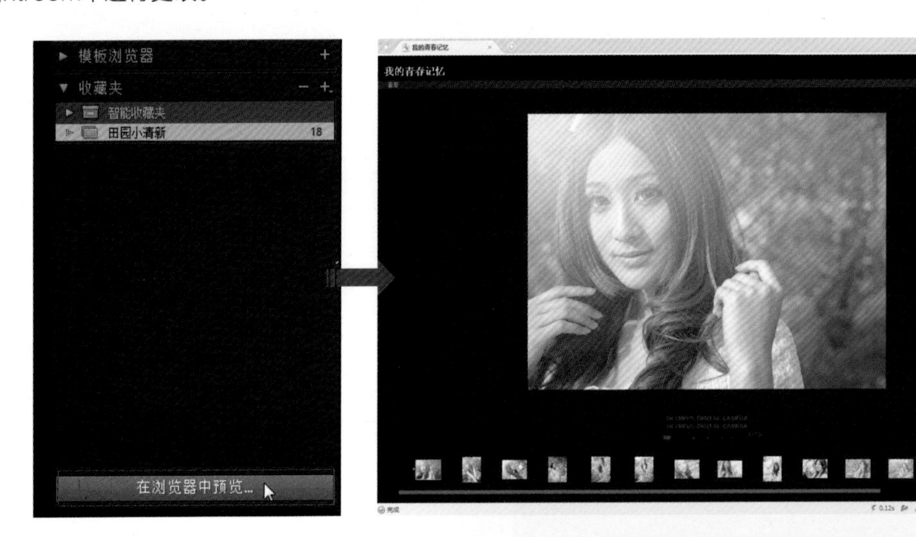

●保存编辑的结果

当用户对预览的Web画廊效果十分满意后，还需要在Lightroom的Web模块中对编辑的效果进行保存。

用户可以以导出的方式将网页存储到计算机的硬盘中，也可以使用Lightroom中的FPT上传功能将制作的网页上传到Web服务器中，在进行这些编辑之前，需要在“上载设置”面板中对选项进行设置，具体如左图所示，到此基本完成Lightroom中Web画廊的操作。

10.3.3 调整Web画廊的布局

在Lightroom的Web模块中可以通过选择预设的模板来定义网页的布局，也可以通过调整Web画廊的外观、添加照片信息等方式来定义网页中需要显示的元素，具体的操作如下。

●选择Web画廊模板

在Lightroom中，可以在“模板浏览器”面板中选择预设的HTML和Flash Web画廊，用户可以通过选择预设模板来定义画廊中特定的要素，例如颜色、画廊布局、文本和身份标识。

Lightroom包括Airtight Interactive的三个Flash画廊布局，即Airtight AutoViewer、Airtight PostcardViewer和Airtight SimpleViewer。在“布局样式”面板中选择它们，可以即时在编辑预览窗口中显示其布局效果，“布局样式”面板如下右图所示。

Airtight Interactive增效工具在Web模块面板中提供自定选项，用户可以使用这些选项来修改 Airtight布局。

在 Web 模块中，单击“模板浏览器”面板中的某个模板，预定义模板会显示在“Lightroom模板”文件夹下，但用户可以添加新文件夹和自定模板，“模板浏览器”面板如上左图所示。单击文件夹旁边的箭头可将其展开或折叠。当选择模板时，“布局式样”面板会显示出模板是Flash画廊还是HTML画廊。

下图所示为在“模板浏览器”面板中指定预设模板后，在编辑预览窗口和“布局样式”面板中的显示效果。

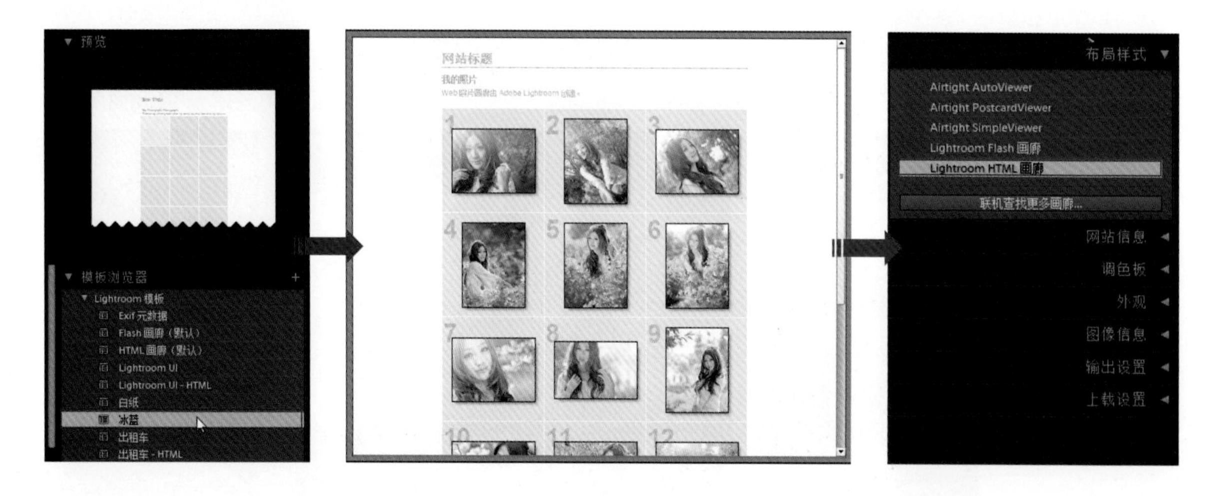

●设置Lightroom HTML画廊的外观

当用户使用Lightroom HTML画廊作为Web画廊的布局后，可以在Web模块的“外观”面板中对网格大小、阴影效果和图像的边框等显示效果进行设置，让Lightroom HTML画廊的外观显得更具个性。值得注意的是，由于Lightroom HTML和Lightroom Flash是两种不同的网页显示，因此在“外观”面板中这两种Web画廊的设置选项也是不一样的。

在“模板浏览器”面板中选择HTML画廊，并在“布局样式”面板中确认是否为HTML画廊，接着在“外观”面板中对各个选项进行设置，使得网页的效果更加美观，具体操作如下图所示。

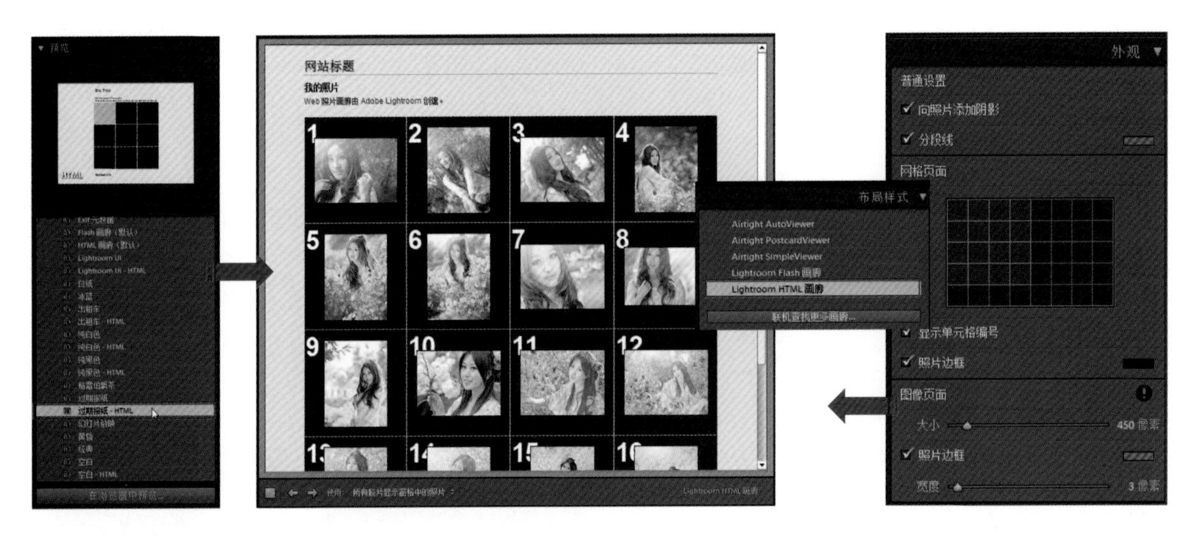

◆**向照片添加阴影**：勾选该复选框，可以为所有照片添加投影效果。

◆**分段线**：勾选该复选框，可以在网站标题的下方添加水平规则，通过单击拾色器为规则选择颜色。

◆**网格页面**：要在缩览图索引页面上指定网格布局，在网格中单击，以设置行数和列数。

◆**显示单元格编号**：勾选该复选框，可以在每张照片缩览图的左上角显示索引编号。

◆**照片边框**：勾选该复选框，可以将边框添加到照片缩览图中，通过单击拾色器为边框选择颜色。

◆**大小**：用于指定图像页面的大小，拖动“大小”选项的滑块或输入像素值即可进行设置。

◆**宽度**：要在大图像页面上显示照片周围的边框，需要在面板的“图像页面”中勾选“照片边框”，拖动“宽度”滑块，或输入像素值以定义边框的大小。

●设置Lightroom Flash画廊的外观

在Lightroom中还可以设置多个不同的Lightroom Flash画廊外观效果，每个画廊都有用于运行幻灯片放映的导航控件，Lightroom Flash画廊最多可容纳500张照片。在“模板浏览器”面板中选择一个Lightroom Flash画廊，在“外观”面板中对选项进行设置，可以调整照片的缩览图大小、身份标识和布局效果，具体如右图所示。

◆**滚动**：在用户的Web照片画廊中图像较大的版本下方，显示图像缩览图的滚动行。

◆**分页**：在大版本照片的左侧显示一个图像缩览图页面，配有导航控件可移至其他图像缩览图页面。

◆**左侧**：在Web照片画廊中大版本照片的左侧显示图像缩览图的滚动列。

◆**仅幻灯片放映**：在Web照片画廊中显示大版本图像。

●在Web照片画廊中显示版权水印

在Web照片画廊中显示版权水印，需要在“输出设置”面板中进行设置，勾选“添加水印”复选框，并从弹出菜单中选择一个选项，如果选择“编辑水印”选项，用户可以在“水印编辑器”对话框中创建文本或图形水印，操作如下图所示；如果选择“简单版权水印”选项，则使用IPTC版权元数据作为水印。

当为Web照片画廊添加版权水印后，Lightroom会在画廊中的缩览图和大图像上显示水印。然而，小缩览图上并不始终显示水印。

●将标题、说明和联系信息添加到Web照片画廊

将标题、说明和联系信息添加到 Web 照片画廊，就是将网站标题、照片收藏夹标题和说明、联系信息以及Web或Email链接显示在Web照片画廊的每个网页上。

在“图像信息”面板中可以为照片添加标题和题注，下右图所示为在“图像信息”面板中为照片添加“自定文本”的设置和预览效果。

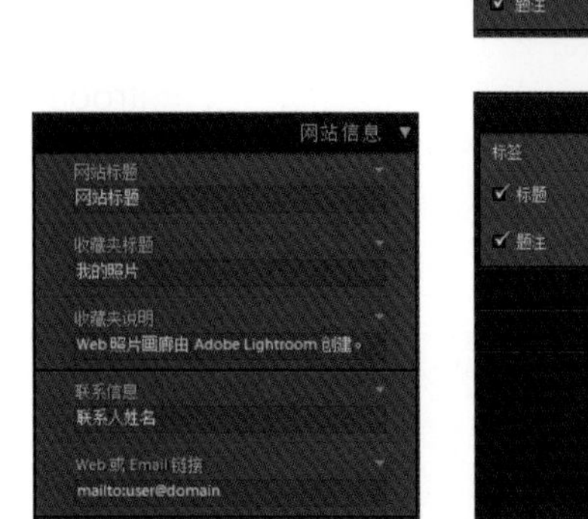

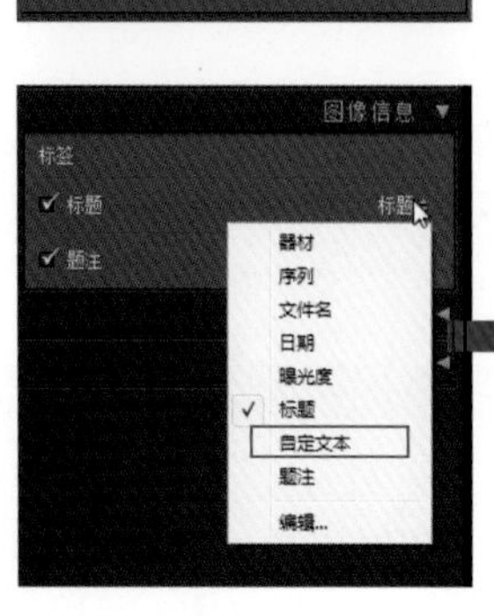

使用网站标题和收藏夹标题、收藏夹说明、联系信息和Web或Email链接覆盖相应框中的文本。在工作区域中，双击文本以激活，并在其中输入所需内容，同时输入的信息会显示在每个网页上。

删除相应框中的文本，使网页中不包含任何标题、说明、联系信息、Web或Email 链接。只需在“图像信息”面板中取消勾选相应的复选框选项，或者在“网站信息”面板中删除相应的文本，“网站信息”面板如上左图所示。

在每次输入网站标题、收藏夹标题、收藏夹说明或联系信息时，Lightroom都会将这些信息存储为预设。在创建其他 Web 照片画廊时，单击“网站标题”、“收藏夹标题”、“收藏夹说明”、“联系信息”以及“Web或Email链接”右侧的三角形，以从弹出菜单中选择预设。

10.3.4 更改Web画廊的颜色

在Lightroom的Web模块中，除了可以对网页的布局进行调整以外，还可以对网页中任何区域的颜色进行更改。

在“调色板”面板中包含了多个选项，每个选项后面都有一个色块，单击色块即可打开相关的拾色器，在其中能够对标题文本、菜单、背景、边框、控件背景和控件前景等进行设置，让Web画廊效果与照片内容更协调。左图所示为在“调色板”面板中设置颜色和编辑预览窗口中的显示效果。

10.3.5 自定义Web画廊模板

为了提高Web模块的编辑效率，在Lightroom中还可以自定义Web画廊模块，并且对其进行保存，使其能够重复使用。此外，还可以将Web设置存储为Web收藏夹，将设置应用到收藏夹中的照片，避免重复操作带来的繁琐。

●创建自定义的Web画廊模板

创建自定Web画廊模板，可以将用户对颜色、布局、文本和输出设置所做的修改存储为自定Web画廊模板，进行存储后，自定模板会罗列在“模板浏览器”面板中供重复使用，用户可以在“模板浏览器”面板中创建新文件夹，以帮助组织模板。

❶ 在Web模块的“模板浏览器”面板中，选择自定模板所基于的模板，并修改布局，单击“模板浏览器”中的加号图标，在打开的“新建模板”对话框中进行设置，完成设置后将在“模板浏览器”中查看到添加的模板，如下图所示。

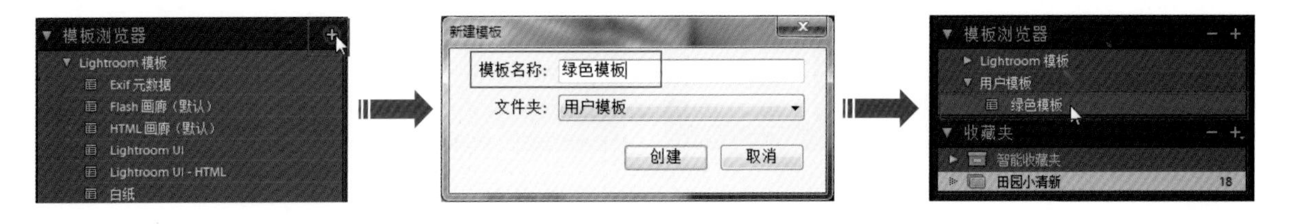

❷ 在“模板浏览器”面板中右键单击希望显示文件夹的区域，然后选择“新建文件夹”命令，在打开的对话框中输入文件夹名称，单击“确定”按钮，就能够创建模板文件夹，如下图所示。

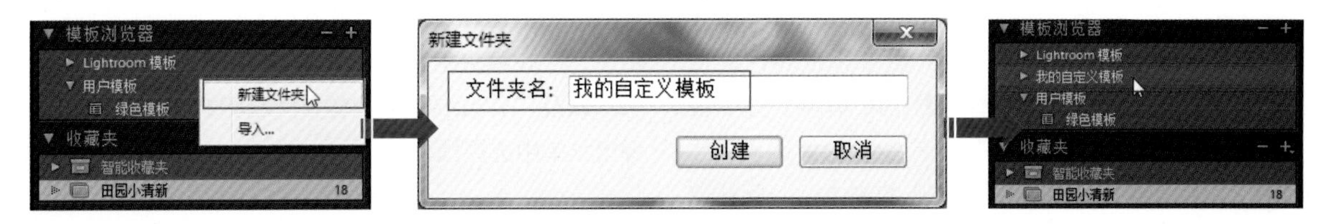

❻ 将模板拖动到创建的文件夹名上，将此模板移到该文件夹。根据需要修改颜色、布局、文本以及输出设置后，在“模板浏览器”中右键单击模板的名称，选择“使用当前设置更新”命令，更新自定模板中的设置，如右图所示。

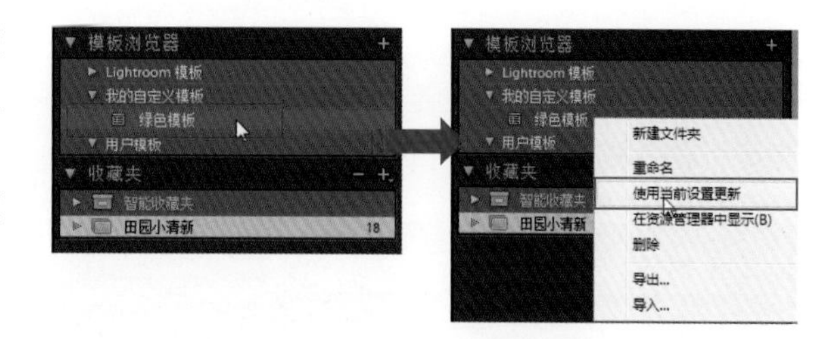

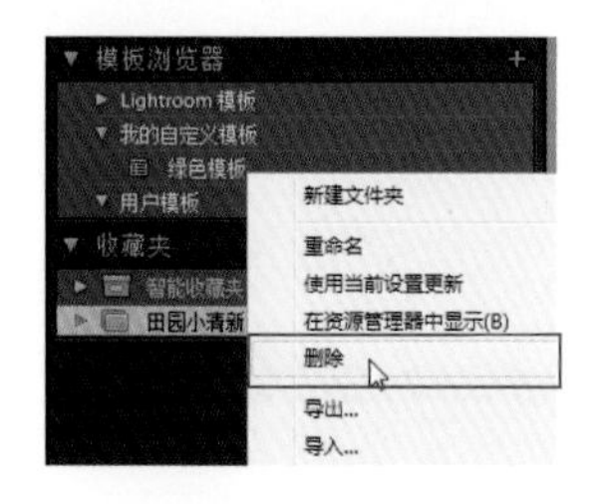

❹ 在Lightroom中可以删除自定义的模板，但是不能删除Lightroom预设模板，右键单击“模板浏览器”中的自定义模板，然后从菜单中选择“删除”命令，或者选择一个模板单击“删除”按钮，即可将模板删除，如左图所示。

❺ 在Lightroom中可以将已经创建的模板导出，在另一台计算机上使用，模板以.lrtemplate扩展名存储。要导出模板，右键单击模板，然后选择“导出”命令，输入模板文件的名称，单击“保存”按钮即可，如右图所示。

要导入模板，右键单击要显示模板的区域，然后选择“导入”命令，在打开的对话框中双击模板文件即可导入。

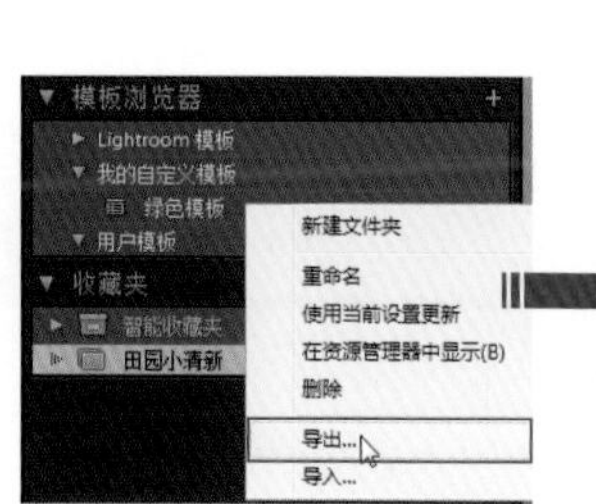

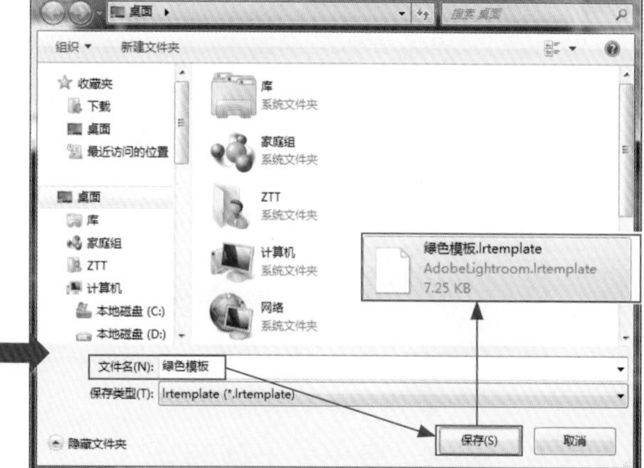

●将Web设置存储为Web收藏夹

将Web画廊设置存储为Web收藏夹时，可以将新照片添加到该收藏夹中，这些照片会自动地包括Web设置，这不同于自定义模板，自定义模板中包括输出选项，但是没有照片，Web收藏夹会将Web设置应用到收藏夹中的照片，具体操作如下。

❶ 在“图库”模块中，为Web照片画廊选择照片，在胶片显示窗口中，选择照片以将其加入Web收藏夹中。在Web模块中，选择一个模板，并将编辑预览窗口下方的“使用”设置为“选定的照片”。

❷ 在“网站信息”、“调色板”、“外观”、“图像信息”、“输出设置”和“上载设置”面板中指定所需的设置，得到如下图所示的效果。

❸ 单击“收藏夹”面板中的加号图标，在弹出的菜单命令中选择“创建Web画廊”命令，并在打开的“创建Web画廊”对话框中对选项进行设置，如下图所示。

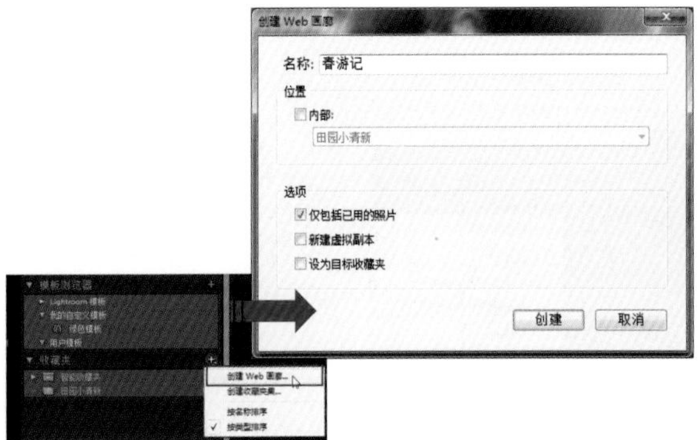

❹ 完成“创建Web画廊”对话框设置后，在“收藏夹”面板中右键单击鼠标，在弹出的菜单中选择“创建收藏夹集”命令，并对打开的对话框进行设置，最后将创建的收藏夹拖曳到其中，即可完成操作，如下图所示。

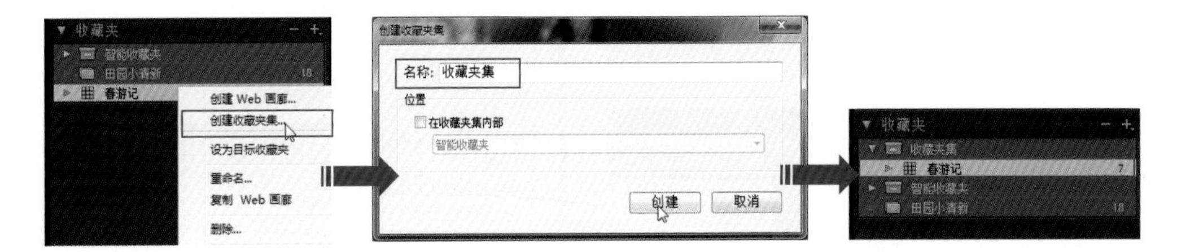

10.3.6 预览、导出或上载照片

在Web模块中编辑的最终目的就是将其放在网络上进行显示，因此，在完成编辑操作后，可以通过Web模块中的设置对其进行预览、导出和上载操作，具体如下。

●预览Web照片画廊

在存储或上载Web画廊之前，可以在Web模块或用户计算机默认浏览器中对其进行预览。

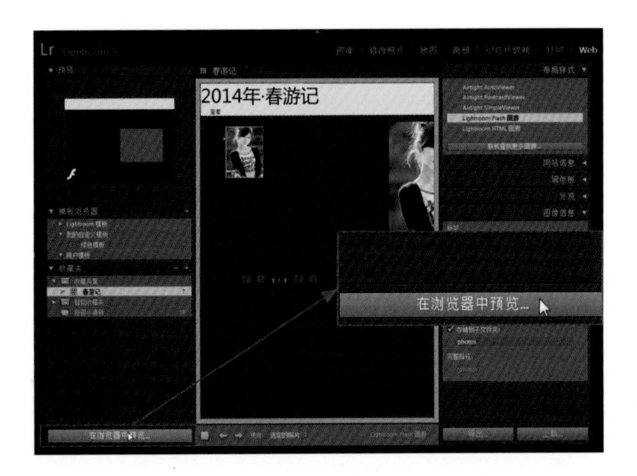

在Web模块中，要在浏览器中预览Web照片画廊，可以单击Web模块窗口左下角的“在浏览器中预览”按钮，如下左图所示。

要在Web模块工作区域中更新Web画廊预览，只需从Lightroom主菜单中执行“Web>重新载入”菜单命令即可，如下右图所示。在用户对画廊进行更改时，Lightroom中的Web画廊编辑预览窗口会更新，因此通常不需要使用“重新载入”命令。

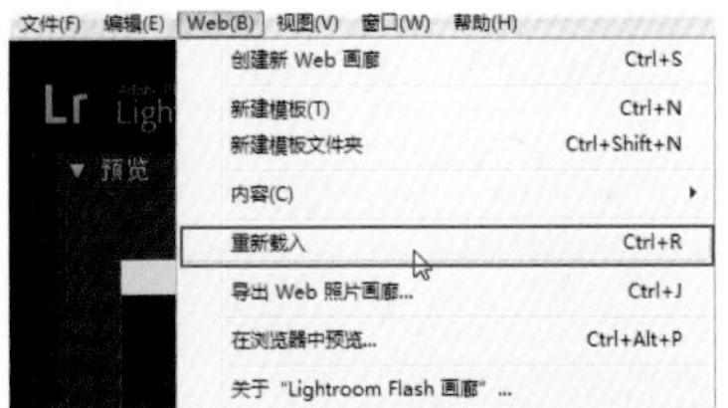

●存储Web照片画廊

在Lightroom中可以通过导出的方式对编辑完成的Web画廊进行存储，Lightroom 会创建包含HTML文件、图像文件和其他Web相关文件的文件夹。如果要存储Flash画廊，会包括所需的SWF文件，文件夹会存储在指定的位置，具体操作如下。

❶ 在Web模块中完成网页的布局、色彩调整等操作后，单击右下角的“导出”按钮，如下图所示。

❷ 在弹出的对话框中对导出的路径和名称进行设置，单击“保存”按钮，Lightroom会自动对网页进行导出，并显示出操作进度，如下图所示。

❸ 完成导出操作后，在计算机中将存储的位置打开，在其中可以看到Lightroom 会创建包含HTML文件、图像文件和其他Web相关文件的文件夹，如左图所示。

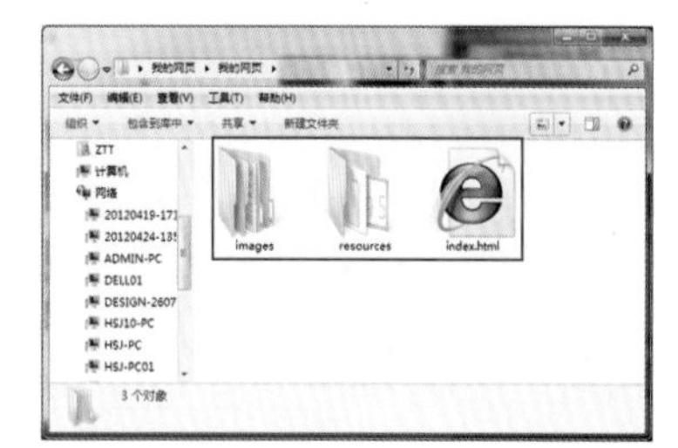

●上载Web照片画廊

用户可以在“上载设置”面板中指定FTP服务器信息，并使用Lightroom中的FTP功能将画廊上传至 Web服务器。当用户单击“上载”按钮之后，Lightroom会自动生成必需的文件，然后将它们传输到指定的Web服务器。

在“上载设置”面板中，从FTP服务器弹出菜单中选择“编辑”选项，打开“配置FTP文件传输”对话框，在其中对服务器、用户名、密码等信息进行设置；接着在Web模块的右下角单击“上载”按钮，即可将编辑完成的Web画廊上传到用户指定的网络中，操作如下图所示。

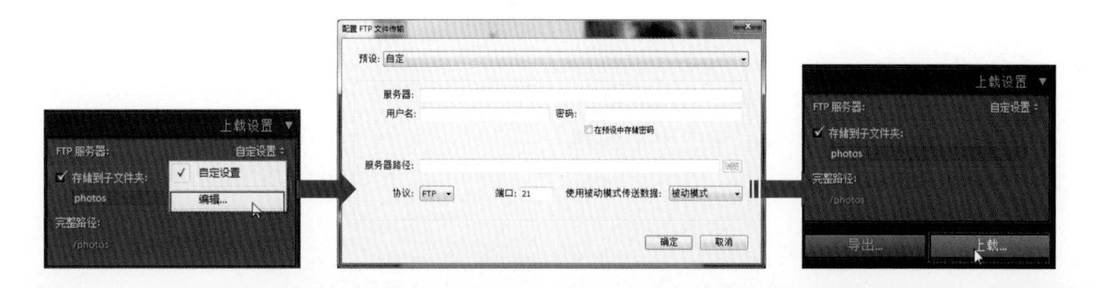

Tips　颜色模式的设定

Web画廊照片和图像缩览图在经过存储后，均为带有嵌入式sRGB配置文件的JPEG文件。

第3篇

快速提升后期处理技能

——实战应用

在对Lightroom中的所有重要功能有一定了解之后，接下来就可以对照片进行一套有序的处理了。本部分中包含了六个章节，以不同的操作流程对不同类型照片进行有针对、有目的的处理，使普通照片瞬间华丽变身，呈现出一场精美、绚丽的视觉盛宴。

f/2.0 1/2500s
ISO 100 焦距 17mm

第 11 章

打造精美的风光大片

风光摄影是摄影师最常拍摄的题材，面对数码相机拍摄出来的原片，总是会发现天空太亮、色彩太淡、缺乏层次、照片不通透等问题。本章中的照片通过使用Lightroom中的多种调整功能对原始的风光照片进行精细的处理，对风光照片中最常遇到的问题，使用最行之有效的方法进行修正，打造出通透靓丽、层次清晰的风光大片。

本章梗概

- 导入照片进行基础修饰
- 在“修改照片”模块中进行精细处理
- 导出文件为DNG格式

素　材：随书光盘\素材\11\01.jpg
源文件：随书光盘\源文件\11\打造精美的风光大片.dng

11.1 导入照片进行基础修饰

在Lightroom中进行照片处理之前，首先需要将照片导入到该软件的“图库”模块中，通过对照片进行放大预览后可以看到照片中所存在的瑕疵，并利用“修改照片”模块中“基本”面板对照片的影调进行基础修饰，完成照片处理的第一个步骤，具体操作如下。

STEP 01 运行Lightroom 5应用程序，在“图库”模块中单击“导入”按钮，在打开的导入窗口中选择本书光盘\素材\11\01.jpg素材文件，通过放大视图可以看到照片原始的画面效果，单击窗口右下角的“导入”按钮，确认照片的导入操作。

STEP 02 将照片导入到“图库”模块中后，展开“直方图”面板，单击“显示阴影剪切”和“显示高光剪切”按钮，显示出编辑中的剪切提示，以便于更准确地对照片影调进行编辑。

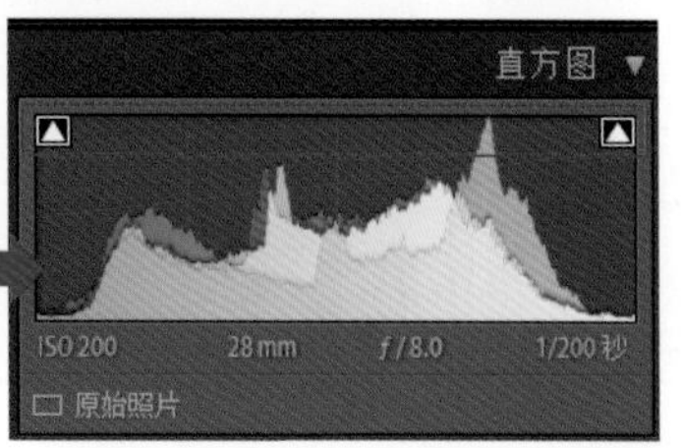

STEP 03 切换到“修改照片”模块，展开“基本”面板，在其中对参数进行设置，调整“对比度”选项的参数为+13，“阴影”为-17，“白色色阶”选项的参数为-42，“黑色色阶”选项的参数为+14，“清晰度”选项的参数为+21，“鲜艳度”选项的参数为+78，在图像预览窗口中可以看到编辑的效果。

11.2 在“修改照片”模块中进行精细处理

在对风光照片进行基础修饰后，可以看到照片中的风景仍然不是很完美，此时就需要使用“修改照片”模块其他面板中的设置选项，来对照片的细节进行有针对性地精细处理，让风光照片中的色调更鲜艳、层次更清晰，具体操作如下。

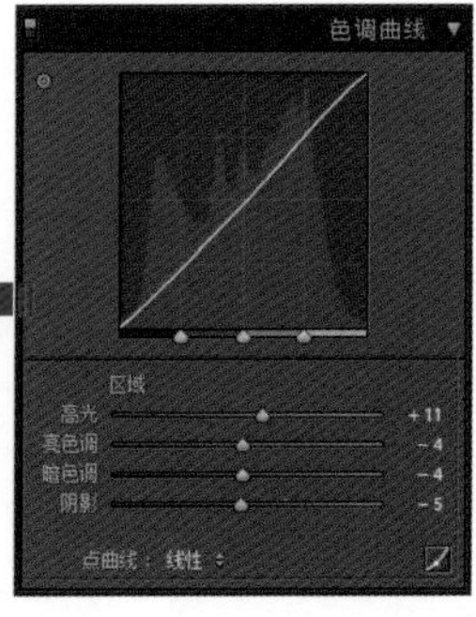

STEP 01 展开“色调曲线”面板，拖曳“高光”选项的滑块到+11的位置，“亮色调”选项的滑块到-4的位置，“暗色调”选项的滑块到-4的位置，“阴影”选项的滑块到-5的位置。对选项的滑块进行滑动的过程中，可以看到曲线的形态也在发生着相应的变化。

STEP 02 展开“HSL/颜色/黑白”面板，在HSL的“色相”标签中设置“橙色”为+15，“黄色”为-30，“绿色”为+22，“蓝色”为+13，“紫色”为-6；接着在“饱和度”标签中设置“橙色”为+49，“黄色”为+21，“绿色”为+12，“浅绿色”为+22，“蓝色”为+33，“紫色”为+18，“洋红”为+36，可以看到照片中的局部颜色发生了变化。

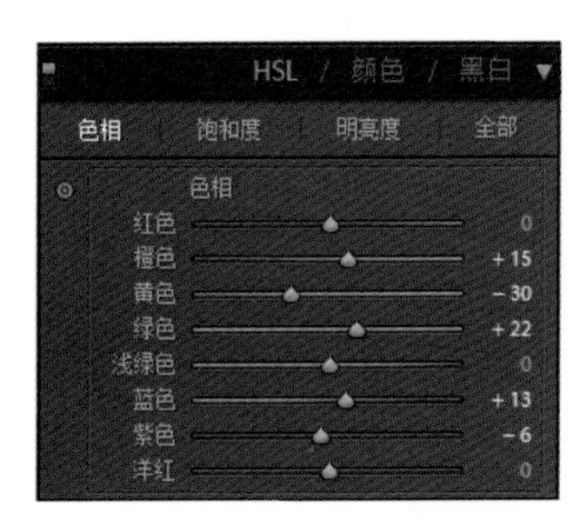

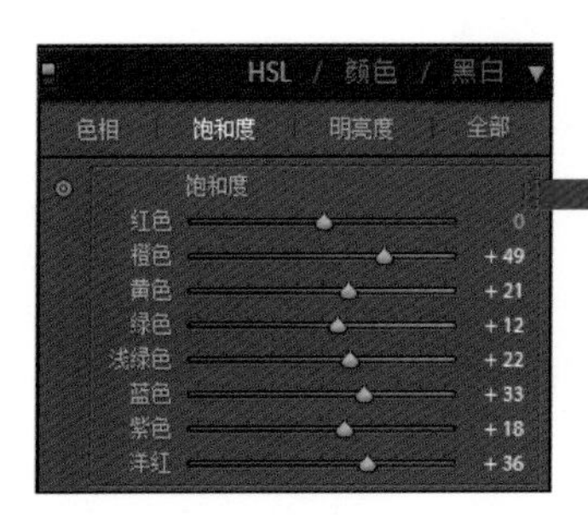

STEP 03 展开“分离色调”面板，在其中的“高光”选项组中设置“色相”为237，“饱和度”为14；在“阴影”选项组中设置“色相”为335，“饱和度”为4，完成设置后可以在图像预览窗口中看到照片的颜色变化。

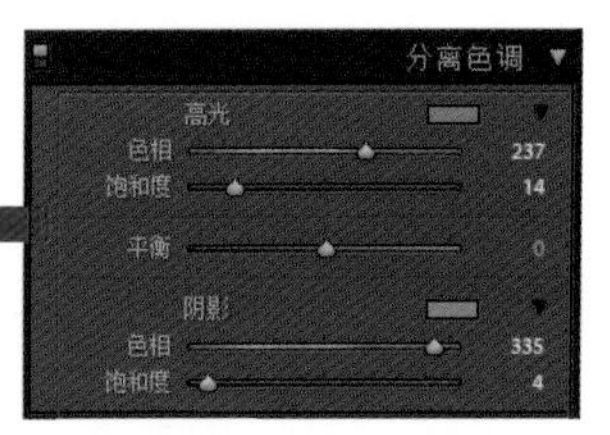

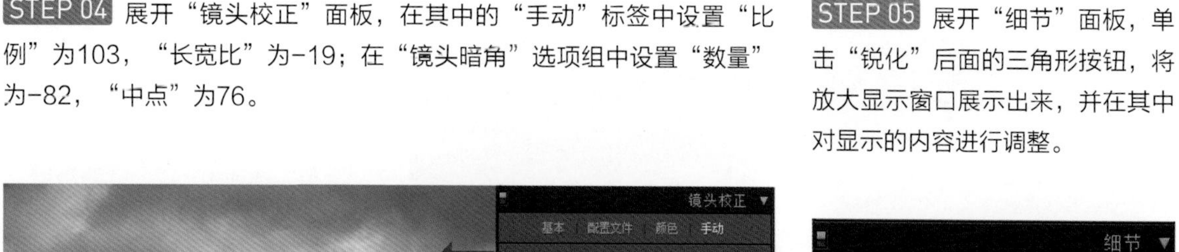

STEP 04 展开“镜头校正”面板，在其中的“手动”标签中设置“比例”为103，“长宽比”为-19；在“镜头暗角”选项组中设置“数量”为-82，“中点”为76。

STEP 05 展开“细节”面板，单击“锐化”后面的三角形按钮，将放大显示窗口展示出来，并在其中对显示的内容进行调整。

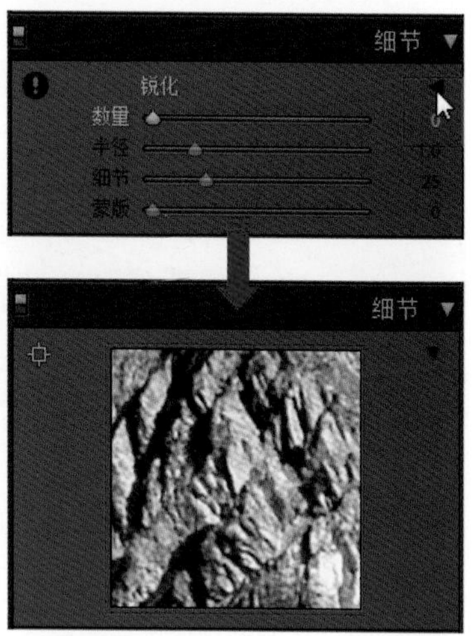

STEP 06 在“锐化”选项组中设置“数量”为80，“半径”为1.6，“细节”为39，“蒙版”为36；在“减少杂色”选项组中设置“明亮度”选项为56，“细节”选项为41，“对比度”选项为44，“颜色”选项为44，“细节”选项为50，对照片进行锐化和降噪处理，通过对照片进行放大后可以看到风光中的细节更加清晰。

STEP 07 单击选中工具栏中的“渐变滤镜”工具，使用“渐变滤镜”工具在图像预览窗口中的照片上单击并向下拖曳，调整渐变的区域和方向，为照片上方的图像应用效果，并通过单击并拖曳的方式调整渐变范围。

STEP 08 在“渐变滤镜”的设置中调整“色温”选项为-5，“曝光度”选项为0.43，“对比度”选项为29，“高光”选项为19，“阴影”选项为-12，“清晰度”选项为12，“饱和度”选项为0，“锐化程度”选项为18，“杂色”选项为41，“波纹”选项为0，“去边”选项为0，完成设置后可以看到应用渐变滤镜效果的图像发生了变化。

STEP 09 确认“渐变滤镜”工具的设置后，在“渐变滤镜”设置的下方单击“关闭”，退出渐变滤镜的编辑状态，在图像预览窗口可以看到编辑的效果。

STEP 10 单击选中工具栏的“径向滤镜”工具，在图像预览窗口中单击并进行拖曳，创建圆形的编辑区域，并调整圆形区域的大小和位置。

STEP 11 完成径向滤镜范围的编辑后，在“径向滤镜”的设置中调整“曝光度”选项的参数为-0.32，“对比度”选项为21，“杂色”选项为37，并取消勾选“反相蒙版”复选框，完成设置后单击“关闭”退出径向滤镜的编辑状态，在图像预览窗口中可以看到编辑完成的效果。

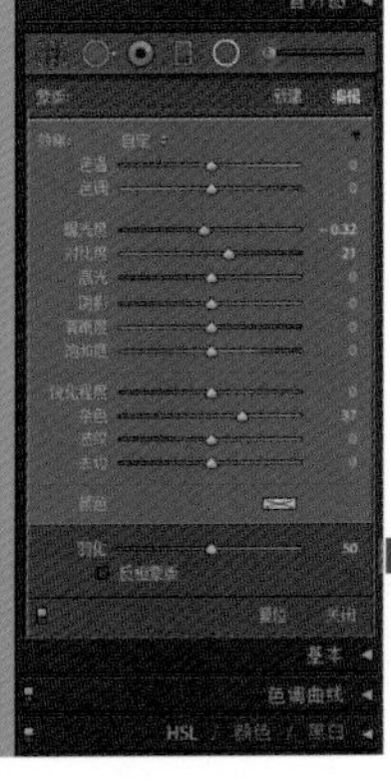

11.3 导出文件为DNG格式

完成风光照片的处理后，为了让Lightroom中的处理数据完整地保存下来，接下来需要对编辑完成的结果进行保存。通过“导出”命令可以把Lightroom中处理的照片存储为DNG格式，并利用相关的设置对照片存储的位置、名称、格式等进行设置，具体操作如下。

STEP 01 在Lightroom中执行“文件＞导出”菜单命令，对编辑完成的文件进行导出操作。

文件(F) 编辑(E) 修改照片(D) 照片(P) 设置(S) 工具
新建目录(N)...
打开目录(O)... Ctrl+O
打开最近使用的目录(R)
优化目录(Y)...
导入照片和视频(I)... Ctrl+Shift+I
从另一个目录导入(I)...
联机拍摄
自动导入(A)
导出(E)... Ctrl+Shift+E
使用上次设置导出(W) Ctrl+Alt+Shift+E
使用预设导出
导出为目录(L)...

STEP 02 打开“导出一个文件”对话框，在其中展开“导出设置”选项组，在其中对导出文件的存储位置进行设置；接着在“文件命名”选项组中勾选“重命名”为复选框，对文件的名称进行设置。

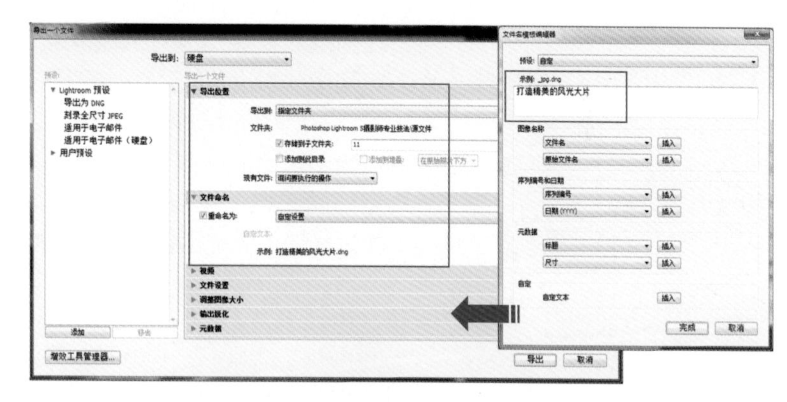

STEP 03 展开“文件处理”选项组，在其中选择“图像格式”下拉列表中的DNG选项，并对DNG文件的兼容性和JPEG预览的文件大小进行设置；接着展开“后期处理”选项组，在“导出后”选项的下拉列表中选择“无操作”选项，完成“导出一个文件”对话框的设置。

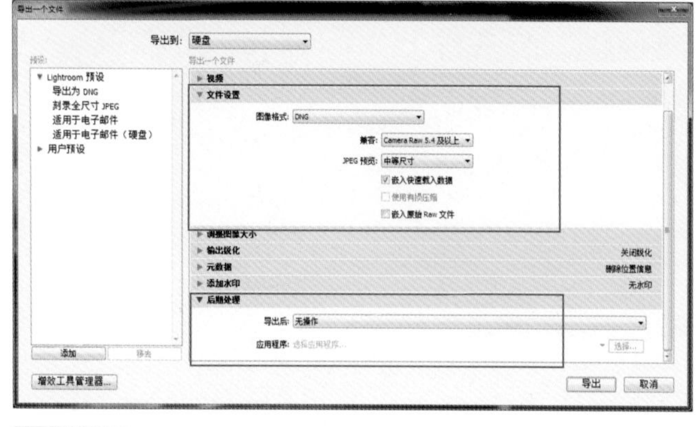

STEP 04 完成设置后，单击“导出一个文件”对话框右下角的“导出”按钮，关闭设置对话框，Lightroom将自动对照片进行导出操作，在导出的过程中Lightroom软件的左上角将显示出导出文件的进度，完成导出后打开文件存储的路径，在其中可以看到导出的文件以DNG的格式进行了存储，完成本例的编辑。

第12章 表现宠物灵动的瞬间

对于拍摄宠物照片而言，宠物的眼神是其传情达意的关键，在拍摄时要保持充分的耐心和爱心，更要有敏锐的观察力，并且利用曝光补偿捕捉宠物毛发的细节，获得画面亲切且独特的效果。本例中的照片由于曝光效果不佳，而导致画面偏暗，为了让猫咪展现出猫咪眼神光中的机敏，在后期处理中需要先将画面提亮，同时增强毛发的细节表现，并提高眼睛和鼻子的颜色鲜艳度，呈现出猫咪富贵、敏锐的神态。

本章梗概

- 在Lightroom中进行基础修饰
- 在Photoshop中美化照片
- 为照片添加上文字和图形

素　材：随书光盘\素材\12\01.jpg
源文件：随书光盘\源文件\12\打造宠物灵动的瞬间.psd

CAT FACIAL
EXPRESSION INSTANTLY

12.1 在Lightroom中进行基础修饰

为了恢复照片正常的曝光和色彩，在Lightroom中对照片进行处理的过程中，需要先对照片整体的颜色、影调进行调整，并通过适当的锐化处理增强猫咪毛发的质感，最后将照片导出为DNG格式，其具体的操作如下。

STEP 01 运行Lightroom 5应用程序，在“图库”模块中单击“导入”按钮，在打开的导入窗口中选择本书光盘\素材\12\01.jpg素材文件。

STEP 02 单击“导入”按钮将文件导入到“图库”模块中，利用“放大视图”可以看到照片的原始图像效果，画面中的图像偏暗，猫咪毛发显得灰暗。

STEP 03 展开“基本”面板，在其中单击 选中“白平衡选择器”工具，在图像预览窗口中的猫咪毛发上单击，选择最佳的取样点对照片的白平衡进行调整，同时可以看到“色温”选项自动显示为-4，“色调”选项为+3，在图像预览窗口中可以看到照片的颜色变化。

STEP 04 为了让照片的影调趋于正常，在“基本”面板中设置“曝光度”选项的参数为+0.63，“对比度”选项的参数为+5，“高光”选项的参数为-51，“阴影”选项的参数为+60，“白色色阶”选项的参数为-35，“黑色色阶”选项的参数为-11，“清晰度”选项的参数为+19，在图像预览窗口中可以看到画面变亮。

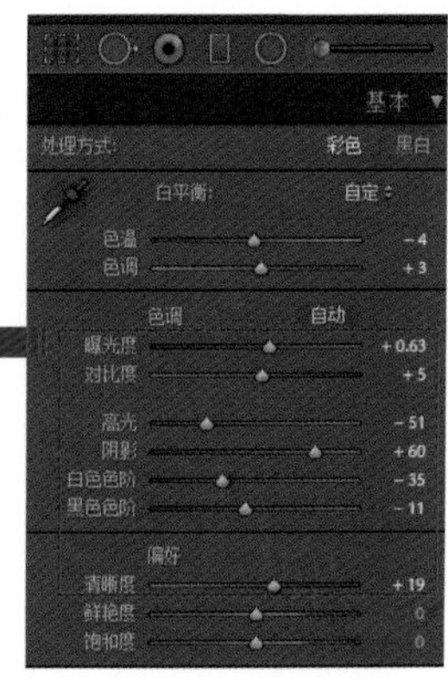

STEP 05 选择工具栏中的“渐变滤镜”工具，在图像预览窗口中单击并进行拖曳，为照片中左上角的图像应用渐变滤镜效果。

STEP 06 在“渐变滤镜”的设置中调整“曝光度”选项为0.89，“对比度”选项为-76，“阴影”选项为100，“饱和度”选项为-32，“锐化程度”选项为15，“杂色”选项为34，完成设置后可以看到应用渐变滤镜效果的图像发生了变化。

STEP 07 确认“渐变滤镜”工具的编辑后，在“渐变滤镜”设置的下方单击“关闭”，退出渐变滤镜的编辑状态。

STEP 08 展开“镜头校正”面板，在“手动”标签的“镜头暗角”选项组中设置“数量”选项的参数为+100，“中点”选项的参数为16，可以看到照片中画面的四周变亮。

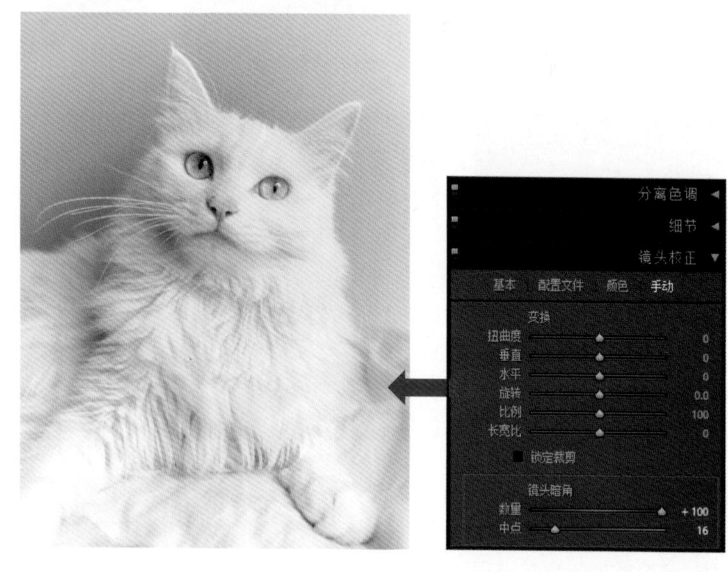

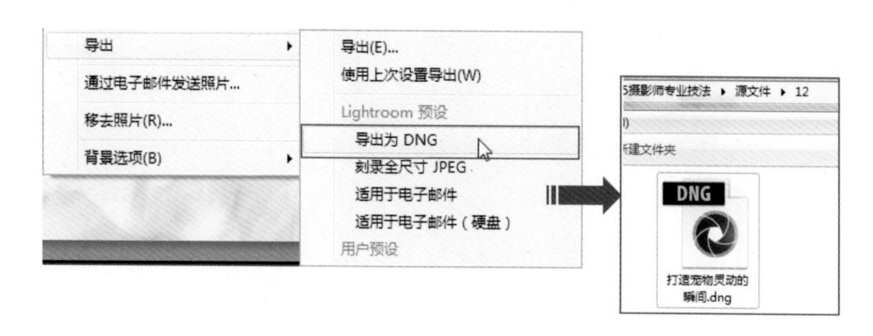

STEP 09 在Lightroom中完成照片的编辑后，为了便于再次对照片进行编辑调整，需要先将照片导出为预设的DNG格式，在图像预览窗口中右键单击鼠标，在弹出的菜单中选择“导出>导出为DNG”菜单命令。

12.2 在Photoshop中美化照片

为了让猫咪照片的整体效果更加精致，除了使用Lightroom对照片进行处理之外，还需要将照片转入到Photoshop中进行局部修饰，通过创建调整图层的方式完成照片颜色的影调的细微调整，让整体的影调和色彩更加的和谐，具体操作如下。

STEP 01 为了对照片的局部进行修饰，需要将照片转入到Photoshop中进行编辑，执行“照片＞在应用程序中编辑＞在Photoshop中作为智能对象打开”菜单命令。

STEP 02 运行Photoshop CC应用程序，并将Lightroom中的照片在Photoshop中以智能对象的形式打开。

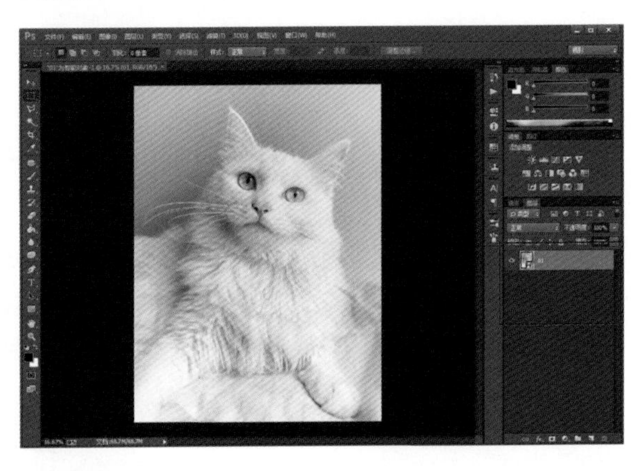

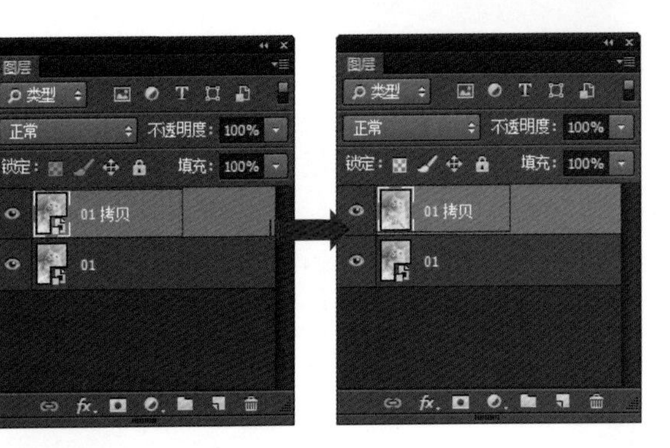

STEP 03 在“图层”面板中选中图层01，按下Ctrl+J快捷键，对图像进行复制，得到“01拷贝”图层，右键单击该图层，在展开的菜单中选择“栅格化图层”命令，将复制的智能图层转换为普通图层，以便对其使用更多的工具进行局部的编辑。

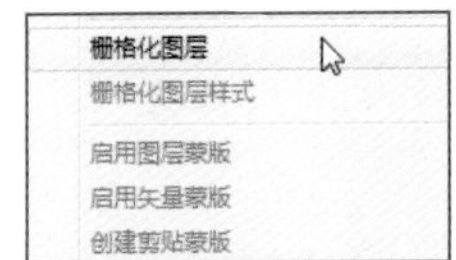

STEP 04 选择工具箱中的“仿制图章工具”，在该工具的选项栏中对各个选项的参数进行设置，接着在图像窗口中按住Alt键进行取样，再次单击鼠标对需要修复的区域进行图像覆盖，通过编辑后可以看到猫咪右下角黄色的图像区域被白色的墙壁覆盖，整个照片的颜色更加和谐。

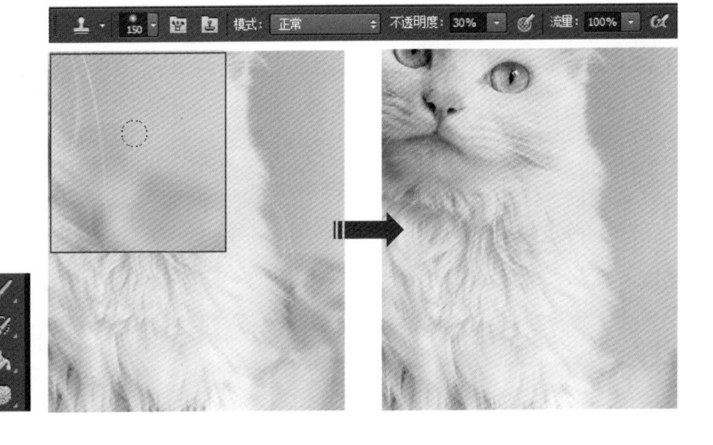

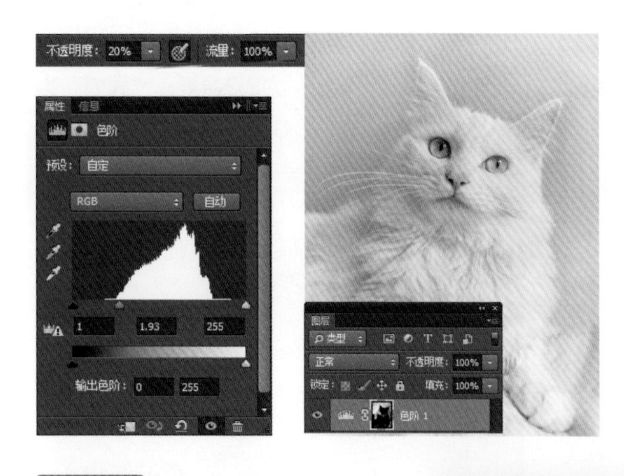

STEP 05 通过“调整”面板创建色阶调整图层，在打开的“属性”面板中依次拖曳RGB选项下的色阶滑块到1、1.93、255的位置；接着将该调整图层的蒙版填充为黑色，选择工具箱中的“画笔工具”，设置前景色为白色，在“画笔工具”的选项栏中对选项进行设置；接着在图像窗口中进行涂抹，对色阶调整图层的蒙版进行编辑。

STEP 06 使用“套索工具”将照片中猫咪的眼睛、鼻子和耳朵位置的图像创建为选区，为创建的选区创建自然饱和度调整图层，在打开的“属性”面板中调整“自然饱和度”选项的参数为+100，可以看到选区位置的图像颜色变浓，显得更加鲜艳。

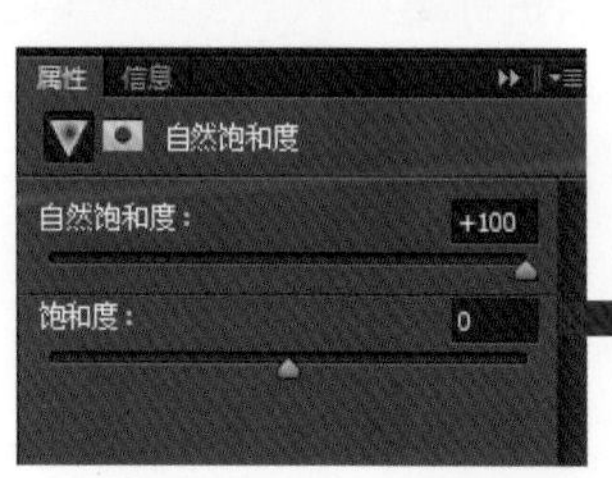

STEP 07 为了让照片的颜色更加和谐，还需要使用色彩平衡为全图的颜色进行调整。通过“调整”面板创建色彩平衡调整图层，在打开的“属性”面板中设置“高光”选项下的色阶值分别为−1、+3、+10，“阴影”选项下的色阶值分别为+4、+3、+18，“中间调”选项下的色阶值分别为+9、+1、−14，可以看到照片中颜色的变化。

STEP 08 为了让照片中特定的颜色显示更加精致，需要使用可选颜色进行编辑，创建可选颜色调整图层，在打开的“属性”面板中选择“颜色”下拉列表中的“红色”选项，设置该选项下的色阶值分别为−24、−43、−41、−85，针对红色而进行调整。

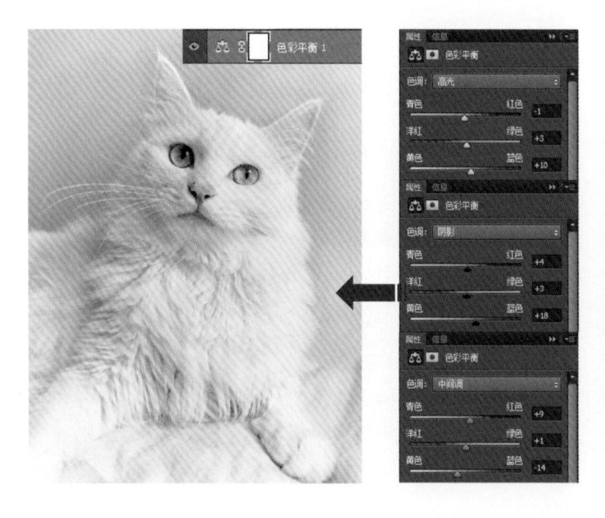

STEP 09 按Ctrl+Shift+Alt+E快捷键，盖印可见图层，得到“图层1”图层，执行“滤镜＞锐化＞USM锐化”菜单命令，在打开的“USM锐化”对话框中设置“数量”选项为133%，“半径”为2.2像素，“阈值”为5色阶，对猫咪照片中的细节进行锐化处理，使其更加清晰。

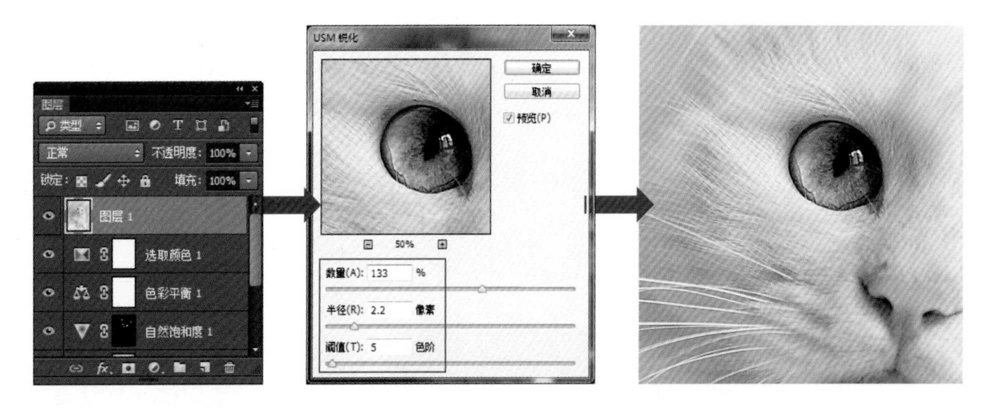

STEP 10 执行“滤镜＞杂色＞减少杂色”菜单命令，在打开的“减少杂色”对话框中设置“强度”选项为3，“保留细节”选项的参数为40%，“减少杂色”选项的参数为41%，“锐化细节”选项的参数为66%，完成设置后单击“确定”按钮，对照片进行降噪处理。

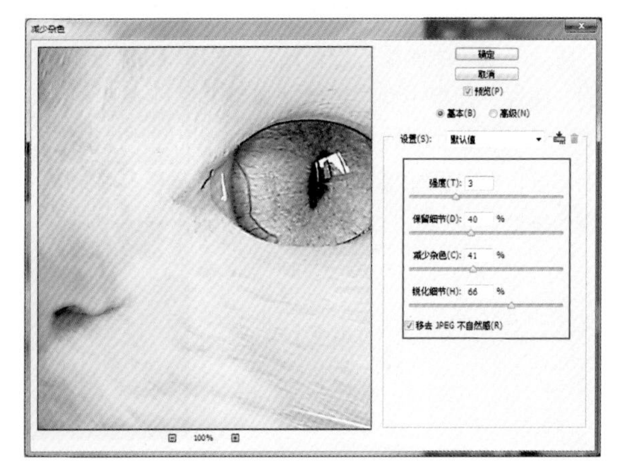

STEP 11 创建照片滤镜调整图层,在打开的面板中单击“颜色”选项后的色块,打开“拾色器”对话框,在其中设置颜色为R101、G70、B89,完成后单击“确定”按钮。

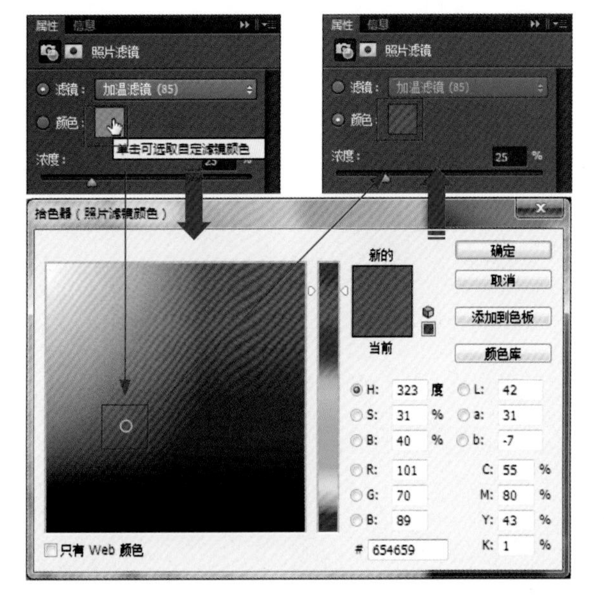

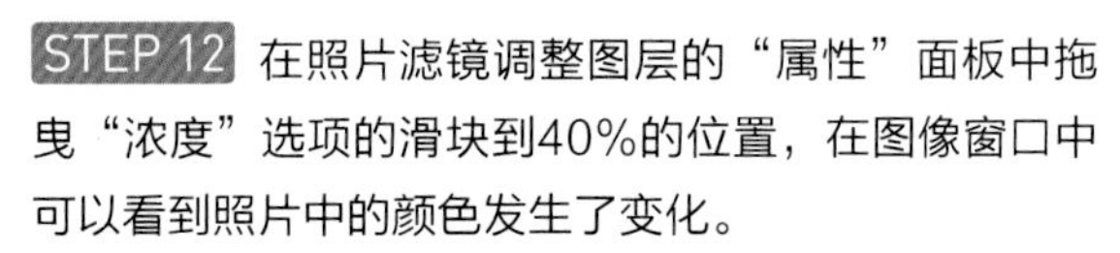

STEP 12 在照片滤镜调整图层的“属性”面板中拖曳“浓度”选项的滑块到40%的位置，在图像窗口中可以看到照片中的颜色发生了变化。

Tips “照片滤镜”的作用

“照片滤镜”可以模拟相机镜头上安装彩色滤镜后的拍摄效果，它可以消除色偏或对照片应用指定的色调，使画面得到所需的色调。

12.3 为照片添加上文字和图形

为了更加清晰地表现出照片的主题，以及让照片中的内容更丰富，在照片处理的最后环节可以通过Photoshop中的“自定形状工具”和“横排文字工具”为照片添加上修饰的图像和文字，突出照片的主题，让画面整体更加美观，其具体的操作如下。

STEP 01 单击选中工具箱中的“横排文字工具”，在图像窗口中适当的位置单击并输入所需的文字，打开“字符”面板，在其中对文字的字体、字号和颜色等属性进行设置，并适当调整文字的位置，为照片添加上主题文字，丰富照片的内容。

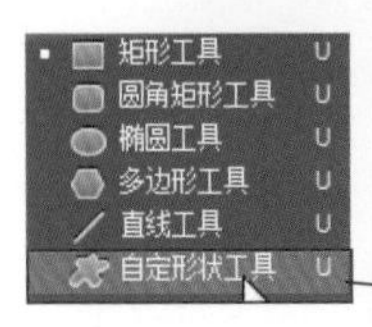

STEP 02 选择工具箱中的“自定形状工具”，选择“形状”模式进行绘制，在其选项栏中选择Photoshop自带的“装饰5”形状，如果预设形状中没有包含该形状，可以通过“载入”的方式使其在预设形状中显示出来。

STEP 03 对绘制的形状进行颜色、位置和大小的调整，按Ctrl+J快捷键，对绘制的形状图层进行复制，得到“形状1拷贝”图层，对复制的图层进行位置和方向调整，使其显示在文字的两边。

STEP 04 创建颜色填充图层，设置填充色为R48、G34、B0，然后使用“矩形选框工具”和“画笔工具”对填充图层的蒙版进行编辑，为文字添加上修饰线条。

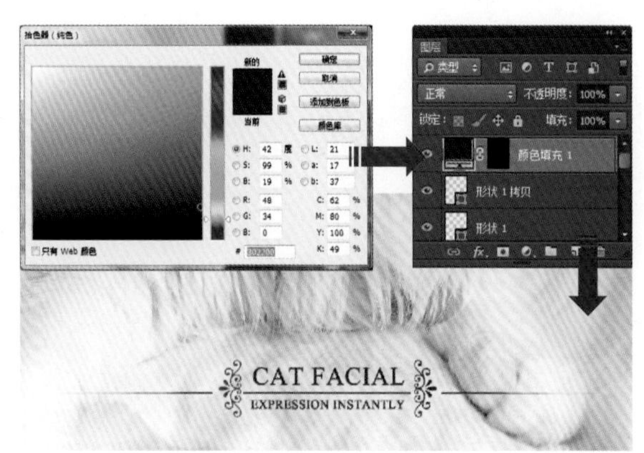

第 13 章

五彩灯光下的迷离夜景

一张拍摄成功的夜景照片通常具有主题鲜明、光源繁多等特点，想要获得一张完美的夜景照片，在拍摄中除了需要掌握拍摄必要的曝光知识和拍摄技巧，恰当的后期处理也是必不可少的，在后期中用Lightroom进行修饰，可以改善画面中的不足之处。本例中的夜景照片存在偏色、色彩暗淡等问题，在经过处理之后对光源的颜色、画面层次和云层色彩等进行了增强，呈现出了别样的魅力。

本章梗概

- 导入照片对全图进行调整
- 在Lightroom中进行局部修饰
- 将照片上传到Web画廊

素　材：随书光盘\素材\13\01.jpg
源文件：随书光盘\源文件\13\无彩灯光下的迷离夜景.dng

13.1 导入照片对全图进行调整

在使用Lightroom处理照片之前，首先将照片导入到“图库”模块中，接着使用“色调曲线”和“基本”面板中的设置对照片的影调进行调整，并使用“HSL/颜色/黑白”面板中的选项对夜景中的色彩进行修饰，改变画面偏色的情况，最后进行锐化和降噪，其具体的操作如下。

STEP 01 运行Lightroom 5应用程序，在“图库”模块中单击“导入”按钮，在打开的导入窗口中选择本书光盘\素材\13\01.jpg素材文件，单击窗口右下角的“导入”按钮，确认照片的导入操作。

STEP 02 将照片导入到Lightroom的“图库”模块中，通过放大视图可以看到照片中的颜色和层次都显得不够理想，为了让夜景中的灯光效果更美观，需要在Lightroom中进行一系列的处理和修饰。

STEP 03 切换到“修改照片”模块，展开“基本”面板，在其中对参数进行设置，调整“色温”选项为-16，“曝光度”选项为+0.26，“对比度”选项为+4，“高光”为+5，“阴影”为-11，“白色色阶”选项为-47，“黑色色阶”选项为+11，“清晰度”选项为+26，“鲜艳度”选项的参数为+27。

STEP 04 接着对夜景照片的影调进行细致的修正，展开“色调曲线”面板，拖曳“高光”选项的滑块到+16的位置，“亮色调”选项的滑块到+4的位置，对选项的滑块进行滑动的过程中，可以看到曲线的形态也在发生着相应变化。

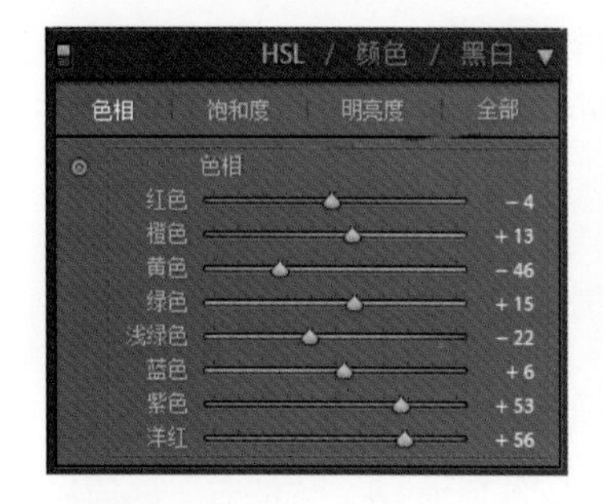

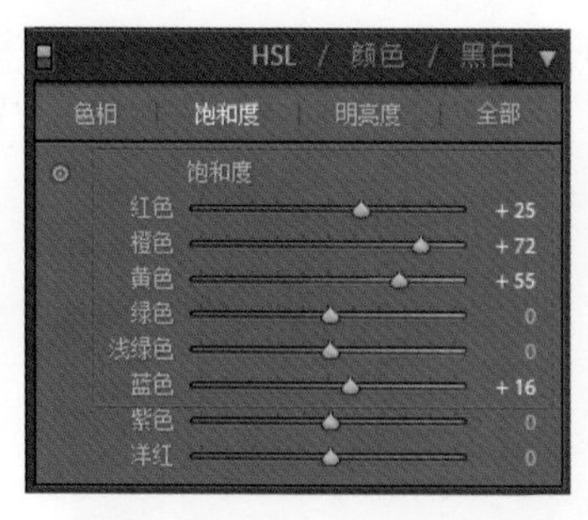

STEP 05 展开“HSL/颜色/黑白”面板，在HSL的“色相”标签中依次设置选项的参数为-4、+13、-46、+15、-22、+6、+53、+56，接着在“饱和度”标签中设置“红色”选项为+25，“橙色”选项为+72，“黄色”选项为+55，“蓝色”选项为+16。

STEP 06 在“明亮度”标签中设置“红色”选项为-23，“橙色”选项为-2，“蓝色”选项为-30。在通过“HSL/颜色/黑白”面板中的设置后可以看到夜景照片中的颜色发生了变化，其中天空色彩显得更丰富，灯光显得更加明亮，在图像预览窗口中可以看到编辑的效果。

STEP 07 展开“分离色调”面板，在其中单击“高光”选项后面的色块，在打开的窗口中使用“吸管工具”对颜色进行提取，设置“高光”选项中的“色相”为342，“饱和度”为22，对照片中的亮部图像颜色进行修饰，在图像预览窗口中可以看到编辑后的效果。

STEP 08 展开“细节”面板，单击“锐化”后面的三角形按钮，将放大显示窗口展示出来，并通过在放大显示窗口中单击并拖曳鼠标的方式，在其中对显示的内容进行调整，将其显示出夜景照片中高楼上的钟面。

STEP 09 在“细节”面板中设置参数，在“锐化”选项组中设置“数量”为80，“半径”为1.0，“细节”为41，“蒙版”为55；在“减少杂色”选项组中设置“明亮度”选项为17，“细节”选项为50，“对比度”选项为19，“颜色”选项为18，“细节”选项为50，对照片进行锐化和降噪处理，通过对照片进行放大后可以看到夜景中的细节更加清晰和干净。

13.2 在Lightroom中进行局部修饰

在对夜景中的整体效果进行过大致调整之后，为了让照片中的局部细节显得更加精致，还需要使用“调整画笔”和“渐变滤镜”工具对夜景中天空部分的颜色和层次进行修饰，展现出色彩丰富、层次清晰的云层效果，为夜景照片增加亮点，其具体的操作如下。

STEP 01 选择工具栏中的“调整画笔”工具，在该工具的设置中通过选择画笔的模式及调整画笔的大小来控制涂抹程度，在图像预览窗口中的云层位置进行涂抹，勾选“显示选定的蒙版叠加”复选框来显示出蒙版的区域。

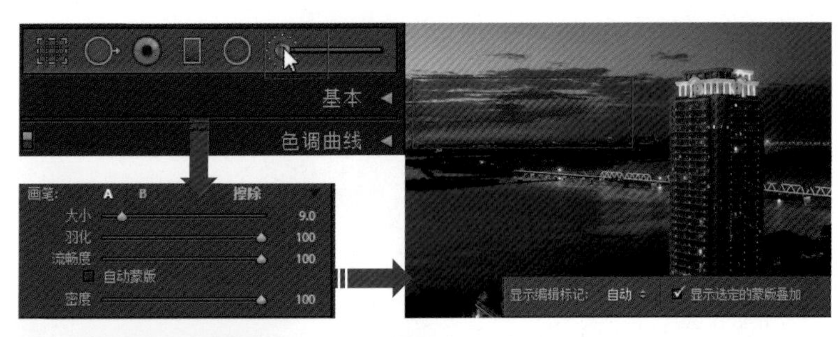

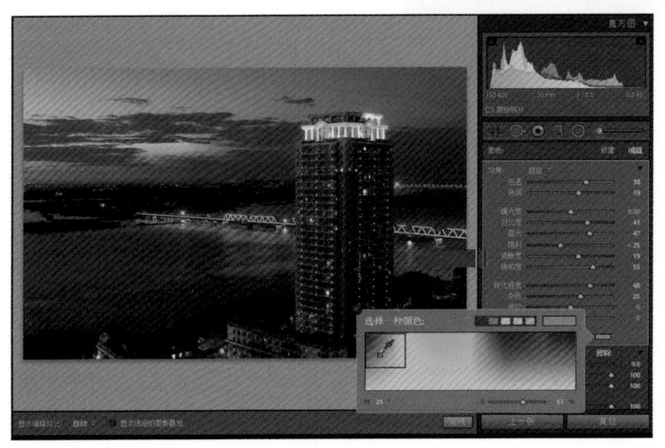

STEP 02 在“调整画笔”的设置中调整“色温”选项为38，“色调”为19，“对比度”选项为41，“高光”选项为47，“阴影”选项为-25，“清晰度”选项为19，“饱和度”选项为55，“锐利程度”选项为48，“杂色”选项为25，并选择适当的颜色进行叠加，完成设置后可以看到应用调整画笔编辑后的图像区域发生了变化。

STEP 03 完成“调整画笔”设置中各个选项的参数设定后，单击“调整画笔”设置右下角的“关闭”，退出调整画笔的编辑状态，在图像预览窗口中可以看到照片中的云层位置显示类似火烧云的效果。

STEP 04 单击选中工具栏中的“渐变滤镜”工具，使用“渐变滤镜”工具在图像预览窗口中的照片上单击并向下拖曳，调整渐变的区域和方向，为照片上方的图像应用效果，并通过单击并拖曳的方式调整渐变范围。

STEP 05 在“渐变滤镜”的设置中调整“色温”选项为45，“色调”为22，“曝光度”为-0.60，“对比度”为25，“高光”为-12，“阴影”为-28，“清晰度”选项为27，“饱和度”选项为37，“锐利程度”选项为27，“杂色”选项为29。

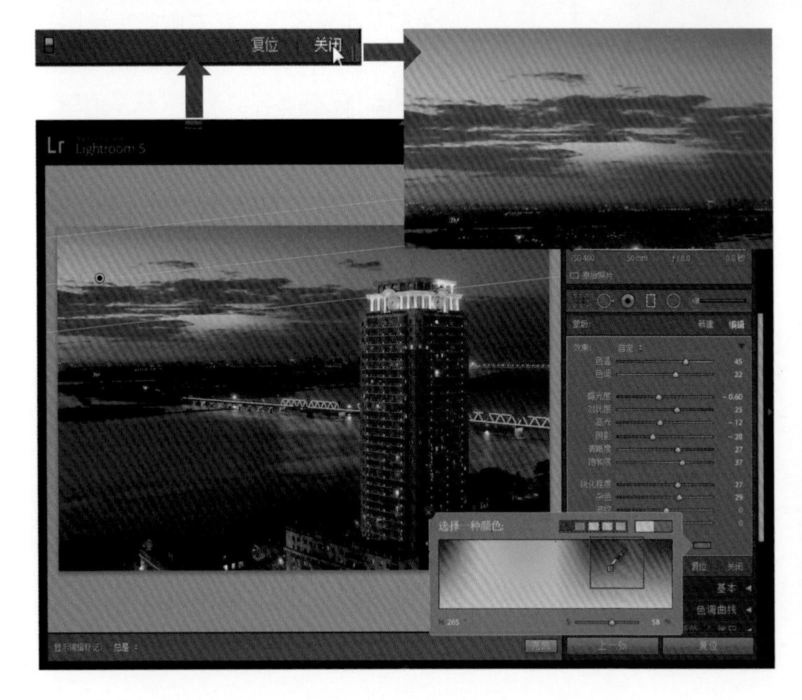

STEP 06 单击“渐变滤镜”设置中的色块，在弹出的窗口中使用“吸管工具”对颜色进行提取，将其叠加到图像中，完成设置后单击“关闭”，退出渐变滤镜的编辑状态，在图像预览窗口中可以看到编辑后的图像效果。

Tips “调整画笔”、“渐变滤镜”和“径向滤镜”中的“颜色”选项

“调整画笔”、“渐变滤镜”和“径向滤镜”工具的设置选项中都包含了“颜色”设置选项，它们的作用都是相同的，就是将设置的颜色以一定的混合模式叠加到指定的图像区域。

13.3 将照片上传到Web画廊

为了让处理完成的照片能够分享给更多的摄影爱好者，在Lightroom中可以通过Web模块将照片进行上传，首先选择适合的模板，通过Web模块中的功能面板对网页中的布局、文本和样式进行编辑，并利用预览的方式观看照片上传后的网页效果，其具体的操作如下。

STEP 01 切换到Web模块，展开Web模块中的“模板浏览器”面板，单击“Lightroom模板”前面的三角形按钮，展开Lightroom中预设的Web模板选项组，在其中包含了多个预设的模板，单击选中Lightroom UI选项，使用这种模板进行编辑，可以看到处理完成的夜景照片效果。

画册 | 幻灯片放映 | 打印 | Web

STEP 02 展开Web模块右侧的“网站信息”面板，在其中的“网站标题”选项文本框中输入My photo，在“收藏夹标题”选项的文本框中输入“迷离的都市夜景”，在“收藏夹说明”选项的文本框中输入“Web照片画廊由Adobe Lightroom创建”，并填写相关的“联系信息”和“Web或E-mail链接”。

STEP 03 展开“调色板”面板，在其中通过单击每个选项后面的色块，在打开的窗口中改变Web中各个区域的颜色，在预览编辑窗口中可以看到编辑的效果。

Tips “调色板”面板

当选择不同的预设模板，“调色板”中的选项会根据模板中的色彩进行同步显示。

STEP 04 展开“外观”面板，在其中的“大图像”选项中设置“大小”选项为“大”，设置“缩览图”中的“大小”为“大”；接着展开“图像信息”面板，在其中勾选“标题”和“题注”复选框，并可以根据用户的需要对照片添加上相应的文字说明。

STEP 05 在“输出设置”面板的“添加水印”选项中选择“编辑”选项，在打开的“水印编辑器”对话框中对照片中需要添加的水印效果和文字内容等进行编辑。

STEP 06 完成水印的编辑后单击“存储”按钮，打开“新建预设”对话框，在其中的“预设名称”文本框中输入“我的水印”，确认设置后可以看到“添加水印”选项后的图片效果。

STEP 07 在对Web模块中的选项进行设置的过程中，用户可以根据照片的内容和自身喜好对Web画廊的布局进行更改，完成设置后单击Web模块左下角的“在浏览器中预览”按钮，将自动开启计算机默认的浏览器，在其中以网页的形式展示出制作和编辑后的效果。

第14章 用黄绿色展现花田美景

花卉植物通常以静态进行展现，为了吸引观赏者的注意力，拍摄时要且注意光线、景深和焦点的控制，由此来获得理想的效果。

本例中的照片以大面积花海中的一束向日葵作为拍摄对象，以特写仰拍的方式表现花卉的姿态，给人一张傲然于风中的感觉，在后期处理中为了让画面赋予艺术感，将画面调整为黄绿色，并且通过Photoshop的合成功能为花卉照片添加上了天空图像，让照片整体显得更加完整，再经过润饰，让画面变得更加完美。

本章梗概

- 在Lightroom中进行基础修饰
- 在Photoshop中合成天空
- 在Photoshop中调整画面色调

素　材：随书光盘\素材\14\01、02.jpg
源文件：随书光盘\源文件\14\用黄绿色展现花田美景.psd

14.1 在Lightroom中进行基础修饰

本例中的原始照片由于缺乏美感，显得太过普通，在进行后期处理的过程中先将其在Lightroom中进行基础修饰，分别对其饱和度、色调、明亮度和细节进行全图调整，让照片的颜色叠加上黄绿色，为后面的天空合成做好准备，具体的操作如下。

STEP 01 运行Lightroom 5应用程序，在“图库”模块中单击“导入”按钮，在打开的导入窗口中选择本书光盘\素材\14\01.jpg素材文件，单击导入窗口右下角的“导入”按钮，单击“导入”按钮将文件导入到“图库”模块中，利用“放大视图”可以看到照片的原始图像效果，画面中花卉图像偏暗，天空细节很少。

STEP 02 切换到“修改照片”模块，在其中展开“基本”面板，在“偏好”选项组中设置“清晰度”选项的参数为+25，“饱和度”选项的参数为+18，在图像预览窗口中可以看到照片编辑后的效果。

STEP 03 展开“色调曲线”面板，拖曳“高光”选项的滑块到+60的位置，“亮色调”选项的滑块到+40的位置，“暗色调”选项的滑块到+25的位置，对照片影调进行调整，可以看到画面更具层次感。

STEP 04 展开“HSL/颜色/黑白”面板，在HSL的“饱和度”标签中设置“红色”选项为+16，“黄色”选项为-45，“绿色”选项为-54，“浅绿色”选项为+27，“蓝色”选项为+29，更改照片中特定颜色的饱和度。

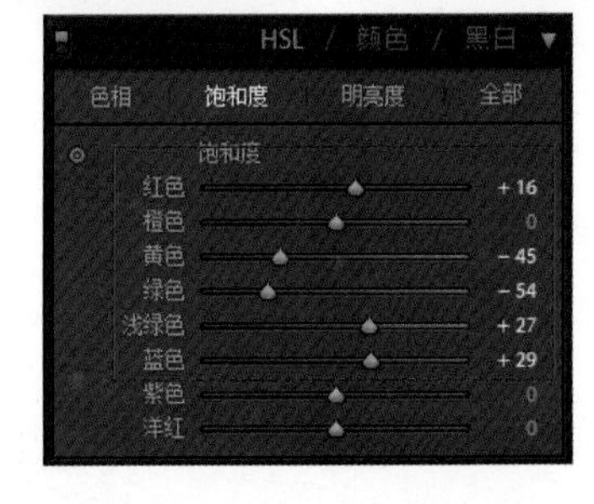

Tips “色调曲线”相关的问题

在“色调曲线”面板中使用“目标调整工具”对照片中特定区域进行明暗调整，调节前的原始色调值与调节后的新色调值将会显示在色调曲线图的左上角，便于用户直观地查看到色调的变化程度。

STEP 05 为了让照片中的细节色彩更完美，还需要对特定颜色的亮度进行调整，展开“HSL/颜色/黑白”面板，在HSL的“明亮度”标签中设置“红色”选项的参数为-19，“浅绿色”选项的参数为+44，“蓝色”选项的参数为+37，在图像预览窗口中可以看到照片中被调整的颜色发生了变化。

Tips “HSL/颜色/黑白”面板中的“目标调整工具”

在“HSL/颜色/黑白”面板中可以使用“目标调整工具”对照片中的特定颜色进行更改，编辑过程中引起的色调变化会反映在相对于的颜色滑块上。

STEP 06 展开“分离色调”面板，在其中的“高光”选项组中设置“色相”为78，“饱和度”为58；在“阴影”选项组中设置“色相”为233，“饱和度”为78，可以在图像预览窗口中看到照片的颜色变化。

STEP 07 展开“细节”面板，在“锐化”选项组中设置“数量”为48，“半径”为1.0，“细节”为25，“蒙版”为0；在“减少杂色”选项组中依次设置参数为13、50、12、25、50，对照片进行锐化和降噪处理。

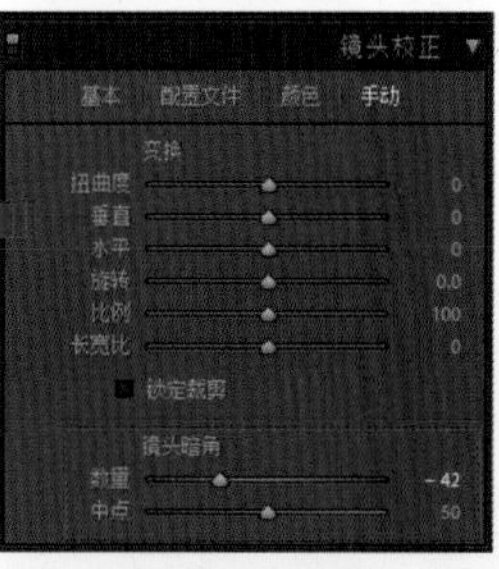

STEP 08 展开“镜头校正”面板，切换到其中的“手动”标签，在“镜头暗角”选项组中拖曳“数量”选项的滑块到-42的位置，拖曳“中点”选项的滑块到50的位置，完成设置后可以在图像预览窗口中看到照片的四周变暗。

Tips “拾色器”顶部的小色块

在“分类色调”面板中对高光和阴影中的颜色进行设置的过程中，单击色块可以打开拾色器，其中最顶端的五个小色块为一些常用的色调颜色，单击即可使用到设置中。

14.2 在Photoshop中合成天空

想要打造出一张完美的花卉照片，本例的照片在接下来的编辑中需要将Lightroom中的文件转入到Photoshop中进行编辑，通过添加素材和编辑蒙版的方式，将天空图像与花卉照片进行合成，使其呈现出自然的过渡效果，达到以假乱真的目的，具体操作如下。

STEP 01 在“修改照片”模块的图像预览窗口中右键单击鼠标，弹出的菜单中选择“在应用程序中编辑＞在Photoshop中作为智能对象打开”命令。

STEP 02 执行“在Photoshop中作为智能对象打开”命令后，计算机将自动启动Photoshop CC应用程序，并在图像窗口中打开处理的照片，并且以智能图层01的形式显示在“图层”面板。

STEP 03 为了给照片添加上天空云朵效果，需要为照片中添加素材，在“图层”面板中单击“创建新图层”按钮，新建一个空白的图层，得到“图层1”图层。

STEP 04 在Photoshop中打开本书光盘\素材\14\02.jpg素材文件，将其复制到“图层1”图层中，按Ctrl+T快捷键，对照片进行大小变形，并放在适当的位置，在图像窗口可以看到添加后的效果。

STEP 05 为了将天空素材中多余的素材遮盖起来，还需要为天空素材添加上图层蒙版，通过图层蒙版来对天空素材的显示进行控制。选中“图层1”，单击“图层”面板下方的“添加图层蒙版”按钮，为“图层1”添加上白色的图层蒙版。

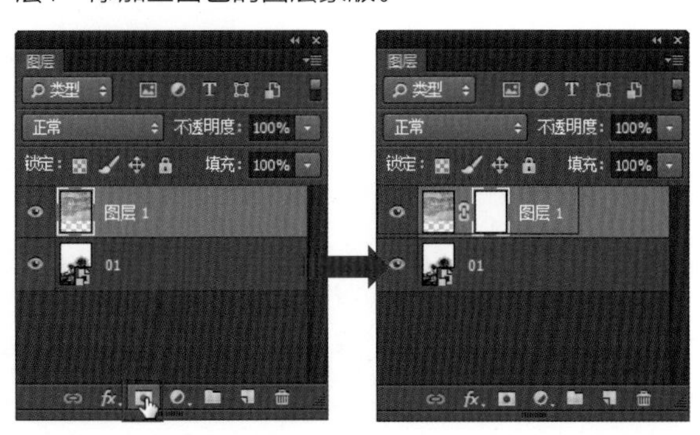

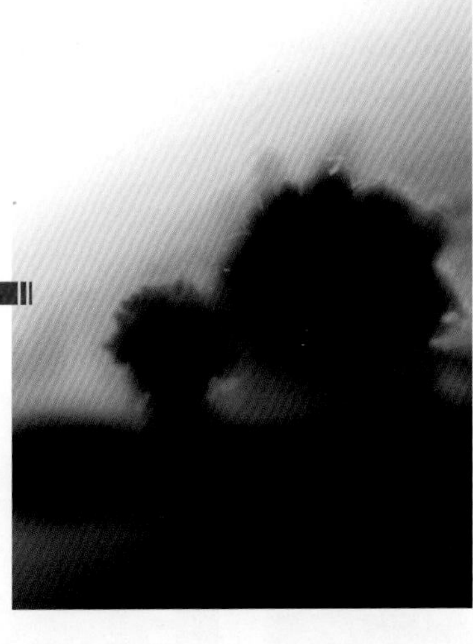

STEP 06 将前景色设置为黑色，选中工具箱中的“画笔工具”，用“柔边圆”作为画笔笔触，调整画笔的大小，在向日葵素材上进行涂抹，将向日葵素材显示出来，调整“画笔工具”的不透明度，对蒙版进行编辑，让天空素材与花卉照片之间进行自然的过渡。

14.3 在Photoshop中调整画面色调

想要整张照片的影调和色调都显得和谐、统一，在最后的编辑中，通过使用Photoshop中的“渐变映射”、“色阶”、“色相/饱和度”等调整图层来对照片中的图像进行有针对的调整，让整个照片都呈现出自然的黄绿色，其具体的操作如下。

STEP 01 在“图层”面板中奖“图层1”隐藏起来，选中01智能图层，执行“选择>色彩范围”菜单命令，在其中使用“吸管工具”在天空位置进行单击，并设置“颜色容差”选项的参数为65，完成后单击“确定”按钮，可以看到照片中白色的天空部分被框选到了选区中。

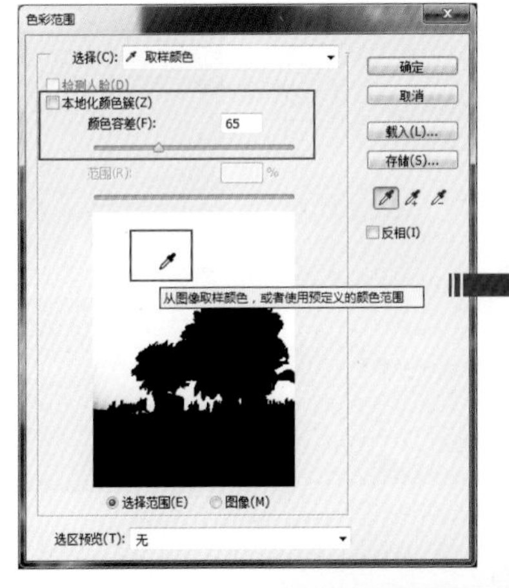

STEP 02 为创建的选区创建渐变映射调整图层，在打开的“属性”面板中单击渐变色块，打开“渐变编辑器”对话框，在其中单击渐变色块两侧的色块，在打开的拾色器对话框中调整渐变颜色，设置渐变色为R2、G61、B45到R156、G104、B5的线性渐变，完成设置后单击“确定”按钮，关闭“渐变编辑器”对话框，在渐变映射的“属性”面板中取消勾选“仿色”和“反向”复选框。

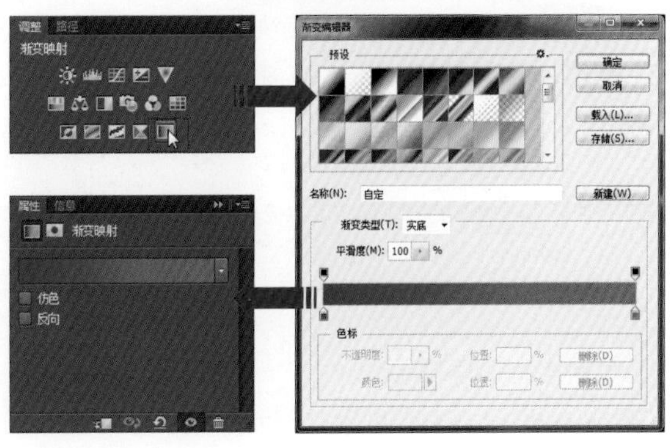

STEP 03 在“图层”面板中设置渐变映射调整图层的图层混合模式为“柔光”，让该图层中的颜色与下方的图像自然地叠加在一起，在图像窗口中可以看到天空中云彩的颜色变化。

STEP 04 在“图层”面板中，按住Ctrl键的同时单击渐变映射调整图层的“图层蒙版缩览图”，将蒙版中的图层载入到选区中，在图像窗口中可以看到创建的选区效果。

STEP 05 为创建的选区创建色阶调整图层，在打开的“属性”面板中依次拖曳RGB选项下的色阶滑块到33、1.18、255的位置，在图像窗口中可以看到画面中的天空部分变得更具层次。

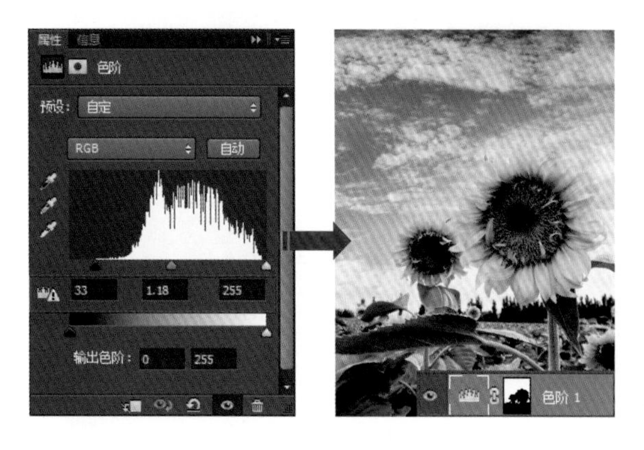

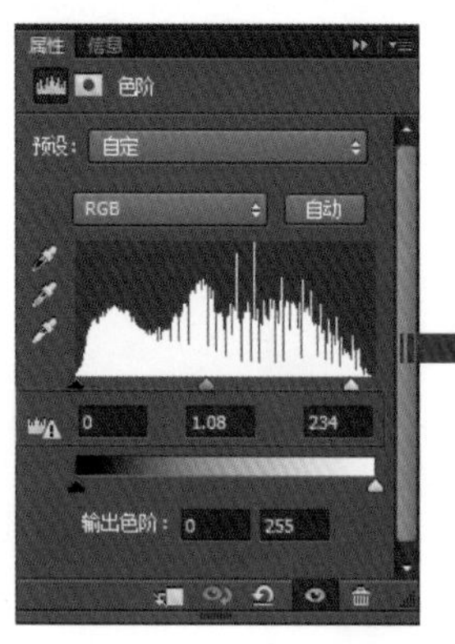

STEP 06 通过“调整”面板再次创建色阶调整图层，对全图进行色阶调整，在打开的“属性”面板中依次拖曳RGB选项下的色阶滑块到0、1.08、234的位置，在图像窗口中可以看到照片变亮。

STEP 07 按Ctrl+Shift+Alt+E快捷键，盖印可见图层，得到“图层2”图层，执行“滤镜>杂色>减少杂色”菜单命令，对照片进行降噪处理。

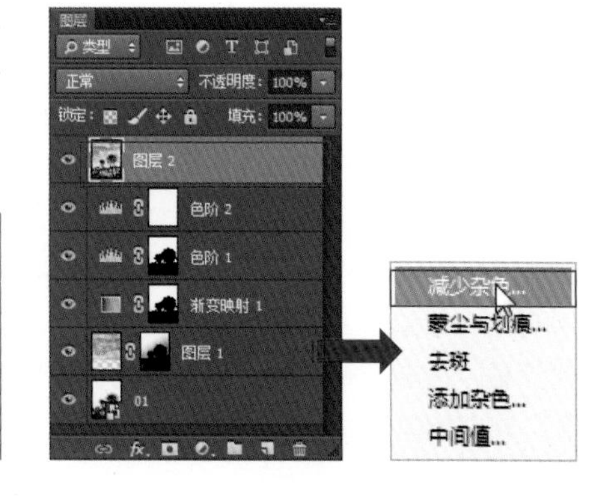

Tips “减少杂色”滤镜

在使用“减少杂色”滤镜的过程中，Photoshop会将图像中相似的像素进行同化，使得画面清晰度降低；使用“减少杂色”滤镜的过程中对“锐化细节”选项进行有效的设置，让降噪与锐化一步实现，提高后期处理效率。

STEP 08 打开“减少杂色”对话框，在其中设置“强度”选项的参数为6，“保留细节”选项的参数为62%，“减少杂色”选项的参数为75%，“锐化细节”选项的参数为23%，单击“确定”按钮关闭对话框。

STEP 09 在“图层”面板中，按住Ctrl键的同时单击“图层1”的“图层蒙版缩览图”，将蒙版中的图层载入到选区中；接着选中“图层2”，单击“添加图层蒙版”按钮，为该图层添加上蒙版。

STEP 10 通过“调整”面板创建色相/饱和度调整图层，在打开的“属性”面板中选择“黄色”选项，设置该选项下的“色相”为-1，“饱和度”为+10，“明度”选项为+9，在图像窗口可以看到编辑的效果。

STEP 11 在“图层”面板中单击“创建新的调整图层和填充图层”按钮，在展开的菜单中选择“纯色”命令，创建纯色填充图层，并设置填充色为黑色，并将颜色填充图层的蒙版填充为黑色。

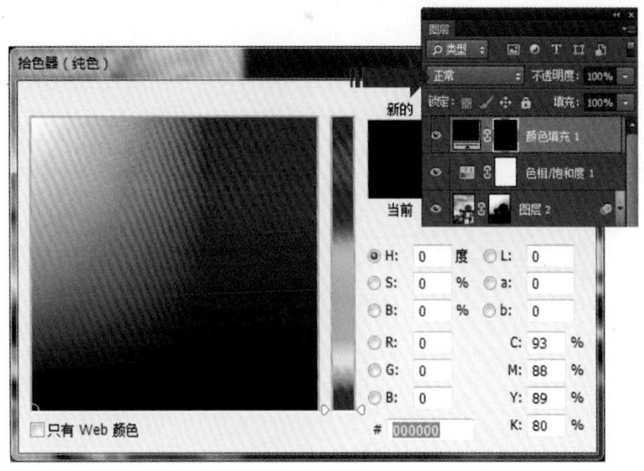

STEP 12 设置前景色为白色，选择工具箱中的“画笔工具”，在该工具的选项栏中设置画笔的“不透明度”为5%，选择“柔边圆”画笔样式进行编辑，在画面天空和画面下方的位置进行涂抹，对颜色填充图层的蒙版进行编辑，在图像窗口可以看到编辑的效果。

第15章 黑白处理展现独特影像效果

黑白照片可以营造一种怀旧、回忆或客观的气氛。在复古艺术创作和新闻摄影里较为常见。当照片中的颜色非常多，导致照片看上去又脏又乱时，把照片进行黑白处理可以弱化很多颜色的对比。

本章中的照片拍摄为草原上吃草的马儿，由于曝光控制不当而导致天空出现惨白的效果，为了让画面富有质感，在后期中将其处理成黑白色，用青对比度的效果彰显出高品质的影像。

本章梗概

- 导入照片并选择处理方式
- 在Lightroom中进行全图处理
- 在Lightroom中进行局部修饰
- 设置“打印”模块进行打印输出

素　材：随书光盘\素材\15\01.jpg
源文件：随书光盘\源文件\15\黑白处理展现独特影像效果.psd

15.1 导入照片并选择处理方式

在Lightroom中可以通过两种不同的方式对照片进行处理，由于对原始照片进行分析后，得出将要对其进行黑白处理，因此在导入照片到Lightroom后，将在“图库”模块中选择后期处理的方式，具体的操作如下。

STEP 01 运行Lightroom 5应用程序，在“图库”模块中单击“导入”按钮，在打开的导入窗口中选择本书光盘\素材\15\01.jpg素材文件，单击窗口右下角的“导入”按钮，确认照片的导入操作。

STEP 02 单击“导入”按钮将文件导入到“图库”模块中，利用“放大视图”可以看到照片的原始图像效果，照片原始效果为彩色显示，由于曝光控制不当，天空中的云层出现了惨白的效果。

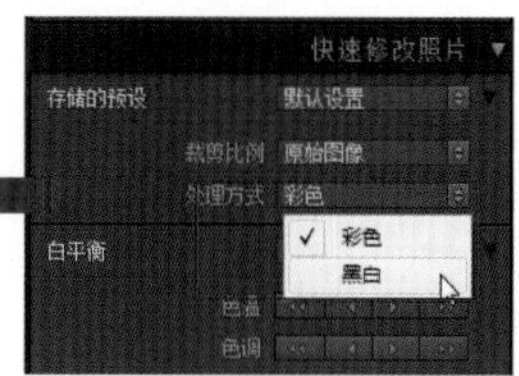

STEP 03 为了让画面呈现出有质感的黑白效果，在对照片进行处理之前，需要先将照片的处理模式调整为黑白模式。展开“图库”模块中的“快速修改照片”面板，在“处理方式”下拉列表中选择“黑白”选项，可以看到照片变成了灰度模式。

15.2 在Lightroom中进行全图处理

将照片转换为黑白处理方式之后，为了让黑白图像的明暗层次更加清晰，在Lightroom中对其进行处理的过程中需要对照片的亮度进行调整，首先将通过“修改照片”模块中不同面板中的功能对全图的影调进行处理，具体的操作如下。

STEP 01 为了让黑白照片更显层次，还需要对其进行进一步的处理，单击“修改照片”，切换到“修改照片”模块。

STEP 02 切换到“修改照片”模块，展开“基本”面板，在其中对选项的参数进行调整，拖曳“高光”选项的滑块到-50的位置，拖曳“阴影”选项的滑块到-21的位置，对照片中高光和阴影的亮度进行调整，在图像窗口中可以看到照片中的云层更加清晰。

STEP 03 展开“色调曲线”面板，在其中调整“高光”选项的参数为-16，“亮色调”选项参数为-46，调整曲线形态，可以看到照片中阴影部分的细节显示得更加丰富。

STEP 04 展开“HSL/颜色/黑白”面板，在其中的“黑白混合”选项组中设置“红色”为+45，“橙色”为-23，“黄色”为-18，“绿色”为-52，“浅绿色”为-55，“蓝色”为-70，“紫色”为+82，“洋红”为+62。

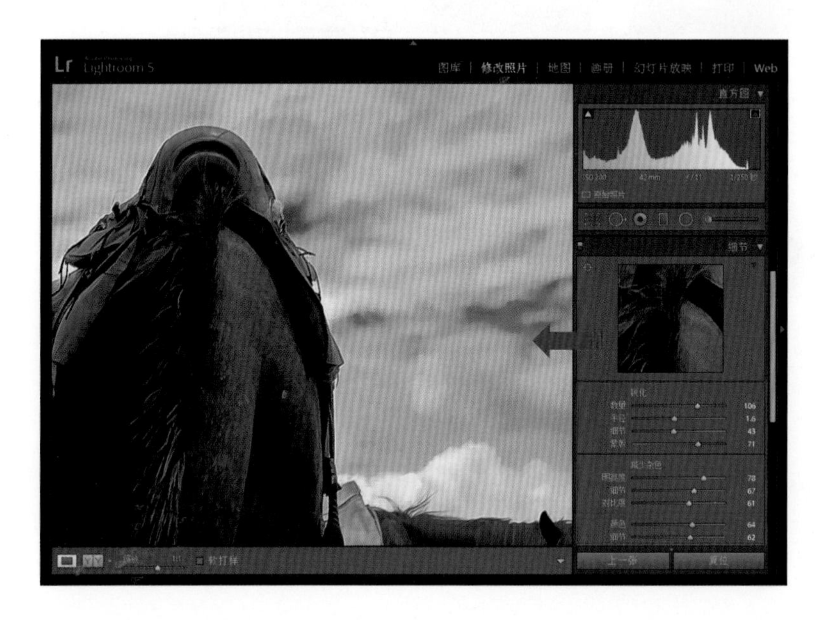

STEP 05 展开“细节”面板，在“锐化”选项组中设置“数量”选项为106，“半径”选项为1.6，“细节”选项为43，“蒙版”选项为71；在“减少杂色”选项组中设置“明亮度”为78，“细节”为67，“对比度”为61，“颜色”为64，“细节”为62，对照片进行锐化和降噪处理，通过对照片进行放大后可以看到夜景中的细节更加清晰和干净。

STEP 06 为了让黑白照片中的主体更加突出，还需要为照片添加晕影效果。展开“镜头校正”面板，在其中的“镜头暗角”选项组中设置“数量”选项的参数为-100，“中点”选项的参数为45，在图像窗口中可以看到照片的四周出现了黑色的暗角效果，使得照片中的马匹更加突出。

15.3 在Lightroom中进行局部修饰

当完成全图影调的调整后，为了让照片整体的效果更具视觉冲击力，在后期处理的过程中，还需要使用Lightroom工具栏中的工具对照片局部的明暗层次近处修饰。此外，还需要用“污点去除”工具将照片中多余的人物去掉，让照片中的画面更加精致，具体的操作如下。

STEP 01 单击选中工具栏中的“渐变滤镜”工具，使用“渐变滤镜”工具在图像预览窗口中的照片上单击并向下拖曳，调整渐变的区域和方向，为照片上方的图像应用效果，通过单击并拖曳的方式调整渐变范围。

STEP 02 在“渐变滤镜”的设置中调整“曝光度”选项的参数为-1.75，“对比度”选项的参数为12，“高光”选项的参数为-22，“阴影”选项的参数为-9，“清晰度”选项的参数为8，“饱和度”选项的参数为0，“锐化程度”选项的参数为15，在设置参数的过程中可以看到图像预览窗口中天空部分发生了变化。

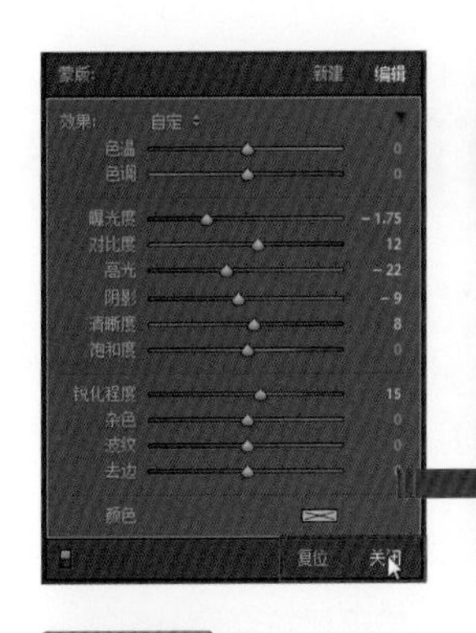

STEP 03 完成“渐变滤镜”设置中各个选项的参数设定后，单击“渐变滤镜”设置右下角的“关闭”，退出渐变滤镜的编辑状态。在图像预览窗口中可以看到照片中的云层位置显示出较暗的效果，并且阴影区域的细节非常清楚。

STEP 04 在工具条中选中“污点去除”工具，在图像预览窗口中将照片进行放大显示，在人物的位置上单击，通过单击并拖曳的方式调整取样区域的位置，使用周围的图像将人物图像覆盖住，在图像预览窗口中可以看到编辑的效果。

STEP 05 在“污点去除”工具的设置中调整参数，调整编辑模式为“仿制”，设置“大小”为79，“不透明度”为100，完成编辑后单击“关闭”，确认“污点去除”工具的编辑效果。

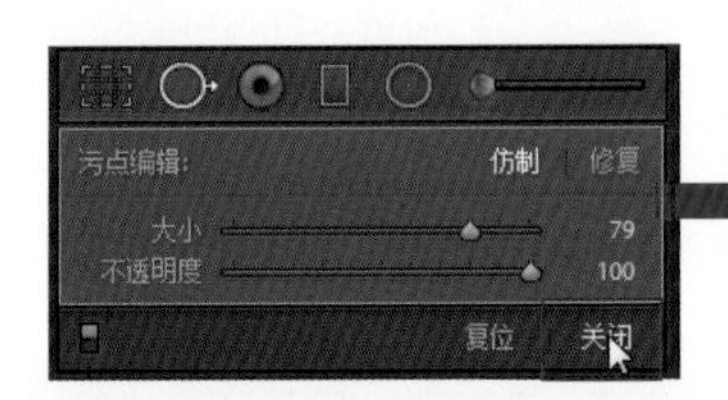

STEP 06 完成“污点去除”工具的编辑后，基本完成照片的后期处理，在Lightroom“修改照片”模块的图像预览窗口中可以看到照片中的黑白影像效果。为了方便再次对照片进行修改，还可以对照片进行导出操作，将其存储为DNG格式，保存Lightroom中最原始的编辑数据。

15.4 设置“打印”模块进行打印输出

通过Lightroom的“打印”模块可以对需要打印照片的板式和布局进行编辑。本例中的照片在“打印”模块的编辑中先使用“模板浏览器”中的模板作为基础；接着使用功能面板中的设置对打印的细节进行调整；最后进行打印机的设置和打印文件的存储，轻松实现打印操作，具体的设置如下。

STEP 01 切换到“打印”模块，在其中展开“模板浏览器”面板，展开“Lightroom模板”选项组，在其中单击选中“（2）7x5（居中）”选项，为照片使用预设的模板进行打印输出。

STEP 02 为了让照片的打印布局更加符合照片需求，还需要对打印的选项进行设置，展开“图像设置”面板，在其中勾选“照片边框”复选框，设置“宽度”为13.8磅，并设置“内侧描边”选项的颜色为白色。

STEP 03 展开“标尺、网格和参考线”面板，在“显示参考线”选项组中取消勾选“显示参考线”复选框；接着展开“页面”面板，在其中设置“页面背景色”的颜色为黑色。

STEP 04 勾选“身份标识”复选框，打开“身份标识编辑器”对话框，在其中对身份标识的文本进行设置，输入“黑白处理展现独特影像效果”，调整文本的字体和字号，在预览编辑窗口中可以看到编辑效果。

STEP 05 在“页面”面板中设置“不透明度”为100%，“比例”选项为32%，对身份标识的大小和不透明度进行调整；接着在预览编辑窗口中对身份标识的位置进行调整，使其显示在页面的右下角。

STEP 06 展开“打印作业”面板，在其中勾选“打印分辨率”复选框，并设置打印分辨率为240ppi；勾选“打印锐化”复选框，选择“标识”模式进行打印，再对其他的选项进行设置。

STEP 07 在“打印”模块的右下角单击“打印机”按钮，打开“打印”对话框，在其中对与打印机相关的选项进行设置，控制打印的份数。

STEP 08 在“打印”模块的左下角单击“页面设置”按钮，打开“打印设置”对话框，在其中对打印的页面反向和纸张等进行设置，为打印做好准备。

STEP 09 单击“打印”模块右下角的“打印”按钮，在打开的“另存为”对话框中为打印所保存的mdi文件进行命名，并设置其存储的路径，此时就可以开始打印操作了。完成打印后，在指定的存储位置可以看到以“黑白处理展现独特影像效果”命名的mdi文件，完成本例的编辑。

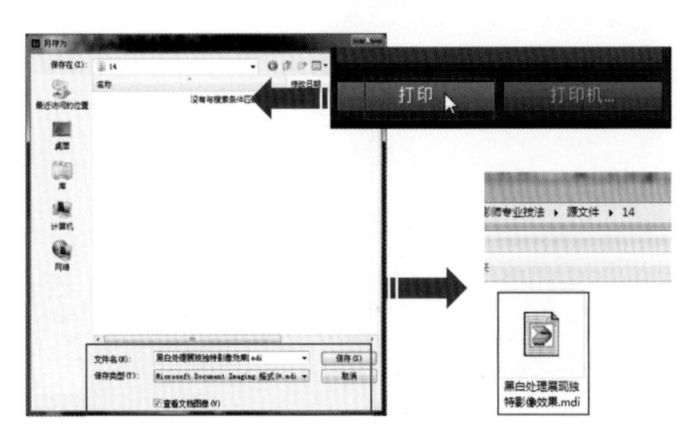

第16章 甜美清新的人像写真

人像摄影是摄影中一个重要的主题，拍摄后的人像照片结合后期处理，能够让画面中人物更完美。本章中的照片拍摄的是一个妙龄少女，根据拍摄的环境和人物的表情与衣着，这张照片适合将其处理为较为柔和甜美的画面风格。在后期中使用淡雅的色彩、细腻的光影，展现出充满浪漫和梦幻色彩的画面氛围，传递给观赏者温暖、柔美的感受。

本章梗概

- 导入照片进行基础调整
- 转入Photoshop中进行精细处理
- 为照片添加主题文字

素　材：随书光盘\素材\16\01.orf
源文件：随书光盘\源文件\16\甜美清新的人像写真.psd

ΠINK
MY NIGHTS LIKE A SUMMER MOON NIGHTS
AFFECTION
浪漫. 粉色系
YOUR SMILE IS A BUTTERFLY YOUR EYES
a two flames fire Your skirt around
my nights like a summer moon
YOUR SMILE IS A BUTTERFLY YOUR EYES
a two flames fire Your skirt around my nights like a summer moon
Lighting up my place but still not mine to hold a two flames fire a two flames fire
a two flames fire Your skirt around my nights like a summer moon
Lighting up my place but still not mine to hold 浪漫粉色系是你眼中唯美的期待

16.1 导入照片进行基础调整

本章中处理的原始照片为RAW格式，因此，为了保留画面中更多的图像信息，首先将照片在Lightroom中进行处理，由于Lightroom中的功能基本上都是基于RAW格式照片的原始数据来对画面进行调整的，可以让图像信息丢失减少到最小，其具体的操作如下。

STEP 01 运行Lightroom 5应用程序，在“图库”模块中单击“导入”按钮，在打开的导入窗口中选择本书光盘\素材\16\01.ORF素材文件，单击导入窗口右下角的“导入”按钮。

STEP 02 单击“导入”按钮将文件导入到“图库”模块中，利用“放大视图”可以看到照片的原始图像效果，画面中的人物脸部由于背光而显得偏暗，不能表现出少女甜美的气质。

STEP 03 切换到“修改照片”模块，在“基本”面板中设置“色温”为5650，“色调”为0，“曝光度”为+0.41，“阴影”为+17，“白色色阶”为+17，“黑色色阶”为+51，“清晰度”为+8，“鲜艳度”为+16。

STEP 04 展开“色调曲线”面板，拖曳“高光”选项的滑块到-22的位置，“亮色调”选项的滑块到+3的位置，“暗色调”选项的滑块到+8的位置，“阴影”选项的滑块到+23的位置，对照片影调进行调整。

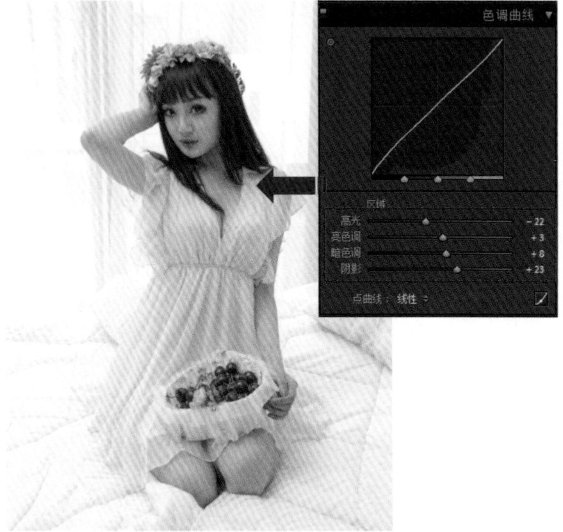

STEP 05 展开“HSL/颜色/黑白”面板，在HSL的“色相”标签中设置“红色”为-18，“橙色”为+2，“黄色”为-22，“紫色”为-9，“洋红”为+11；在“饱和度”标签中设置“红色”为+6，“黄色”为+12，“绿色”为+12。

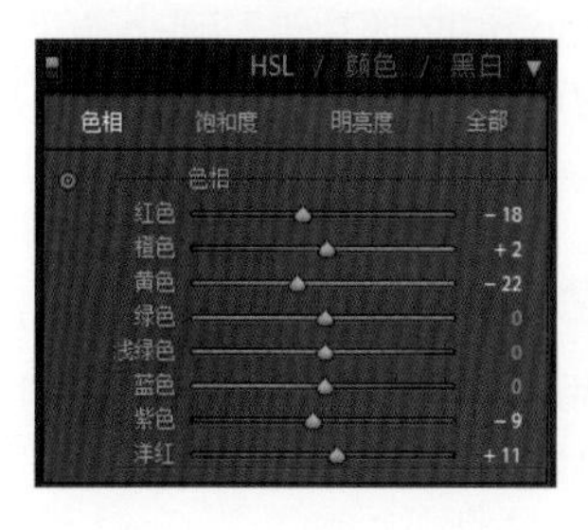

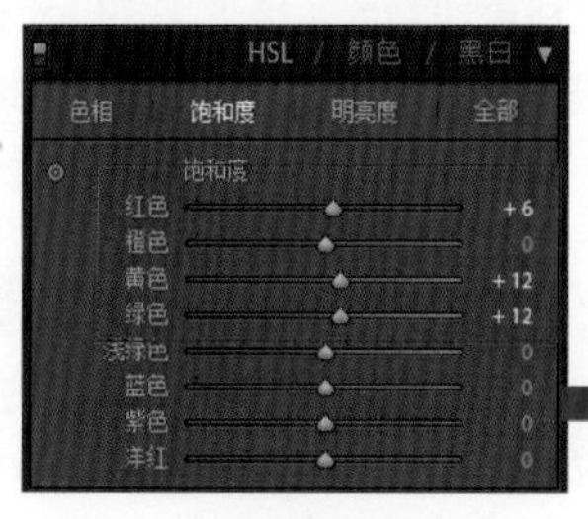

STEP 06 展开“分离色调”面板，在其中的“高光”选项组中设置“色相”为285，“饱和度”为5；在“阴影”选项组中设置“色相”为353，“饱和度”为2，可以在图像预览窗口中看到照片的颜色变化。

STEP 07 展开“细节”面板，在“锐化”选项组中设置“数量”为69，“半径”为1.3，“细节”为25，“蒙版”为56；在“减少杂色”选项组中依次设置参数为20、18、0、20、50，对照片进行锐化和降噪处理。

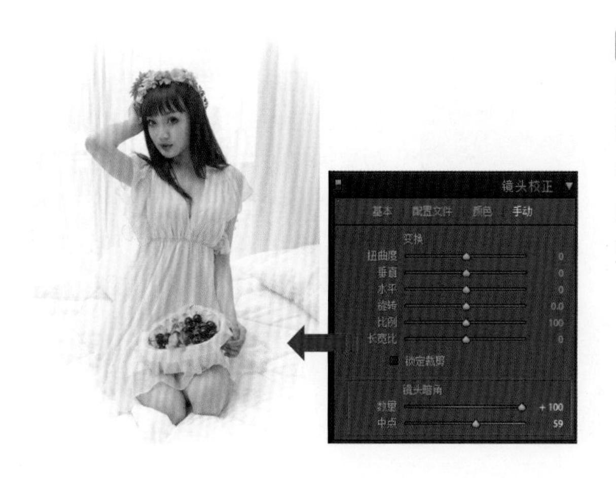

STEP 08 为了让照片呈现出高调的照片效果，还需要将照片四周的影调调亮。展开“镜头校正”面板，切换到其中的“手动”标签，在“镜头暗角”选项组中拖曳“数量”选项的滑块到+100的位置，拖曳“中点”选项的滑块到59的位置，完成设置后可以在图像预览窗口中看到照片的四周变亮。

16.2 转入Photoshop中进行精细处理

为了让照片的画面与预期的风格更加吻合，接下来将Lightroom中的照片转入到Photoshop中，对人像照片中的细节进行精细修饰，包括局部区域的影调处理、人物的瘦身、部分图像的色调调整、人物脸部的瑕疵处理等，让人像照片的细节更加完美，打造出精致的画面效果，具体的操作如下。

STEP 01 在“修改照片”模块的图像预览窗口中右键单击鼠标，弹出的菜单中选择“在应用程序中编辑 > 在Photoshop中作为智能对象打开”命令。

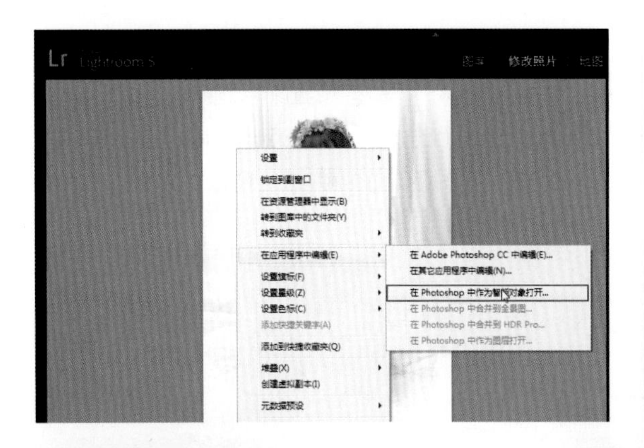

STEP 02 执行命令后，计算机将自动启动Photoshop CC应用程序，在其中将打开处理的照片，并且以智能图层01的形式显示在“图层”面板。

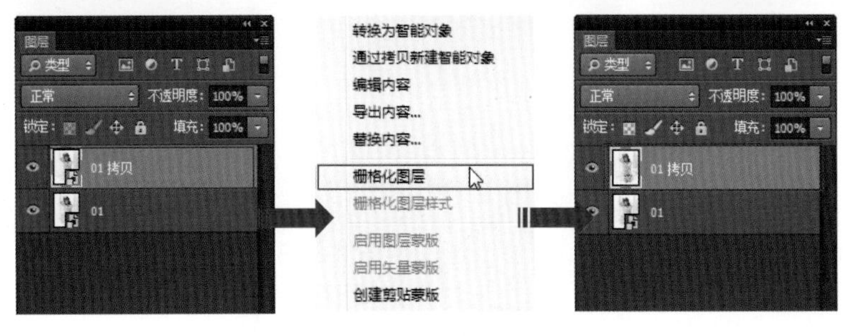

STEP 03 在“图层”面板中选中图层01，按Ctrl+J快捷键，对图像进行复制，得到“01 拷贝”图层，右键单击该图层，在展开的菜单中选择“栅格化图层”命令，将复制的智能图层转换为普通图层，以便对其用更多的工具进行局部编辑。

STEP 04 选择工具箱中的“仿制图章工具”，在该工具的选项栏中对各个选项的参数进行设置；接着在图像窗口中按住Alt键在平整的皮肤位置进行取样，再次单击鼠标对需要修复的斑点和瑕疵位置进行图像覆盖，通过编辑后可以看到少女脸部的皮肤显得更加干净和整洁。

STEP 05 在“图层”面板中单击“创建新的调整图层和填充图层”按钮，在展开的菜单中选择“纯色”命令，创建纯色填充图层，并设置填充色为白色，使用“画笔工具”对蒙版进行编辑，将照片制作出朦胧的画面效果。

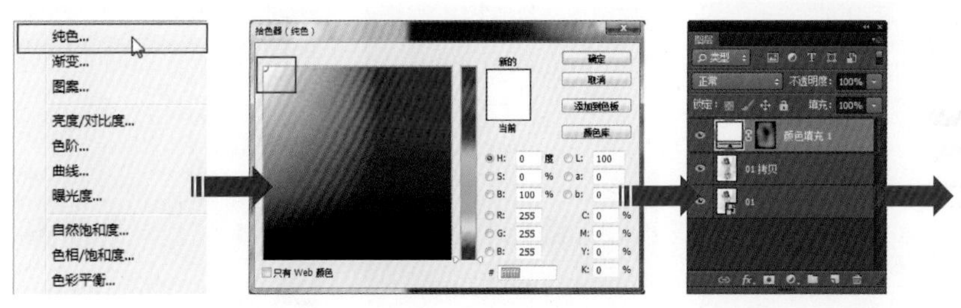

STEP 06 创建照片滤镜调整图层，在打开的面板中单击“颜色”选项后的色块，打开“拾色器”对话框，在其中设置颜色为R244、G228、B238，完成后单击“确定”按钮，并拖曳“浓度”选项的滑块到28%的位置，使用黑色的“画笔工具”对蒙版进行编辑。

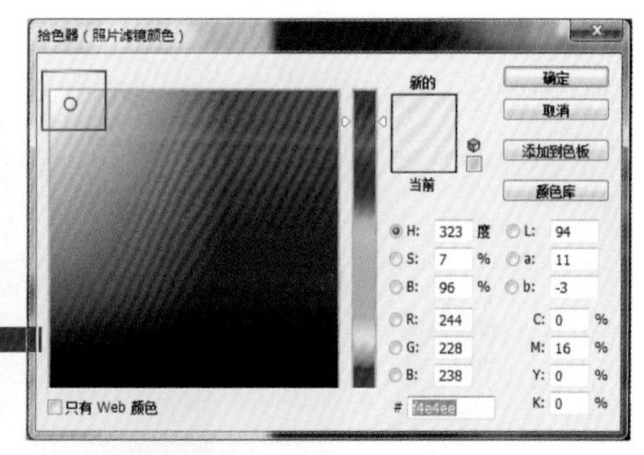

STEP 07 按Ctrl+Shift+Alt+E快捷键，盖印可见图层，得到“图层1”图层，执行“滤镜＞液化”菜单命令，在打开的“液化”对话框中选择使用左侧的工具对人物进行瘦身处理，让少女的手臂显得更加纤细。

STEP 08 盖印可见图层，得到“图层2”图层，选择工具箱中的“锐化工具”，并在其选项栏中进行设置，使用该工具在人物的头发、眼部和嘴巴位置进行涂抹。

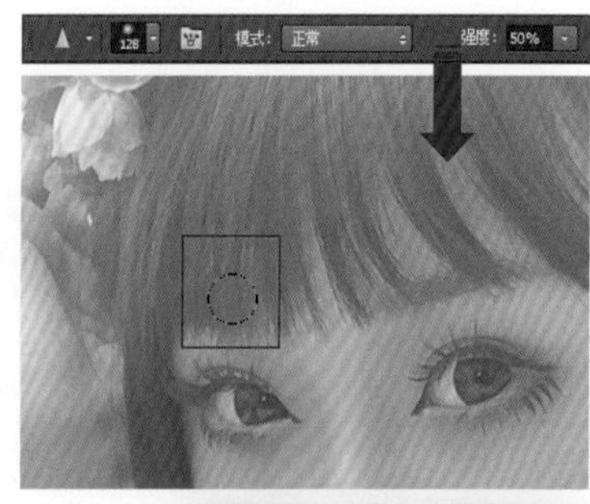

STEP 09 在“锐化工具”选项栏中降低“强度”选项的参数为30%，使用调整好的“锐化工具”在人物的头发、脸部等位置进行反复涂抹，对人物的局部进行锐化处理，使其更加清晰。

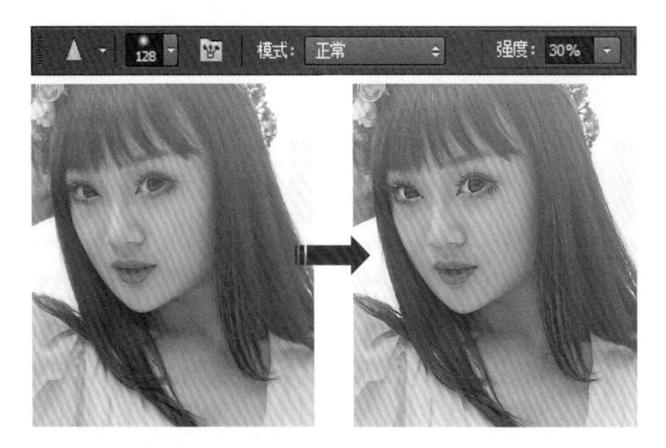

STEP 10 创建色阶调整图层，在打开的“属性”面板中依次拖曳RGB选项下的色阶滑块到0、1.59、255，在“图层”面板中选中该图层的蒙版缩览图，设置前景色为黑色，按Alt+Delete快捷键将其填充为黑色。

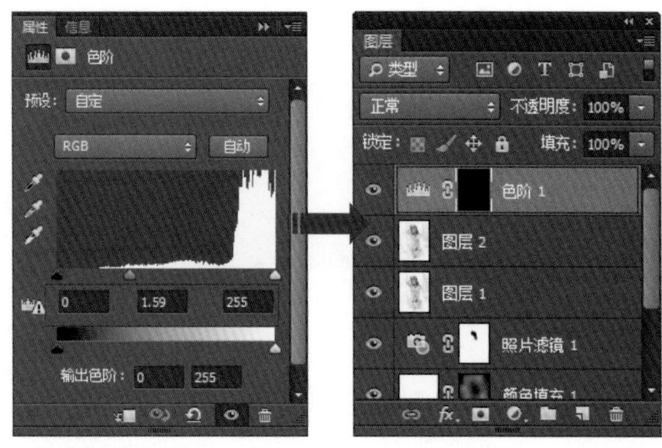

STEP 11 设置前景色为白色，选中工具箱中的“画笔工具”，在图像窗口中需要进行提亮的区域涂抹。调整画笔的大小，在不同的区域进行涂抹，对色阶调整图层的蒙版进行编辑，在图像窗口中可以看到编辑后的效果。

STEP 12 通过“调整”面板创建亮度/对比度调整图层，在打开的“属性”面板中设置“亮度”选项的参数为9，“对比度”选项的参数为-3，在图像窗口中可以看到画面提亮，显示出高调的照片效果。

Tips Photoshop中蒙版的作用

Photoshop中的蒙版主要是通过将不同灰度级别的图像转换为不同的不透明度，并作用于它所在的图层中，使图层内容的透明度产生相应的变化，从而将图层内容进行遮盖或显示。

STEP 13 通过“调整”面板创建色彩平衡调整图层，在打开的“属性”面板中选择“色调”选项下拉列表中的“中间调”选项，在该选项下设置色阶值分别为+33、−19、+47。

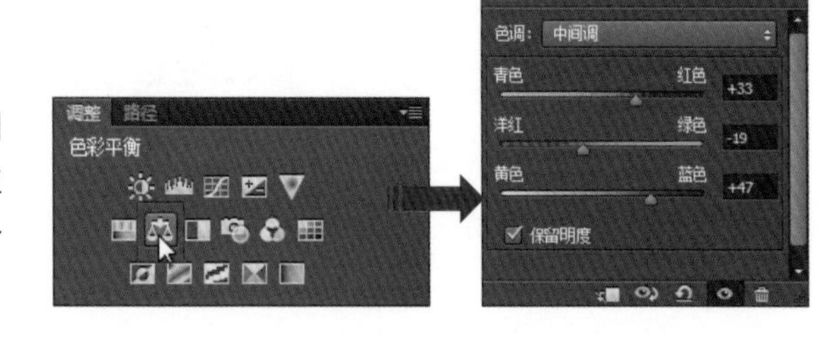

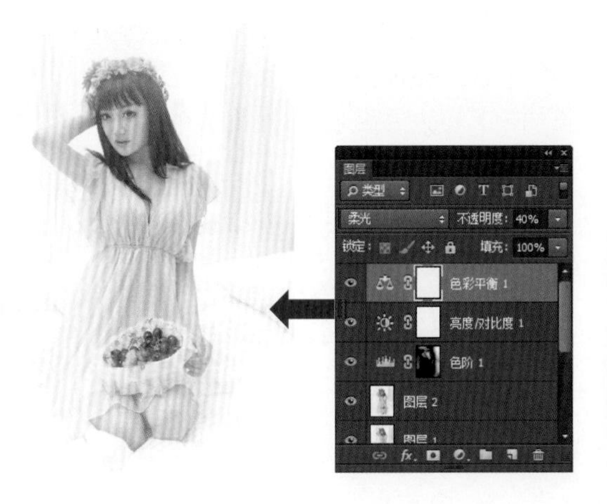

STEP 14 在“图层”面板中设置色彩平衡调整图层的混合模式为“柔光”，并调整其“不透明度”选项为40%，在图像窗口中可以看到编辑后的照片颜色效果。

> **Tips Photoshop中的混合模式**
>
> 通过调整图层混合模式可以对图像颜色进行相加或相减，从而创建出各种特殊的效果。在Photoshop中包含了多种类型的混合模式，分别为组合型、加深型、减淡型、对比型、比较型和色彩型，根据不同的视觉需要，可以应用不同的混合模式。

16.3 为照片添加主题文字

完成人像照片的处理后，为了让照片整体的内容更加丰富，还可以使用Photoshop中的“文字工具”为照片添加与其主题相符的文本，并通过“字符”面板对文字的颜色、属性等进行调整，让整个画面更加协调和统一，具体的操作如下。

STEP 01 单击选中工具箱中的“横排文字工具”，在图像窗口中适当的位置单击并输入所需的文字，打开“字符”面板，在其中对文字的字体、字号和颜色等属性进行设置，并适当调整文字的位置，为照片添加上主题文字，丰富照片的内容。

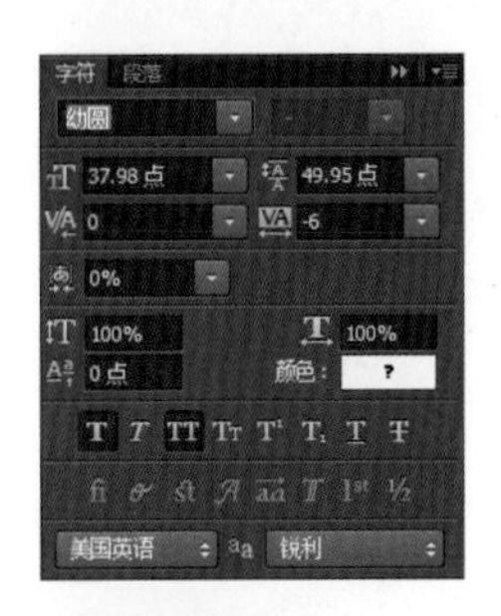

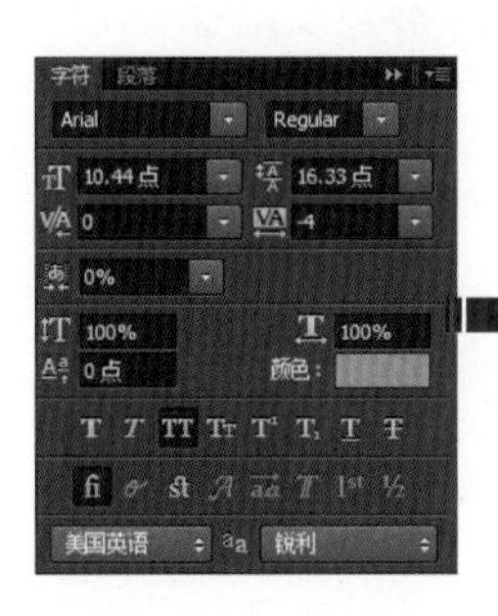

浪漫. 粉色系
YOUR SMILE IS A BUTTERFLY YOUR EYES
a two flames fire Your skirt around my nights like a summer moon
Lighting up my place but still not mine to hold a two flames fire a two flames fire
a two flames fire Your skirt around my nights like a summer moon
Lighting up my place but still not mine to hold 浪漫粉色系是你眼中唯美的期待

STEP 02 使用“横排文字工具”为照片添加上其他文本，通过“字符”面板分别对文字的属性进行设置，在“图层”面板中可以看到创建的文字图层效果，在图像窗口中可以看到添加文字后的效果。

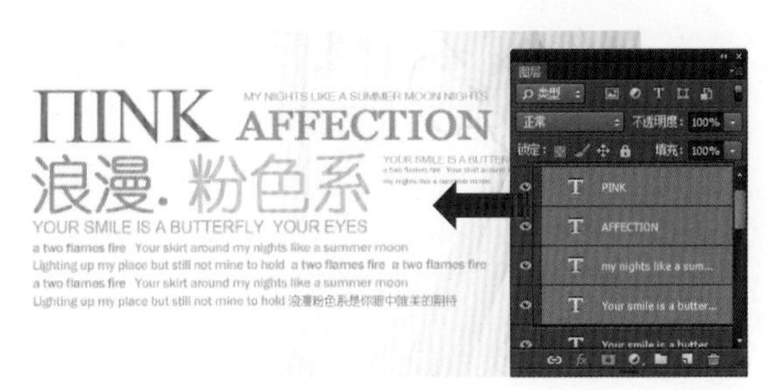

STEP 03 创建图层组，将其命名为“文字”，在“图层”面板中选中所有的文字图层，将其拖曳在创建的“文字”图层组中，便于对其进行管理和编辑，完成本例的制作。

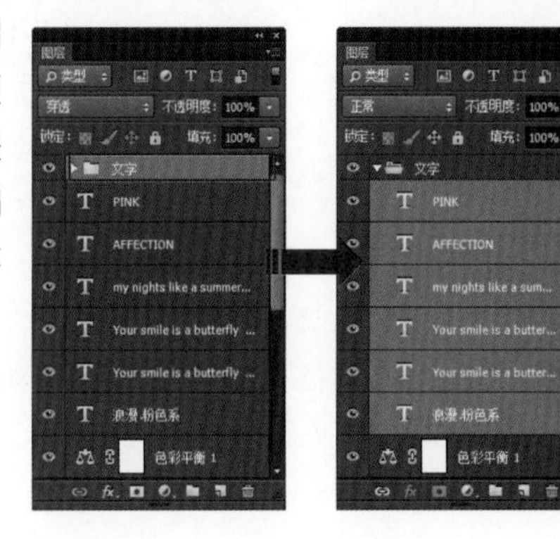

第 17 章

性感靓丽的私房照

私房照，又称为“私房写真”，是一种较为艺术的摄影方式，拍摄者往往会穿上可爱或者性感的服饰，摆出慵懒随意的姿态，留下自己青春的痕迹。本例中所需要处理的就是一张性感的泳装私房照，照片中由于拍摄的环境和模特本身的缺陷，使得拍摄出来的照片中存在些许不足之处，在后期的处理本着创作青春、性感的宗旨，分别对人物的肤色、服饰色彩和画面层次等进行了精细的修饰，打造出细节清晰、色彩艳丽、风格清新的靓丽私房照效果。

本章梗概

- 在Lightroom进行基础调整
- 磨皮、美白和瑕疵修复
- 影调和色调的修饰
- 锐化细节并添加文字

素　材：随书光盘\素材\17\01.orf
源文件：随书光盘\源文件\17\性感靓丽的私房照.psd

MY SECRET
PRETTY · SEXY · CHARMING

17.1 在Lightroom进行基础调整

由于本例中处理的照片格式为RAW格式，为了最大程度地保留照片中的图像信息，在后期处理时先使用Lightroom对照片进行基础的调整，分别使用“基本”、“色调曲线”、“分离色调”和“细节”面板中的设置来对照片的影调、颜色和细节进行处理，具体的操作如下。

STEP 01 运行Lightroom 5应用程序，在“图库”模块中单击“导入”按钮，在打开的导入窗口中选择本书光盘\素材\17\01.orf素材文件。

STEP 02 切换到“修改照片”模块，在“直方图”面板中单击“显示阴影剪切”和“显示高光剪切”按钮，显示出编辑中的剪切提示。

STEP 03 展开“基本”面板，在其中设置“曝光度”选项的参数为+0.26，“对比度”选项的参数为+17，“黑色色阶”选项的参数为+13，“鲜艳度”选项的参数为+10，对照片进行基本调整。

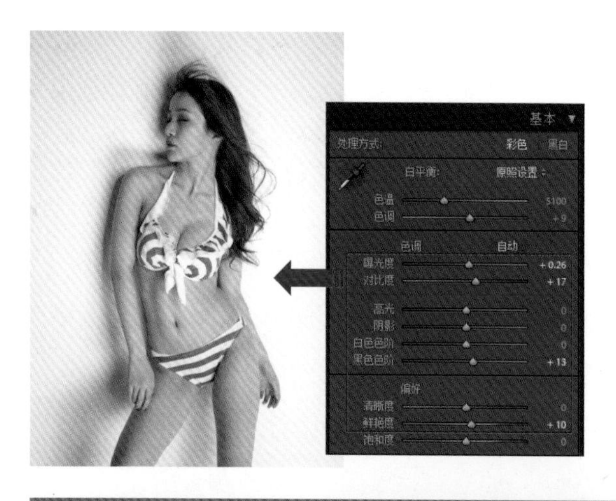

STEP 04 展开“色调曲线”面板，在其中设置“高光”选项的参数为-7，“亮色调”选项的参数为+8，“暗色调”选项的参数为+4，“阴影”选项的参数为-10，在图像预览窗口中可以看到照片的层次加强。

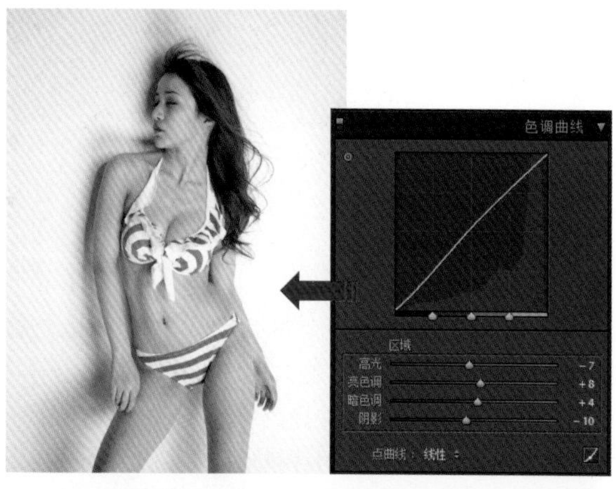

Tips “点曲线”中的预设选项

在编辑“色调曲线”面板的过程中，如果使用“点曲线”选项中的预设选项对照片的影调进行调整，那么上方四个选项中的参数将不会发生参数变化，但是曲线的形态会根据预设选项的变化而变化。

STEP 05 展开“HSL/颜色/黑白”面板，在HSL的“饱和度”标签中设置“红色”选项的参数为+30，“蓝色”选项的参数为+46，将照片中红色和蓝色区域的图像饱和度升高，在图像预览窗口中可以看到照片中少女的泳装和肤色加深。

STEP 06 展开“分离色调”面板，在其中的“高光”选项组中设置“色相”选项为54，“饱和度”选项为5；在“阴影”选项组中设置“色相”选项为262，“饱和度”选项为15，在图像预览窗口中看到照片的颜色发生了变化。

Tips “色相”面板的设置技巧

“分离色调”面板中“色相”选项的滑块为一个色环展开后的渐变色效果，可以根据需要设置的颜色，将“色相”选项的滑块拖曳到相应颜色的位置。

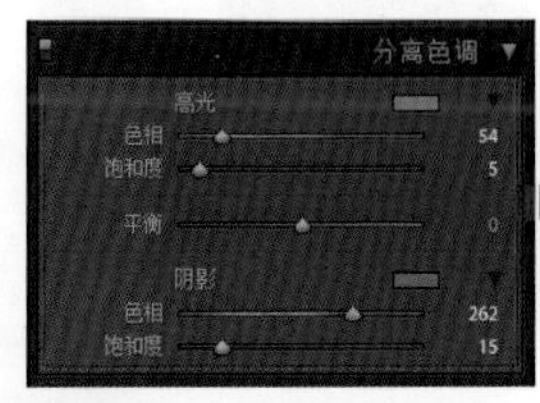

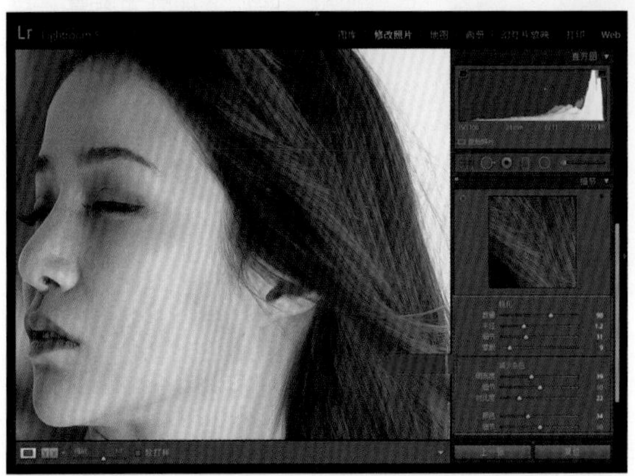

STEP 07 展开“细节”面板，在该面板的“锐化”选项组中设置“数量”选项的参数为98，“半径”选项的参数为1.2，“细节”选项的参数为31，“蒙版”选项的参数为9；在“减少杂色”选项组中设置“明亮度”选项的参数为39，“细节”选项的参数为50，“对比度”选项的参数为22，“颜色”选项为34，“细节”选项的参数为50，完善照片的细节修饰。

STEP 08 完成“细节”面板的编辑后，在图像预览窗口中可以看到照片编辑后的效果，在图像预览窗口中右键单击鼠标，在弹出的快捷菜单中选择“导出>导出为DNG”命令，将编辑的照片存储为DNG格式。

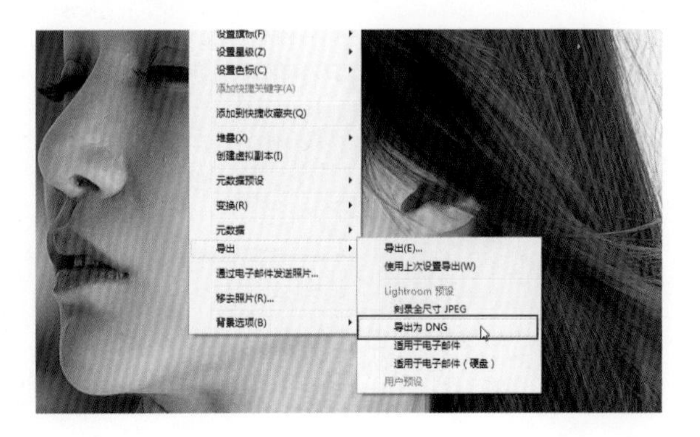

17.2 皮、美白和瑕疵修复

由于照片中的人物肌肤和背景图像效果不够理想，因此在接下来的编辑中将会在Photoshop中来完成，先使用“高斯模糊”和图层蒙版的配合完成磨皮处理，再通过“色阶”调整图层提亮人物的肤色，最后使用“仿制图章工具”对照片背景墙面上的瑕疵去除掉，具体的操作如下。

STEP 01 在图像预览窗口中右键单击鼠标，在弹出的菜单中选择“在应用程序中编辑 > 在Photoshop中作为智能对象打开”命令。

STEP 02 执行命令后，计算机将自动启动Photoshop CC应用程序，在其中将打开处理的照片，并且以智能图层01的形式显示在“图层”面板。

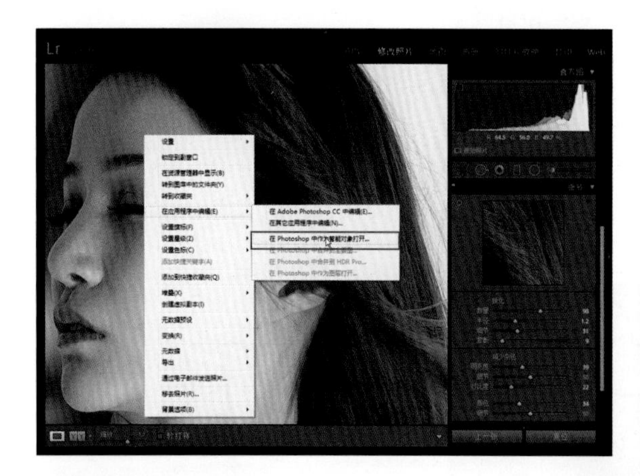

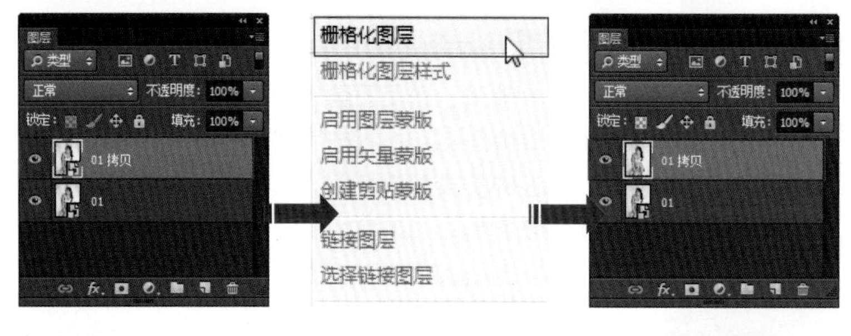

STEP 03 在“图层”面板中选中图层01，按下Ctrl+J快捷键，得到“01拷贝”图层，右键单击该图层，在展开的菜单中选择“栅格化图层”命令，将复制的智能图层转换为普通图层，以便对其用更多的工具进行编辑。

STEP 04 执行“滤镜 > 模糊 > 高斯模糊”菜单命令，在打开的“高斯模糊”对话框中设置“半径”选项的参数为8像素，为人像的磨皮做好准备。

STEP 05 选中“01拷贝”图层，在“图层”面板的底部单击“添加图层蒙版”按钮，为该图层添加上白色的图层蒙版；接着将前景色设置为黑色，选中图层蒙版，按下Alt+Delete快捷键，将蒙版填充为黑色。

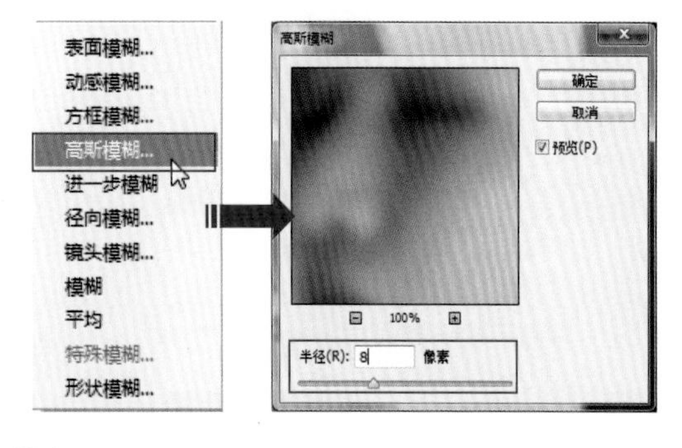

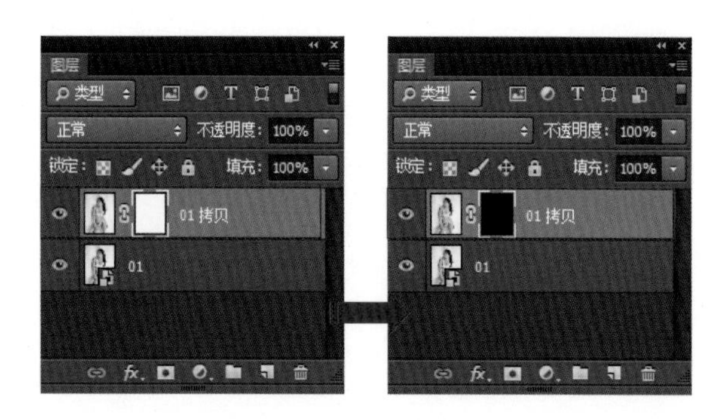

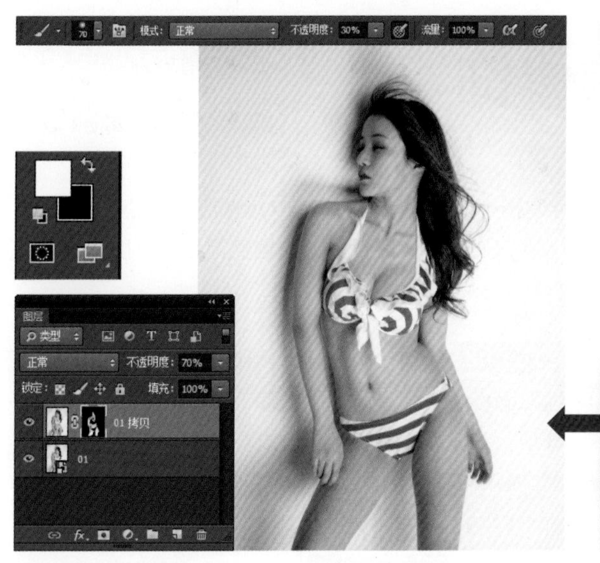

STEP 06 设置前景色为白色，选中工具箱中的“画笔工具”，在该工具的选项栏中设置“不透明度”为30%，“流量”为100%；使用该工具在人物的皮肤上进行涂抹，对图层蒙版进行编辑，在涂抹的过程中，可以根据涂抹区域肌肤的宽窄对画笔的大小进行调整；最后再“图层”面板中奖“01拷贝”图层的“不透明度”选项为70%，在图像窗口中可以看到编辑后的效果。

STEP 07 创建色阶调整图层，在打开的“属性”面板中设置RGB选项下的色阶滑块依次为0、1.46、255的位置；接着将前景色设置为黑色，选中色阶调整图层的图层蒙版，按下Alt+Delete快捷键，将蒙版填充为黑色。

STEP 08 设置前景色为白色，选中工具箱中的“画笔工具”，在该工具的选项栏中设置“不透明度”为20%，“流量”为100%，使用该工具在人物的皮肤上进行涂抹，对图层蒙版进行编辑。

STEP 09 按下Ctrl+Shift+Alt+E快捷键，盖印可见图层，得到“图层1”图层，选择工具箱中的“仿制图章工具”，在该工具的选项栏中对选项的参数进行设置，按住Alt键的同时在适当位置单击取样，再对瑕疵图像进行修复。

17.3 影调和色调的修饰

照片的影调和色调是照片表现的关键，在本例的照片编辑中，先使用“色阶”对照片整体的层次进行加强，接着使用“照片滤镜”和“可选颜色”对照片的整体颜色进行微调，最后通过“自然饱和度”加强照片的颜色鲜艳度，让影调和色调的效果更加完美。

STEP 01 通过“调整”面板创建色阶调整图层，在打开的“属性”面板中依次拖曳RGB选项下的色阶滑块到21、1.21、255的位置，对全图的层次进行调整，在图像窗口中可以看到编辑后的图像效果。

STEP 02 创建照片滤镜调整图层，在打开的“属性”面板中选择“滤镜”选项下拉列表中的“深蓝”选项，并拖曳“浓度”选项的滑块到15%的位置，在图像窗口中可以看到照片的颜色发生了变化。

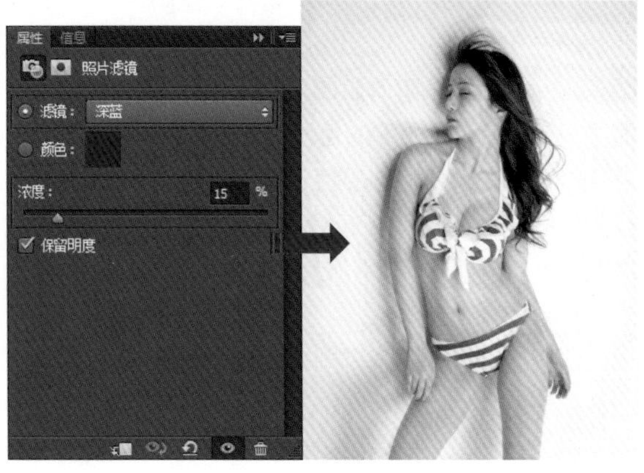

STEP 03 创建可选颜色调整图层，设置“红色”选项下的色阶值分别为0、+3、+16、0，“黄色”选项的色阶值分别为-26、-25、+44、+37。

STEP 04 创建自然饱和度调整图层，在打开的面板中设置“自然饱和度”选项的参数为+35，“饱和度”选项的参数为+9，提高照片的颜色鲜艳度。

Tips “可选颜色”中的“绝对”和“相对”选项

“相对”和“绝对”是对油墨增减量的两种计算方法，“相对”是按照总量的百分比更改现有的青色、洋红、黄色或黑色的量，“绝对”是采用绝对值调整颜色。在同等条件下，“相对”选项对颜色的改变幅度小于“绝对”选项。

17.4 锐化细节并添加文字

在完成照片的大部分处理后，最后为了让细节更加清晰，还需要使用“USM锐化”滤镜来对人物照片的细节进行锐化处理，再用“横排文字工具”输入文字，结合“图层样式”对话框的设置对文字的效果进行美化，制作出精致的画面效果，具体的操作如下。

STEP 01 盖印可见图层，得到“图层2”图层，执行“滤镜>锐化>USM锐化”菜单命令，在打开的“USM锐化”对话框中设置“数量”选项的参数为100%，“半径”选项的参数为3.0像素，“阈值”选项的参数为2色阶，对照片的细节进行锐化处理，使其更加清晰。

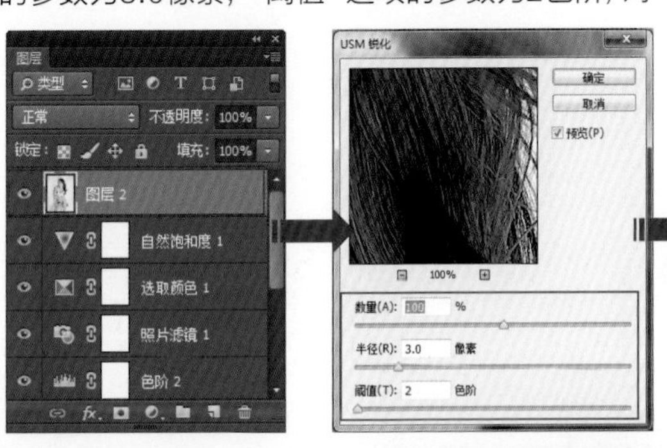

STEP 02 选项工具箱中的“横排文字工具”在图像窗口中适当的位置单击，输入所需的文字，并打开“字符”面板对文字的字号、字体和字间距等属性进行设置。

STEP 03 在“图层”面板中将文字图层的“填充”设置为0%，并双击图层，打开“图层样式”对话框，在其中勾选“投影”复选框，设置选项为文字添加上阴影效果，在图像窗口中可以看到编辑后文字出现了蓝色的阴影。

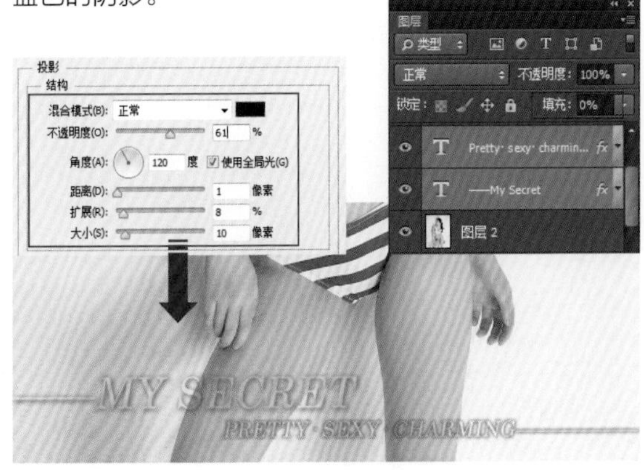

STEP 04 选择工具箱中的“自定形状工具”，在该工具选项栏中选择“前进”形状，使用“形状”模式绘制一个前进的形状，同样添加上“投影”图层样式，并设置“填充”为0%，在图像窗口中可以看到本例最终的编辑效果。

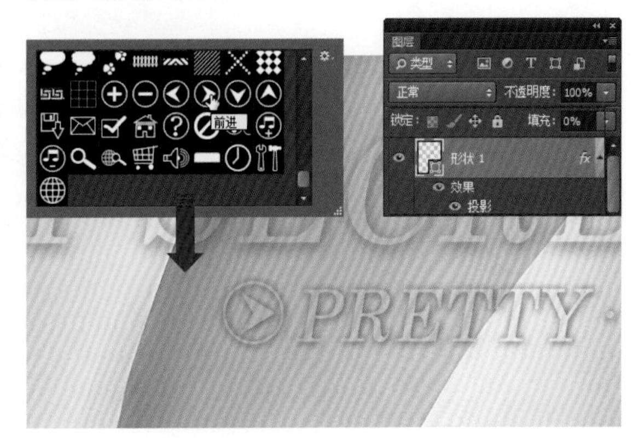